普通高等教育"十二五"规划教材

仪 器 分 析

王元兰　邓　斌　主　编

张君枝　副主编

化学工业出版社

·北京·

本书共分为十五章，主要内容包括：电化学分析法、极谱与伏安分析法、电解和库仑分析法、气相色谱分析法、高效液相色谱分析法、原子发射光谱分析法、原子吸收光谱分析法、紫外-可见吸收光谱分析法、红外吸收光谱分析法、激光拉曼光谱分析法、分子发光分析法、核磁共振波谱分析法、质谱分析法、热分析法。每章后面附有知识拓展，反映了仪器分析化学的前沿和新成果。为方便教学，本书配有多媒体教学课件及习题参考答案的电子版。

　　本书可作为高等院校农学、林学、水产、生物、食品、环境、医药、材料等专业的教材，亦可供相关专业技术人员参考。

图书在版编目（CIP）数据

仪器分析／王元兰，邓斌主编. —北京：化学工业出版社，2014.1（2024.8重印）
普通高等教育"十二五"规划教材
ISBN 978-7-122-19031-4

Ⅰ. ①仪…　Ⅱ. ①王…　Ⅲ. ①仪器分析-高等学校-教材　Ⅳ. ①O657

中国版本图书馆 CIP 数据核字（2013）第 275239 号

责任编辑：旷英姿　　　　　　　　　　　　　文字编辑：向　东
责任校对：顾淑云　　　　　　　　　　　　　装帧设计：王晓宇

出版发行：化学工业出版社（北京市东城区青年湖南街 13 号　邮政编码 100011）
印　　装：北京盛通数码印刷有限公司
787mm×1092mm　1/16　印张 18¼　字数 474 千字　2024 年 8 月北京第 1 版第 8 次印刷

购书咨询：010-64518888　　　　　　　　售后服务：010-64518899
网　　址：http://www.cip.com.cn
凡购买本书，如有缺损质量问题，本社销售中心负责调换。

定　　价：46.00 元

编写人员名单

主　编　王元兰　邓　斌

副主编　张君枝

编　委　（按姓氏笔画为序）

王元兰（中南林业科技大学）

邓　斌（湘南学院）

邓　婷（中南林业科技大学）

纪永升（河南中医学院）

张君枝（北京建筑大学）

郭　鑫（中南林业科技大学）

黄自知（中南林业科技大学）

谭　平（湖南工业大学）

魏　玉（河南中医学院）

前言 FOREWORD

仪器分析发展至今，形成了以电化学分析、光分析、色谱分析及质谱分析为支柱的现代仪器分析，其内涵和外延非常丰富，已成为研究各种化学理论和解决实际问题的重要手段。仪器分析对基础化学、环境化学、生物化学及材料化学等学科的发展所起到的促进作用已毋庸置疑，并已从分析化学的专业课程转变为林学、药学、生物学、环境及食品学等各专业的基础课，因而仪器分析教材和教学内容也需要适应这种变化。

目前，开设仪器分析课程的农、林、水、医等高校及专业越来越多，为适应农、林、水、医等高校对本科人才的科学素质和创新能力的要求，以及我国经济、科技发展和学生个性发展的需要，结合多年来对教材的使用及近年来农、林、水、医等各专业教学的实际情况和特点而编写。在本教材的编写过程中，强调基本知识、基本思维，注重科学性、先进性和适应性，力求使本教材适应农、林、水、医等高等院校相关专业的学生培养的特点，又能适应本课程的基本要求。

本书在内容选编方面，有以下几个特点。

1. 注重理论联系实际和专业需要。本书重点阐述了与农林、生物、环境、医药、食品等领域紧密相关的内容，如电化学分析法、极谱与伏安分析法、电解和库仑分析法、气相色谱法、高效液相色谱法、原子发射光谱分析法、原子吸收光谱分析法、紫外－可见吸收光谱法、红外光谱分析法、激光拉曼光谱分析法、分子发光分析法、核磁共振波谱分析法、质谱分析法、热分析法。

2. 为使学生深入了解学科发展动态，在知识拓展部分重点介绍了仪器分析与其他学科交叉领域的热点问题和最新发展动态，试图用这种方式将最新和最前沿的知识引进教材和课堂，有利于学生创新思维和创新能力的培养，为学生将来在学科交叉领域进行创新打下基础。

3. 为了便于学生自学，本书每章前附有提要，对各章节的学习提出了具体要求；为方便教学，本书还配有电子课件（PPT）和习题参考答案的电子版。本书还配套有《仪器分析实验》教材。

4. 本书根据 30～50 学时教学计划编写。各院校可以根据专业需要和教学学时，对相关内容进行取舍。

本书由王元兰教授、邓斌教授主编，并负责全书的策划、编排、审定及最后的统稿、复核工作，张君枝任副主编。参加编写工作的有中南林业科技大学的王元兰（第1、

第 5 章）、邓婷（第 2 章）、郭鑫（第 11、第 12 章）、黄自知（第 14、第 15 章），湘南学院的邓斌（第 3 章），北京建筑大学的张君枝（第 7、第 8 章），河南中医学院的纪永升（第 10、第 13 章）、魏玉（第 6、第 9 章），湖南工业大学的谭平（第 4 章）。与本教材配套的电子课件由王元兰制作。

本书在编写过程中得到了中南林业科技大学、北京建筑工程学院、湖南工业大学和河南中医学院化学教研室同仁的支持，特别是中南林业科技大学教务处在 2013 年对本教材给予的立项支持以及中南林业科技大学化学教研室的陈学泽教授、胡云楚教授和赵芳副教授提供了不少素材和修改建议。在此谨向他们致以诚挚的谢意。

本书可作为农学、林学、水产、食品、医药、生物、环境、材料等专业的教材或参考书，也可供相关专业和科技人员参考。

本书在编写时力求做到开拓创新、尽善尽美，但我们水平有限，书中仍难免有不妥之处，敬请同行和读者批评指正。

编　者

2013 年 8 月

目　录　CONTENTS

第一章

绪论

Chapter 01

💡 **本章提要**

　　仪器分析是以物质的物理性质或物理化学性质及其在分析过程中所产生的分析信号与物质内在关系为基础，并借助于比较复杂或特殊的现代仪器，对待测物质进行定性、定量及结构分析和动态分析的一类分析方法。本章主要介绍了分析化学的发展历史、分类和仪器分析方法的分类及各类方法的特点与适用范围，并阐述了仪器分析的发展趋势。

　　分析化学是人们研究获取物质的组成、形态、结构等信息及其相关理论的科学，是人们用来认识、解剖自然的重要手段之一，是科学技术的眼睛，也是工农业生产和公共安全的眼睛。

一、分析化学的发展历史

　　分析化学的发展经历了三次重大变革。

　　第一次变革发生在 20 世纪初，基于物理化学和溶液理论（四大平衡理论）的发展，分析化学从一门技术发展成一门科学。

　　第二次变革发生在第二次世界大战前后（20 世纪 40 年代），物理学和电子学的发展促进了仪器分析方法的建立和发展，使分析化学从以化学分析为主的时代发展到以仪器分析为主的时代。

　　第三次变革从 20 世纪 70 年代末开始，基于数学、计算机和生物学的发展。这次变革的特点是在利用物质光、电、磁、热、声等现象的基础上，再加上采用数学、计算机、生物等尽可能多的手段，对物质作全面的纵深分析。第三次变革要求不仅能确定分析对象中的元素、基团和含量，而且能回答原子的价态、分子的结构和聚集态、固体的结晶形态和反应中间产物的状态，可作表面、内层和微区分析，尽可能快速、全面、准确地提供丰富的信息和有用的数据。

　　分析仪器的发展与分析化学的发展紧密相关，可概括为 20 世纪 50 年代仪器化、60 年代电子化、70 年代计算机化、80 年代智能化、90 年代信息化，21 世纪仿生化并进一步信息化和智能化。

二、分析化学的分类

　　分析化学一般可分为化学分析和仪器分析。仪器分析是在化学分析的基础上逐步发展起来的一类分析方法。通常，化学分析是利用化学反应及其计量关系进行分析的一类分析方法，而仪器分析则是以物质的物理性质或物理化学性质及其在分析过程中所产生的分析信号与物质的内在关系为基础，并借助于比较复杂或特殊的现代仪器，对待测物质进行定性、定量及结构分析和动态分析的一类分析方法。

仪器分析和化学分析是分析化学相辅相成的两个重要的组成部分。化学分析历史悠久，设备简单，应用广泛，主要用于测定含量大于 1% 的常量组分，是比较经典的基本分析方法。它是分析化学的基础。有了这个坚实的基础，才能进一步学习和掌握仪器分析的各种分析方法和操作技术。

三、仪器分析方法的分类

根据分析方法的主要特征和作用，仪器分析可分为以下几大类别。

1. 电化学分析法

电化学分析（也称电分析化学）法是依据物质在溶液中的电化学性质及其变化进行分析的方法。根据所测定的电参数的不同可分为电位分析、电导分析、库仑分析、极谱分析及伏安分析等。新型电极与微电极、原位及活体分析都是电化学分析十分活跃的研究领域。循环伏安法已成为研究电极反应、吸附过程、电化学与化学偶联反应的重要手段。

2. 光分析法

光分析法是基于光作用于物质后所产生的辐射信号或所引起的变化来进行分析的方法，可分为光谱法和非光谱法两类。

光谱法是基于物质对光的吸收、发射和拉曼散射等作用。通过检测相互作用后光的波长和强度变化而建立的光分析方法。光谱法又可分为原子光谱法和分子光谱法两大类，主要包括：原子发射光谱法、原子吸收光谱法、X 射线光谱法、分子荧光和磷光法、化学发光法、紫外-可见光谱法、红外光谱法、拉曼光谱法、核磁共振波谱法等。其中红外光谱法、拉曼光谱法、核磁共振波谱法常用于化合物的结构分析，其他多用于定量分析。非光谱法是指通过物质对光的反射、折射、干涉、衍射和偏振等变化所建立的分析方法，主要包括：折射法、干涉法、旋光法、X 射线衍射法等。新型高强度、短脉冲、可调谐光源的研制及多物质同时测定等都是光分析法的前沿领域。

3. 色谱分析法

色谱分析法是依据不同物质在固定相和流动相中分配系数的差异实现混合物分离的分析方法，特别适合于复杂有机混合物的快速高效分析。色谱分析包括气相色谱、液相色谱、离子色谱、超临界流体色谱、薄层色谱等。考虑到毛细管电泳等的混合物分离特性，故将其划分在这一类别中。生物大分子与手性化合物的分析是色谱分析法研究的活跃领域，色谱与其他分析仪器联用技术的发展也十分迅速。

4. 其他分析法

质谱法是用电场和磁场将运动的离子（带电荷的原子、分子或分子碎片，有分子离子、同位素离子、碎片离子、重排离子、多电荷离子、亚稳离子、负离子和离子与分子相互作用产生的离子）按它们的质荷比分离后进行检测的方法。质谱分析法与紫外、红外、核磁一起组成了化合物结构分析中最常用的四种波谱分析方法。

热分析法是依据物质的质量、体积、热导率或反应热与温度之间的变化关系而建立起来的分析方法，常见的有热重分析法、差热分析法、流动注射分析法等。

四、仪器分析的特点

（1）高灵敏度、低检出限量 如试样用量由化学分析的 mL、mg 级降低到仪器分析的 μg、μL 级，甚至更低。适合于微量、痕量和超痕量成分的测定。

（2）选择性好 很多的仪器分析方法可以通过选择或调整测定的条件，使测定共存的组分时，相互间不产生干扰。

（3）操作简便，分析速度快，容易实现自动化。

（4）相对误差较大　化学分析一般可用于常量和高含量成分分析，准确度较高，误差小于千分之几。多数仪器分析相对误差较大，一般为5%，不适用于常量和高含量成分分析。

（5）需要价格比较昂贵的专用仪器。

五、仪器分析的发展趋势

信息时代的到来，给仪器分析带来了新的发展。信息科学主要是信息的采集和处理。信息的采集和变换主要依赖于各类的传感器。这又带动仪器分析中传感器的发展，出现了光导纤维的化学传感器和各种生物传感器。

计算机与分析仪器的结合，出现了分析仪器的智能化，加快了数据处理的速度。它使许多以往难以完成的任务，如实验室的自动化、图谱的快速检索、复杂的数学统计可轻而易举地完成。

联用分析技术已成为当前仪器分析的重要发展方向。将几种方法结合起来，特别是分离方法（如色谱法）和检测方法（红外光谱法、质谱法、核磁共振波谱法、原子吸收光谱法等）的结合，汇集了各自的优点、弥补了各自的不足，可以更好地完成试样的分析任务。

本课程以介绍仪器分析的基本理论及其对物质进行分析测定的基本原理、基本方法、基本技巧为主要内容，着重介绍各种现代仪器分析方法在农、林、水、医、轻工及其他各有关专业的实际应用。其主要任务是开拓学生的创新思维，教会学生仪器分析的测试手段，培养和提高学生的科学素质、创新意识、创新精神和获取知识的能力，以适应我国经济和科学技术发展对人才的需要和要求。在当今科学研究步入生物工程时代，人类开始从分子水平上认识和解决与生命科学有关的问题时，学习仪器分析课程，就具有更为重要的意义和作用。

第二章

Chapter 02

电化学分析法

💡 **本章提要**

电化学分析法是以物质的电化学性质为基础，根据测得物质的电导、电位、电流和电量等电化学信息而获得物质的含量。电化学分析法分为电导分析法、电位分析法、伏安分析法和库仑分析法。本章主要介绍了电位分析法和电位滴定法的基本原理及特点，要求掌握膜电位产生的原理，了解常用电极的分类；熟悉离子选择性电极法的特点及主要应用范围；掌握离子选择性电极法的定量分析方法，了解离子选择性电极法误差产生的主要原因。

第一节　电化学分析法概述

电化学分析法（electrochemical analysis）是仪器分析的一个重要部分，是依据物质的电学及电化学性质而建立起来的分析方法。它通常以待分析的试样溶液为电解质溶液，选配适当的电极，构成一化学电池，然后根据所组成电池的某些物理量与其化学量之间的内在联系进行定性或定量分析。

按测量方式不同电化学分析法可分为三种类型。第一类是根据待测试液的浓度与某一电参数（如电导、电位、电流、电量等）之间的关系求得分析结果，它主要包括电导分析法、电位分析法、离子选择性电极分析法、库仑分析法、伏安分析法及极谱分析法等，这一类方法是电化学分析的最主要类型。第二类是通过测量某一电参数突变来指示滴定分析终点的方法，又称为电滴定分析法，它包括电导滴定、电位滴定、电流滴定等。第三类是将试液中某一个待测组分通过电极反应转化为固相（金属或其氧化物），然后由工作电极上析出的固相物质的质量来确定该组分的含量，主要有电解分析法。

电化学分析法与其他分析方法相比，所需仪器简单，有很高的灵敏度和准确度，分析速度快，特别是测定过程的电信号，易与计算机联用，可实现自动化或连续分析。目前，电化学分析方法已成为生产和科研中广泛应用的一种分析手段。

本章及后续两章，着重讨论几种较为重要而又常用的电化学分析法：电位分析法、伏安分析法及库仑分析法。

第二节　电位分析法

一、电位分析法基本原理

电位分析法是电化学分析法的重要分支，是一种在零电流条件下测定电极电位和溶液中某种离子的活度（或浓度）之间的关系来测定被测物质活度（或浓度）的一种电分析化学方法，它以测定电池电动势为基础。电位分析法分为两类：第一类是通过测量电池电动势，用能斯特方程直接求得（或由仪器表头直接读出）待测离子活度的方法叫直接电位法；第二类是通过观察滴定过程中电动势的突跃来确定滴定终点的滴定分析叫电位滴定法，该法用电动势突跃代替指示剂确定终点，可用于有色、浑浊溶液的滴定及无合适指示剂时的滴定。

直接电位法是通过测量电池的电位差来确定指示电极的电位，然后根据能斯特方程由所测得的电极电位计算被测物质的含量。对于某一氧化还原体系：

$$Ox + ne^- \rightleftharpoons Red$$

根据能斯特方程

$$\varphi = \varphi^{\ominus} + \frac{RT}{nF} \ln \frac{a_{Ox}}{a_{Red}} \tag{2-1}$$

式中，$\varphi^{\ominus}$ 为标准电极电位；R 为摩尔气体常数；T 为热力学温度；F 为法拉第常量；n 为电极反应中传递的电子数；a_{Ox}、a_{Red} 为氧化态 Ox，还原态 Red 的活度。

对于金属电极，还原态是纯金属，其活度是常数，定为 1，则上式可以写作：

$$\varphi = \varphi^{\ominus} + \frac{RT}{nF} \ln a_{M^{n+}} \tag{2-2}$$

式中，$a_{M^{n+}}$ 为金属离子 M^{n+} 的活度。

由式（2-2）可见，测定了电极电位，就可以确定离子的活度（在一定条件下确定其浓度），但电极电位的绝对值很难测，所以，在电位分析中，将一支测量电极与一支电极电位恒定的参比电极同时插入待测离子溶液中组成测量电池，在零电流条件下，测量电池的电动势 E 为一定值

$$E = \varphi_{右} - \varphi_{左} + \varphi_j = \varphi_{M^{n+}/M} - \varphi_{参} + \varphi_j$$

式中，$\varphi_{参}$ 为参比电极的电极电位（恒定已知），与待测离子活度无关；φ_j 为液接电位，在使用盐桥情况下，φ_j 可减至最小值而忽略，或在实验条件保持恒定的情况下，φ_j 也可视为常数。因此，将能斯特方程代入上式，合并常数项可得

$$E = \varphi^{\ominus}_{M^{n+}/M} + \frac{RT}{nF} \ln a_{M^{n+}} - \varphi_{参} + \varphi = k + \frac{2.303RT}{nF} \lg a_{M^{n+}} \tag{2-3}$$

式（2-3）表明，电池电动势与金属离子活（浓）度的对数成线性关系。测得电池电动势 E，即可求出溶液中待测离子活（浓）度，这就是电位分析法定量的理论基础。

电位滴定法是以测量滴定过程中指示电极的电极电位（或电池电动势）的变化为基础的一类滴定分析方法。滴定过程中，随着滴定剂的加入，发生化学反应，待测离子或与之有关的离子活度（浓度）发生变化，指示电极的电极电位（或电池电动势）也随着发生变化，在化学计量点附近，电位（或电动势）发生突跃，由此确定滴定终点的到达。

二、电位分析法测定溶液的 pH

电位分析法测定溶液的 pH 值采用的指示电极最常见的是 pH 玻璃电极，参比电极为饱和甘汞电极。

1. 玻璃电极及膜电位的产生

pH 玻璃电极是应用最早也是最广泛的电极，它是电位分析法测定溶液 pH 的指示电极（如图 2-1 所示）。玻璃电极下端是由特殊成分的玻璃吹制而成的球状薄膜，膜的厚度为 $30\sim100\mu m$。玻璃管内装有 pH 值为一定的内参比溶液，通常为 $0.1mol \cdot L^{-1}$ HCl 溶液，其中插入 Ag/AgCl 电极作为内参比电极。

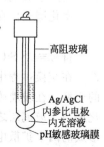

高阻玻璃
Ag/AgCl
内参比电极
内充溶液
pH敏感玻璃膜

图 2-1　玻璃电极

敏感的玻璃膜是电极对 H^+，Na^+，K^+ 等产生电位响应的关键。它的化学组成对电极的性质有很大的影响。石英是纯 SiO_2 结构，它没有可供离子交换的电荷点，所以没有响应离子的功能。当加入 Na_2O 后就成了玻璃。它使部分硅-氧键断裂，生成固定的带负电荷的硅-氧骨架（如图 2-2 所示），正离子 Na^+ 就可能在骨架的网络中活动，电荷的传导也由 Na^+ 来担任。当玻璃电极与水溶液接触时，原来骨架中的 Na^+ 与水中 H^+ 发生交换反应，形成水化层（如图 2-3 所示）。即

$$G^-Na^+ + H^+ \longrightarrow G^-H^+ + Na^+$$

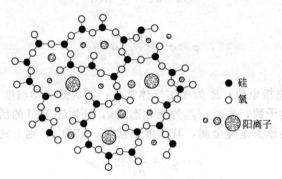

- ● 硅
- ○ 氧
- ⊙ 阳离子

图 2-2　硅酸盐玻璃的结构

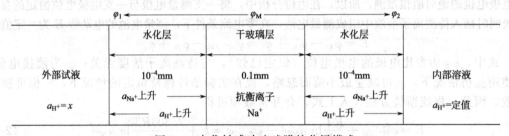

图 2-3　水化敏感玻璃球膜的分层模式

式中，G 为玻璃骨架。由图 2-3 可知，在水中浸泡后的玻璃膜由三部分组成，即两个水化层和一个干玻璃层。在水化层中，由于硅氧结构与 H^+ 的键合强度远远大于它与钠离子的强度，在酸性和中性溶液中，水化层表面钠离子点位基本上全被氢离子所占有。在水化层中 H^+ 的扩散速度较快、电阻较小，由水化层到干玻璃层，氢离子的数目渐次减少，钠离子数目相应地增加。在水化层和干玻璃层之间为过渡层，其中 H^+ 在未水化的玻璃中扩散系数很小，其电阻率较高，甚至高于以 Na^+ 为主的干玻璃层约 1000 倍。这里的 Na^+ 被 H^+ 代替后，大大增加了玻璃的阻抗，所以玻璃电极是一种高阻抗电极。

水化层表面存在着如下的离解平衡

$$\equiv> SiO^- H^+ + H_2O \longrightarrow \equiv> SiO^- + H_3O^+$$

符号 $\equiv> SiO^-$ 表示 SiO^- 结合在玻璃骨架上。水化层中的 H^+ 与溶液中的 H^+ 能进行交换。在交换过程中，水化层得到或失去 H^+ 都会影响水化层与溶液界面的电位。这种由 H^+ 的交换，在玻璃膜的内外相界面上形成了双电层结构，而产生两个相界电位。在内外两个水化层与干玻璃层之间又形成两个扩散电位。若玻璃膜两侧的水化层性质完全相同，则其内部形成的两个扩散电位大小相等，但符号相反，结果互相抵消。因此，玻璃膜的电位主要决定于内外两个水化层与溶液的相界电位，即 $\varphi_M = \varphi_外 - \varphi_内$。

玻璃电极放入待测溶液，25℃平衡后：

$$H^+_{溶液} \rightleftharpoons H^+_{硅胶}$$

$$\varphi_内 = k_1 + \left[0.0592 \lg(a_2 / a_2') \right] V$$

$$\varphi_外 = k_2 + \left[0.0592 \lg(a_1 / a_1') \right] V$$

式中，a_1、a_2 分别表示外部试液和电极内参比溶液的 H^+ 活度；a_1'、a_2' 分别表示玻璃膜外、内水合硅胶层表面的 H^+ 活度；k_1、k_2 分别为由玻璃膜外、内表面性质决定的常数。玻璃膜内、外表面的性质基本相同，则 $k_1 = k_2$，$a_1' = a_2'$

$$\varphi_膜 = \varphi_外 - \varphi_内 = \left[0.0592 \lg(a_1 / a_2) \right] V$$

由于内参比溶液中的 H^+ 活度（a_2）是固定的，则：

$$\varphi_膜 = K' + (0.0592 \lg a_1) V = K' - (0.0592 \, pH_{试液}) V \tag{2-4}$$

如果内充液和膜外面的溶液相同时，则 $\varphi_膜$（即 φ_M）应为零。但实际上仍有一个很小的电位存在，叫做不对称电位。对于一个给定的玻璃电极，不对称电位会随着时间而缓慢地变化，不对称电位的来源尚待进一步研究，影响它的因素有：制造时玻璃膜内外表面产生的张力不同，外表面经常被机械和化学侵蚀等，它对 pH 测定的影响只能用标准缓冲溶液来进行校正。

2. 溶液 pH 测定

pH 玻璃电极的电极电位包括膜电位和内参比电极电位，由于内参比电极（常用银-氯化银电极）电位在一定温度下为一常数，用 φ_B 表示 pH 玻璃电极的电极电位，则有：

$$\varphi_B = \varphi_M + \varphi_{Ag/AgCl}$$

将 φ_M 的表达式代入上式，将常数项合并，得

$$\varphi_B = K_B - \frac{2.303RT}{F} pH_{试液} \tag{2-5}$$

若能直接测定 φ_M、K_B，便可根据式（2-5）计算 pH 值。但事实上 φ_M、K_B 都无法单独测定，因此溶液的 pH 测定是通过测量 pH 玻璃电极（作负极）和饱和甘汞电极（SCE）作参比电极（作正极）组成下列原电池：

$$(-) \text{ pH 玻璃电极} \mid \text{未知液 } a_{H^+} = x \parallel \text{SCE} (+)$$

其电池电动势 E 为

$$E = \varphi_{SCE} - \varphi_B + \varphi_j$$

将式 φ_B 的表达式代入，得

$$E = \varphi_{SCE} + \varphi_j - \left(K_B - \frac{2.303RT}{F} pH_{试液} \right)$$

对同一电池来说液接电位 φ_j 为一常数。上式中 φ_{SCE}、K_B 和 φ_j 均为常数，用 K' 表示，则得

$$E = K' + \frac{2.303RT}{F} pH_{试液} \tag{2-6}$$

式中，K' 在一定条件下为一常数，故电池电动势 E 与试液的 pH 之间呈直线关系，其斜率为 $\frac{2.303RT}{F}$，溶液 pH 每改变一个单位，E 要改变 $\frac{2.303RT}{F}$ V。由于 $\frac{2.303RT}{F}$ 值随温度 T 的改变而变化，因此在直读 pH 计上都设有温度补偿旋钮，以便调节斜率与该温度下的 $\frac{2.303RT}{F}$ 值相等。所以，只要测出电池电动势，就可求得试液的 pH 值，这就是电位分析法测定 pH 的理论依据。

K' 常数包括内外参比电极的电极电位、膜内表面相界电位、不对称电位和液接电位五

项。其中后两项难以测量和计算，所以不能直接用式 (2-6) 来测定溶液的 pH。因此，在实际测定中都采用两次测量法，即先用已知 pH 标准溶液与电极对组成电池，测得已知 pH 标准溶液的电动势 E_s。然后，用同一电极对插入待测溶液中组成电池，在同一温度下测出待测液的电动势 E_x，分别代入式 (2-6) 中，得

$$E_s = K' + \frac{2.303RT}{F}\text{pH}_s$$

$$E_x = K' + \frac{2.303RT}{F}\text{pH}_x$$

两式相减，消去 K' 得

$$\text{pH}_x = \text{pH}_s + \frac{E_x - E_s}{2.303RT/F} \tag{2-7}$$

由两次测量的过程可知，实际所测得溶液的 pH 值是以已知 pH 标准溶液为基准相比较而求得的，国际纯粹与应用化学协会 (IUPAC) 建议将式 (2-7) 作为 pH 的定义，通常也叫做 pH 的操作定义。测定的准确度首先决定于标准缓冲溶液 pH_s 值的准确度，其次是标准溶液和待测溶液组成的接近程度，后者直接影响包含液接电位的常数项是否相同。

为了省去上述计算，实现表头直读 pH 值。在 pH 计上都设有定位旋钮，当电极对插入 pH 标准溶液时，旋转定位旋钮施加一额外电压以消除 K' 值，使指针正好指在所用标准溶液的 pH 值。这样，电极对再插入被测溶液时，表头的显示即为被测溶液的 pH 值。

实践证明，当 pH>9.0 或钠离子浓度较高时，测得的 pH 值比实际值偏低，这种现象称为钠差，这是由于在溶胀层和溶液界面之间的离子交换过程中，不但有氢离子参加，碱金属离子也进行交换，使之产生误差；当 pH<1.0 时，测得值比实际值偏高，称为酸差，这是由于在强酸性溶液中，水分子活度减少，而氢离子是由 H_3O^+ 传递的，到达电极表面的氢离子减少、交换的氢离子减少而导致。此外，玻璃电极的玻璃膜必须经过水化，才能对 H^+ 有敏感响应，因此，pH 玻璃电极在使用前应该在蒸馏水中浸泡 24 h 以上，使其活化。每次测量后，也应当把它置于蒸馏水中保存，使其系统达到稳定。

第三节　离子选择性电极

一、离子选择性电极的概述

离子选择性电极电位分析法是电位分析的一个分支。离子选择性电极是一种以电位分析法测量溶液中某些特定离子活度的指示电极，它的电极电位与溶液中某一特定离子的活度（或浓度）符合能斯特方程。各种离子选择性电极一般都由薄膜（敏感膜）及其支持体、内参比电极（银-氯化银电极）、内参比溶液（待测离子的强电解质和氯化物溶液）等组成。前述 pH 玻璃电极就是具有氢离子专属性的典型离子选择性电极。随着科学技术的发展，目前已制成了几十种离子选择性电极。

根据 IUPAC 基于离子选择性电极绝大多数都是膜电极这一事实，依据膜的特征，推荐将离子选择性电极分为以下几类。

```
        ── 离子选择性电极(又称膜电极)

        ──► 原电极(primary electrodes)
          ──► 晶体膜电极(crystalline membrane electrodes)
            ──► 均相膜电极(homogeneous membrane electrodes)
            ──► 非均相膜电极(heterogeneous membrane electrodes)
          ──► 非晶体膜电极(crystalline membrane electrodes)
            ──► 刚性基质电极(rigid matrix electrodes)
            ──► 流动载体电极(electrodes with a fmobile carrier)
      ──► 敏化电极(sensitized electrodes)
        ──► 气敏电极(gas sensing electrodes)
        ──► 酶电极(enzyme electrodes)
```

二、离子选择性电极的测量原理

与玻璃电极类似，各种离子选择电极的膜电位 φ_M 是由于横跨敏感膜两侧溶液之间产生的电位差。不同的离子选择性电极，其响应机理各有特点，但其膜电位产生的机理是相似的，主要是溶液中的离子与电极敏感膜上的离子发生离子交换作用的结果。各种离子选择性电极的膜电位与溶液中响应离子的活度之间遵守 Nernst 方程

$$\varphi_M = K \pm \frac{2.303RT}{nF}\lg a_i \tag{2-8}$$

式中，n 为响应离子的电荷数；K 值与膜性质、内参比电极、内参比液等有关，对给定电极可视为常数。上式用于阳离子取"+"，用于阴离子取"-"。式 (2-8) 说明：在一定条件下，离子选择性电极的电极电位与溶液中被测离子活度的对数呈线性关系，这就是离子选择性电极电位法测定离子活度的基础。

但离子选择性电极电位是不能直接测定的，通常也是将离子选择性电极（+）与饱和甘汞电极（-）浸入被测溶液中组成原电池。

假设测定的阴离子为 R^{n-}，则电池的电动势为

$$E = (K - \frac{2.303RT}{nF}\lg a_{R^{n-}}) - \varphi_{SCE}$$

令　$K' = K - \varphi_{SCE}$，则

$$E = K' - \frac{2.303RT}{nF}\lg a_{R^{n-}} \tag{2-9}$$

同理，若测定的为阳离子 M^{n+}，则电池的电动势为

$$E = K' + \frac{2.303RT}{nF}\lg a_{M^{n+}} \tag{2-10}$$

式 (2-9)、式 (2-10) 表明，通过测量电池的电动势，即可求得被测离子的活度，这就是离子选择性电极测量离子活度（浓度）的原理。

三、离子选择性电极的选择性

离子选择性电极除对特定的离子产生响应外，与欲测离子共存的某些离子也能影响电极的膜电位。例如，用 pH 玻璃电极测定 pH，在 pH＞9.0 时，由于碱金属离子（如钠离子等）的存在，玻璃电极的电位响应偏离理想线性关系而产生误差（测得值比实际值低），此误差称为钠差。产生钠差的原因是电极膜除对氢离子有响应外，对钠离子也有响应，只不过是响应程度不同而已。在氢离子活度较高时，钠离子的影响显示不出来，但当氢离子活度较低时，钠离子的影响就显著了，故对氢离子的测定发生干扰作用。

设 i 为某离子选择性电极的待测离子，j 为共存的干扰离子，n_i 及 n_j 分别为 i 离子及 j 离子的电荷数，若考虑干扰离子的贡献，则其电位的表达式（298K）应为

$$\varphi_{ISE} = K \pm \frac{2.303RT}{n_i F} \lg \left[a_i + K_{i,j} \, (a_j)^{n_i/n_j} \right] \tag{2-11}$$

式中第二项对阳离子为正号，阴离子为负号。$K_{i,j}$ 为干扰离子 j 对待测离子 i 的选择性系数。选择性系数可理解为在其他条件相同时提供相同电位的待测离子活度 a_i 和干扰离子活度 a_j 的比值：

$$K_{i,j} = a_i / (a_j)^{n_i/n_j} \tag{2-12}$$

例如，设 $K_{i,j} = 0.001$ 时（$n_i = n_j = 1$），意味着干扰离子 a_j 1000 倍于 a_i 时，两者才产生相同的电位。所以，对于任何一种离子选择性电极来说，$K_{i,j}$ 越小越好，该值越小，说明待测离子 i 抗干扰离子 j 的能力就越大，即此电极对待测离子 i 的选择性越好。因此，根据 $K_{i,j}$ 可以判断一种离子选择性电极在已知杂质存在时离子选择性能的好坏。

但应注意，$K_{i,j}$ 值并非一个真实的常数，其值与 i 及 j 离子的活度和实验条件及测定方法等有关，因此不能直接利用 $K_{i,j}$ 的文献值作为分析测定时的干扰校正。但它仍为判断一种离子选择性电极在已知杂质存在时的干扰程度的一个有用指标，即可用 $K_{i,j}$ 来估计干扰离子存在时产生的测定误差或确定电极的适用范围。

借选择性系数可以估量某种干扰离子对测定造成的误差，以判断某种干扰离子的存在下所用测定方法是否可行。根据 $K_{i,j}$ 的定义，在估量测定的误差时可用以下公式计算：

$$相对误差 = K_{i,j} \times \frac{(a_j)^{n_i/n_j}}{a_i} \times 100\% \tag{2-13}$$

【例 2-1】 某硝酸根电极对硫酸根的选择系数：$K_{NO_3^-, SO_4^{2-}} = 4.1 \times 10^{-5}$。用此电极在 $1.0 \, mol \cdot L^{-1}$ 硫酸盐介质中测定硝酸根，如果要求测量误差不大于 5%，试估算待测的硝酸根的最低活度为多少？

解 由式（2-13）得

$$0.05 a_{NO_3^-} = 4.1 \times 10^{-5} \times 1^{1/2}$$

故待测的硝酸根离子活度最低为

$$a_{NO_3^-} = 8.2 \times 10^{-4} \, mol \cdot L^{-1}$$

【例 2-2】 用 pNa 玻璃膜电极（$K_{Na^+, K^+} = 0.001$）测定 pNa＝3.0 的试液时，如试液中含有 pK＝2.0 的 K^+，则产生的误差是多少？若 $K_{Na^+, K^+} = 20$，当干扰离子活度仅为待测离子活度的 1/100 时，产生的误差又是多少？

解 相对误差 $= 0.001 \times \dfrac{a_{K^+}}{a_{Na^+}} \times 100\% = 1\%$

若 $K_{Na^+, K^+} = 20$，当干扰离子活度仅为待测离子活度的 1/100 时，则

$$相对误差 = 20 \times a_{K^+} / a_{Na^+} \times 100\%$$

$$= 20 \times \frac{a_{Na^+} / 100}{a_{Na^+}} \times 100\% = 20\%$$

四、几种主要的离子选择性电极

1. 晶体膜电极

晶体膜电极的敏感膜系用难溶盐的晶体制成，只在室温下有良好的导电性能、且溶解度小的晶体如氟化镧、硫化银和卤化银等才能用来制作电极，膜厚约为 $1 \sim 2$ mm。按照膜的组成和制备方法的不同，此类电极可分为单晶（均相）膜电极和多晶（非均相）膜电极。均相膜电极多由一种或几种化合物均匀混合的晶体组成，而非均相膜电极除晶体电活性物质

外，还加入某种惰性材料，如硅橡胶、PVC、聚苯乙烯、石蜡等。

晶体膜电极的作用机制是由于晶格中有空穴，在晶格上的离子可以移入晶格邻近的空穴而导电。对于一定的晶体膜，离子的大小、形状和电荷决定其是否能够进入晶体膜内，故膜电极一般具有较高的离子选择性。因为没有其他离子进入晶格，干扰只来自晶体表面的化学反应。

（1）均相膜电极 这类电极又可分为单晶、多晶和混晶膜电极。下面以氟离子选择性电极为例进行说明。

氟离子选择性电极是目前最成功的单晶膜电极。该电极的敏感膜是掺 EuF_2 的氟化镧单晶膜，单晶膜封在聚四氟乙烯管中，管中充入 $0.10mol \cdot L^{-1}$ 的 NaCl 和 $0.10mol \cdot L^{-1}$ 的 NaF 混合溶液作为内参比溶液，插入 Ag/AgCl 电极作为内参比电极（如图 2-4 所示）。氟化镧单晶对氟离子具有高度的选择性，允许体积小、带电荷少的氟离子在其表面进行交换。将电极插入待测离子溶液（F^- 试液）中，待测离子可吸附在膜表面，它与膜上相同的离子交换，并通过扩散进入膜相，膜相中存在的晶格缺陷产生的离子也可扩散进入溶液相。这样，在晶体膜与溶液界面上建立了双电层结构，从而产生膜电位。在 298K 时，其膜电位表达式为

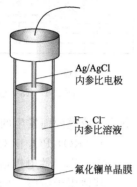

图 2-4 氟离子选择性电极

右侧标注：Ag/AgCl 内参比电极；F^-、Cl^- 内参比溶液；氟化镧单晶膜

$$\varphi_{膜} = K - (0.0592 \lg a_{F^-})V = K + (0.0592 pF)V$$

氟离子选择性电极的电极电位 φ_{F^-} 为

$$\varphi_{F^-} = \varphi_{Ag/AgCl} + \varphi_{膜} = k' - (0.0592 \lg a_{F^-})V \qquad (2-14)$$

氟离子选择性电极具有较高的选择性，需要在 pH 值 $5.0 \sim 6.0$ 之间时使用，pH 较高时，由于氢氧根离子的半径与氟离子相近，溶液中的 OH^- 与氟化镧晶体膜中的 F^- 交换，使结果偏高；pH 较低时，溶液中的 F^- 生成 HF 或 HF_2^-，使结果偏低。氟离子选择性电极的测定范围为 $10^{-1} \sim 10^{-6}mol \cdot L^{-1}$。在此范围内氟离子选择性电极电位与试液中的 a_{F^-} 有良好的线性响应。

（2）非均相膜电极 此类电极与均相膜电极的电化学性质完全一样，其敏感膜是由各种电活性物质（如难溶盐、螯合物或缔合物）与惰性基质如硅橡胶、聚乙烯、石蜡等混合制成的。

2. 非晶体膜电极

非晶体膜电极的敏感膜由电活性物质与电中性支持体物质构成。根据电活性物质性质的不同，可分为刚性基质电极和流动载体电极。

（1）刚性基质电极 这类电极也称玻璃电极，其敏感膜是由离子交换型的刚性基质玻璃熔融烧制而成的。其中使用最早也是使用最广泛的是 pH 玻璃电极，其构造及相应机理在前面已经讨论。除此以外，钠玻璃电极（pNa 电极）也为较重要的一种。其结构与 pH 玻璃电极相似，选择性主要取决于玻璃组成。对 Na_2O-Al_2O_3-SiO_2 玻璃膜，改变三种组分的相对含量，敏感膜会对一价金属离子具有选择性的响应。表 2-1 列出了几种阳离子玻璃电极的玻璃膜组成及其选择性系数。

表 2-1 几种阳离子玻璃电极的玻璃膜组成

主要响应离子	玻璃膜组成（摩尔分数）/%			选择性系数
	Na_2O	Al_2O_3	SiO_2	
Na^+	11	18	71	$K_{Na^+, K^+} = 3.3 \times 10^{-3}$
K^+	27	5	68	$K_{Na^+, K^+} = 5.0 \times 10^{-2}$
Ag^+	11	18	71	$K_{Ag^+, Na^+} = 1.0 \times 10^{-3}$
Li^+	15	25	60	$K_{Li^+, Na^+} = 0.3$

（2）流动载体电极（液膜电极） 流动载体电极又称为液膜电极，与玻璃电极不同，其敏感膜不是固体，而是液体，是溶于有机溶剂的金属配位剂渗透在多孔塑料膜内形成的液态离子交换体。如 Ca^{2+} 选择性电极就属于这类电极。Ca^{2+} 选择性电极的结构如图 2-5 所示，内参比溶液为含 Ca^{2+} 的水溶液。内外管之间装的是 $0.1mol \cdot L^{-1}$ 二癸基磷酸钙（液体离子交换剂）的苯基磷酸二辛酯溶液，其极易扩散进入微孔膜，但不溶于水，故不能进入试液溶液。二癸基磷酸根可以在液膜-试液两相界面间传递钙离子，直至达到平衡。由于 Ca^{2+} 在水相（试液和内参比溶液）中的活度与有机相中的活度差异，在两相之间产生相界

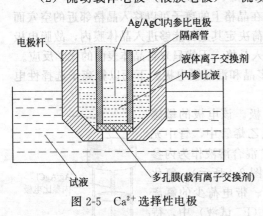

电极杆 Ag/AgCl内参比电极 隔离管 液体离子交换剂 内参比液

试液 多孔膜(载有离子交换剂)
图 2-5 Ca^{2+} 选择性电极

电位。液膜两面发生的离子交换反应：

$$\left[(RO)_2 PO_2 \right]_2^- Ca^{2+} \text{（有机相）} \longrightarrow 2 \left[(RO)_2 PO_2 \right]^- \text{（有机相）} + Ca^{2+} \text{（水相）}$$

Ca^{2+} 选择性电极适宜的 pH 范围是 $5.0 \sim 11.0$，可测出 $10^{-5} mol \cdot L^{-1}$ 的 Ca^{2+}。

其他用于敏感膜的液体很多，如具有 $R-S-CH_2COO^-$ 结构的液体离子交换剂，由于含有硫和羧基，可与重金属离子生成五元内环配合物，对 Cu^{2+}、Pd^{2+} 等具有良好的选择性；采用带有正电荷的有机液体离子交换剂，如邻菲罗啉与二价铁所生成的带正电荷的配合物，可与阴离子 ClO_4^-、NO_3^- 等生成缔合物，可制备对阴离子有选择性的电极；中性载体（有机大分子）液膜电极，由于载体具有中空结构，仅与适当离子配合，所以具有很高的选择性，如颉氨霉素（36 个环的环状缩酚酞）对钾离子有很高选择性，其选择性系数 $K_{K^+, Na^+} = 3.1 \times 10^{-3}$；冠醚化合物也可用作为中性载体，对 K^+ 具有很高选择性。表 2-2 列出了常见液膜电极以及它们的应用情况。

表 2-2 液膜电极及其应用

电极	电极组成	测量范围	pH 范围	干扰情况（近似 $K_{i,j}$）值
Ca^{2+}	$\left[(RO)_2 PO_2 \right]^-$	$0 \sim 5$	$5.5 \sim 11$	$Zn^{2+}(50)$；$Pb^{2+}(20)$；Fe^{2+}，$Cd^{2+}(1)$；Mg^{2+}，$Sr^{2+}(0.01)$；$Ba^{2+}(0.003)$；$Ni^{2+}(0.002)$；$Na^+ (0.001)$
Cu^{2+}	$R-S-CH_2COO^-$	$1 \sim 5$	$4 \sim 7$	$Fe^{2+} > H^+ > Zn^{2+} > Ni^{2+}$
Cl^-	NR_4^+	$1 \sim 5$	$2 \sim 11$	$ClO_4^-(20)$；$I^- (10)$；NO_3^-，$Br^- (3)$；$OH^- (1)$；HCO_3^-，$Ac^- (0.3)$；$F^- (0.1)$；$SO_4^{2-} (0.02)$
BF_4^-	$Ni(o\text{-phen})_3 (BF_4)_2$	$1 \sim 5$	$2 \sim 12$	$NO_3^-(0.005)$；Br^-，Ac^-，HCO_3^-，OH^- $Cl^- (0.005)$；$SO_4^{2-} (0.0002)$
ClO_4^-	$Fe(o\text{-phen})_3 (ClO_4)_2$	$1 \sim 5$	$4 \sim 11$	$I^- (0.05)$；NO_3^-，OH^-，$Br^- (0.002)$
NO_3^-	$Ni(o\text{-phen})_3 (NO_3)_2$	$1 \sim 5$	$2 \sim 12$	$ClO_4^-(1000)$；$I^- (10)$；$ClO_3^-(1)$；$Br^- (0.1)$；$NO_2^- (0.05)$；HS^-，$CN^- (0.02)$；Cl^-，$HCO_3^- (0.002)$；$Ac^- (0.001)$

3. 敏化电极

敏化电极是将离子选择性电极与另一种特殊的膜结合起来组成的一种复合膜电极，它包括以下几种类型。

（1）气敏电极　气敏电极是基于界面化学反应的敏化电极，由离子选择性电极（指示电极）与参比电极组装在一起，将它们装在一个盛有电解质的套管内，在管的底部，紧靠离子选择性电极敏感膜处装有透气膜，使电解质与外部试液隔开。当电极接触到含有待测气体的试样时，试样中待测组分气体选择性地通过透气膜扩散进入离子选择性电极的敏感膜与透气膜之间的极薄液层内，使接触到液层的离子选择性电极敏感膜的离子活度发生变化，则离子选择性电极的膜电位发生改变，从而使电池电动势发生变化而反映出试液中待测组分的量。气敏电极的结构如图 2-6 所示。

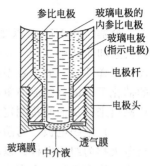

图 2-6　气敏电极结构

气敏电极可用于检测溶于溶液中的溶解性气体或气体试样中的气体组成。目前，已经制备成能测定许多种气体的气敏电极，其中以气敏氨电极应用最为广泛。表 2-3 列出了常见气敏电极的组成和性质。

表 2-3　常见气敏电极的组成和性质

电极	指示电极	透气膜	内充液	平衡式	检测下限 /mol · L^{-1}
CO_2	pH 玻璃电极	微孔聚四氟乙烯 硅橡胶	0.01mol · L^{-1}NaHCO$_3$ 0.01mol · L^{-1}NaCl	$CO_2 + H_2O \rightleftharpoons H^+ + HCO_3^-$ $CO_2 + H_2O \rightleftharpoons H^+ + HCO_3^-$	约 10^{-5} 约 10^{-5}
NH_3	pH 玻璃电极	0.1mm 微孔聚四氟乙烯或聚偏氟乙烯	0.01mol · L^{-1}NH$_4$Cl	$NH_3 + H_2O \rightleftharpoons NH_4^+ + OH^-$	约 10^{-6}
SO_2	pH 玻璃电极	0.025mm 硅橡胶	0.01mol · L^{-1}NaHSO$_3$	$SO_2 + H_2O \rightleftharpoons HSO_3^- + H^+$	约 10^{-6}
NO_2	pH 玻璃电极	0.025mm 微孔聚丙烯	0.02mol · L^{-1}NaNO$_2$	$2NO_2 + H_2O \rightleftharpoons 2H^+ + NO_3^- + NO_2^-$	约 10^{-7}
H_2S	硫离子电极（Ag$_2$S）	微孔聚四氟乙烯	柠檬酸缓冲液（pH=5）	$S^{2-} + H_2O \rightleftharpoons HS^- + OH^-$	约 10^{-3}
HCN	硫离子电极	微孔聚四氟乙烯	0.01mol · L^{-1} KAg(CN)$_2$	$HCN \rightleftharpoons H^+ + CN^-$ $Ag^+ + 2CN^- \rightleftharpoons Ag(CN)_2^-$	约 10^{-7}

（2）酶电极　酶电极是基于界面酶催化化学反应的一类敏化电极。此处的界面反应是酶催化的反应。酶电极是将一种或一种以上的生物酶涂布在通常的离子选择性电极的敏感膜上，通过酶的催化作用，试液中待测物向酶膜扩散，并与酶层接触发生酶催化反应，引起待测物质活度发生变化，被电极响应；或使待测物产生能被该电极响应的离子，间接测定该物质。酶电极的结构如图 2-7 所示。

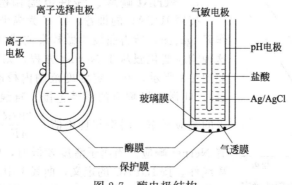

图 2-7　酶电极结构

如尿素酶电极是以 NH_3 电极为指示电极，把脲酶固定在 NH_3 电极的敏感透气膜上而制成的。当试液中的尿素与脲酶接触时，发生分解反应：

$$CO(NH_2)_2 + H_2O \xrightarrow{\text{尿酶}} 2NH_3 + CO_2$$

分解产物 NH_3 可以通过气敏氨电极测定，从而间接测定出尿素的浓度。该电极可以检测血浆和血清中 $0.05\sim5\ mmol\cdot L^{-1}$ 的尿素。酶是具有特殊生物活性的催化剂，酶的催化反应选择性强、催化效率高，而且大多数酶催化反应可在常温下进行，许多复杂化合物在酶的催化下都能分解成简单化合物或离子，而这些简单化合物或离子，可以被离子选择性电极检测出来，从而间接测定这些化合物，此类电极在生命科学中的应用日益受到重视。

（3）组织电极　与酶电极相似，只是以动物、植物组织代替酶作为敏感膜的一部分的一类电极称为组织电极。以动物、植物组织作为敏感膜，具有许多优点：动物、植物组织来源丰富，许多组织中含有大量的酶；动物、植物组织性质稳定，组织细胞中的酶处于天然状态，可发挥较佳功效；专属性强；寿命较长；制作简便、经济，生物组织具有一定的机械性能等。组织电极的制作关键是生物组织膜的固定化，通常采用的方法有物理吸附、共价附着、交联、包埋等。已经研究出的一些组织电极的酶源与测定对象见表 2-4。

表 2-4　组织电极的酶源与测定对象

组织酶源	测定对象	组织酶源	测定对象
香蕉	草酸、儿茶酚	烟草	儿茶酚
菠菜	儿茶酚类	番茄种子	醇类
甜菜	酪氨酸	燕麦种子	精胺
土豆	儿茶酚、磷酸盐	猪肝	丝氨酸、L-谷氨酰胺
花椰菜	L-抗坏血酸	猪肾	L-谷氨酰胺
莴苣种子	H_2O_2	鼠脑	嘌呤、儿茶酚胺
玉米脐	丙酮酸	大豆	尿素
生姜	L-抗坏血酸	鱼鳞	儿茶酚胺
葡萄	H_2O_2	红细胞	H_2O_2
黄瓜汁	L-抗坏血酸	鱼肝	尿酸
卵形植物	儿茶酚	鸡肾	L-赖氨酸

五、离子选择性电极的主要性能指标

评价某一种离子选择性电极的性能优劣或某一个电极的质量好坏时，通常可用下列一些性能指标来加以衡量。

1. Nernst 响应、线性范围和检测下限

按照 IUPAC 的推荐，以 E 为纵坐标、以 $\lg a_i$ 为横坐标作 E-$\lg a_i$ 图，所得曲线叫做校准曲线（或称标准曲线）。若这种响应变化服从于 Nernst 方程，则称它为 Nernst 响应。如图 2-8 所示，在一定活度范围内校准曲线的直线段（ab 段），叫做电极响应的线性范围。直线段 ab 的斜率即为电极的响应斜率。斜率与理论值 $\dfrac{2.303RT}{nF}$ 一致时，称电极具有 Nernst 响应。当离子活度较低时，曲线就逐渐弯曲，偏离线性。按 IUPAC 的定义，曲线 1 中 A 点所对应的活度 a_i 为检测下限。如为曲线 2 的形状，直线 ab 延长线与曲线弯

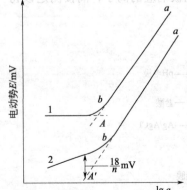

图 2-8　校准曲线及检测下限的确定

曲部分相距 $\frac{18}{n}$mV 的 A' 处所对应的离子活度叫做检测下限。

2. 响应时间、稳定性和重现性

根据 1976 年 IUPAC 建议，离子选择性电极的响应时间是指从离子选择性电极和参比电极一起接触试液时（或试液中待测离子浓度改变时）算起，至到达与稳定电位值相差不超过 1mV 时所经过的时间。待测离子活度、共存离子的性质、膜的性质、温度等因素均影响响应时间的长短，一般为 2～15min。通常溶液的浓度越大，响应时间越短。搅拌可以加快达到平衡的速率，缩短响应时间。

电极的稳定性是指电极的稳定程度，常用漂移来表示。漂移是指在恒定的组成和温度的溶液中，离子选择性电极的电位随时间缓慢而有序地改变的程度，一般漂移应小于 1mV·$(12\,h)^{-1}$。

电极的重现性是将电极从 10^{-3} mol·L^{-1} 溶液中移入到 10^{-2} mol·L^{-1} 溶液中，往返三次，分别测定其电位值，用测得电位值的平均偏差表示电极的重现性。

第四节 离子选择性电极分析的仪器

在离子选择性电极的分析中，关键是要准确地测量电极电位，由电极电位值求出待测物的含量，而测量电极电位实际上是测量由参比电极和指示电极、试液溶液、搅拌装置及测量电动势的仪器组成得到的。离子选择性电极分析仪器实际上是通过电极把溶液中离子活度变成的电信号直接显示出的装置。常用的仪器有专门为测定酸度设计的酸度计和测定离子活度的离子计，这两类仪器的原理和功能基本相同，但在一些具体结构和性能上各有特点。

一、对测试仪器的要求

对测试仪器的要求，主要是要有足够高的输入阻抗和必要的测量精度与稳定性。

1. 输入阻抗

离子选择性电极的内阻可高达 10^8 Ω，仪器的输入阻抗必须与之匹配。输入阻抗越大，越接近零电流的测试条件，测量准确度越高，一般要求仪器的输入阻抗在 10^{11} Ω 以上。

2. 测量精度和量程

为了保证离子选择性电极测定离子活度的相对误差在 1% 以内，仪器的最小读数应达 0.1mV。为保证仪器既有高精度又有足够的量程，所以离子计的测量范围不应超出 -1000～+1000mV 范围。

3. 定位

$E=K'\pm(S\lg a_i)V$（298K 时，$S=0.0592/n_i$）。为使测量标准化，必须将公式中的 K' 校正好，通过电位器的调节，使 Nernst 公式简化为：$E=\pm(S\lg a_i)V$，使测得的电动势与待测离子的活度的对数呈简单的线性关系。

4. 温度和电极斜率补偿

为了使电池电动势 E 与对应离子的活度对数 $\lg a_i$ 的关系不受温度和电极斜率变化所带来的影响，必须对温度和电极斜率进行补偿后，才能使测量标准化。温度补偿是补偿因溶液温度引起电极斜率的变化；斜率补偿是补偿电极本身斜率与理论值的差异。有的仪器将二者合一，称为"斜率"、"电极系数"或"灵敏度"旋钮。

二、常用的测量仪器

1. 酸度计

酸度计的品种和型号有很多，主要用于测量溶液的 pH 值及电池电动势。按其精密度的不同可分为 0.1 pH，0.2 pH，0.01 pH 等不同的等级。按显示方式不同，可分为表头指示和数字显示等。现在通用的酸度计大多数是数字显示式的。

2. 离子计

离子计是专为离子选择性电极分析设计的仪器，具有测量标准化功能的电路，以 pX、浓度或电动势（mV）显示结果，使用方便。常用的有 pXD-2 型通用离子计、pXD-3 型离子计等。

第五节 离子选择性电极测定离子活（浓）度的方法及影响因素

离子选择性电极可以直接用来测定离子的活（浓）度，也可以作为指示电极用于电位滴定。本节只讨论直接电位分析法。

将离子选择性电极（指示电极）作为正极，参比电极（常用饱和甘汞电极）作为负极组成测量电池：

（一）参比电极｜试液‖指示电极（＋）

此时电池的电动势 E 为

$$E = K \pm \frac{2.303RT}{nF} \lg a_i \tag{2-15}$$

式中，i 为阳离子时，取"＋"号；i 为阴离子时，取"－"号。一定条件下，电池电动势 E 与 $\lg a_i$ 呈线性关系，这是离子选择性电极直接用来测定离子的活（浓）度定量分析的基础。

如果参比电极作为正极，离子选择性电极作为负极组成电池，则 i 为阳离子时，取"－"号；i 为阴离子时，取"＋"号。

由于活度系数是离子强度的函数，因此，只要固定溶液离子强度，即可使溶液的活度系数恒定不变，则式（2-15）可变为

$$E = K' \pm \frac{2.303RT}{nF} \lg c_i \tag{2-16}$$

根据式（2-16）就可由电动势值求得待测离子的浓度。

为了固定溶液离子强度，使溶液的活度系数恒定不变，实验中常常向标准溶液中加入大量对待测离子不干扰的惰性电解质溶液来固定溶液离子强度，称为"离子强度调节剂（ISA）"。此外，有时还要在离子强度调节剂中加入适量的 pH 缓冲剂和一定的掩蔽剂，用来控制溶液的 pH 值和掩蔽干扰离子。这种将 ISA、pH 缓冲剂和掩蔽剂合在一起的溶液，称为"总离子强度调节缓冲剂"，简称 TISAB。TISAB 的作用是恒定离子强度、控制溶液 pH 值、掩蔽干扰离子以及稳定液接电位，它能直接影响测定结果的准确度。

一、离子选择性电极测定离子活（浓）度的方法

直接电位分析法测定离子活（浓）度时，按分析过程的不同，测量的具体方法有多种，

下面介绍常用的几种方法。

1. 直接比较法

先测出浓度为 c_s 标准溶液的电池电动势 E_s，然后在相同条件下，测得浓度为 c_x 的待测液的电动势 E_x，则在 298K 时

$$\Delta E = E_x - E_s = \pm \left(\frac{0.0592}{n} \lg \frac{c_x}{c_s} \right) V$$

$$c_x = c_s \times 10^{\pm(n\Delta E/0.0592)} \tag{2-17}$$

为使测定有较高的准确度，必须使标准溶液和待测试液的测定条件完全一致，其中标准溶液的浓度与待测溶液的浓度也应尽量接近。

2. 标准曲线法

这种方法是首先配制一系列含有不同浓度被测离子的标准溶液，其离子强度用总离子强度调节缓冲剂（TISAB）调节，用选定的指示电极和参比电极插入以上溶液，测得电动势 E。作 E-$\lg c_i$ 关系曲线图（如图 2-9 所示），即标准曲线，在一定范围内它是一条直线。待测溶液进行离子强度调节后，用同一对电极测量它的电动势。从 E-$\lg c_i$ 图上找出与 E_x 相对应的浓度 c_x。由于待测溶液和标准溶液均加入离子强度调节液，调节到总离子强度基本相同，它们的活度系数基本相同，所以测定时可以用浓度代替活度。标准曲线法的优点是操作简便、快速，适用于同时分析测定大批同类样品，并能求出电极的线性范围和实际斜率。

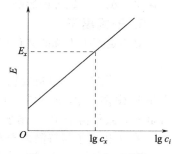

图 2-9　E-$\lg c_i$ 标准曲线

3. 标准加入法

标准加入法又叫做添加法或增量法。它是取一定体积 (V_x) 样品溶液先测其电动势为 E_x，然后加入一小体积 V_s（约为 $0.01V_x$）的待测离子标准溶液（浓度已知为 c_s，约为 $100c_x$），混匀后再测其电动势 E_{x+s}，最后根据 Nernst 方程算出待测离子的浓度。计算公式如下（298K）：

$$c_x = \frac{c_s V_s}{V_x (10^{\pm n\Delta E/0.0592} - 1)} \tag{2-18}$$

在测定过程中，控制 $\Delta E = E_{x+s} - E_x$ 的数值在 $30 \sim 40\text{mV}$ 为宜，在 100mL 试液中一般加入 $2 \sim 5\text{mL}$ 标准溶液。

标准加入法的优点是：①不用离子强度调节液，且能用于离子强度高、变化大、组分复杂试样的分析，并且适应性广、准确度高；②不需作标准曲线，仅需一种标准溶液，操作简单快速；③在有过量配位剂存在的系统中，本方法可测得离子的总浓度。

随着科学技术的发展、先进仪器的不断问世，电位分析法在环境保护、医药卫生、食品、工业生产、农业、地质勘探等许多领域中都有着广泛的应用，能用直接电位分析法测定的离子有几十种。

二、影响测定的因素

任何一种分析方法，其测量结果的准确度往往受多种因素的影响，电位分析法也不例外，它的测量结果的准确度同样受许多因素的影响，也就是说，它的测量结果的误差来源是多方面的。如电极的性能、测量系统、温度等，对于一个分析者而言，只有了解和掌握各种因素对测量结果的影响情况、了解误差的主要来源，才能在分析过程中正确掌握操作条件，获得准确的分析结果。下面就影响电位分析法结果准确度的几个主要因素分别加以讨论。

1. 温度

电位分析法的依据是工作电池的电动势在一定条件下与离子活度的对数值呈线性关系〔见式（2-15）〕。温度不但影响斜率，也影响直线的截距，K' 项包括参比电极电位、液接电位等，这些电位数值都与温度有关，所以为提高测定的准确度，在整个测量过程中应保持温度恒定。

2. 电动势的测量

由能斯特（Nernst）公式可知，电动势测量的准确度直接影响分析结果的准确度。因此，电位分析中要求测量仪器有较高的测量精度（小于或等于 ±1mV）。用直接电位法测定，误差一般较大，对高价离子尤为严重，因此离子电极适宜于测定低价离子，对于高价离子，将其转变为电荷数较低的配离子后测定是较为有利的。

工作电池的电动势本身是否稳定也影响测定的准确度。K' 不仅受温度的影响，也受搅拌速率、试液组成等的影响。故只有在严格的实验条件下，K' 才基本上保持不变。

3. 干扰离子

对测定产生干扰的共存离子称为干扰离子。在电位分析中，干扰离子的干扰主要有以下情况。

① 干扰离子与电极敏感膜发生反应。如：以氟离子选择性电极测定 F^-，当试液中存在大量柠檬酸根离子（Ct^{3-}）时，柠檬酸根和电极膜（LaF_3）反应生成可溶性配合物（LaCt），致使溶液中 F^- 增加，导致分析结果偏高。

② 干扰离子与待测离子发生反应。如氟离子选择性电极测定 F^- 时，若溶液中存在铁、铝、钨等，会与 F^- 形成配合物（不能被电极响应）而产生干扰。

③ 干扰离子影响溶液的离子强度，因而影响待测离子活度。对干扰离子的影响，一般可加入掩蔽剂加以消除，必要时需预先进行分离。对于能使待测离子氧化的物质，可加入还原剂以消除其干扰。

4. 溶液的 pH 值

酸度是影响测量的重要因素之一，一般在测定时，需要加缓冲溶液控制溶液的 pH 值范围。如用氟离子选择性电极测定 F^- 时，通常用柠檬酸缓冲溶液来控制试液的 pH 值。同时，柠檬酸盐能与 Fe^{3+}、Al^{3+} 等离子形成配合物，可用于消除 Fe^{3+}、Al^{3+} 等离子的干扰。

5. 待测离子的浓度

使用离子选择性电极可以检测的线性范围一般为 $10^{-1} \sim 10^{-6}$ mol·L^{-1}。检测下限主要取决于组成电极膜的活性物质的性质。如沉淀膜电极所能测定的离子活度不能低于沉淀本身溶解而产生的离子活度。

6. 响应时间

响应时间是指电极浸入试液后达到稳定的电位时所需要的时间。一般用达到稳定电位的 95% 所需时间表示。响应时间与待测离子到达电极表面的速率、待测离子活度、介质的离子强度、共存离子的存在以及膜的厚度、表面光洁度等因素有关。在测量过程中，通过搅拌溶液可缩短响应时间。

7. 迟滞效应

对同一活度值的离子试液，测出的电位值与离子选择性电极在测量前接触的试液成分有关，这种现象称为迟滞效应。它是电位分析法的主要误差来源之一。消除的方法是固定电极测量前的预处理条件。

三、离子选择性电极分析的应用

离子选择性电极是一种简单、迅速、能用于有色和浑浊溶液的非破坏性分析工具，它不要求复杂的仪器，可以分辨不同离子的存在形式，能测量少到几微升的样品，所以十分适于野外分析和现场自动连续监测。与其他分析方法相比，它在阴离子分析方面特别具有竞争能力。电极对活度产生响应这一点也有特殊意义，使它不但可用作配合物化学和动力学的研究工具，而且通过电极的微型化已被用于直接观察体液甚至细胞内某些重要离子的活度变化。离子选择性电极的分析对象十分广泛，它已成功地应用于环境监测、水质和土壤分析、临床化验、海洋考察、工业流程控制以及地质、冶金、农业、食品和药物分析等领域。

20 世纪中期，离子选择性电极已得到较全面的发展，在此基础上，科学工作者在 20 世纪 60 年代成功地把葡萄糖氧化酶固定到氧电极上制成第一只生物传感器，所谓生物传感器主要由分子识别元件（生物敏感膜）和换能器（将分子识别产生的信号转换成可检测的电信号）组成。其中电化学生物传感器是一个重要分支，它由电化学基础电极（换能器）和生物活性材料（分子识别元件）组成，故又称生物电极。生物电极应用中一个成功例子是血样中葡萄糖的检测。电极的微型化是近年来发展较快的技术。微电极的出现使活体分析、细胞分析及皮下监测等方面的应用成为现实。

第六节　电位滴定法

一、电位滴定法的原理

电位滴定法是一种用电位法确定终点的滴定方法。它以指示电极、参比电极与试液组成电池，然后加入滴定剂进行滴定，观察滴定过程中指示电极的电极电位的变化。在计量点附近，由于被滴定物质的浓度发生突变，所以指示电极的电位产生突跃，因此，测量电池电动势的变化，就能确定滴定终点。电位滴定法的测量仪器如图 2-10 所示，滴定时用磁力搅拌器搅拌试液以增大反应速率使其尽快达到平衡。

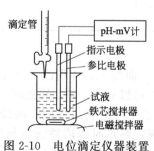

图 2-10　电位滴定仪器装置

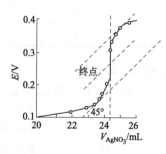

图 2-11　电位滴定曲线

可见，电位滴定法的基本原理与普通的滴定分析法并无本质的差别，其区别主要在于确定终点的方法不同。表 2-5 是用 $0.1\ mol \cdot L^{-1}$ 硝酸银标准溶液滴定氯离子时的数据示例。

二、电位滴定法终点的确定

在电位滴定法中，终点的确定方法主要有 E-V 曲线法、$\Delta E/\Delta V$-V 曲线法、二阶微商法等，现利用表 2-5 的数据讨论这几种确定终点的方法。

1. E-V 曲线法

以加入滴定剂的体积 V 为横轴、电动势 E 为纵轴作图，即得电位滴定曲线（如图 2-11 所示），该曲线也叫做 E-V 曲线。曲线的拐点即为滴定终点。确定的办法是：作两条与 E-V

线相切的对横轴夹角为45°的切线，两切线的等分线与E-V线的交点即是滴定终点。

表 2-5　0.1 mol·L⁻¹硝酸银标准溶液滴定氯化钠溶液

AgNO₃的体积 V/mL	E/V	$(\Delta E/\Delta V)/V·mL^{-1}$	$(\Delta^2 E/\Delta V^2)/V·mL^{-2}$
5.0	0.062	0.002	
15.0	0.085	0.004	
20.0	0.107	0.008	
22.0	0.123	0.015	
23.0	0.138	0.016	
23.50	0.146	0.050	
23.80	0.161	0.065	
24.00	0.174	0.09	
24.10	0.183	0.11	
24.20	0.194	0.39	2.8
24.30	0.233	0.83	4.4
24.40	0.316	0.24	−5.9
24.50	0.340	0.11	−1.3
24.60	0.351	0.07	−0.4
24.70	0.358	0.050	
25.00	0.373	0.024	
25.5	0.385	0.022	
26.0	0.396	0.015	
28.0	0.426		

2. ΔE/ΔV-V 曲线法

ΔE/ΔV-V 曲线法又称一阶微商法。ΔE/ΔV 表示在 E-V 曲线上，体积改变一小份引起 E 改变的大小。从图 2-12 可以看出，滴定终点时，V 改变一小份，E 改变最大，ΔE/ΔV 达到最大值；曲线最高点所对应的体积 V，即为滴定终点时所消耗滴定剂的体积。例如滴定至 24.10~24.20mL 之间，相应的电动势为 $E_{24.10}$ 和 $E_{24.20}$，则：

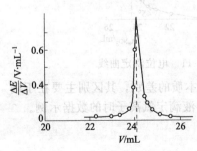

图 2-12　ΔE/ΔV-V 曲线

$$\frac{\Delta E}{\Delta V} = \frac{E_{24.20} - E_{24.10}}{(24.20 - 24.10)\text{mL}} = \frac{(0.194 - 0.183)V}{0.10\text{mL}}$$
$$= 0.11V·mL^{-1}$$

3. 二阶微商法

此法的依据是一阶微商曲线的极大值是终点，那么二阶微商 $\dfrac{\Delta^2 E}{\Delta^2 V} = 0$ 时就是终点。具体计算如下。

对应于 V＝24.30mL 有

$$\frac{\Delta^2 E}{\Delta^2 V} = \frac{\left(\frac{\Delta E}{\Delta V}\right)_{24.35} - \left(\frac{\Delta E}{\Delta V}\right)_{24.25}}{V_{24.35} - V_{24.25}} = \frac{(0.83 - 0.39)\text{V}}{(24.35 - 24.25)\text{ mL}^{-2}} = +4.4 \text{ V} \cdot \text{mL}^{-2}$$

同样，对应于 $V = 24.40\text{mL}$ 有

$$\frac{\Delta^2 E}{\Delta^2 V} = \frac{\left(\frac{\Delta E}{\Delta V}\right)_{24.45} - \left(\frac{\Delta E}{\Delta V}\right)_{24.35}}{V_{24.45} - V_{24.35}} = \frac{(0.24 - 0.83)\text{V}}{(24.45 - 24.35)\text{ mL}^{-2}} = -5.9 \text{V} \cdot \text{mL}^{-2}$$

既然二阶微商等于零处为终点，故滴定终点应在 $\Delta^2 E/\Delta^2 V$ 等于 $+4.4$ 和 -5.9 所对应的体积之间，即在 $24.30 \sim 24.40\text{mL}$ 之间，$\Delta^2 E/\Delta^2 V$ 的变化为 $4.4 - (-5.9) = 10.3$，设滴定剂消耗体积为 $(24.30 + x)$ mL 时，$\frac{\Delta^2 E}{\Delta^2 V} = 0$ 即为终点，则

$$0.10 : 10.3 = x : 4.4$$
$$x = 0.04\text{mL}$$

所以终点应为 $(24.30 + 0.04)$ mL $= 24.34\text{mL}$。

与滴定终点相对应的终点电位为

$$\left[0.233V + (0.316 - 0.233) \times \frac{4.4}{10.3}\right] V = 0.268V$$

此外，电位滴定也常用滴定至终点电位的方法来确定终点。此时，可以先将从滴定标准试样获得的经验计量点作为确定终点电动势的依据，这也就是自动电位滴定的方法依据之一。

自动电位滴定有两种类型：一种是自动控制滴定终点，当到达终点电位时，即自动关闭滴定装置，并显示滴定剂用量；另一种类型是自动记录滴定曲线，自动运算后显示终点时滴定剂的体积。

三、电位滴定法的应用

在电位滴定中判断终点的方法比用指示剂指示终点的方法更为客观，因此在许多情况下电位滴定更为准确，对于有色的或浑浊的、荧光性的、甚至不透明的溶液以及没有适当指示剂的滴定中，可用电位滴定来完成。另外，它也适于非水溶液的滴定。目前，电位滴定法已在医药卫生、环境保护、食品、工农业生产、地质勘探等许多领域都有广泛的应用。

① 酸碱滴定　可用玻璃电极作指示电极，SCE 作参比电极。

② 氧化还原滴定　在滴定过程中溶液中氧化态物质和还原态物质的浓度比值发生变化，可采用惰性电极作指示电极，一般用铂电极、饱和甘汞电极（SCE）作参比电极。

③ 沉淀滴定　根据不同的沉淀滴定反应，选择不同的指示电极。例如：用硝酸银滴定卤素离子时，在滴定过程中，卤素离子浓度发生变化，可用银电极来反映。目前，则更多采用相应的卤素离子选择性电极。如以 I^- 选择性电极作指示电极，可用硝酸银连续滴定 Cl^-、Br^-、I^-。

④ 配位滴定　以 EDTA 进行电位滴定时，可采用两种类型的指示电极。一种是应用于个别反应的指示电极，如用 EDTA 滴定 Fe^{3+} 时，可用铂电极（加入 Fe^{2+}）作指示电极；滴定 Ca^{2+} 时，则可用 Ca^{2+} 选择性电极作指示电极。另一种是能够指示多种金属离子浓度的电极，可称为 pM 电极，这是在试液中加入 Cu-EDTA 配合物，然后用 Cu^{2+} 选择性电极作指示电极，当用 EDTA 滴定金属离子时，溶液中游离的 Cu^{2+} 浓度受游离 EDTA 浓度的制约，所以 Cu^{2+} 选择性电极的电位可以指示溶液中游离 EDTA 的浓度，间接反映被测金属离子浓度的变化。

【知识拓展】

离子敏感场效应晶体管电极

离子敏感场效应晶体管电极是在金属氧化物-半导体场效应晶体管基础上构成的，它既具有离子选择性电极对敏感离子响应的特性，又保留场效应晶体管的性能，是一种微电子化学敏感器件。

金属氧化物-半导体场效应晶体管由 P 型硅薄片制成，其中有两个高掺杂的 n 区，分别作为源极和漏极，在两个 n 区之间的硅表面上有一层很薄的绝缘层，绝缘层上边为金属栅极，构成金属-氧化物-半导体组合层。在源极和漏极之间施加电压（V_d），电子便从源极流向漏极（产生漏电流 I_d），I_d 的大小受栅极和与源极之间电压（V_g）控制，并为 V_g 与 V_d 的函数。其结构如图 2-13 所示。将金属氧化物-半导体场效应晶体管的金属栅极用离子选择性电极的敏感膜代替，即成为对相应离子有选择性响应的离子敏感场效应晶体管电极。当它与试液接触并与参比电极组成测量体系时，由于在膜与试液的界面处产生膜电位而叠加在栅压上，将引起离子敏感场效应晶体管电极漏电流 I_d 相应改变，I_d 与响应离子活度之间具有类似于 Nernst 公式的关系。应用时，可保持 V_g 与 V_d 恒定，测量 I_d 与待测离子活度之间的关系；也可保持 V_d 与 I_d 恒定，测量 V_g 随待测离子活度之间的关系，此法结果较为准确。离子敏感场效应晶体管电极具有体积小、易于实行微型化和多功能化等特点，适用于自动控制监测和流程分析。

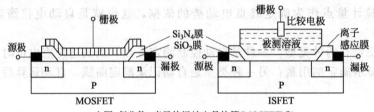

金属-氧化物-半导体场效应晶体管(MOSFET)和
离子敏场效应晶体管(ISFET)的比较

图 2-13　敏感场效应晶体管的结构

——摘自：高俊杰．仪器分析［M］．北京：国防工业出版社，2005

❓思考题与习题

1. 电极电位是否是电极表面与电解质溶液之间的电位差？单个电极的电位能否测量？

2. 用离子选择性电极测定离子活度时，若使用标准加入法，试用一种最简单方法求出电极响应的实际斜率。

3. 根据 1976 年国际纯粹与应用化学协会（IUPAC）推荐，离子选择性电极可分为几类？请举例说明。

4. 电极电位和电池电动势有何不同？

5. 简述一般玻璃电极的构造和作用原理。

6. 计算 $[OH^-] = 0.05 mol \cdot L^{-1}$，$p_{O_2} = 1.0 \times 10^3 Pa$ 时，氧电极的电极电势，已知 $O_2 + 2H_2O + 4e^- \Longrightarrow 4OH^-$，$\varphi^\ominus = 0.40V$。

7. 试从有关电对的电极电位，如 $\varphi_{Sn^{2+}/Sn}$、$\varphi_{Sn^{4+}/Sn^{2+}}$ 及 φ_{O_2/H_2O}，说明为什么常在 $SnCl_2$ 溶液加入少量纯锡粒以防止 Sn^{2+} 被空气中的氧所氧化？

8. 下列电池反应中，当 $[Cu^{2+}]$ 为何值时，该原电池电动势为零？

$$Ni(s) + Cu^{2+}(aq) \longrightarrow Ni^{2+}(1.0 mol \cdot L^{-1}) + Cu(s)$$

9. 下列说法是否正确？

（1）电池正极所发生的反应是氧化反应；

（2）$\varphi^{\ominus}$值越大则电对中氧化态物质的氧化能力越强；

（3）$\varphi^{\ominus}$值越小则电对中还原态物质的还原能力越弱；

（4）电对中氧化态物质的氧化能力越强则其还原态物质的还原能力越强。

10. 由标准钴电极和标准氯电极组成原电池，测得其电动势为 1.63V，此时钴电极为负极。现已知氯的标准电极电势为＋1.36V，问：

（1）此电池反应的方向如何？

（2）钴标准电极的电极电势是多少（不查表）？

（3）当氯气的压力增大或减小时，电池的电动势将发生怎样的变化？

（4）当 Co^{2+} 浓度降低到 $0.1mol \cdot L^{-1}$ 时，电池的电动势将如何变化？

11. 下述电池中溶液 pH＝9.18 时，测得电动势为 0.418V，若换一个未知溶液，测得电动势为 0.312V，计算未知溶液的 pH 值。

玻璃电极｜H^+(a_s 或 a_x)‖饱和甘汞电极

12. 将 ClO_4^- 选择性电极插入 50.00mL 某高氯酸盐待测溶液，与饱和甘汞电极（为负极）组成电池，测得电动势为 358.7mV；加入 1.00mL、$0.0500mol \cdot L^{-1}$ $NaClO_4$ 标准溶液后，电动势变成 346.1mV。求待测溶液中 ClO_4^- 浓度。

13. 将钙离子选择电极和饱和甘汞电极插入 100.00mL 水样中，用直接电位法测定水样中的 Ca^{2+}。25℃时，测得钙离子电极电位为 －0.0619V（对 SCE），加入 $0.0731mol \cdot L^{-1}$ 的 $Ca(NO_3)_2$ 标准溶液 1.00mL，搅拌平衡后，测得钙离子电极电位为 －0.0483V（对 SCE）。试计算原水样中 Ca^{2+} 的浓度。

14. 下表是用 $0.1250mol \cdot L^{-1}$ NaOH 溶液电位滴定 50.00mL 某一元弱酸的数据。

体积/mL	pH	体积/mL	pH	体积/mL	pH
0.00	2.40	36.00	4.76	40.08	10.00
4.00	2.86	39.20	5.50	40.80	11.00
8.00	3.21	39.92	6.57	41.60	11.24
20.00	3.81	40.00	8.25		

（1）绘制滴定曲线；（2）从滴定曲线上求出滴定终点的 pH 值；（3）计算弱酸的浓度。

15. 测定尿中含钙量，常将 24 h 尿样浓缩到较小的体积后，采用 $KMnO_4$ 间接法测定。如果滴定生成的 CaC_2O_4 需用 $0.08554mol \cdot L^{-1}$ $KMnO_4$ 溶液 27.50mL 完成滴定，计算 24h 尿样中钙含量。

参 考 文 献

[1] 周梅村，朱利华. 仪器分析 [M]. 武汉：华中科技大学出版社，2008.

[2] 刘约权. 现代仪器分析 [M]. 北京：高等教育出版社，2006.

[3] 高小霞. 电分析法导论 [M]. 北京：科学出版社，1986.

[4] 曾泳淮，林树昌. 仪器分析 [M]. 北京：高等教育出版社，2003.

[5] 高俊杰. 仪器分析 [M]. 北京：国防工业出版社，2005.

[6] 董绍俊，车广礼，谢远武. 化学修饰电极 [M]. 北京：科学出版社，2003.

第三章

极谱与伏安分析法

Chapter **03**

本章提要

极谱是利用浓差极化现象进行分析的，它是一种在特殊情况下进行电解的分析方法，根据发生电化学时所产生的电流大小可以获得待测组分的含量。本章主要阐述极谱分析法的基本原理，极谱分析中干扰电流产生的原因及其消除方法，并介绍溶出伏安法的原理及特点。要求掌握极谱定量分析的理论基础；了解极谱中的扩散电流、残余电流、迁移电流、极谱极大和氧波产生的原因及干扰电流的消除方法；了解线性扫描极谱法、脉冲极谱法和溶出伏安法等极谱现代分析方法；掌握极谱定量分析的方法。

第一节 极谱与伏安分析概述

极谱与伏安分析法都是以测定电解过程中所得的电压-电流曲线为基础而建立的电化学分析方法。它们都是以工作电极和参比电极组成电解池，通过待分析物质的稀溶液，得到电流-电压曲线而进行定性、定量分析的。所不同的是伏安法是使用表面静止的电极或固体电极，如悬汞电极、铂电极、石墨电极等为工作电极；而极谱法是指使用滴汞电极或其他表面能够周期性更新的液体电极为工作电极的方法。

1922 年捷克科学家海洛夫斯基 J. Heyro Vsky 创立了极谱法，1925 年他与日本学者志方益三合作研制出了世界上第一台极谱仪。1934 年捷克科学家尤考维奇推导出极谱扩散电流方程式，为极谱分析的发展奠定了理论基础。20 世纪 40 年代左右极谱法已被广泛应用于实际分析工作中，50～60 年代极谱分析得到了很大改进和发展，海洛夫斯基也于 1959 年荣获 Nobel 化学奖。

极谱法具有精密度好、准确度高、所需试样量少、分析速度快、检出限低、样品能重复使用、设备简单等优点，已广泛应用于超纯材料、矿物、冶金、环境分析等领域，测定对象既有无机物质、有机物质，也有某些生化物质。极谱法不仅被用于微量物质的测定，而且被用于研究电极过程及与电极过程有关的化学反应，例如催化反应、配位反应和质子化反应等，已经广泛应用于食品、医药、化工、环保等检测领域。

第二节 极谱分析法的基本原理

一、极谱分析的基本装置

极谱分析法实际上是特殊条件下的电解分析。极谱法中用到的极谱仪各式各样，尽管它们的线路较为复杂，但基本装置图是一致的，现以直流极谱法为例来阐述其基本装置，如图 3-1 所示，可分为电压装置、电流计和电解池三大部件。

（1）外加电压装置　提供可变的外加直流电压（分压器）。由直流电源可变电阻 R 和滑线电阻 R' 构成。可连续地改变施加于电解池的电压（一般从 $0\sim20\text{V}$），并可由伏特表 G 指示。

（2）电流测量装置　包括分流器，灵敏电流计 V。

（3）电解池　由一个面积较小的滴汞电极作工作电极［贮汞瓶中的汞沿着乳胶管及毛细管（内径约 0.05mm）滴入电解池中，

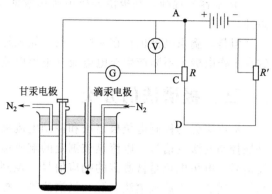

图 3-1　直流极谱基本装置

贮汞瓶高度一定，汞滴以一定的速度（3～5s/滴）均匀滴下］，另一个面积较大、电极电位恒定的甘汞电极作参比电极与待测溶液组成。极谱中采用滴汞电极（DME）。

二、极谱分析的原理及特点

极谱法是一种在特殊条件下进行的电解分析法。由极谱装置图可知，极化电极（滴汞电极）通常和极化电压负端相连，参比电极（甘汞电极）和极化电压正端相连。当施加于两电极上的外加直流电压达到足以使被测电活性物质在滴汞电极上还原的分解电压之前，通过电解池的电流一直很小（此微小电流称为残余电流），达到分解电压时，被测物质开始在滴汞电极上还原，产生极谱电流，此后极谱电流随外加电压增高而急剧增大，并逐渐达到极限值（极限电流），不再随外加电压增高而增大。这样得到的电流-电压曲线，称为极谱波。极谱波的半波电位 $\varphi_{1/2}$ 是被测物质的特征值，可用来进行定性分析。扩散电流依赖于被测物质从溶液本体向滴汞电极表面扩散的速度，其大小由溶液中被测物质的浓度决定，据此可进行定量分析。

进行极谱分析时，外加电压 U 和阳极电位 φ_a、阴极电位 φ_c、电流强度 i 和电路中的总电阻 R（包括溶液电阻）关系如下：

$$U=\varphi_a-\varphi_c+iR \tag{3-1}$$

极谱分析时，由于通过的电流 i 通常很小，仅有几个微安，且在极谱分析中，常常要加入大量支持电解质，使电解池内的内阻 R 变得很小，则 iR 可忽略不计。

$$U=\varphi_a-\varphi_c \tag{3-2}$$

式中，φ_a 表示参比电极的电位，是固定不变的，可以假设为零。则式（3-2）变为

$$U=-\varphi_c \tag{3-3}$$

此时，滴汞电极 φ_c 的电极电位是以参比电极 φ_a 为标准的，数值等于外加电压。

滴汞电极的特点：极谱分析是一类以滴汞电极为工作电极的电分析化学法。这不仅是由于滴汞电极面积小，电解时电流密度大，溶液达到完全浓差极化，还由于滴汞电极具有其他微电极不具备的特点。

① 在极谱分析中，滴汞不断滴落，使电极表面不断更新，重复性好；

② 氢在汞上的过电位较大，一般当滴汞电极电位达到 -1.3V（vs. SCE）时，H^+ 还不会放电，这使得极谱分析可以在酸性溶液中测定的金属离子范围大大扩展；

③ 许多金属与汞生成汞齐，降低了其析出电位，所以在碱性溶液中也能对碱金属和碱

土金属进行分析；

④ 汞容易提纯，在极谱分析中所用汞能达到很高的纯度，为分析结果的重现性创造了条件。

但是，滴汞电极也存在一些缺点，如汞易挥发，汞蒸气有毒，汞滴面积的不断变化会导致在工作电极上不断产生充电电流（电容电流），引起测量误差等。

三、极谱法的分类

极谱法分为控制电位极谱法和控制电流极谱法两大类。在控制电位极谱法中，电极电位是被控制的激发信号，电流是被测定的响应信号。在控制电流极谱法中，电流是被控制的激发信号，电极电位是被测定的响应信号。控制电位极谱法包括直流极谱法、交流极谱法、单扫描极谱法、方波极谱法、脉冲极谱法等。控制电流极谱法有示波极谱法，此外还有极谱催化法、溶出伏安法。

1. 直流极谱法

直流极谱法又称恒电位极谱法。通过测定电解过程中得到电流-电位曲线来确定溶液中被测成分的浓度，其特点是电极电位改变的速率很慢。它是一种广泛应用的快速分析方法，适用于测定能在电极上还原或氧化的物质。

2. 交流极谱法

将一个小振幅（几到几十毫伏）的低频正弦电压叠加在直流极谱的直流电压上面，通过测量电解池的支流电流得到交流极谱波，峰电位等于直流极谱的半波电位 $\varphi_{1/2}$，峰电流 i_p 与被测物质浓度成正比。该法的特点是：①交流极谱波呈峰形，灵敏度比直流极谱高，检测下限可达到 10^{-7} mol·L^{-1}；②分辨率高，可分辨峰电位相差 40mV 的相邻两极谱波；③抗干扰能力强，前还原物质不干扰后还原物质的极谱波测量；④叠加的交流电压使双电层迅速充放电，充电电流较大，限制了最低可检测浓度进一步降低。

3. 单扫描极谱法

在一个汞滴生长的后期，其面积基本保持恒定的时候，在电解池两电极上快速施加一脉冲电压，同时用示波器观察在一个滴汞上所产生的电流-电压曲线。该法的特点是：①极谱波呈峰形，灵敏度比直流极谱法高 1~2 个数量级，检测下限可达到 10^{-7} mol·L^{-1}；②分辨率高，抗干扰能力强，可分辨峰电位相差 50mV 的相邻两极谱波，前还原物质的浓度比后还原物质浓度大 100~1000 倍也不干扰测定；③快速施加极化电压，产生较大的充电电流，故需采取有效补偿充电电流的措施；④不可逆过程不出现极谱峰，减小以致完全消除了氧波的干扰。

4. 方波极谱法

在通常的缓慢改变的直流电压上面，叠加上一个低频率小振幅（≤50mV）的方形波电压，并在方波电压改变方向前的一瞬间记录通过电解池的交流电流成分。方波极谱波呈峰形，峰电位 E_p 和直流极谱的 $E_{1/2}$ 相同，峰电流与被测物质浓度成正比。该法的特点是：①它是在充电电流充分衰减的时刻记录电流，极谱电流中没有充电电流，因此可以通过放大电流来提高灵敏度，检测下限可达到 $10^{-8}\sim10^{-9}$ mol·L^{-1}；②分辨率高，抗干扰能力强，可分辨峰电位相差 25mV 的相邻两极谱波，前还原物质的量为后还原物质的量 10^4 倍时，仍能有效地测定痕量的后还原物质；③氧波的峰电流很小，在分析含量较高的物质时，可以不需除氧；④为了减小时间常数，充分衰减充电电流，要求被测溶液内阻不大于 50Ω，支持电解质浓度不低于 0.2mol·L^{-1}，因此要求试剂具有特别高的纯度；⑤毛细管噪声电流较大，限制了灵敏度的进一步提高。

5. 脉冲极谱法

在汞滴生长到一定面积时在直流电压上面叠加一小振幅（10～100mV）的脉冲方波电压并在方波后期测量脉冲电压所产生的电流。依脉冲方波电压施加方式不同，脉冲极谱法分为示差脉冲极谱和常规脉冲极谱。前者是直流线性扫描电压上叠加一个等幅方波脉冲，得到的极谱波呈峰形，后者施加的方波脉冲幅度是随时间线性增加的，得到的每个脉冲的电流-电压曲线与直流极谱的电流-电压曲线相似。该法的特点是：①灵敏度高，在充分衰减充电电流 i_C 和毛细管噪声电流 i_N 的基础上放大法拉第电流，使检测下限可以达到 10^{-8}～$10^{-9}\,mol \cdot L^{-1}$；②分辨率好，抗干扰能力强，可分辨 $E_{1/2}$ 或 E_p 相差 25mV 的相邻两极谱波，前还原物质的量比被测物质的量高 5×10^4 倍也不干扰测定；③由于脉冲持续时间较长，使用较低浓度的支持电解质时仍可使 i_C 和 i_N 充分衰减，从而可降低空白值；④脉冲持续时间长，电极反应速度缓慢的不可逆反应，如许多有机化合物的电极反应，也可达到相当高的灵敏度，检测下限可以达到 $10^{-8}\,mol \cdot L^{-1}$。

6. 示波极谱法

一种控制电流极谱法，用示波器观察或记录极谱曲线。常用的极化电极是悬汞电极和汞膜电极，参比电极是镀汞银电极、汞池电极或钨电极。将 220V 交流正弦电压经高电阻 R（约 10^5～$10^6\,\Omega$）调压至 2V 加到电解池上。在交流电压上叠加一可调直流电压，以在 0～-2V 范围内提供一个固定的电位。交流电的高电压几乎全部落在高电阻上，通过电解池的交流电流的振幅是恒定的，主要是测定它的电流变化。示波管的垂直偏向板与两个电极相连，在水平偏向板上用锯齿波扫描。当扫描电压与交流电压同步和使用固定微电极时，荧光屏上出现稳定的电位-时间曲线。

四、极谱波的形成

极谱波是电流 i 与电位的关系曲线。以电解池中盛放 $CdCl_2$（浓度约 $5\times10^4\,mol \cdot L^{-1}$）溶液为例，其中含有"支持电解质"KCl 约 $0.1\,mol \cdot L^{-1}$。通入惰性气体（氮或氢）除去溶解于溶液中的氧。调节汞柱高度使得汞滴以 3～4s/滴的速度滴下。移动接触点在分压划线上的位置，使在两极上的外加电压从零逐渐增加，记录下不同电压时对应的电流值，绘制电压-电流曲线，如图 3-2 所示。

由图 3-2 可知，极谱波可分成三个部分。

（1）残余电流部分（AB 段）　当外加电压未达到 Cd^{2+} 的分解电压，亦即施加在电极上的电位未达到 Cd^{2+} 的析出电位时，回路上仍有微小的电流通过，此电流称为残余电流 i_r，i_r 包含有两部分：一是滴汞电极的充电电流（这是主要的），二是可能共存杂质还原的法拉第电流。

（2）电流上升部分（BD 段）　$U_{外}$ 增大，当到

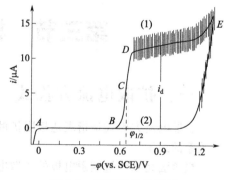

图 3-2　镉离子的极谱波

达 Cd^{2+} 的析出电位时，Cd^{2+} 在滴汞电极还原，产生电解电流，即为 B 点，电极反应为

阴极　$Cd^{2+}+2e^-+Hg \Longrightarrow Cd(Hg)$　（镉汞齐，向汞滴中心扩散）

阳极　$2Hg-2e^-+2Cl^- \Longrightarrow Hg_2Cl_2$

$$\varphi_{DME} = \varphi_{Cd^{2+}/Cd}^{\ominus} + \left\{ \frac{0.0592}{2}lg \frac{[Cd^{2+}]}{[Cd(Hg)]} \right\} V \quad (25℃)$$

式中，$[Cd^{2+}]$ 是 Cd^{2+} 在滴汞表面溶液中的浓度；$[Cd(Hg)]$ 是金属镉在 Hg 中的浓度。

$U_{外}$继续增大，Cd^{2+}迅速被还原，而电解电流 i 迅速上升，即为 BD 段。

此时，由于 Cd^{2+}迅速被还原，且溶液是静止的，所以汞滴表面溶液的 Cd^{2+}浓度 c^s 小于溶液本体中 Cd^{2+}的平衡浓度 c^0，产生了浓差极化，在汞滴周围形成了一层扩散层，若设其厚度为 δ，则浓度梯度为 $\dfrac{c^0-c^s}{\delta}$，Cd^{2+}从溶液的本体向汞滴表面扩散。电解电流受到 Cd^{2+}的扩散速度所制约，这样的电解电流称为扩散电流 i（扣除残余电流 i_r 后的电解电流），$i \propto$ Cd^{2+}的扩散速度$\propto\dfrac{c^0+c^s}{\delta}$

可写成

$$i=K_s(c^0-c^s) \tag{3-4}$$

（3）极限扩散电流部分（DE 段）　当 $U_{外}$ 进一步增大，使 φ_c 负到一定值时，由于 Cd^{2+} 在 DME 上的迅速反应，Cd^{2+} 向 DME 表面的扩散跟不上电极反应的速度，电极反应可以进行到如此完全的程度，以至于滴汞表面的溶液中，Cd^{2+} 的浓度趋于零。这时，在每一瞬间，有多少 Cd^{2+} 扩散到电极表面，就同样有多少 Cd^{2+} 被还原，这种情况称为完全浓差极化，电解电流到达最大值，称为极限电流 i_l，而扣除残余电流 i_r 后的极限电流，称为极限扩散电流 i_d，即 $i_d=i_l-i_r$。因为 $c^s=0$，所以式（3-4）可表示为

$$i_d=K_s c^0 \tag{3-5}$$

这就是极谱定量分析的基本依据。此后，φ_c 继续变负时，i_d 保持不变，出现了 DE 段的平台。当扩散电流为极限扩散电流一半（图 3-2 中的 C 点）时所对应的 DME 的电位称为半波电位 $\varphi_{1/2}$。当溶液的组成、温度一定时，每一种物质的 $\varphi_{1/2}$ 一定，这是极谱定性分析的依据。

从极谱波的形成，可以看出：极谱波的产生是由于工作电极的浓差极化，所以 i-φ 曲线也叫极化曲线，极谱法也由此而得名。要产生完全浓差极化，必要的条件是：①工作电极的表面积要足够小，这样电流密度才会大，c^s 才容易趋于零；②被测物质浓度要稀，也使 c^s 容易趋于零；③溶液要静止，才能在电极周围建立稳定的扩散层。

第三节　极谱定量分析基础

一、扩散电流方程式

扩散电流方程式是指表达极限扩散电流与在滴汞电极上进行电极反应的物质浓度之间定量关系的式子。

极谱法是以测量滴汞电极的扩散电流为定量分析基础的，在一定电位下，受扩散控制的电解电流可表示为：

$$i=K_s(c^0-c^s)$$

式中，K_s 为比例常数；c^s 为电极表面被测金属离子的浓度；c^0 为溶液本体中被测金属离子的浓度。当外加电压继续增加使滴汞电极的电位变得更负时，c^s 将趋近于零，此时有：

$$i_d=K_s c^0$$

即扩散电流正比于溶液中被测金属离子的浓度而达到极限值，不再随外加电压的增加而改变。

上式中比例常数 K_s，在滴汞电极上称为尤考维奇（Ilkovic）常数，为

$$K_s = 607nD^{1/2}m^{2/3}\tau^{1/6}$$

所以：

$$i_d = 607nD^{1/2}m^{2/3}\tau^{1/6}c^0 \tag{3-6}$$

式（3-6）称为扩散电流方程式，或尤考维奇（Ilkovic）方程式。式中，i_d 为平均极限扩散电流（单位为 μA），代表汞滴自形成到落下过程中汞滴上的平均电流；n 为电极反应中电子的转移数；D 为电极上起反应的物质在溶液中的扩散系数，$cm^2 \cdot s^{-1}$；m 为汞流速度，$mg \cdot s^{-1}$；τ 为在测量 i_d 的电压时的滴汞周期，s；c^0 为在电极上起反应的物质的浓度，$mol \cdot L^{-1}$。

从尤考维奇方程式可知，当其他各项因素不变时，极限扩散电流与被测物质的浓度成正比，这是极谱定量分析的基础。

二、影响扩散电流的因素

从扩散电流方程式可以看出，影响扩散电流大小的因素有以下三点。

（1）温度的影响　在扩散电流方程式中，除电极反应转移电子数 n 不受温度影响外，其余各项均受温度影响，尤其是待测组分在溶液中的扩散系数 D 受温度的影响较大。有实验证明，温度每增加 1℃，扩散电流约增加 1.3%。因此，必须控制电解池的温度，使其波动不超过 ±0.5℃。

在实际测定中，由于标准溶液与试液在同一条件下进行测定，两者之间的温度差别很小，产生的影响可以忽略不计。

（2）溶液组成的影响　溶液中的离子强度、溶液的黏度、介电常数等因素影响到扩散系数 D。溶液的组成不同，黏度也不同，溶液的黏度越大，扩散系数越小，扩散电流 i_d 也越小。所以，在极谱分析中，要求标准溶液的组成和试样溶液的组成基本上一致。

（3）毛细管特性的影响　扩散电流方程式表明，平均极限电流 i_d 与 $m^{2/3}\tau^{1/6}$ 成正比，汞的流速 m 或滴汞周期 τ 的任何变化将会引起极限扩散电流 i_d 的变化，$m^{2/3}\tau^{1/6}$ 称为毛细管常数。因此，同一试液使用不同的毛细管或同一毛细管在不同的高度下进行极谱分析时，由于汞的流速 m 不同或滴汞周期 τ 不同，得到的极限扩散电流也不同。分析标准溶液和未知溶液时，要使用同一支毛细管，并在相同的汞柱高度下记录谱图，才会得到准确的结果。

三、极谱分析的特点及其存在的问题

极谱分析法具有如下一些特点。

（1）重现性好　在进行极谱测定时，通过的电流很小（仅几个微安），因此，经过测量后的溶液，基本上没有变化，可反复进行测定。而且只要条件合适，可以同时在一份试液中测定几个组分（如 Cd^{2+}、Cu^{2+}、Zn^{2+}、Ni^{2+}、Mn^{2+} 等），而不必分离。

（2）分析速度快，易实现自动化　极谱法测定工作，一般可在几分钟内完成。自动化极谱仪，从仪器的调整、分析到最后结果的计算和显示全部由计算机控制，应用十分方便。

（3）灵敏度和准确度高　极谱法测定物质的浓度范围通常为 $10^{-4} \sim 10^{-5} mol \cdot L^{-1}$，相对误差一般在 ±(2%～5%)。在特定条件下，分析物质的浓度可稀释到 $10^{-8} \sim 10^{-9} mol \cdot L^{-1}$，是一种重要的分析方法。

（4）应用范围广泛　凡在滴汞电极上能被还原或氧化的物质均可用极谱法进行测定（既可测定无机物，也可测定有机物）。另外，极谱分析还可应用于研究电极过程以及与电极过程有关的各种化学反应。用于测定配合物的稳定常数，化学反应的速率常数等。

(5) 汞的毒性大 使用过程的通风、操作必须符合安全使用规则。经典极谱分析法具有灵敏度受电容电流的限制、分析速度相对较慢和分辨率差等局限性。为解决上述存在的问题，发展了一些新的极谱技术，其中已得到比较广泛应用的有极谱催化波、单扫描极谱、方波极谱、脉冲极谱以及溶出伏安法等。

第四节　干扰电流及其消除方法

极谱扩散电流与被测物质的浓度成正比是极谱定量分析的依据。但是，在极谱分析中，除扩散电流外，还有其他因素所引起的电流，如残余电流、迁移电流、极谱极大、氧波、氢波、前波和叠波等。这些电流与被测物质浓度无关，但影响测定的准确性，必须除去，因此称为干扰电流。

1. 残余电流

在极谱分析中，外加电压虽未达到待测物质的分解电位，但仍有一微小电流通过溶液，这种电流称为残余电流。

残余电流包括电解电流和充电电流。电解电流是由于残留在溶液中的氧和易还原的微量杂质引起的，如溶解在水中的微量氧气及水和试剂中存在的极微量的金属离子（如铜、铁离子等），都可以引起残余电流。当使用的水和试剂都很纯时，电解电流是很微小的，因此在分析微量组分时，要十分注意水和试剂的纯度。

充电电流又称为电容电流，是残余电流的主要部分。这种电流的产生是由于在滴汞电极与溶液界面形成的双电层相当于一个电容器，电容器所充电荷随着汞滴的长大而增加，随着汞滴周期性的生长和滴落，电荷被带走，为了给新的汞滴表面充电，就要有一定的电流流过，这样就形成连续不断的充电电流。

2. 迁移电流

在极谱分析中，必须消除溶液中被测离子的对流和迁移。在静止的溶液中，一般不会产生对流。迁移电流是由于电解池电极的静电作用力，使离子向电极运动而产生的电流。在电解过程中，阳极带正电、阴极带负电，将分别对试液中的被测离子产生静电吸引力或排斥力，造成正、负离子的迁移。被测离子的迁移使更多的金属离子到达阴极，测得的电流比只有扩散电流时要大。

迁移电流的大小与被测离子的浓度之间无一定的比例关系，干扰被测离子的测定，所以必须消除。消除的办法是在试液中加入大量的强电解质，例如 KCl，它在溶液中电离成为大量的正、负离子，正极的静电引力对溶液中所有的负离子都有作用，负极的静电引力对溶液中所有的正离子都有作用，分散了静电引力对被测离子的作用力，使电极与微量被测离子的静电引力大大减弱，从而消除了迁移电流的影响。

消除迁移电流的方法是向电解池中加入大量的支持电解质，即在试液中加入的能导电、但在分析条件下不能发生电解反应的惰性物质，如氯化钾、盐酸、硫酸等。为了有效地消除迁移电流，一般支持电解质的浓度要比被测物质的浓度大 50～100 倍。

在实际分析中，由于处理样品所用的酸、碱溶剂以及溶液中存在的大量其他物质，其浓度远远超过被测物质的浓度，它们可以起到支持电解质的作用，所以一般不用另外加入电解质。

3. 极谱极大

在极谱分析中，常常会出现一种特殊的现象，即电解开始后电流随电位的增加而迅速上升到一个极大值，然后下降到扩散电流区域，这种不正常的电流峰，称为极谱极大或畸峰，如图 3-3 所示。

　　大多数离子的极谱波都会出现这种极大，只有半波电位在汞的零点附近的离子（如 Cd^{2+} 在 $1mol \cdot L^{-1}KCl$ 中）不出现极大。经实验证实，这种极谱极大电流与待测物的浓度并无定量关系，但极大的出现，常常影响扩散电流和半波电位的正确测量，因此必须加以消除。

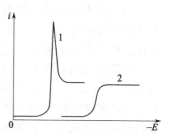

图 3-3　$0.1mol \cdot L^{-1}NaCl$ 溶液 Pb^{2+} 极大及其消除
[加入 $0.1mL$ 0.1% 动物胶之前（1）和之后（2）]

　　极谱极大电流的形成是由于待测离子在汞滴表面还原时，因毛细管屏蔽作用汞滴表面的各部分的电荷密度不均匀，造成表面各部分表面张力不均匀，引起汞滴表面作切向运动，致使表面附近的溶液被搅动，加速待测离子的扩散，形成了极大电流，当待测离子在电极表面浓度趋于零后，又形成完全浓差扩散，电流迅速降至极限扩散电流区。

　　抑制极大的最常用的方法是在测定溶液中加入少量的表面活性物质，如动物胶、聚乙烯醇或 TritonX-100 等，就可抑制极大而得到正常的极谱波，这些表面活性物质被称为极大抑制剂。应该注意，加入的抑制剂的用量要少，例如加入的动物胶的量一般不超过 0.01%，否则，会降低扩散系数，影响扩散电流，甚至会引起极谱波的变形。

4. 氧波

　　氧波是因溶液中的溶解氧而引起的，在试液中溶解的少量氧很容易在滴汞电极上还原，产生两个极谱波，称氧波。

　　第一个波：

$$\varphi_{1/2} = -0.2V \text{（vs. SCE）}$$
$$O_2 + 2H^+ + 2e^- \longrightarrow H_2O_2 \text{（酸性溶液）}$$
$$O_2 + 2H_2O + 2e^- \longrightarrow H_2O_2 + 2OH^- \text{（中性或碱性溶液）}$$

　　第二个波：

$$\varphi_{1/2} = -0.8V \text{（vs. SCE）}$$
$$H_2O_2 + 2H^+ + 2e^- \longrightarrow 2H_2O \text{（酸性溶液）}$$
$$\varphi_{1/2} = -1.1V \text{（vs. SCE）}$$
$$H_2O_2 + 2e^- \longrightarrow 2OH^- \text{（中性或碱性溶液）}$$

　　氧的半波电位处于极谱分析的重要区域，氧波会叠加在被测物质的极谱波上而产生干扰，因此必须除去溶液中溶解的氧。除氧常用的方法有以下两种。

　　① 通入对极谱分析无干扰的惰性气体　一般可将 N_2、H_2 或 CO_2 通入溶液中约 $10min$ 达到除氧目的。N_2 和 H_2 可用于所有溶液，而 CO_2 只能用于酸性溶液。

　　② 化学法除氧　例如，在中性或碱性溶液中，可加入 SO_3^{2-} 来还原溶液中的溶解氧；在 pH 为 $3.5 \sim 8.5$ 的溶液中，可加入抗坏血酸除氧；在强酸性溶液中，可加入 Na_2CO_3 产生 CO_2 除氧；加入纯铁粉产生 H_2 以除氧。

5. 氢波

　　极谱分析一般是在水溶液中进行的，溶液中的氢离子在足够负的电位时，会在滴汞电极上还原，产生氢波。

　　在酸性溶液中，氢离子在 $-1.2 \sim -1.4V$（视酸度的大小）处开始还原，故半波电位比 $-1.2V$ 更负的物质就不能在酸性溶液中测定。

　　在中性或碱性溶液中，氢离子浓度大为降低，氢离子在更负的电位下才开始还原，因此氢波的干扰作用大大减少。

6. 前波

如果待测物质的半波电位较负，而溶液中又同时存在着大量的（大于待测物质 10 倍）半波电位较正的还原物质，由于该物质先于电极上还原，产生一个很大的前波，使得半波电位较负的物质无法测定，这种干扰称为前波干扰。

最常遇到的前波干扰有铜（Ⅱ）波和铁（Ⅲ）波。铜（Ⅱ）波的消除可以用电解法或化学法将铜分离除去；在酸性溶液中，可加入铁粉将二价铜还原为金属铜析出。铁（Ⅲ）波的消除可在酸性溶液中加入铁粉、抗坏血酸或羟胺等还原剂将三价铁还原为二价铁，或在碱性溶液中使三价铁生成氢氧化铁沉淀从而消除干扰。

7. 叠波

两种物质的半波电位相差小于 0.2V 时，两个极谱波就会发生重叠，不容易分辨，从而影响测定。一般可采取如下方法消除叠波干扰：①加入适当的配位剂，改变极谱波的半波电位使波分开；②采用适当的化学方法除去干扰物质，或改变价态达到消除干扰的目的。

第五节　现代极谱分析方法

为克服经典极谱的局限性，主要从两个方面入手：一方面是改进记录极谱电流的方法，即信号采集的方法，如线性扫描极谱；改变扫描电压的方法，如脉冲极谱。另一方面是开发新的方法，研制新的工作电极等，以提高测定灵敏度，如溶出伏安法。

一、线性扫描极谱法

将一快速线性变化电压施加于电解池上，并根据所得的电流-电压曲线进行分析的方法，称为线性扫描伏安法。记录快速扫描的电流-电压曲线需要响应快的示波器、x-y 函数仪或数字显示仪。如果以滴汞电极作为极化电极，示波器记录电流-电压曲线的线性扫描伏安法，称为线性扫描示波极谱法或单扫描示波极谱法（过去称为示波极谱法）。

线性扫描极谱图呈峰形的原因，是加入的电压变化速度很快，当达到去极化剂的分解电压时，该物质在电极上迅速地还原，产生很大的电流；由于去极化剂迅速地在电极上还原使其在电极附近的浓度急剧降低，而溶液主体中的去极化剂又来不及扩散到电极，因此电流迅速地下降，直至电极反应速度与扩散速度达到平衡而形成峰电流。

对于不可逆波，由于电极反应速度小，在扫描速度快时，电极反应跟不上扫描速度，因而灵敏度很低。

线性扫描极谱法适用于测定工业废水和生活污水。对于饮用水、地面水和地下水，需要富集后方可测定。例如，镉、铜、锌、镍与氨形成稳定的络离子均具有良好的极谱性能。

线性极谱扫描法与经典极谱法一样都是根据电流-电压曲线来进行分析的。但两者是有区别的，见表 3-1。

表 3-1　线性扫描示波极谱与经典极谱的区别

项　　目	经典极谱	线性扫描示波极谱
扫描速度	很慢，$3mV \cdot s^{-1}$	很快，$250mV \cdot s^{-1}$
记录装置	检流器或记录器	示波器
电流-电压曲线形状	S形	峰形
记录图形的滴汞数	许多滴（40～80滴）	1滴

线性极谱扫描的特点如下：

① 灵敏度比经典极谱高，检测限可达 $10^{-6} \sim 10^{-7} \mathrm{mol \cdot L^{-1}}$，这与扫描速度有关。

② 测量峰高比测量波高，易于得到较高的精密度。

③ 分析速度快，只需要几秒至十几秒就可完成一次测量。

④ 分辨率高，此法可分辨两个半波电位相差 $35 \sim 50 \mathrm{mV}$ 的离子。

⑥ 前波干扰小，数百甚至近千倍的前放电物质存在时，不影响后还原物质的测定。这是由于在电压扫描前有 5s 的静止期，相当于电极表面附近进行了电极分离。

⑦ 由于氧波为不可逆波，起干扰作用也就大大降低，因此分析前可不用考虑去除溶液中的溶解氧。

二、脉冲极谱法

经典的极谱分析法是向电解池提供均匀而缓慢升高的直流电压，测定通过电极的电流得到极谱波。影响因素主要是充电电流，脉冲极谱法是在研究消除充电电流方法的基础上发展起来的一种新极谱技术。

1. 脉冲极谱法的基本原理

依脉冲电压施加方式不同，脉冲极谱法分为常规脉冲极谱法和微分脉冲极谱法。常规脉冲极谱法所施加的方波脉冲幅度是随时间而线性增加的，如图 3-4 所示，得到的每个脉冲的 i-φ 曲线与经典极谱法的 i-φ 曲线相似，如图 3-5 所示；微分脉冲极谱法是在极谱线性扫描电压上叠加一个等幅方波脉冲，得到的极谱波呈峰形。

脉冲极谱采取降低脉冲频率的方法消除了充电电容的

图 3-4 常规脉冲极谱施加的电压波形

影响。即在每滴汞上只加一频率为 12.5Hz 的脉冲电压。因脉冲极谱中脉冲电压的延续时间较长，滴汞电极上产生的充电电容会很快衰减至零，而电解产生的法拉第电流受被还原物质的扩散速度所控制，它将随着被还原物质在电极上的反应而慢慢地衰减。因此，电解电流衰减的速度比充电电流衰减的速度要慢得多，如图 3-6 所示。如果电流不是连续地进行测定，而是等到充电电流衰减到可以忽略的程度再测定，则测得的电流不再包括充电电流。

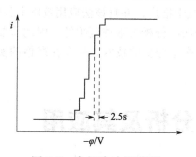

图 3-5 常规脉冲极谱图

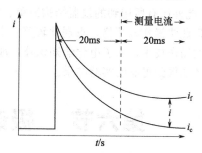

图 3-6 脉冲极谱的电流-时间曲线

降低脉冲电压频率，还可以提高不可逆体系测定的灵敏度。

2. 脉冲极谱法的特点

① 极高的灵敏度 由于充电电流和毛细管电流得到充分衰减，可以将衰减了的法拉第电流充分放大，因此能得到很高的灵敏度。检测限为 $10^{-8} \sim 10^{-9} \mathrm{mol \cdot L^{-1}}$。

② 分辨率很高 可分辨半波电位或峰电位相差 $25 \mathrm{mV}$ 的相邻两个极谱波。此外还有良好的抗干扰能力。

③ 支持电解质的浓度可减少至 $0.02mol \cdot L^{-1}$，减少了底液的影响。

三、溶出伏安法

为了提高分析的灵敏度，以适应科学技术及生产实际的需要，在极谱分析的基础上进一步发展了溶出伏安法。溶出伏安法又称反向溶出极谱法，这种方法是使被测定的物质在适当的条件下电解一定的时间，然后改变电极的电位，使富集在该电极上的物质重新溶出，根据溶出过程中所得到的伏安曲线来进行定量分析。例如测定盐酸中微量的 Cd^{2+} （$5 \times 10^{-7} mol \cdot L^{-1}$）、$Cu^{2+}$ （$5 \times 10^{-7} mol \cdot L^{-1}$）及 Pb^{2+} （$1 \times 10^{-6} mol \cdot L^{-1}$）时，首先在 $-0.8V$ 下电解一定时间（例如 3min），此时溶液中一部分 Cd^{2+}、Cu^{2+}、Pb^{2+} 在悬汞电极（静止的滴汞电极）上

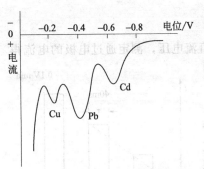

图 3-7 $1.5mol \cdot L^{-1} HCl$ 中微量的 Cu^{2+}、Pb^{2+}、Cd^{2+} 溶出伏安图（悬汞电极，$-0.8V$ 电解 3min）

还原，生成汞齐并富集在汞滴上。电解完毕后，使悬汞电极的电位均匀地由负向正变化，首先达到可以使镉汞齐发生氧化反应的电位，此时由于镉的氧化，产生很大的氧化电流（正电流）。但当电位继续变正时，由于电极表面层的镉已被氧化得差不多了，而电极内部的镉又来不及扩散出来，故电流减小，因此将得到峰形溶出曲线，如图 3-7 所示。同样，当电位继续变正，达到铅汞齐和铜汞齐的氧化电位时，也将得到相应的溶出峰。

溶出曲线的峰高与溶液中金属离子的浓度，电解富集时间，电解时溶液的搅拌速度，悬汞电极的大小及溶出时的电位变化速度等因素有关。当其他条件固定不变时，峰高与溶液中的金属离子成比例，故可用于定量测定。因为在测定金属离子时是应用阳极溶出反应，所以也称此法为阳极溶出伏安法。若应用阴极溶出反应，则称为阴极溶出伏安法。在阴极溶出法中被测离子在预电解的阳极形成一层难溶化合物，然后当工作电极向负的方向扫描时，这一难溶化合物被还原而产生还原电流的峰。阴极溶出法可用于卤素、硫、钨酸根等阴离子的测定。

溶出伏安法的突出优点就是灵敏度很高，这主要是经过长时间的预先电解，被测物质浓度富集的缘故。灵敏度一般可达 $10^{-9} \sim 10^{-6} mol \cdot L^{-1}$，在适宜条件下甚至可以达到 $10^{-11} mol \cdot L^{-1}$。此外还有所用到的仪器结构简单、价格便宜，便于推广，并且该法应用范围十分广泛。

但此法操作较严格，重现性较差。由于溶出伏安法的分析溶液浓度很低，因此需要熟练和严格的操作技术，除了电化学知识外，涉及微量和超微量分析的技术，只有在严格的实验条件下，才能得到可靠的实验结果。

第六节   极谱定量分析及其应用

一、底液的选择

通过前面尤考维奇公式的讨论，我们知道极谱定量分析的关键是准确测量极限扩散电流。因此要尽量消除或减小各种干扰电流的影响。前面已总结了消除各种干扰电流所采取的方法。另外为了改善波形、控制酸度等也需要加入一些适当的试剂，这种加入了适当试剂的溶液称为极谱分析的底液。因此，选择好适当的底液对极谱定量分析工作十分重要。

底液的一般组成物质有：支持电解质、极大抑制剂、除氧剂及一些其他试剂。

（1）支持电解质　其作用是消除迁移电流。选用时一般注意以下几点。①支持电解质最好能提供一个较宽的电压范围，支持电解质的阳离子析出电位尽可能负一些，这样，那些还原电位较负的金属离子也可被测定。②在支持电解质的溶液中，被测定的物质必须具有一定的化学组成，最好使被测物质只产生一个极谱波，且波高与浓度成正比。③支持电解质最好能使几种不同离子的极谱波互相分开而不干扰。常用的支持电解质有 HCl、H_2SO_4、NaAc-HAc、NH_3-NH_4Cl、NaOH 和 KCl 等。有时试剂本身半波电位较负，可起支持电解质的作用。

（2）极大抑制剂　其作用是消除极大现象。通常选 0.01% 以下的动物胶用作极大抑制剂，也可选其他表面活性物质，如聚乙烯醇、甲基红等。

（3）除氧剂　其作用是消除氧波。常用的除氧剂有 Na_2SO_4、N_2、H_2 和 CO_2。

（4）其他试剂　如加入适当的配位剂，改变各种离子的半波电位，以消除干扰；加入适当的缓冲剂以控制溶液的酸度，改变波形，防止水解等。

总之，选择底液要根据试样的具体情况而定，尽可能做到以下几点：波形好，最好是可逆波；波高与浓度的线性关系好；干扰少，成本低，配制简单方便等。

二、波高的测量

在极谱定量分析中，常用波高表示极限扩散电流的大小，只要求测量相对的波高（以毫米表示），而不必测量极限扩散电流的绝对值。这里介绍两种简单有效的测量波高的方法。

1. 平行线法

如波形良好时，可通过极谱波的残余电流部分和极限电流部分作两条相互平行的直线，两线间的垂直距离 h 即为所求的波高，如图 3-8（a）所示。但在实际工作中，许多极谱波的残余电流和极限电流部分并不平行，故此法的应用受到了限制。

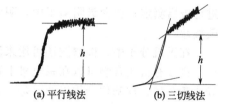

(a) 平行线法　(b) 三切线法

图 3-8　波高的测量方法

2. 三切线法

在极谱波上通过残余电流、极限电流和电流上升部分，分别作出三条切线，再通过两两切线相交的点作平行于横轴的两条平行线，此两线间的垂直距离 h 即为波高，如图 3-8（b）所示。此法比较方便而且适用于不同的波形，因此被广泛地采用。

三、定量分析方法

1. 直接比较法

此法是将浓度为 c_s 的标准溶液和浓度为 c_x 的未知溶液在相同的实验条件下，分别测得其波高 h_s 和 h_x，然后根据波高和待测离子浓度成正比

$$h_s = kc_s; \quad h_x = kc_x$$

则

$$c_x = c_s h_x / h_s$$

可求出未知溶液的浓度 c_x。

2. 工作曲线法

配制一系列含有不同浓度的待测离子的标准溶液，在相同的实验条件下分别测定极限扩散电流（波高），绘制极限扩散电流（波高）-浓度的工作曲线。此工作曲线应是一条直线。分析未知试样时，在相同的实验条件下测得其波高，然后从工作曲线上求出相应的浓度。此

法在分析同一类型的大批量试样时较为方便。

3. 标准溶液加入法

当分析少数几个或个别未知试样时，可采用标准溶液加入法。此法是先取一定体积 V 的未知溶液，其浓度为 c_x，记录其极谱图，测得波高 h，然后加入浓度为 c_s 的被测离子的标准溶液 V_smL，在同一实验条件下测得波高为 H。根据下列关系可求出未知溶液的浓度 c_x。

因为

$$h = kc_x$$
$$H = k(Vc_x + V_sc_s/V + V_s)$$

所以

$$c_x = V_sc_sh/[(V + V_s)H - Vh] \tag{3-7}$$

标准溶液加入法是极谱分析法中常用的定量方法。

四、极谱法的应用

在工作电位范围内能发生电化学反应的无机阳离子、阴离子和分子都可进行极谱测定。在阳离子中，过渡金属离子最适于用极谱法测定，同时一些碱土金属元素和稀土元素离子在适当配位剂存在下也会产生极谱波。常进行极谱法测定的典型离子有 Cu(Ⅰ)，Cu(Ⅱ)，Tl(Ⅰ)，Pb(Ⅱ)，Cd(Ⅱ)，Zn(Ⅱ)，Fe(Ⅱ)，Fe(Ⅲ)，Ni(Ⅱ)，Co(Ⅱ)，Bi(Ⅲ)，Sb(Ⅲ)，Sn(Ⅱ)，Sn(Ⅳ)。

卤素离子以及硫离子、硒离子和碲离子等阴离子由于形成汞盐而产生阳极波，故可用来进行极谱测定；在含氧阴离子中，阴极还原波还可用于测定溴酸盐、碘酸盐、高碘酸盐、亚硫酸盐等。

在无机分子中，极谱波还可用来测定氧、过氧化氢、硫和氮的一些氧化物等。

许多有机化合物可以在汞电极上还原，因而也可以用极谱法进行分析。如不饱和的共轭烯烃或芳香烃、羰基化合物以及硝基、亚硝基化合物和偶氮化合物等。

【知识拓展】

示差脉冲伏安法检测痕量 Hg^{2+} 的 DNA 电化学生物传感器

由于生产技术的发展以及城市人口的迅速增长，环境污染逐渐演化成为一个重大的社会问题，特别是环境中的重金属污染，对人类健康构成了很大的威胁。更为严重的是，一些重金属及其化合物不能被微生物所降解，易于在活体中富集，不仅对环境中的生物造成毒害，还间接危害到人类的健康。汞是对人类健康和环境最具危害性的剧毒元素之一，人体中汞的安全浓度是 $0.1g \cdot mL^{-1}$，当其浓度达到 $0.5 \sim 1.0g \cdot mL^{-1}$ 时人体就会出现明显的中毒症状，从而引发一系列神经、精神等方面的疾病。美国环境保护局（EPA）确定的饮用水标准中汞的浓度上限为 $10nmol \cdot L^{-1}$。因此，建立一种能准确快速测定痕量汞的方法具有重要的意义。

戈芳等通过自组装方法将修饰有二茂铁基团的富 T 序列 DNA 分子（DNA-Fc）固定在金电极表面，得到了一种基于 DNA 修饰电极的电化学汞离子（Hg^{2+}）传感器（图 3-9）。当溶液中有 Hg^{2+} 存在时，Hg^{2+} 可与修饰电极上 DNA 的 T 碱基发生较强的特异结合，形成 T-Hg^{2+}-T 发卡结构，使 DNA 分子构象发生改变，其末端具有电化学活性的二茂铁基团远离电极表面，电化学响应随之发生变化。示差脉冲伏安法（DPV）结果显示：DNA 末端二茂铁基团的还原峰在 0.26V [vs. SCE（饱和甘汞电极）] 附近，峰电流随溶液中 Hg^{2+} 浓度的增加而降低；Hg^{2+} 浓度范围在 $0.1 \sim 1mol \cdot L^{-1}$ 时，电流相对变化率与 Hg^{2+} 浓度的对数

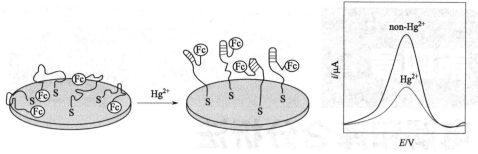

图 3-9 DNA 电化学生物传感器检测 Hg^{2+} 的原理示意图

呈现良好的线性关系。该修饰电极对 Hg^{2+} 的检测限为 $0.1nmol \cdot L^{-1}$，可作为痕量 Hg^{2+} 检测的电化学生物传感器，干扰实验也表明，该传感器对 Hg^{2+} 具有良好的特异性与灵敏度。

——摘自：物理化学学报，2010，26（7）：1779-1783

思考题与习题

1. 在极谱分析中干扰电流有哪些？如何消除？
2. 残余电流产生的原因是什么？它对极谱分析有什么影响？
3. 在极谱分析中影响扩散电流的主要因素有哪些？测定中如何注意这些影响因素？
4. 极谱分析用作定量分析的依据是什么？有哪几种定量方法？如何进行？
5. 简单金属离子的极谱波方程式在极谱分析中有什么实用意义？
6. 为什么要提出脉冲极谱法？它的主要特点是什么？
7. 极谱法测定水样中的铅，取水样 25.0mL，测得扩散电流为 $1.86\mu A$。然后在同样条件下，加入 $2.12\times10^{-3}\,mol \cdot L^{-1}$ 的铅标准溶液 5.00mL，测得其混合溶液的扩散电流为 $5.27\mu A$，求水样中铅离子浓度。
8. 某金属离子在盐酸介质中能产生一可逆的极谱还原波。分析测得其极限扩散电流为 $44.8\mu A$，半波电位为 $-0.750V$，电极电位 $-0.726V$ 处对应的扩散电流为 $6.000\mu A$，试求该金属离子的电极反应电子数。

参 考 文 献

[1] 林新花. 仪器分析. 广州：华南理工大学出版社，2002.
[2] 许金生. 仪器分析. 南京：南京大学出版社，2002.
[3] 高俊杰、余萍、刘志江. 仪器分析. 北京：国防工业出版社，2005.
[4] 高向阳. 新编仪器分析. 第 2 版. 北京：科学出版社，2004.

第四章

Chapter 04

电解和库仑分析法

💡 **本章提要**

电解分析法是根据电解原理建立起来的测定和分离方法，它包括电重量法和电解分离法。库仑分析法是建立在电解过程中的一种电化学分析法，它是通过电化学反应中消耗的电荷量来测定被测物质的含量。

本章主要介绍电解分析法、库仑分析法的基本原理，影响电解分析法、库仑分析法的主要因素及有关仪器的基本构造。要求准确理解电解电压、析出电位、极化现象等基本概念，掌握电解分析法、库仑分析法的基本原理及影响的主要因素。

电解分析法是根据电解原理建立起来的测定和分离方法，它包括电重量法和电解分离法。应用外加直流电源电解试液，将待测元素以纯金属或难溶化合物形式定量地沉积在电极上，通过称量沉积物的质量来确定待测元素含量的方法称为电重量法；采用电解方法进行物质分离就是电解分离法。电解分析法具有不用标准样品标定、相对误差小、准确度高、适用于常量分析等特点，所以常用于一些金属纯度鉴定、仲裁分析及常规分析，同时也可作为一种元素分离的重要手段。

库仑分析法是建立在电解过程中的一种电化学分析法。它是通过电化学反应中消耗的电荷量来测定被测物质的含量的，故又称为电量分析法。库仑分析法的基本要求是电流效率为100％，即通过的电流全部用于被测物的电极反应，无电极副反应。采用库仑分析法可进行常量和微量分析，且在痕量物质分析时仍具有很高的准确度。

电解分析和库仑分析的不同之处在于：①电重量法只能用来测定高含量的物质，而库仑分析法即使在进行痕量分析时仍具有很高的准确度；②库仑分析法是根据电解过程中消耗电荷量来求得被测物质的含量，被测物质不一定在电极表面沉积。它们的相同之处在于：①二者均不需基准物质和标准溶液，属于绝对分析法；②根据电解过程的不同，电解分析和库仑分析均相应地分为"控制电流"和"控制电位"两类分析法。

第一节 电解分析法

一、电解现象

1. 电解

电解是一个过程，即在外部直流电源的作用下，当电流通过某电解质溶液时，电极电位发生改变，从而引起该电解质溶液中某物质在电极/溶液界面发生氧化还原反应的过程。下面来分析铂电极在外加电压作用下电解 $0.1\ mol \cdot L^{-1}CuSO_4$ 溶液，其装置如图 4-1 所示。

在电解池中，与电源正极相连接的为阳极，与电源负极相连接的为阴极。当外加电压足够大时，阳极和阴极上分别发生以下的氧化和还原反应：

阳极　$2H_2O \longrightarrow 4H^+ + O_2 \uparrow + 4e^-$

阴极　$Cu^{2+} + 2e^- \longrightarrow Cu$

总反应　$2Cu^{2+} + 2H_2O \longrightarrow 2Cu + 4H^+ + O_2 \uparrow$

电解池可表示为：

$$Pt \mid O_2(101325Pa), H^+(0.2mol \cdot L^{-1}),$$
$$Cu^{2+}(0.1mol \cdot L^{-1}) \mid Cu(Pt)$$

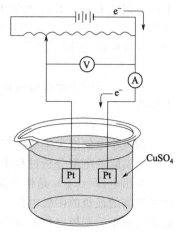

在电解过程中，阳极铂片上有气泡产生，阴极铂片的颜色由白变红。电解结束时，通过精确称量阴极铂片电解前后的质量，可知电解过程中所得的铜的质量，从而达到测定待测元素含量的目的。

2. 分解电压和析出电位

图 4-1　电解装置图

分解电压是指使被电解的物质在两电极上产生迅速的、连续不断的电极反应所需的最小外加电压，也即阳极析出电位与阴极析出电位之差。在如图 4-1 所示的电解实验中，当外加电压 E 逐渐增大时，开始没有明显的电流。直到外加电压达到足够大时，回路中的电流 i 才显著增大，如图 4-2 所示。

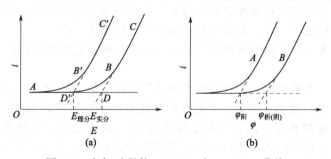

图 4-2　电解过程的 i-E（a）和 i-φ（b）曲线

电解反应为原电池反应的逆反应。对于原电池来说，其平衡时所能达到的电压可由能斯特方程来求得。以上述电解硫酸铜溶液（25℃）为例：

$$\varphi_{右} = \varphi_{Cu^{2+}/Cu}^{\ominus} + \frac{0.059}{2}lg\left[Cu^{2+}\right]$$

$$= 0.34V + \left(\frac{0.059}{2}lg\,0.1\right)V = 0.31V$$

$$\varphi_{左} = \varphi_{O_2/H_2O}^{\ominus} + \left\{\frac{0.059}{2}lg\,p_{O_2}^{\frac{1}{2}}\left[H^+\right]^2\right\}V$$

$$= 1.23V + \left[\frac{0.059}{2}lg\,1 \times (0.2)^2\right]V = 1.19V$$

$$E = \varphi_{右} - \varphi_{左} = 0.31V - 1.19V = -0.88V$$

自发反应：$2Cu + 4H^+ + O_2 = 2Cu^{2+} + 2H_2O$

就可逆反应而言，当外加电压在数值上达到原电池电动势 E 的值时，电解反应就能发生，将此时的电压值称为理论分解电压，记作 $E_{理分}$。因电解反应和原电池反应是两个相反的过程，所以 $E_{理分}$ 与 E 电压值符号相反，即：

$$E_{理分} = -E = 0.88V$$

在图 4-2（a）中，曲线 $AB'C'$ 为可逆电极反应电解过程的 i-E 曲线，D' 点对应的 E 为理论分解电压。但是，实际的电解反应往往是不可逆的，所以实际分解电压与理论分解电压存在差异。图 4-2（a）中曲线 ABC 为实际电解过程的 $i\text{-}E$ 曲线，D 对应的电压为实际分解电压，记做 $E_{实分}$；$E_{实分}$ 大于 $E_{理分}$，其差值称为过电压。上例中，实际测得的硫酸铜分解电压 $E_{实分}$ 为 1.35 V，大于理论值 0.88 V。这是因为存在过电压（η）。即分解电压除包括按热力学计算的理论分解电压这一部分，还包括过电压，它们的关系如式（4-1）所示。

$$E_{实分} = E_{理分} + \eta \tag{4-1}$$

要使一定的电流通过电解池，则外加电压（$E_{外}$）需大于 $E_{实分}$，因为应包括电解回路的电压降（iR）：

$$E_{外} = E_{实分} + iR \tag{4-2}$$

为减小电解液带来的电压降，在实验中常常采用高浓度的惰性电解质。

在实际的电解分析过程中，通常考虑的不是整个电解池的外加电压，而是某一电极的电位。析出电位（$\varphi_{析}$）是指被测物质在阳极上产生迅速的、连续不断的电极反应而被氧化析出时所需的最负的阳极电位；或在阴极上产生迅速的、连续不断的电极反应而被还原析出时所需的最正的阴极电位。析出电位一般用参比电极进行实验测定。析出电位越负者，越易在阳极上氧化；析出电位越正者，越难在阳极上氧化。

实际过程中，实际析出电位往往偏离平衡电位，所以，把实际电位和平衡电位之间的差值称为过电位，用 $\eta_{阳}$ 和 $\eta_{阴}$ 来表示。过电位是由于电极极化产生的，极化是电化学反应过程常见的现象，是由于电流通过体系引起电极电位偏离平衡电位的现象。极化的结果是使得阴极电位比其平衡电位更负一些，阳极电位比其平衡电位更正一些。

过电位主要分为浓差过电位和电化学过电位两类。前者是由浓差极化产生的，后者是由电化学极化产生的。

（1）浓差极化 电解过程中，在阴极表面发生电极反应 $M^{n+}+ne^- \rightleftharpoons M$，这必然导致电极表面的浓度（用 c_s 表示）降低，若此时扩散速率较小，电极表面 M^{n+} 的浓度就不能通过扩散过程而得到及时补充，从而引起电极表面 M^{n+} 的浓度小于本体溶液中 M^{n+} 的浓度（用 c 表示），这种电极表面和本体溶液中离子浓度的差别称之为"浓差"。由能斯特方程计算所得的平衡电位是由电极表面电活性物质的浓度决定的，而不取决于溶液本体中物质的浓度。由于电极反应的进行，阴极表面被测物浓度降低，根据能斯特方程，显然此时阴极电位要比平衡电位更负。同理，在阳极表面的电极反应使阳极电位变得更正。这种由于"浓差"而引起的电极电位对平衡值的偏离称为"浓差极化"。

为减小浓差极化带来的影响，实验中通常用减小电流密度、增大电极面积、提高溶液浓度和机械搅拌等方法来减小浓差极化。

（2）电化学极化 电化学极化是指由于电极反应迟缓引起的阴极电位与平衡电位偏离的现象，其数值通常比浓差极化引起的过电位大得多。

（3）影响电化学极化的因素

① 电极材料和电极表面状态 在一定的电流密度下，金属电极表面的过电位的大小与金属材料的种类有极大关系。以电极反应 $2H^++2e^- \longrightarrow H_2$ 为例，不同材料的电极上，氢析出的超电位差别很大。25℃，电流密度为 $10\,\text{mA·cm}^{-2}$ 时，铅电极上氢的过电位为 1.09V，汞电极上为 1.04V，锌和镍电极上为 0.78V，铜电极上为 0.58V。

对于同一种电极材料，过电位的大小也与电极表面状态有关。例如，在上述条件，氢的过电位在光亮铂片上为 0.07V，而镀铂黑电极上，则接近于理论上的 0.00 电位值。利用氢在汞电极上有较大的过电位，使一些比氢还原性更强的金属先于氢在电极上析出，因而消除氢离子的干扰。

② 析出物质的形态 析出物的形态影响过电位的大小。当析出物为气体时，过电位较

大，因为气体在电极表面逐渐富集成气泡，减小了电极的工作面积，阻碍表面层扩散交换；而析出物为金属时，过电位则小，大约几十毫伏。

③ 电流密度　一般来说，电流密度越大，过电位也越大。在同一电流密度下，过电位和电极表面状态有关。如前所述，表面光亮的电极的过电位比表面粗糙电极的过电位大，这是因为表面粗糙电极的电极表面积要大一些，实际上相当于降低了电流密度。不同电流密度下的氢和氧在电极表面的过电位，见表 4-1。

表 4-1　氢和氧在各种电极上的过电位（η）　　　　单位：V

电极组成	电流密度 0.001A·cm^{-2}		电流密度 0.01A·cm^{-2}		电流密度 0.1A·cm^{-2}	
	H$_2$	O$_2$	H$_2$	O$_2$	H$_2$	O$_2$
光 Pt	0.024	0.721	0.068	0.85	0.676	1.49
镀 Pt	0.015	0.348	0.030	0.521	0.048	0.76
Au	0.241	0.673	0.391	0.963	0.798	1.63
Cu	0.479	0.422	0.584	0.580	1.269	0.793
Ni	0.563	0.353	0.747	0.519	1.241	0.853
Hg	0.9①	—	1.1②	—	1.1③	—
Zn	0.716	—	0.746	—	1.229	—
Sn	0.856	—	1.077	—	1.231	—
Pb	0.52	—	1.090	—	1.262	—
Bi	0.78	—	1.05	—	1.23	—

① 在 0.000077A·cm^{-2} 时为 0.556V，在 0.00154A·cm^{-2} 时为 0.929V。
② 在 0.00769A·cm^{-2} 时为 1.063V。
③ 在 1.153A·cm^{-2} 时为 1.126V。

④ 温度　通常过电位随温度升高而降低。因为升高温度，加速了离子到达电极表面的速率使浓差极化减小。多数电极的温度系数约为 2 mV·℃$^{-1}$。

⑤ 电解质组成　由于电子在电极/配合物界面之间的交换速度不同于电子在电极/水合离子之间的交换速度，故金属从水溶液中和从配合物中析出的过电位不同。如水合镍离子在汞表面上的过电位约为 0.6 V，而镍的硫氰或吡啶配合物的过电位则很小。

二、电解分析法

根据在电解过程中所控制的参数不同，电解分析法分为控制电流电解分析法和控制电位电解分析法。

1. 控制电流电解分析法

（1）原理和装置　控制电流电解分析法，是在电解过程中通过调节外加电压来实现将电流控制在某一恒定值下进行电解，在电解完成后通过称量电极上析出物质的质量来进行分析的电解方法，也称恒电流电解分析法，这种方法也可用于分离。控制电流电解分析法的仪器装置比较简单，如图 4-3 所示。

前面提到，由于浓差极化将使电流降低，所以在恒电流电解法中，最初可通过增加外加电压、增强静电力、加快离子迁移等办法部分地抵消极化影响，从而保持一个恒定电流。但是随着溶液中金

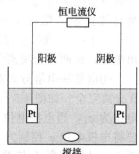

图 4-3　控制电流电解装置

属离子的不断消耗，原静电引力无法保持电极表面有足够的金属离子来维持所需要电流，这时需进一步增加外加电压以保持电极反应，这将导致阴极电位的改变，于是将发生还原组分的共沉积或氢的析出。当有氢析出时，电极电位稳定在 $-1.0\ \text{V}$。

（2）浓度与时间的关系　在恒电流电解分析过程中，随着电解的进行，被测离子不断析出，其浓度也逐渐降低，被测物质的浓度与时间的关系为

$$c_t = c_0 10^{-kt} \tag{4-3}$$

式中，c_0 是最初的浓度；c_t 是在 t 时刻的浓度；k 是常数。即被测物的浓度随时间呈负指数降低。

（3）控制电流电解分析法的应用　控制电流电解分析法具有分析速度快、准确度高、相对误差小等优点。控制电流电解法一般只适用于溶液中只含一种金属离子的情况。如果溶液中存在两种或两种以上的金属离子，且其还原电位相差不大，就不能用该法分离测定。控制电流电解分析法可以分离还原电位在氢以前和氢以后的金属，可以测定的金属元素有锌、镉、钴、镍、锡、铅、铜、锑等。

2. 控制电位电解分析法

（1）原理及装置　在控制电位电解分析法中，调节外加电压，使工作电极的电位控制在某一范围内或某一电位值，使被测离子在工作电极上析出，而其他离子还留在溶液中，达到分离元素的目的。在电解过程中，溶液中被测离子浓度不断降低、电流不断下降，到被测离子完全析出后，电流趋近于零。为了测量阴极电位的大小，需要在溶液中放一支参比电极。参比电极的盐桥尖端应靠近阴极而远离阳极，这样参比电极和阴极工作电极间的电位对 iR 的影响最小。

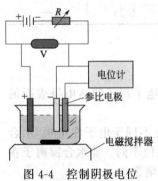

图 4-4　控制阴极电位
电解装置

控制阴极电位电解的装置如图 4-4 所示。通过三电极体系，容易实现对工作电极（阴极）电位的控制，使电极反应仅限于在一定电位下能发生反应的离子。电解过程在搅拌下进行，搅拌作用是降低扩散层厚度。

在控制阴极电位进行电解分析时，阴极电位的选择是关键的。因为过电位无法从理论上求算，所以在实际工作中只能通过在相同实验条件下分别给出两种金属离子的电解电流与阴极电位的关系曲线，并以此来确定电解分离这两种离子的阴极电位，注意这里控制的是阴极（阳极）的电极电位，而不是外加电压。

（2）电解时离子的析出次序和阴极电位的选择　用电解法测定某一离子时，必须考虑其他共存离子的共沉积问题。在电化学分离中，期望一种金属（M_1）能定量地沉积在固体电极上或汞电极上，而第二种金属（M_2）不发生显著的沉积。电解分离的关键在于两种或多种物质间析出电位的差别。研究表明，阴极上析出电位越正者越易被还原；阳极上析出电位越负者越易被氧化。一般认为溶液中某种离子浓度为 $10^{-6}\ \text{mol} \cdot \text{L}^{-1}$ 或降至原浓度的 0.01% 时电解完全。若此时还未达到另外一种金属离子的析出电位，这两种金属离子就能完全分离。

用电解法电解分离溶液中的 A、B 两种物质，电解电压要控制在什么范围内才能使 A、B 分离完全？如图 4-5 所示是 A、B 两种物质的电解曲线，从图中可以看出：A 的阴极析出电位为 φ_a，当电极电位达到 φ_b 时，A 已经电解完全，而 B 的阴极析出电位为 φ_c，所以，只要将电极电位 φ 控制为 $\varphi_a < \varphi < \varphi_c$，则当 A 完全析出时而还未达到 B 的析出电位，即 B 不析出，从而实现 A 与 B 的分离。电解分离法一般可分离测定两种析出电位相差 0.36V 以上的一价金属离子，或相差 0.15V 以上的二价金属离子。

　　在电解过程中，金属离子的析出和析出次序与阴极电位的关系，是由金属离子的性质、浓度和对分析精度的要求来决定的。通过理论计算，可以初步判别是否有电解分离的可能性和估测进行电解分离的条件。

　　【例 4-1】　某溶液中含有 $2.0\text{mol}\cdot\text{L}^{-1}$ 的 Cu^{2+} 和 $0.010\text{mol}\cdot\text{L}^{-1}$ 的 Ag^+，若以铂为电极进行电解，首先在阴极上析出的是铜还是银？电解时两种金属离子是否可以完全分离和在什么条件下分离（银和铜的超电位很小，忽略不计）？（$\varphi^{\ominus}_{Cu^{2+}/Cu}=0.337\text{V}$，$\varphi^{\ominus}_{Ag^+/Ag}=0.799\text{V}$）

图 4-5　A、B 两种物质的电解曲线

　　解　Cu 开始析出的电极电位为：

$$\varphi_{析(阴)}=0.337\text{V}+\left(\frac{0.059}{2}\lg 2.0\right)\text{V}=0.346\text{V}$$

Ag 开始析出的电极电位为：

$$\varphi_{析(阴)}=0.799\text{V}+(0.059\lg 0.010)\text{V}$$
$$=0.681\text{V}$$

因为阴极上析出电位越正者越易被还原，由于 $0.681\text{V}>0.346\text{V}$，故银先在阴极上析出。

　　在电解过程中，Ag^+ 浓度逐渐降低，当 Ag^+ 浓度降为 $10^{-6}\text{mol}\cdot\text{L}^{-1}$ 时，可以认为银已电解完全，此时 Ag 的电极电位为：

$$\varphi_{析(阴)}=0.799\text{V}+(0.059\lg 10^{-6})\text{V}$$
$$=0.445\text{V}>0.346\text{V}$$

所以将电位控制在 $0.445\sim0.346\text{V}$，Ag 沉积完全时 Cu 未沉积，故可电解分离 Ag 和 Cu。

　　（3）电流与时间的关系　在控制电位电解过程中，被测金属离子在阴极上不断还原析出，所以电流随时间的增长而减小，最后达到恒定的最小值（如图 4-6 所示）。

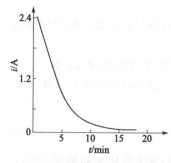

图 4-6　控制阴极电位电解分析中的 i-t 图

　　控制电位电解过程中，若仅有一种物质在电极上析出，且电流效率为 100%，电流与电解的时间关系为：

$$i_t=i_0 10^{-kt} \tag{4-4}$$

　　式中，i_0 为开始电解时的电流；i_t 为时间 t 时的电流；k 为常数（与溶液性质等因素有关），其中 $k=0.434DA/V\delta$；A 为电极表面积，cm^2；V 为溶液体积，mL；D 为被测物的扩散系数，$\text{cm}^2\cdot\text{s}^{-1}$；$\delta$ 为扩散层厚度，cm。

　　（4）控制电位电解分析法的应用　控制电位电解分析法的优点是选择性好。由于电极电位受控，在被测定的金属未完全析出之前，干扰性的金属不会在电极上析出，因此不必顾虑使用大电解电流产生浓差极化现象使阴极电位变负的危险。控制电位电解分析法的缺点是要让两种离子完全分开，所需时间较长。控制电位电解分析法是对含有金属元素混合物溶液直接分析的一种强有力工具，共存元素与待测元素的电极电位相差 0.35V（一价金属离子）或 0.20V（二价金属离子）以上时，都可以实现分别电解。

　　3. 电解分析中影响金属析出性质的因素

　　（1）电流密度的影响　电流密度越小，得到的析出物质越致密；密度过大，会使金属离子析出速度过快而使沉积物疏松。为了得到致密的和牢固附着在电极上的沉积物，应该使用较小的电流密度进行电解。但电流密度也不能太小，太小使电解时间过长。为了解决这种矛盾，一般是采用具有较大表面积的电极，使用大电流进行电解以缩短完成电解的时间，而又不致使电流密度过大。

（2）搅拌和加热的影响　搅拌和加热对析出物的性质有良好的影响，因为搅拌可防止浓差极化，加速主体溶液中离子向电极的扩散。离子迅速地向电极周围补充，可促使沉积均匀。在这种情况下，即使是使用较大的电流密度也能得到致密光滑的析出物质。

温度升高也可防止浓差极化，改进沉积物性质。但温度不宜过高，过高会因超电位降低而容易使气体在电极上析出，造成沉积物疏松。

一般电解分析法常在良好的搅拌和适宜的加热（60～80℃）条件下进行。

（3）酸度的影响　许多金属离子在碱性溶液中会生成氢氧化物沉淀，所以电解常在酸性溶液中进行。溶液的酸度对电解沉积物的性质也有影响：酸度偏低时，阴极上析出的金属有可能被溶液中的溶解氧氧化成为氧化物，降低沉积物的纯度；酸度太高，则有可能因 H_2 在阴极上与金属相伴析出，而使金属难于析出完全，同时使金属在电极上附着不牢。

（4）配位剂的影响　利用加入配位剂与待测的金属离子形成配合物再进行电解，一般能得到更加致密的沉积物。例如电解银时常用配离子溶液，而不用 $AgNO_3$ 溶液。再者当有共存离子时加入配位剂可以增大两种离子析出电位的间隔，从而防止共存离子干扰。

第二节　库仑分析法

库仑分析法是在电解分析法的基础上发展起来的，它是依据电极上起反应的物质的量与通过电解池电荷量成正比的关系来进行定量分析的方法。与电解分析法不同的是它不要求被分析的物质在电极表面沉积。与电解分析法相对应，库仑分析方法根据控制参数可分为控制电位库仑分析和控制电流库仑分析两大类。库仑分析法的依据是法拉第（Faraday）定律。

一、法拉第电解定律

进行电解反应时，在电极上发生的电化学反应与溶液中通过电荷量的关系，可以用法拉第定律来表示，即：

① 电流通过电解质溶液时，物质在电极上析出的质量与通过电解池的电量成正比；

② 通过同量的电荷量时，电极上所沉积的各物质的质量与各该物质的 M/n 成正比。

上述关系可用下式表示：

$$m = \frac{MQ}{96487} = \frac{M}{n} \times \frac{it}{96487} \tag{4-5}$$

式中，m 为电解时在电极上发生反应的物质的质量，g；M 为发生反应物质的相对原子质量或相对分子质量；Q 为电解时通过的电荷量，C；n 为电极反应中转移的电子数；i 为电解时的电流强度，A；t 为电解时间，s；$F = 96487C \cdot mol^{-1}$，$F$ 为法拉第常数。因此，通过测定电解过程中所消耗的电荷量，可以求得被测物质含量的方法，这就是库仑分析的理论基础。可见库仑分析就是一种电解分析法，但它与重量法不同，分析结果是通过测量电解反应所消耗的电荷量来求得的，因而省去了费时的洗涤、干燥以及称量等步骤，而且由于电荷量的测定可以达到较高的准确度，因此库仑分析法通常具有高准确度和精密度等优点，可用于痕量物质的分析。

进行库仑分析时，由法拉第电解定律可知定量关键在于求电荷量 Q 和反应电子数 n。反应电子数即一种原子、离子或分子在电极反应中生成或被消耗时参与反应的电子数。当物质以 100% 的电流效率进行电解反应时，就可以通过测量进行电解反应所消耗的电量，求得电极上起反应的物质的量。所谓 100% 的电流效率，指电解时电极上只发生主反应，不发生副反应。我们可以采用控制电位库仑分析和恒电流库仑分析这两种方法来达到上述要求。

【例 4-2】 在恒电流 1.20A 下，将 Co^{2+} 分别（a）以元素 Co 的形式沉积在阴极上和（b）以 Co_2O_3 形式沉积在阳极上，若沉积 Co^{2+} 的量均为 0.400 g，问各需要电解多长时间？

解 （a）$Co^{2+} + 2e^- = Co$　　$n=2$

$$m = \frac{M}{nF}it$$

$$0.400g = \frac{56.93g \cdot mol^{-1}}{2 \times 96487C \cdot mol^{-1}} \times 1.2A \times t$$

$$t = 1092\frac{C}{C \cdot s^{-1}} = 1092s = 18.2min$$

（b）$2Co^{2+} + 3OH^- = Co_2O_3 + 2e^- + 3H^+$　　$n=1$

$$0.400g = \frac{56.93g \cdot mol^{-1}}{1 \times 96487C \cdot mol^{-1}} \times 1.2A \times t$$

$$t = 545.8s = 9.10min$$

二、控制电位库仑分析法

1. 原理和装置

控制电位库仑分析法在恒电位下进行电解，然后根据被测物质在电解过程中所消耗的电荷量来求其含量的分析方法。其仪器装置和控制电位电解分析法基本相似，如图 4-7 所示。由于库仑分析是根据进行电解时通过电解池的电荷量来分析的，因此需要在电解池装置的电解电路中串入一个能精确测量电量的库仑计（如图 4-7 所示）。电解时，用恒电位装置控制阴极电位，以 100% 的电流效率进行电解，当电流趋于零时，电解即完成。由库仑计测得电量，根据法拉第定律求出被测物质的含量。

2. 电荷量的测定

如图 4-7 所示，在电解设备的基础上串联了一个库仑计，用来测量电解过程中消耗的电荷量。常用的库仑计主要有重量库仑计、气体库仑计及电子积分仪。

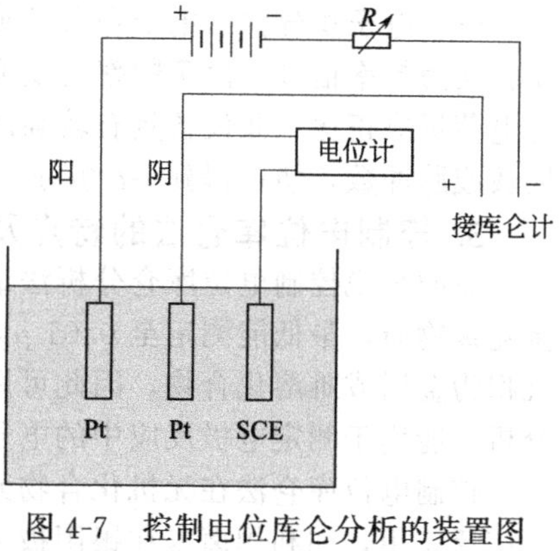

（1）重量库仑计　重量库仑计的测量原理是根据电解时在阴极上析出的金属质量，计算出通过电解池的电荷量。例如银库仑计，是以铂坩埚作阴极、纯银棒作阳极，阴极和阳极用多孔陶瓷管隔开，以使阴、阳极不直接接触，铂坩埚和陶瓷管中装有 $1\sim2mol \cdot L^{-1} AgNO_3$ 溶液。当电解发生时，阴极和阳极分别发生如下反应：

阳极　$Ag = Ag^+ + e^-$

阴极　$Ag^+ + e^- = Ag$

图 4-7　控制电位库仑分析的装置图

电解结束后，称量铂坩埚增加的质量，并由此计算出电解过程中所消耗的电荷量。采用此种库仑计测量时，需要进行铂坩埚的清洗、烘干、称量等操作，虽精确度高，但操作繁琐、分析速度慢，而且不能直接指示读数，所以不适用于常规分析。

（2）气体库仑计　气体库仑计由于可以根据电解时产生的气体体积来直接读数，使用较为方便。常用的气体库仑计是氢氧气体库仑计（如图 4-8 所示），是由一支刻度管与电解管用橡皮管

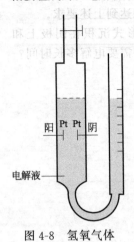

图 4-8　氢氧气体
库仑计

相接组成的。电解管中焊接两片铂电极，管外装有恒温水套。常用的电解液是 $0.5mol \cdot L^{-1} K_2SO_4$ 或 Na_2SO_4，通过电流时，在阳极上析出氧，阴极上析出氢。电解前后刻度管中液面之差就是氢、氧气体的总体积。由得到的氢氧气体总体积，根据水的电极反应及法拉第定律，可求得电解过程中所消耗的电荷量。

在标准状态下，每库仑电荷量析出 0.17412mL 氢、氧混合气体。设电解最后析出气体的体积为 VmL，则有：

$$m = \frac{M}{Fn}Q = \frac{VM}{0.17412 \times 96487n} = \frac{VM}{16800n} \tag{4-6}$$

氢氧气体库仑计的准确度可达 ±0.1%，操作方便，是最常用的一种库仑计。但在微量电荷量的测定上，若电极上电流密度低于 $0.05 A \cdot cm^{-2}$，常会产生较大的负误差，例如电流密度为 $0.01A \cdot cm^{-2}$ 时，负误差可达 4%。这可能是由于在阳极上同时能产生少量的过氧化氢，而过氧化氢没来得及进一步在阳极上被氧化为氧，就跑到溶液中去并在阴极上被还原，使氢、氧气体的总量减少。

在如图 4-8 所示的装置中，把 K_2SO_4 改为 0.1 $mol \cdot L^{-1}$ 的硫酸肼，此时阴极反应物仍是氢，而阳极上则析出氮：

$$N_2H_5^+ \longrightarrow N_2 + 5H^+ + 4e^-$$

而产生的 H^+ 在铂阴极上被还原为氢气，这种气体库仑计便成了氢氮库仑计。氢氮库仑计每库仑电荷量产生气体的体积与氢氧库仑计相同，它在电流密度很低时，测定误差小于1%，适合于微量分析，但灵敏度差。

以上两种库仑计称为化学库仑计。化学库仑计是一种最基本、最简单而又最准确的库仑计。化学库仑计本身就是一个电解池，将其与试样测定的电解池相串联，在 100% 电流效率下，库仑计中发生的电解反应和试样池反应所消耗的电荷量相等，由此电荷量可以计算出试样的质量。

（3）电子积分仪　电子积分仪使用集成电路装置，将电阻-电容两端的电压或流经的电流转换为频率信号。由于频率的变换速率与电压或电流大小成正比，因而计数总数与消耗的总电荷量成正比。此设备具有较高的准确度和精密度，使用方便。电子积分仪记录频率的周期数或脉冲数，便可得到 i-t 积分，即得到电解过程所消耗的电荷量 Q。

3. 控制电位库仑法的特点及应用

总的来说控制电位库仑分析法最大的特点是选择性好，灵敏度和准确度均较高，能测定微克级物质，最低能测定至 0.01 μg，相对误差为 0.1%~0.5%；不要求被测物质在电极上沉积为金属或难溶化合物，因此可用于测定进行均相电极反应的物质，特别适用于有机物的分析；能用于测定电极反应中的电子转移数。

控制电位库仑法在无机化合物元素测定及研究、有机和生化合成及分析等诸多领域得到了广泛应用，如利用卤素在银阳极上氧化来测定 I^-、Br^- 或 Cl^- 混合物；苦味酸、血清中尿素也曾用控制电位库仑法测定。此外，控制电位库仑分析法也是研究电极过程、反应机理等方面的有效方法。控制电位库仑法的不足在于：实验仪器比电解分析法复杂，且杂质和背景电流的影响不易消除。

三、恒电流库仑法

1. 原理和装置

控制电流库仑分析法又称为库仑滴定法。库仑滴定法是由恒电流发生器产生的恒电流通过电解池，被测物质直接在电极上反应或在电极附近由于电极反应产生一种能与被测物质起作用的试剂，当被测物质作用完毕后，由指示终点的仪器发出信号或借助化学指示剂来确定终点，最终实现定量分析的方法。由电解进行的时间 t/s 和电流 i，可按法拉第定律：$m = Mit/nF$，求算出被测物质的质量 m/g。它可按下述两种类型进行：

① 被测定物质直接在电极上起反应；

② 在试液中加入大量物质，使此物质经电解反应后产生一种试剂，然后此试剂与被测物质起反应。

先考虑按照第一种类型进行分析，我们知道，在恒电流条件下进行电解，由于待测物浓度越来越低，导致阴极电位越来越负、阳极电位越来越正，以致达到其他物质的析出电位，产生副反应而影响电流效率。例如，在恒电流条件下电解 Fe^{2+} 溶液。使之在电解开始时，在 Fe^{2+} 阳极反应的电流效率能达到 100%。但是，随着反应的进行，Fe^{3+} 增多，相应的 Fe^{2+} 减少，阳极电位越来越正。在溶液中 Fe^{2+} 还没有全部氧化时，阳极上就发生析氧的副反应：

$$2H_2O \longrightarrow O_2 + 4H^+ + 4e^-$$

使 Fe^{2+} 反应的电流效率低于 100%，导致产生测定误差。所以，单纯按照第一种类型进行分析的情况是很少的。一般是按第二种类型进行。例如往上述试液中加入大量的 Ce^{3+}，则 Fe^{2+} 就可能以恒电流进行完全电解，开始时阳极上的主要反应为 Fe^{2+} 氧化为 Fe^{3+}，当阳极电位向正方向移动至一定数值时，Ce^{3+} 就会在阳极上氧化为 Ce^{4+}，同时生成的 Ce^{4+} 立即转移至本体溶液中并氧化溶液中残余的 Fe^{2+}：

$$Ce^{4+} + Fe^{2+} \longrightarrow Fe^{3+} + Ce^{3+}$$

此反应快速而稳定。显然，达到终点时，Fe^{2+} 消耗的电量与直接在阳极上氧化所消耗的电量相同。由于 Ce^{3+} 量较大，因而稳定了阳极电位防止氧的析出（这实际上就是"氧化还原缓冲"，或称为"电位缓冲"，原理上与酸碱缓冲一样）。而且由于大量电解质的存在，使控制电流库仑滴定可以在较高的电流密度下进行电解（可高达 $20\mathrm{mA \cdot cm^{-2}}$，有时还可更高些），因而测定可在数分钟内完成。

因此，恒电流库仑分析是一种间接法，这种方法是往试液中加入适当的辅助剂后，以一定强度的恒定电流进行电解。由电极反应产生一种"滴定剂"，该滴定剂与待测物质迅速按照化学计量作用，反应完全时，消耗电量与"滴定剂"符合法拉第电解定律，而"滴定剂"与待测物又有一定的量的关系，因此，可以由电量来计算待测物的含量。

库仑滴定的装置如图 4-9 所示。它包括电解系统（也称发生系统）和终点指示系统两部分。前者的作用是提供一个数值已知的恒电流，产生滴定剂并记录电解时间；后者的作用是指示滴定终点，以控制电解的结束。电解系统由工作电极 1 和辅助电极 2 组成：工作电极即产生滴定剂的电极，一般为大面积铂电极；辅助电极放在了一个隔离装置里，避免在滴定过程中产生干扰。

2. 库仑滴定指示终点的确定方法

库仑滴定的关键之一在于终点的检测。库仑滴定指示终点的方法有很多种：指示剂法、电位法和电流法等。

（1）化学指示剂法　普通容量分析中所用的化学指示剂，均可用于库仑滴定中。例如，As(Ⅲ) 的测定，电解液中有 As(Ⅲ) 和大量 KI，加入淀粉为指示剂，在电解系统的工作电极上发生的反应如下：

阳极（工作电极 1）　　$2I^- \longrightarrow I_2 + 2e^-$

阴极（辅助电极 2）　　$2H^+ + 2e^- \longrightarrow H_2 \uparrow$

电极上产生的 I_2 与溶液中的淀粉起反应。过量的 I_2 使指示剂变蓝，指示终点，停止电解。

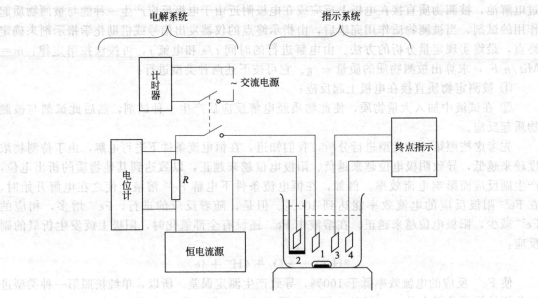

图 4-9　库仑滴定装置

1—工作电极；2—辅助电极；3,4—指示电极

此法是指示终点的最简单的方法，可省去滴定装置中的指示系统。但是指示剂法灵敏度低，只能指示滴定的终点而不能指示滴定的全部过程等。现在一般常用电化学方法检测终点，其中最常用的是电流法和电位法。

(2) 电位法　用电位法指示库仑滴定的终点的原理与普通电位滴定法相似。它由一指示电极和一参比电极构成测量电路，在 $i=0$ 条件下测量指示电极电位。在终点附近电位突跃最大，可像电位滴定那样确定终点。例如，利用库仑滴定法测定溶液中酸的浓度时，用玻璃电极和甘汞电极为检测终点电极，用 pH 计指示终点。此时用 Pt 电极为工作电极，银电极为辅助电极。试液中加入大量辅助电解质 KCl，电极上的反应为：

Pt 阳极（工作电极 1）　　$2H^+ + 2e^- \longrightarrow H_2$

Ag 阴极（辅助电极 2）　　$2Ag + 2Cl^- \longrightarrow 2AgCl + 2e^-$

由于工作电极发生的反应使溶液中 OH⁻ 产生了富余，作为滴定剂，使溶液中的酸度发生变化，用 pH 计上的 pH 突跃指示终点。

这种方法简便、快速，灵敏度和准确度也比较高。

(3) 双指示电极电流法　它是在电解池中插入一对铂电极（如图 4-9 所示指示系统 Pt电极 3，4）作指示电极，加上一个很小的直流电压（10～200mV）。当到达终点时，由于试液中存在的一对可逆电对（或原来一对可逆电对消失）。此时铂指示电极的电流迅速发生变化，则表示终点到达。仍以库仑滴定法测 As(Ⅲ) 为例，用 KI 作为辅助电解质，电解生成的滴定剂 I_2 马上与溶液中 As(Ⅲ) 反应，这时溶液中的 I_2 浓度非常稀，无法与 I⁻ 构成可逆电对，由于 As(Ⅴ)/As(Ⅲ) 电对为不可逆电对，所加的小电压不能使指示电极发生电极反应，因此，在终点前指示系统无电流通过，检流计 G 的光点指示为零（即死停在原点零的位置）。

当 As(Ⅲ) 被反应完全时，过量的 I_2 马上与 I⁻ 构成可逆电对。它们可以在指示电极上发生如下的可逆电极反应：

Pt 阳极（指示电极 4）　　$I_2 + 2e^- \longrightarrow 2I^-$

Pt 阴极（指示电极 3）　　$2I^- \longrightarrow I_2 + 2e^-$

指示电极上的电流迅速增加，检流计 G 的光点突然有较大的偏转，表示终点已到达。仪器正是判断到这个大的 Δi，强制滴定停止。

死停终点法常用于氧化还原反应滴定体系，特别是在以卤素为滴定剂的库仑滴定中应用最广，也用于沉淀反应滴定中。此法装置简单、快速、灵敏，准确度又较高。

此外，也有用分光光度法、电导法等方法指示滴定终点。

3. 库仑滴定的特点及应用

① 由于库仑滴定所用的滴定剂是由电解产生的，边产生边滴定，因而在容量分析中一些不稳定的物质如：Br_2、Cl_2、Cu^+、Cr^{2+}、Sn^{2+}、Ag^+、Ti^{3+}、Mn^{3+} 等都可作为滴定剂，从而扩大了分析的应用范围。其次，库仑滴定不需要配制标准溶液，因而可以避免使用基准物及配制、标定标准溶液所引起的误差；滴定时没稀释效应，使终点的确定较为简单。

② 在现代技术条件下，电流和时间都可以精确地测量，因而本法的精密度和准确度都是很高的，相对标准偏差约为 0.5%，即使在微量组分测定中，亦可使误差低达千分之几。所以它是一种既能测定常量物质，又能测定微量甚至痕量物质的准确、灵敏的分析方法。如采用精密库仑滴定法，由计算机程序确定滴定终点，准确度可达 0.01%～0.05%，已用于测定基准物质的纯度和标准溶液的标定等。

③ 仪器设备简单，易于实现自动化和数字化，便于连续自动测定和遥控分析，如分析放射性物质等。

凡与电解时所产生的试剂能迅速而且定量反应的物质，均可用库仑滴定法测定，其适用于普通容量分析的各类滴定法，如酸碱中和、氧化还原、配位以及沉淀反应的滴定分析。表 4-2 给出了库仑滴定的应用实例。

表 4-2　库仑滴定应用示例

电极产生的试剂	工作电极反应	被测定物质
	阳极反应：	
H^+	$H_2O \rightleftharpoons 2H^+ + \frac{1}{2}O_2 + 2e^-$	碱类
Cl_2	$2Cl^- \rightleftharpoons Cl_2 + 2e^-$	As(Ⅲ)，SO_3^{2-}，不饱和脂肪酸，Fe^{2+} 等
Br_2	$2Br^- \rightleftharpoons Br_2 + 2e^-$	As(Ⅲ)，Sb(Ⅲ)，U(Ⅳ)，Tl^+，Cu^+，I^-，H_2S，CNS^-，N_2H_2，NH_2OH，NH_3，硫代乙醇酸，8-羟基喹啉，苯胺酚，芥子气，水杨酸等
I_2	$2I^- \rightleftharpoons I_2 + 2e^-$	As(Ⅲ)，Sb(Ⅲ)，$S_2O_3^{2-}$，S^{2-}，水分（费休测水法）等
Ce^{4+}	$Ce^{3+} \rightleftharpoons Ce^{4+} + e^-$	Fe^{2+}，Ti(Ⅲ)，U(Ⅳ)，As(Ⅲ)，I^-，$Fe(CN)_6^{4-}$，氢醌等
Mn^{3+}	$Mn^{2+} \rightleftharpoons Mn^{3+} + e^-$	Fe^{2+}，As(Ⅲ)，$C_2O_4^{2-}$ 等
Ag^+	$Ag \rightleftharpoons Ag^+ + e^-$	Cl^-，Br^-，I^-，CNS^- 等
	阴极反应：	
Fe^{2+}	$Fe^{3+} + e^- \rightleftharpoons Fe^{2+}$	MnO_4^-，VO_3^-，CrO_4^{2-}，Br_2，Cl_2，Ce^{4+} 等
$[Fe(CN)_6]^{4-}$	$[Fe(CN)_6]^{3-} + e^- \rightleftharpoons [Fe(CN)_6]^{4-}$	Zn^{2+} 等
$[CuCl_3]^{2-}$	$Cu^{2+} + 3Cl^- + e^- \rightleftharpoons [CuCl_3]^{2-}$	V(Ⅴ)，CrO_4^{2-}，IO_3^- 等

【知识拓展】

微库仑分析法

1. 微库仑法的原理

微库仑法（microcoulometry）是根据电解产生滴定剂与被测物质反应，并随被测物质含量大小自动调节输入电流，由消耗的电量来确定物质含量的方法，又称为动态库仑滴定。其装置示意图如 4-10 所示。

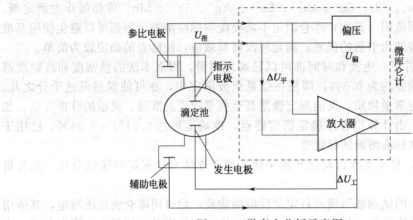

图 4-10　微库仑分析示意图

预先含有滴定剂的滴定池中加入一定量的被滴定物质后，由仪器自动完成从开始滴定到滴定完毕的整个过程。随着电解的进行，滴定渐趋完成，滴定剂的浓度又逐渐回到滴定开始前的浓度值，使得 $\Delta U_{\text{平}}$ 也渐渐回到零；同时，$\Delta U_{\text{工}}$ 也越来越小，产生滴定剂的电解速度也越来越慢。当达到滴定终点时，体系又回复到滴定开始前的状态，$\Delta U_{\text{平}}=0$，$\Delta U_{\text{工}}$ 也为零，滴定即告完成。滴定曲线如图 4-11 所示。

2. 应用

（1）石油化工领域的应用

① 测定低硫柴油中硫含量　用微量注射器将试样经硅橡胶隔垫注入到通有载气（氩气）和助燃气（氧气）的裂解汽化段，在 900℃时试样迅速燃烧汽化，试样中的硫转化为二氧化硫并随载气进入滴定池同电解液中的碘离子（I_3^-）发生反应，致使电解液中 I_3^- 浓度降低，指示电极将这一变化信号输送给放大器，放大器又输出相应电流于电解电极对，由在阳极发生氧化反应产生的 I_3^- 以

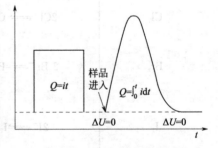

图 4-11　微库仑滴定曲线

补充消耗的 I_3^-。计量补充消耗的碘离子（I_3^-）所需的电量，根据法拉第电解定律，可求出样品中硫含量。

利用 LC-2 微库仑仪测定超低硫柴油中硫含量的分析方法，具有重复性好、分析快速、准确等优点，该法可作为超低硫柴油产品的质量控制分析方法。

② 测定液化石油气的总硫含量　试样在裂解管汽化并与载气（氮气）混合进入燃烧段，在此与氧气混合，试样裂解氧化，硫转化为二氧化硫，随载气一并进入滴定池，与电解液中的三碘离子发生如下反应：

$$I_3^- + SO_2 + H_2O \longrightarrow SO_3 + 3I^- + 2H^+$$

滴定池中三碘离子浓度降低，指示-参比电极对指示出这一变化并和给定的偏压相比较，

然后将此信号输入微库仑仪放大器，经放大后输出电压加到电解电极，电极阳极处发生如下反应：

$$3I^- \longrightarrow I_3^- + 2e^-$$

被消耗的三碘离子得到补充，消耗的电量就是电解电流时间的积分，根据法拉第电解定律即可求出试样的硫含量。

文献数据表明：通过准确度和精密度测量结果，可以看出选择偏压 140mV，氧气流量 $30mL \cdot min^{-1}$，进样量 2.0mL，使用液化石油气总硫含量 $10mg \cdot kg^{-1}$ 的样品测定，准确度较高，重复性较好。

（2）在环境领域的应用 用微库仑法快速测定城市污水中的氨和总氮。

氮测定在水污染控制中是非常重要的，因为氨、硝酸盐、亚硝酸盐及其他含氮化合物可以充当藻类和其他水生植物的养分。废水中氮的含量范围可能小于每千克 0.1 至几个毫克，并且可能在废物处理和净化的各个阶段产生。用微库仑法快速测定城市污水中的氨和总氮的装置如图 4-12 所示。

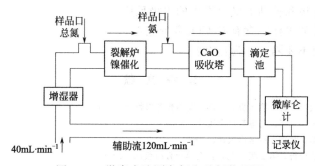

图 4-12　微库仑法测定氨和总氮装置图

该装置中的加湿器是为了减少有机化合物催化剂的结焦率和保持 $CaO\text{-}Ca(OH)_2$ 在洗涤平衡中有效去除酸性化合物。

该方法用硝酸钾、硫酸铵水溶液实验的分析结果显示有很好的准确性和精确度，即使只有 $1mg \cdot kg^{-1}$ 的氮，也能从各自的峰面积计算出测定值。

微库仑法具有快速、灵敏、准确的优点，取样量少，利用电子积分仪能方便地检测 $10^{-7} \sim 10^{-11} mol \cdot L^{-1}$ 的电解物质。目前常用的滴定池有银离子滴定池，碘离子滴定池，氢离子滴定池三种。主要用于有机元素和石油化工生产过程中分析卤素、硫、氮、水等。我国也开展了这方面的研究和仪器的试制工作，如 SKD-1 和 SKD-2 型数字库仑滴定仪，可测原油中总硫、总氮、水等。冯建国等试制的 K-1 型微库仑计用于水中超痕量的 H_2S 的测定，检测下限为 $0.2 \times 10^{-10} g \cdot kg^{-1}$。

——摘自：http：//wenku. baidu. com/view/547975583b3567ec102d8a3d. html

思考题与习题

1. 以电解法分析金属离子时，为什么要控制阴极的电位？
2. 库仑分析法的基本原理是什么？
3. 为什么在库仑分析中要保证电流效率 100%？在库仑分析中用什么方法保证电流效率达到 100%？
4. 为什么恒电流库仑分析法又称库仑滴定法？
5. 在控制电位库仑分析法和恒电流库仑滴定法中，是如何测得电荷量的？

6. 试说明用库仑法测定 As(Ⅲ) 时，双铂指示电极指示电解终点的原理。

7. 将含有 Cd 和 Zn 的矿样 1.06g 完全溶解后，在氨性溶液中用汞阴极沉积。当阴极电位维持在 -0.95V（vs. SCE）时，只有 Cd 沉积，在该电位下电流趋近于零时，与电解池串联的氢氧库仑计收集到混合气体的体积为 44.61mL（25℃，101325Pa）。在 -1.3V 时，Zn^{2+} 还原，与上述条件相同，当 Zn 电解完全时，收集到的氢氧混合气体为 31.30 mL。求该矿中 Cd 和 Zn 的质量分数。

8. 取某含酸试样 10.00mL，用电解产生的 OH^- 进行库仑滴定，经 246s 后到达终点。在滴定过程中，电流通过一个 100Ω 的电阻降为 0.849V。试计算试样中 H^+ 的浓度。

9. 将 9.14mg 纯苦味碱（$M_{苦味碱} = 228.93g \cdot mol^{-1}$）试样以 1mol·$L^{-1}$ HCl 完全溶解后，全部移入汞阴极池中，用恒电位库仑法 [0.65V（vs. SCE）] 进行电解。当电解完全，与电解池相串联的库仑计求得的电荷量为 65.7C，求此还原反应的电子转移数 n。

10. 欲测水中钙的含量，于一预先加有过量 $Hg(NH_3)Y^{2-}$ 和少量铬黑 T（作指示剂）50mL 氨性试样中，用汞阴极经 0.018A 的恒电流电解 3.5min 到达终点（以 Pt 片为阳极）。

(1) 写出工作电极和辅助电极上发生的电极反应。

(2) 计算每毫升的水样中含有 $CaCO_3$ 多少毫克。

(3) 辅助电极要不要隔离？为什么？

参 考 文 献

[1] 朱明华，胡坪. 仪器分析. 第 4 版. 北京：高等教育出版社，2008.
[2] 张寒琦. 仪器分析. 北京：高等教育出版社，2009.
[3] 张正奇. 分析化学. 北京：科学出版社，2006.
[4] 刘约权. 现代仪器分析. 第 2 版. 北京：高等教育出版社，2006.

气相色谱分析法

💡 **本章提要**

气相色谱法是目前为止色谱分析中发展最为成熟的分析方法，具有选择性好、高分离效能、高灵敏度、分析速度快等优点，已成为仪器分析方法中应用最广泛的一种方法。本章主要介绍气相色谱法的基本原理、仪器结构及定性定量方法。要求掌握气相色谱分离原理、了解气相色谱法主要检测器的响应方式；熟悉色谱法的基本术语；熟悉进行气相色谱分析时对色谱条件的选择；掌握气相色谱法定量方法中的归一化法和内标法。

第一节　概　　述

1906 年，俄国植物学家茨维特（M. Tswett）在研究植物绿叶中的色素时，采用石油醚浸取植物叶片中的色素，并将其注入到一根装填碳酸钙颗粒的玻璃管上端，再加入纯净石油醚进行淋洗。随着石油醚的不断淋洗，玻璃管上端的混合液不断向下移动，并逐渐分离成具有一定间隔的颜色不同的清晰色带，成功地分离了混合液中的叶绿素 a、叶绿素 b、叶黄素和胡萝卜素等组分。他将这种分离分析方法命名为色谱法。现在我们已经知道色谱法不仅可以分离有色物质，也可以分离无色物质，"色谱"一词已经失去了原来的意义，但色谱法这个名称一直保留了下来。

色谱法是一种物理化学分离分析技术，又称色层法、层析法，其分离原理是利用混合物中各组分在两相间进行分配，其中一相是不动的，称为固定相，另一相是携带混合物流过此固定相的流体，称为流动相。当流动相中所含混合物经过固定相时，就会与固定相发生作用。由于各组分在性质和结构上的差异，与固定相发生作用的大小、强弱也有差异，因此在同一推动力作用下，不同组分在固定相中的滞留时间有长有短，从而按先后不同的次序从固定相中流出。

色谱分离技术具有选择性好、分离效能高、灵敏度高、分析速度快等优点，已成为仪器分析方法中应用最广泛的一种方法。

一、色谱法分类

色谱法有多种类型，从不同角度出发，有各种分类法。

① 按流动相的物态，色谱法可分为气相色谱法（流动相为气体）、液相色谱法（流动相为液体）和超临界流体色谱法（流动相为超临界流体）；再按固定相的物态，又可分为气-固色谱法（固定相为固体吸附剂）、气-液色谱法（固定相为涂在固体载体上或毛细管壁上的液体）、液-固色谱法和液-液色谱法等。

② 按固定相使用的形式，可分为柱色谱法（固定相装在色谱柱中）、纸色谱法（滤纸为固定相）和薄层色谱法（将吸附剂粉末制成薄层作固定相）等。其中柱色谱包括填充柱色谱和固定相附着或键合在管内壁上的空心毛细管柱色谱。

③ 按分离过程的机制，可分为吸附色谱法（利用吸附剂表面对不同组分的物理吸附性能的差异进行分离）、分配色谱法（利用不同组分在两相中有不同的分配系数来进行分离）、离子交换色谱法（利用离子交换原理）和排阻色谱法（利用多孔性物质对不同大小分子的排阻作用）等。

本章讨论气相色谱分析法。

二、气相色谱仪

如前所述，气相色谱法是采用气体作为流动相的一种色谱法。用来载送试样的惰性气体（不与被测物作用，如氢气、氮气、氦气等）称为载气。载气载着欲分离的试样通过色谱柱中的固定相，使试样中各组分分离，然后分别检测。气相色谱仪的一般工作流程如图 5-1 所示。载气由高压钢瓶 1 供给，经减压阀 2 减压后，进入载气净化干燥管 3 以除去载气中的水分等杂质。由稳流的针形阀 4 控制载气的压力和流量。压力表 6 用以指示载气压力。再经过

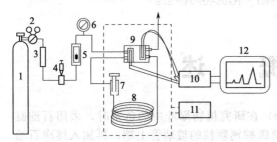

图 5-1 气相色谱流程图
1—载气钢瓶；2—减压阀；3—净化干燥管；
4—针形阀；5—流量计；6—压力表；
7—进样器；8—色谱柱；9—检测器；
10—放大器；11—温度控制器；
12—记录系统

进样器（包括汽化室）7，试样就在进样器注入（如为液体试样，经汽化室瞬间加热汽化为气体），并由不断流动的载气携带进入色谱柱 8，各组分在此被分离，然后随载气依次进入检测器 9 后放空。检测器信号由记录系统（色谱工作站或积分仪）12 记录，就可得到色谱图。

由图 5-1 可知，气相色谱仪一般由五部分组成。

（1）载气系统　包括包括气源、气体净化干燥管和载气流速控制部件。载气一般为氢气、氮气、氦气。由气源输出的载气通过装有催化剂或分子筛的净化器，以除去水、氧等有害杂质，净化后的载气经稳压阀或自动流量控制装置后，使流量按设定值恒定输出。

（2）进样系统　包括进样器、汽化室。气体试样可通过注射器或定量阀进样，液体或固体试样可稀释或溶解后直接用微量注射器进样。试样在汽化室瞬间汽化后，随载气进入色谱柱分离。

（3）分离系统　包括色谱柱、柱箱和温度控制装置。色谱柱是气相色谱仪的核心部分，混合物的分离在此完成。色谱柱包括柱管与固定相两部分，柱管的材质可以是玻璃及不锈钢，固定相是色谱分离的关键部分，其种类很多。

（4）检测系统　包括检测器、放大器、检测器的电源控温装置。从色谱柱流出的各组分，通过检测器把浓度信号转换成电信号，经放大器放大后送到数据记录装置得到色谱图。常用气相色谱检测器参见本章第五节。

（5）记录及数据处理系统　早期采用记录仪，现采用积分仪或色谱工作站。

三、色谱流出曲线和有关术语

如上所述，试样中各组分经色谱柱分离后，随载气依次流出色谱柱，经检测器转换为电

信号，然后用数据记录装置将各组分的浓度变化记录下来，即得色谱图。色谱图是以组分的浓度变化引起的电信号作为纵坐标，流出时间作横坐标的，这种曲线称为色谱流出曲线。现以组分流出曲线图（如图 5-2 所示）来说明色谱有关术语。

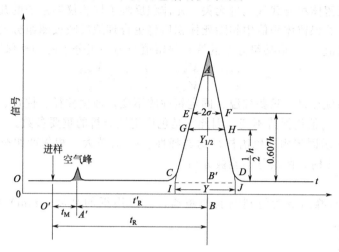

图 5-2　色谱流出曲线图

1. 基线

当色谱柱后没有组分进入检测器时，在实验操作条件下，反映检测器系统噪声随时间变化的线称为基线。稳定的基线是一条直线，如图 5-2 中所示的直线。

（1）基线漂移　指基线随时间定向地缓慢变化。

（2）基线噪声　指由各种因素所引起的基线起伏。

2. 保留值

表示试样中各组分在色谱柱中滞留时间的数值。通常用时间或用将组分带出色谱柱所需载气的体积来表示。如前所述，被分离组分在色谱柱中的滞留时间，主要取决于在两相间的分配过程，因而保留值是由色谱分离过程的热力学因素所控制的，在一定的固定相和操作条件下，任何一种物质都有一确定的保留值，这样就可以作为定性参数。

（1）死时间 t_M　指不被固定相吸附或溶解的气体（如空气、甲烷）从进样开始到柱后出现浓度最大值时所需要的时间，如图 5-2 中 $O'A'$ 所示。显然，死时间正比于色谱柱的空隙体积。

（2）保留时间 t_R　指被测组分从进样开始到柱后出现浓度最大值时所需要的时间，如图 5-2 中 $O'B$。

（3）调整保留时间 t_R'　指扣除死时间后的保留时间，如图 5-2 中 $A'B$，即

$$t_R' = t_R - t_M \tag{5-1}$$

此参数可理解为，某组分由于溶解或吸附于固定相，比不溶解或不被吸附的组分在色谱柱中多滞留的时间。

（4）死体积 V_M　指色谱柱在填充后柱管内固定相颗粒间所剩留的空间、色谱仪中管路和连接头间的空间以及检测器的空间的总和。当后两项很小而可忽略不计时，死体积可由死时间与色谱柱出口的载气体积流量 $q_{v,0}$（mL·min^{-1}）来计算，即

$$V_M = t_M q_{v,0} \tag{5-2}$$

（5）保留体积 V_R　指从进样开始到柱后被测组分出现浓度最大值时所通过的载气体积，即

$$V_R = t_R q_{v,0} \tag{5-3}$$

载气流量大，保留时间相应降低，两者乘积仍为常数，因此 V_R 与载气流量无关。

（6）调整保留体积 V_R'　指扣除死体积后的保留体积，即

$$V_R' = t_R' q_{v,0} \quad 或 \quad V_R' = V_R - V_M \tag{5-4}$$

同样，调整保留体积与载气流量无关。死体积反映了柱和仪器系统的几何特性，它与被测物的性质无关，故保留体积值中扣除死体积后将更合理地反映被测组分的保留特性。

（7）相对保留值 r_{21}　指某组分 2 的调整保留值与另一组分 1 的调整保留值之比，即

$$r_{21} = \frac{t_{R(2)}'}{t_{R(1)}'} = \frac{V_{R(2)}'}{V_{R(1)}'} \neq \frac{t_{R(2)}}{t_{R(1)}} \neq \frac{V_{R(2)}}{V_{R(1)}} \tag{5-5}$$

相对保留值的优点是，只要柱温、固定相性质不变，即使柱径、柱长、填充情况及流动相流速有所变化，r_{21} 值仍保持不变，因此它是色谱定性分析的重要参数。

r_{21} 亦可用来表示固定相（色谱柱）的选择性。r_{21} 值越大，相邻两组分的 t_R' 相差越大，分离得越好，$r_{21} = 1$ 时，两组分不能被分离。

3. 峰高

峰高（h）是从峰的最大值到峰底的距离，可以用纸的高度（mm）或电信号的大小（mV 或 mA）表示。

4. 区域宽度

色谱峰区域宽度是色谱流出曲线中一个重要参数。从色谱分离角度着眼，希望区域宽度越窄越好。通常度量色谱峰区域宽度有三种方法。

（1）标准偏差 σ　即 0.607 倍峰高处色谱峰宽度的一半，如图 5-2 所示 EF 的一半。

（2）半峰宽度 $Y_{1/2}$　又称半宽度或区域宽度，即峰高为一半处的宽度，如图 5-2 所示 GH，它与标准偏差的关系为

$$Y_{1/2} = 2\sigma\sqrt{2\ln 2} = 2.35\sigma \tag{5-6}$$

由于半峰宽度易于测量，使用方便，所以常用它表示区域宽度。

（3）峰底宽度 Y　自色谱峰两侧的拐点所作切线在基线上的截距，如图 5-2 中的 IJ 所示。它与标准偏差的关系为

$$Y = 4\sigma \tag{5-7}$$

利用色谱流出曲线可以解决以下问题：

① 根据色谱峰的位置（保留值）可以进行定性分析；

② 根据色谱峰的面积或峰高可以进行定量测定；

③ 根据色谱峰的位置及其宽度，可以对色谱柱分离情况进行评价。

第二节　气相色谱分析理论基础

一、气相色谱的基本原理

在气相色谱分析的流程中，多组分的试样是通过色谱柱而得到分离的，那么这是怎样实现的呢？

色谱柱有两种，一种是内装固定相的，称为填充柱，通常为用金属（铜或不锈钢）或玻璃制成的内径 2～6mm、长 0.5～10m 的 U 形或螺旋形的管子。另外一种是将固定液均匀地涂覆在毛细管的内壁，称为毛细管柱。现以填充柱为例来简要说明色谱分离原理。在填充柱内填充的固定相有两大类，即气-固色谱分析中的固定相和气-液色谱分析中的固定相。

气-固色谱分析中的固定相是一种具有多孔性及较大表面积的吸附剂颗粒。试样由载气

携带进入柱子时，立即被吸附剂所吸附。载气不断流过吸附剂时，吸附着的被测组分又被洗脱下来。这种洗脱下来的现象称为脱附。脱附的组分随着载气继续前进时，又可被前面的吸附剂所吸附。随着载气的流动，被测组分在吸附剂表面进行反复的物理吸附、脱附过程。由于被测物质中各组分的性质不同，它们在吸附剂上的吸附能力就不一样，较难被吸附的组分就容易被脱附，较快地移向前面。容易被吸附的组分就不容易被脱附，向前移动得慢些。经过一定时间，即通过一定量的载气后，试样中的各个组分就彼此分离而先后流出色谱柱。

气-液色谱分析中的固定相是在化学惰性的固体微粒（此固体是用来支持固定液的，称为担体）表面，涂上一层高沸点有机化合物的液膜。这种高沸点有机化合物称为固定液。在气-液色谱柱内，被测物质中各组分的分离是基于各组分在固定液中溶解度的不同。当载气携带被测物质进入色谱柱，和固定液接触时，气相中的被测组分就溶解到固定液中去。载气连续流经色谱柱，溶解在固定液中的被测组分会从固定液中挥发到气相中去。随着载气的流动，挥发到气相中的被测组分分子又会溶解在前面的固定液中，这样反复多次溶解、挥发、再溶解、再挥发。由于各组分在固定液中溶解能力不同，溶解度大的组分就较难挥发，停留在柱中的时间就长些，往前移动得就慢些。而溶解度小的组分，往前移动得快些，停留在柱中的时间就短些。经过一定时间后，各组分就彼此分离。

二、分配平衡

物质在固定相和流动相（气相）之间发生的吸附、脱附和溶解、挥发的过程，叫做分配过程。被测组分按其溶解和挥发能力（或吸附和脱附能力）的大小，以一定的比例分配在固定相和气相之间。溶解度（或吸附能力）大的组分分配到固定相的多一些，气相中的量就少一些；溶解度（或吸附能力）小的组分分配到固定相的量少一些，气相中的量就多一些。在一定温度下组分在流动相和固定相之间所达到的平衡称为分配平衡，为了描述这一行为，通常采用分配系数 K 和分配比 k' 来表示。

1. 分配系数 K

组分在两相之间达到分配平衡时，该组分在两相中的浓度之比是一个常数，这一常数称为分配系数，用 K 表示。

$$K = \frac{\text{组分在固定相中的浓度}}{\text{组分在流动相中的浓度}} = \frac{c_S}{c_M} \tag{5-8}$$

一定温度下，各物质在两相之间的分配系数是不同的。显然，具有小的分配系数的组分，每次分配后在气相中的浓度较大，因此就较早地流出色谱柱。而分配系数大的组分，则由于每次分配后在气相中的浓度较小，因而流出色谱柱的时间较迟。当分配次数足够多时，就能将不同的组分分离开来。由此可见，气相色谱分析的分离原理是基于不同物质在两相间具有不同的分配系数。当两相作相对运动时，试样中的各组分就在两相中进行反复多次的分配，使得原来分配系数只有微小差异的各组分产生很大的分离效果，从而各组分彼此分离开来。由上述可见，分配系数是色谱分离的依据。

2. 分配比 k'

在实际工作中，常应用另一表征色谱分配平衡过程的参数——分配比。分配比亦称容量因子或容量比，以 k' 表示，是指在一定温度、压力下，在两相间达到分配平衡时，组分在两相中的质量比，即

$$k' = \frac{\text{组分在固定相中的质量}}{\text{组分在流动相中的质量}} = \frac{m_S}{m_M} \tag{5-9}$$

式中，m_S 为组分分配在固定相中的质量；m_M 为组分分配在流动相中的质量。它与分配系数 K 的关系为

$$K = \frac{c_S}{c_M} = \frac{m_S/V_S}{m_M/V_M} = k' \frac{V_M}{V_S} = k'\beta \tag{5-10}$$

式中，V_M 为色谱柱中流动相体积，即柱内固定相颗粒间的空隙体积；V_S 为色谱柱中固定相体积，对于不同类型色谱分析，V_S 有不同含意，例如在气-液色谱分析中它为固定液体积，在气-固色谱分析中则为吸附剂表面容量；V_M 与 V_S 之比称为相比，以 β 表示，它反映了各种色谱柱柱型及其结构的重要特性。例如，填充柱的 β 值约为 $6 \sim 25$，毛细管柱的 β 值范围为 $50 \sim 1500$。

由式（5-10）可得出如下结论。

① 分配系数是组分在两相中浓度之比，分配比则是组分在两相中质量之比。它们都与组分及固定相的热力学性质有关，并随柱温、柱压的变化而变化。

② 分配系数只取决于组分和两相性质，与两相体积无关。分配比不仅取决于组分和两相性质，且与相比有关，亦即组分的分配比随固定相的量而改变。

③ 对于一给定色谱体系（分配体系），组分的分离最终取决于组分在每相中的相对量，而不是相对浓度，因此分配比是衡量色谱柱对组分保留能力的重要参数。k' 值越大，保留时间越长，k' 值为零的组分，其保留时间即为死时间 t_M。

④ 若流动相（载气）在柱内的线速度为 u，即一定时间里载气在柱中流动的距离（单位 $cm \cdot s^{-1}$），由于固定相对组分有保留作用，所以组分在柱内的线速度 u_S 将小于 u，则两速度之比称为滞留因子 R_S，即

$$R_S = u_S/u \tag{5-11}$$

若某组分的 $R_S = 1/3$，表明该组分在柱内的移动速度只有流动相速度的 $1/3$，显然 R_S 亦可用质量分数 w 表示，即

$$R_S = w = \frac{m_M}{m_S + m_M} = \frac{1}{1 + \frac{m_S}{m_M}} = \frac{1}{1 + k'} \tag{5-12}$$

组分和流动相通过长度为 L 的色谱柱，所需时间分别为

$$t_R = \frac{L}{u_S} \tag{5-13}$$

$$t_M = \frac{L}{u} \tag{5-14}$$

由式（5-11）～式（5-14）可得

$$t_R = t_M(1 + k') \tag{5-15}$$

$$k' = \frac{t_R - t_M}{t_M} = \frac{t_R'}{t_M} \tag{5-16}$$

可见，k' 值可根据式（5-16）由实验测得。

三、色谱分离的基本理论

试样在色谱柱中分离过程的基本理论包括两方面，一是试样中各组分在两相间的分配情况，这与各组分在两相间的分配系数、各物质（包括试样中组分、固定相、流动相）的分子结构和性质有关，各色谱峰在柱后出现的时间（即保留值）反映了各组分在两相间的分配情况，它由色谱过程中的热力学因素所控制；二是各组分在色谱柱中的运动情况，这与各组分在流动相和固定相两相之间的传质阻力有关，各个色谱峰的半峰宽度就反映了各组分在色谱柱中的运动的情况，这是一个动力学因素。气相色谱的两大理论——塔板理论和速率理论分别从热力学和动力学的角度阐述了色谱分离效能及其影响因素。

1. 塔板理论

塔板理论是在对色谱过程进行多项假设的前提下提出的一个半经验理论，该理论把色谱柱比作精馏塔，这样，色谱柱可由很多假想的塔板组成（即色谱柱可分成许多个小段），即将连续的色谱过程看作是许多小段平衡过程的重复。在每一小段（塔板）内，一部分空间为涂在载体上的液相占据，另一部分空间充满着载气（气相），载气占据的空间称为板体积。当欲分离的组分随载气进入色谱柱后，就在两相间进行分配。由于流动相在不停地移动，组分就在这些塔板间隔的气液两相间不断地达到分配平衡。塔板理论假定：

① 在这样一小段间隔内，气相平均组成与液相平均组成可以很快地达到分配平衡，这样达到分配平衡的一小段柱长称为塔板高度 H；

② 载气进入色谱柱，不是连续的而是脉动式的，每次进气为一个板体积；

③ 试样开始时都加在同一塔板上，且试样沿色谱柱方向的扩散（纵向扩散）可忽略不计；

④ 分配系数在各塔板上是常数。

若色谱柱长为 L，则此柱的理论塔板数 n 与理论塔板高度 H 之间有如下关系：

$$H = \frac{L}{n} \tag{5-17}$$

理论塔板数 n 或理论塔板高度 H 是反映分离效能的参数，可用于评价实际分离效果。n 越大（H 值越小），表示组分在色谱柱中达到分配平衡的次数越多，柱的分离能力越强。

由塔板理论可导出 n 与色谱峰半峰宽度或峰底宽度的关系，即

$$n = 5.54 \left(\frac{t_R}{Y_{1/2}}\right)^2 = 16 \left(\frac{t_R}{Y}\right)^2 \tag{5-18}$$

式中，t_R 及 $Y_{1/2}$ 或 Y 用同一物理量的单位（时间或距离的单位）。由式（5-17）及式（5-18）可见，色谱峰越窄，塔板数 n 越多，理论塔板高度 H 就越小，此时柱效能越高，因而 n 或 H 可作为描述柱效能的一个指标。

由于死时间 t_M（或死体积 V_M）的存在，它包括在 t_R 中，而 t_M（或 V_M）不参加柱内的分配，所以有时尽管计算出来的 n 很大、H 很小，但色谱柱表现出来的实际分离效能却并不好，特别是对流出色谱柱较早（t_R 较小）的组分更为突出。因而理论塔板数 n 和理论塔板高度 H 并不能真实反映色谱柱分离的好坏。因此提出了将 t_M 除外的有效塔板数 $n_{有效}$ 和有效塔板高度 $H_{有效}$ 作为柱效能指标。其计算式为

$$n_{有效} = 5.54 \left(\frac{t_R'}{Y_{1/2}}\right)^2 = 16 \left(\frac{t_R'}{Y}\right)^2 \tag{5-19}$$

$$H_{有效} = \frac{L}{n_{有效}} \tag{5-20}$$

有效塔板数和有效塔板高度消除了死时间的影响，因而能较为真实地反映柱效能的好坏。应该注意，同一色谱柱对不同物质的柱效能是不一样的，当用这些指标表示柱效能时，必须说明这是对什么物质而言的。

色谱柱的理论塔板数越大，表示组分在色谱柱中达到分配平衡的次数越多，固定相的作用越显著，因而对分离越有利。但还不能预言并确定各组分是否有被分离的可能，因为分离的可能性取决于试样混合物在固定相中分配系数的差别，而不是取决于分配次数的多少，因此不应把 $n_{有效}$ 看作有无实现分离可能的依据，而只能把它看作是在一定条件下柱分离能力发挥程度的标志。

塔板理论在解释流出曲线的形状（呈正态分布）、浓度极大点的位置以及计算评价柱效能等方面都取得了成功。但是它的某些基本假设是不当的，例如纵向扩散是不能忽略的，分

配系数与浓度无关只在有限的浓度范围内成立，而且色谱体系几乎没有真正的平衡状态。因此塔板理论不能解释塔板高度是受哪些因素影响，不能解释为什么在不同流速下可以测得不同的理论塔板数这一实验现象，也不能说明色谱峰为什么会展宽。尽管如此，由于以 n 或 H 作为柱效能指标很直观，因而迄今为止仍为色谱工作者所接受。

由于塔板理论只定性地给出了塔板数和塔板高度的概念，未能完全解释色谱操作条件如何影响分离效果的现象，因而不能解决如何提高柱效能的问题。

2. 速率理论

1956 年荷兰学者范第姆特（van Deemter）等提出了色谱过程的动力学理论，他吸收了塔板理论的概念，并把影响塔板高度的动力学因素结合进去，导出了塔板高度 H 与载气线速度 u 的关系，称为范第姆特方程：

$$H = A + \frac{B}{u} + Cu \tag{5-21}$$

式中，A，B，C 为三个常数，其中 A 称为涡流扩散项，B 为分子扩散系数，C 为传质阻力系数。由此式可见，影响 H 的三项因素为涡流扩散项、分子扩散项和传质项。在 u 一定时，只有 A，B，C 较小时，H 才能较小，柱效才能较高，反之则柱效较低，色谱峰将展宽。

下面分别讨论各项的意义。

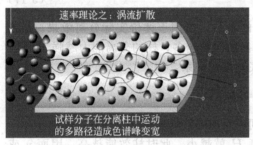

图 5-3　涡流扩散示意图

（1）涡流扩散项 A　图 5-3 形象地描述了流动相在固定相中运行的情况。气体碰到填充物颗粒时，不断地改变流动方向，使试样组分在气相中形成类似"涡流"的流动，涡流的产生使组分分子的同步前进被打乱，产生了一些分子通过色谱柱的路径长而另一些分子通过色谱柱的路径短的现象，最终的结果表现为到达检测器有先有后，因而引起色谱峰的扩张。

由于 $A = 2\lambda d_p$，表明 A 与填充物的平均直径 d_p（单位为 cm）的大小和填充的不均匀性 λ 有关，而与载气性质、线速度和组分无关，因此使用适当细粒度和颗粒均匀的载体，并尽量填充均匀，是减少涡流扩散，提高柱效能的有效途径。对于空心毛细管柱，A 项为零。

（2）分子扩散项（或称纵向扩散项）B/u　由于试样组分被载气带入色谱柱后，是以"塞子"的形式存在于柱的很小一段空间中，在"塞子"的前后（纵向）存在着浓差而形成浓度梯度，因此使运动着的分子产生纵向扩散。由于纵向扩散的存在，就会引起组分分子不能同时到达检测器，组分分子会分布在浓度最大处（峰的极大值处）的两侧，引起色谱峰变宽。分子扩散项系数为

$$B = 2\gamma D_g \tag{5-22}$$

式中，γ 为因载体填充在柱内而引起气体扩散路径弯曲的因数（弯曲因子）；D_g 为组分在气相中的扩散系数，$cm^2 \cdot s^{-1}$。

纵向扩散与组分在柱内的保留时间有关，保留时间越长（相应于载气流速小），分子扩散项对色谱峰扩张的影响就越显著。分子扩散项还与组分在载气流中的分子扩散系数 D_g 的大小成正比，而 D_g 与组分及载气的性质有关，D_g 反比于载气相对分子质量的平方根，即 $D_g \propto 1/\sqrt{M_r}$，所以相对分子质量大的组分，其 D_g 越小。在气相色谱中，为了减少纵向扩散的影响，应采用相对分子质量较大的载气（如氮气），可使 B 项降低，D_g 随着柱温增高而增加，但反比于柱压。

弯曲因子 γ 为与填充物有关的因素。它的物理意义可理解为由于固定相颗粒存在，使分子不能自由扩散，从而使扩散程度降低。若组分通过空心毛细管柱，由于没有填充物的阻

碍，扩散程度最大，$\gamma=1$；在填充柱中，由于填充物的阻碍，使扩散路径弯曲，因此填充柱的分子扩散比空心柱的小，扩散程度降低，$\gamma<1$。对于硅藻土载体，$\gamma=0.5\sim0.7$。γ 与前述 A 项中的 λ 虽同样是与填充物有关的因素，但两者是有区别的。γ 是指因填充物的存在，造成扩散阻碍而引入的校正系数；λ 则是指填充物的不均匀性造成路径的不同。可以设想，填充物填充得很均匀时，λ 可显著降低，而扩散阻碍并不会显著减小。

（3）传质阻力项 Cu 系数 C 包括流动相传质阻力系数 C_m 和固定相传质阻力系数 C_s 两项。C_m 指试样组分从流动相移动到固定相表面进行两相间质量交换时所受到的阻力。这一过程若进行缓慢，表示流动相传质阻力大，就引起色谱峰扩张，对于填充柱

$$C_m=\frac{0.01k'^2}{(1+k')^2}\times\frac{d_p^2}{D_g} \tag{5-23}$$

式中，k' 为容量因子。由上式可见，流动相传质阻力与填充物粒度的平方成正比，与组分在载气流中的扩散系数 D_g 成反比。因此采用粒度小的填充物和相对分子质量小的气体（如氢气）作载气可使 C_m 减小，可提高柱效。

C_s 是指试样组分在由流动相进入固定相之后，扩散移动到固定相内部，并发生质量交换，达到分配平衡，然后又返回界面的传质过程。这个过程也需要一定时间，在此时间内，流动相中组分的其他分子仍随载气不断地向柱口运动，这也造成峰形的扩张。固定相传质阻力系数 C_s 为

$$C_s=\frac{2}{3}\times\frac{k'}{(1+k')^2}\times\frac{d_f^2}{D_s} \tag{5-24}$$

因此固定相的液膜厚度 d_f 薄，组分在固定相液膜中的扩散系数 D_s 大，则固定相传质阻力就小。

将以上 A、B、C 三项的关系式代入式（5-21）得

$$H=2\lambda d_p+2\gamma D_g/u+\left[\frac{0.01k'^2}{(1+k')^2}\times\frac{d_p^2}{D_g}+\frac{2}{3}\times\frac{k'}{(1+k')^2}\times\frac{d_f^2}{D_s}\right]u \tag{5-25}$$

由上述讨论可见，范第姆特方程对于分离条件的选择具有指导意义。它可以说明，填充均匀程度、载体粒度、载气种类、载气流速、柱温、固定相液膜厚度等对柱效、峰扩张的影响。

第三节 色谱分离条件的选择

一、分离度

一个混合物能否被色谱柱分离，取决于固定相与混合物中各组分分子间的相互作用的大小是否有区别。但在色谱分离过程中各种操作因素的选择是否合适，对于实现分离的可能性也有很大影响。因此在色谱分离过程中，不但要根据所分离的对象选择适当的固定相，使其中各组分有可能被分离，而且还要选择一定的条件，使这种可能性得以实现，并达到最佳的分离效果。

两个组分怎样才算达到完全分离？首先是两组分的色谱峰之间的距离必须相差足够大，若两峰间有一定距离，但每一个峰却很宽，致使彼此重叠，如图 5-4（a）所示的情况，则两组分仍无法完全分离；其次是峰必须窄。只有同时满足这两个条件时，两组分才能完全分离，如图 5-4（b）所示。

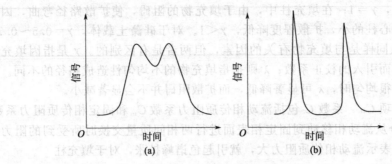

图 5-4　色谱分离的两种情况

为判断相邻两组分在色谱柱中的分离情况，可用分离度 R 作为色谱柱的分离效能指标。其定义为相邻两组分色谱峰保留值之差与两个组分色谱峰峰底宽度总和一半的比值。

$$R = \frac{t_{R(2)} - t_{R(1)}}{1/2(Y_1 + Y_2)} \tag{5-26}$$

式中，$t_{R(2)}$ 和 $t_{R(1)}$ 分别为两组分的保留时间（也可采用调整保留时间）；Y_1 和 Y_2 为相应两组分的色谱峰的峰底宽度，与保留值单位相同；R 值越大，就意味着相邻两组分分离得越好。两组分保留值的差别，主要取决于固定相的热力学性质；色谱峰的宽窄则反映了色谱过程的动力学因素及柱效能高低。因此，分离度是柱效能、选择性影响因素的总和，故可用其作为色谱柱的总分离效能指标。

从理论上可以证明，若两组峰高相近，峰形对称且满足于正态分布，则当 $R=1$ 时，分离程度可达 98%；当 $R=1.5$ 时，分离程度可达 99.7%。因而可用 $R=1.5$ 来作为相邻两峰已完全分开的标志。

当两组分的色谱峰分离较差，峰底宽难于测量时，可用半峰宽代替峰底宽度，并用下式表示分离度：

$$R' = \frac{t_{R(2)} - t_{R(1)}}{1/2[Y_{1/2(1)} + Y_{1/2(2)}]} \tag{5-27}$$

R' 与 R 的物理意义是一致的，但数值不同，$R=0.59\ R'$，应用时要注意所采用分离度的计算方法。

二、色谱分离基本方程

色谱分析中，对于多组分混合物的分离分析，在选择合适的固定相及实验条件时，主要针对其中难分离物质对来进行。对于难分离物质对，由于它们的保留值差别小，可合理地认为 $Y_1 = Y_2 = Y$，$k_1' \approx k_2' = k'$。由式（5-18）得

$$\frac{1}{Y} = \frac{\sqrt{n}}{4} \times \frac{1}{t_R}$$

将上式及式（5-15）代入式（5-26），整理后可得

$$R = \frac{\sqrt{n}}{4} \times \frac{r_{21} - 1}{r_{21}} \times \frac{k'}{1 + k'} \tag{5-28}$$

式（5-28）称为色谱分离基本方程，它表明 R 随体系的热力学性质（相对保留值和 k'）的改变而变化，也与色谱柱条件（n 改变）有关。若将式（5-18）除以式（5-19），并将式（5-15）代入，可得 n 与 $n_{有效}$（有效塔板数）的关系式：

$$n = \frac{1 + k'}{k'} n_{有效} \tag{5-29}$$

将式（5-29）代入式（5-28），则可得用有效塔板数表示的色谱分离基本方程：

$$R = \frac{1}{4}\sqrt{n_{有效}}\frac{r_{21}-1}{r_{21}}$$ (5-30)

或

$$n_{有效} = 16R^2\left(\frac{r_{21}}{r_{21}-1}\right)^2$$ (5-31)

1. 分离度与柱效的关系（柱效因子）

分离度与 n 的平方根成正比。当固定相确定，亦即被分离物对的 r_{21} 确定后，分离度的大小将取决于 n。增加柱长可提高分离度，但增加柱长使各组分的保留时间增长，延长了分析时间并使峰产生扩展，因此在达到一定的分离度条件下应使用短一些的色谱柱。除增加柱长外，增加 n 值的另一办法就是减小柱的 H 值，这意味着应制备一根性能优良的柱子，并在最优化条件下进行操作。

2. 分离度与容量比的关系（容量因子）

k' 值大一些对分离有利，但并非越大越有利。使 k' 改变的方法有改变柱温和改变相比。前者通过影响分配系数而使 k' 改变；改变相比包括改变固定相体积 V_s 及柱的死体积 V_M。其中 V_M 影响 $k'/(1+k')$，当组分的保留值较大而 V_M 又相当小时，$k'/(1+k')$ 随 V_M 增加而急剧下降，导致达到相同的分离度所需 n 值大为增加。由此可见，使用死体积大的柱子，分离度会受到大的损失。采用细颗粒固定相，填充得紧密而均匀，可使柱死体积降低。

3. 分离度与柱选择性（相对保留值）的关系

r_{21} 是柱选择性的量度，r_{21} 越大，柱选择性越好，分离效果越好。在实际工作中，可由一定的 r_{21} 值和所要求的分离度，用式（5-31）计算柱子所需的有效理论塔板数。通过计算可知，分离度从 1.0 增加至 1.5，对应于各 r_{21} 值所需的有效理论塔板数大致增加一倍；在一定的分离度下，大的 r_{21} 值可在有效理论塔板数小的色谱柱上实现分离。因此，增大 r_{21} 值是提高分离度的有效办法。

当 r_{21} 值为 1 时，分离所需的有效理论塔板数为无穷大，故分离不能实现。在 r_{21} 值相当小的情况下，特别是 $r_{21}<1.1$ 时，实现分离所需的有效理论塔板数很大，此时首要的任务应当增大 r_{21} 值。如果两相邻峰的 r_{21} 值已经足够大，即使色谱柱的理论塔板数较小，分离亦可顺利实现。

增加 r_{21} 值有效的方法之一是通过改变固定相，使组分的分配系数有较大的差别。

4. 分离度、柱效和选择性三者之间的关系

$$n_{有效} = 16R^2\left(\frac{r_{21}}{r_{21}-1}\right)^2$$

$$L = 16R^2\left(\frac{r_{21}}{r_{21}-1}\right)^2 H_{有效}$$ (5-32)

因而只要已知两个指标，就可估算出第三个指标。

【例 5-1】 假设有一物质对，其 $r_{21}=1.15$，要在填充柱上得到完全分离（$R\approx1.5$），所需有效理论塔板数为多少？若用普通柱，一般的有效理论塔板高度为 0.1cm，所需柱长度应为多少？

解

$$n_{有效} = 16\times1.5^2\times\left(\frac{1.15}{1.15-1}\right)^2 = 2116$$

若用普通柱，一般的有效理论塔板高度为 0.1cm，所需柱长度应为

$$L = 2116\times0.1cm \approx 2m$$

三、分离操作条件的选择

1. 载气及其流速的选择

对一定的色谱柱和试样，有个最佳的载气流速，此时柱效最高，根据式（5-21）$H=A+B/u+Cu$，用在不同流速下测得的塔板高度 H 对流速 u 作图，得 H–u 曲线图（如图 5-5 所示）。

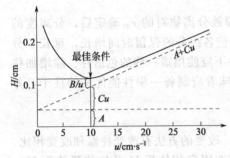

在曲线的最低点，塔板高度 H 最小（$H_{最小}$）。此时柱效最高，该点对应的流速即为最佳流速 $u_{最佳}$，$u_{最佳}$ 及 $H_{最小}$ 可由式（5-21）微分求得，即

$$\frac{\mathrm{d}H}{\mathrm{d}u}=-\frac{B}{u^2}+C=0$$

$$u_{最佳}=\sqrt{\frac{B}{C}} \tag{5-33}$$

将式（5-33）代入式（5-21）得

$$H_{最小}=A+2\sqrt{BC} \tag{5-34}$$

图 5-5　塔板高度与载气线速的关系

在实际工作中，为了缩短分析时间，往往使流速稍高于最佳流速。

从式（5-21）及图 5-5 可见，当流速较小时，分子扩散项（B 项）就成为色谱峰扩张的主要因素，此时应采用相对分子质量较大的载气（N_2、Ar），使组分在载气中有较小的扩散系数。而当流速较大时，传质项（C 项）为控制因素，宜采用相对分子质量较小的载气（H_2、He），此时组分在载气中有较大的扩散系数，可减小气相传质阻力，提高柱效。选择载气时还应考虑对不同检测器的适应性（见本章第五节）。

2. 柱温的选择

柱温是气相色谱最重要的操作条件之一，直接影响分离效能和分析速度。首先要考虑到每种固定液都有一定的使用温度。柱温不能高于固定液的最高使用温度，否则固定液会挥发流失。

柱温对组分分离的影响较大，提高柱温使各组分的挥发靠拢，不利于分离，所以，从分离的角度考虑，宜采用较低的柱温。但柱温太低，被测组分在两相中的扩散速率大为减小，分配不能迅速达到平衡，峰形变宽，柱效下降，并延长了分析时间。选择的原则是，在使最难分离的组分能尽可能好地分离的前提下，采用较低的柱温，但以保留时间适宜、峰形对称为度。

在实际工作中常通过实验来选择最佳柱温，既能使各组分分离，又不使峰形扩张、拖尾。柱温一般选择各组分沸点的平均温度或更低。有下面几点经验规律。

① 对于高沸点混合物（300～400 ℃），使用柱温可选在 200～230℃，用质量分数 1%～3% 的低固定液含量和高灵敏度检测器。

② 对于沸点不太高的混合物（200～300 ℃），可在中等柱温 150～180 ℃下操作，固定液质量分数为 5%～10%。

③ 对于沸点在 100～200℃的混合物，柱温可选在其平均沸点 2/3 左右，即 70～120℃，固定液质量分数为 10%～15%。

④ 对于气体、气态烃等低沸点混合物，柱温可选在其沸点或沸点以上，以便能在室温或 50 ℃以下分析，固定液质量分数一般在 15%～25%，或采用吸附剂作固定相。

⑤ 对于沸点范围较宽的试样，宜采用程序升温，即柱温按预定的加热速率，随时间作线性或非线性的增加。升温的速率一般呈线性的，即单位时间内温度上升的速率是恒定的，例如每分钟 2 ℃、4 ℃、6 ℃等。在较低的初始温度下，沸点较低的组分，即最早流出的峰可以得到良好的分离。随柱温增加，较高沸点的组分也能较快地流出，并和低沸点组分一样也能得到分离良好的尖峰。如图 5-6 所示，以分离沸程较宽的烷烃和卤代烃为例，说明程序

升温的优越性。

图 5-6（a）为恒定柱温 45 ℃，记录 30min 的分析结果，此时只有五个组分流出色谱柱，低沸点组分分离较好。图 5-6（b）为柱温恒定于 120 ℃时的分离情况，因柱温升高，保留时间缩短，低沸点组分分离密集，分离度不好。图 5-6（c）为程序升温时的分离情况，从 30 ℃起始，升温速度为 5 ℃·min⁻¹，结果低沸点和高沸点组分都能在各自适宜的温度下得到良好的分离，峰形和分离度较好。

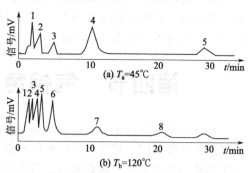

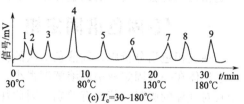

图 5-6　宽沸程试样在恒定柱温和
程序升温时的分离结果比较

1—丙烷；2—丁烷；3—戊烷；4—己烷；5—庚烷；
6—辛烷；7—溴仿；8—间氯甲苯；9—间氯溴苯

3. 固定液的性质和用量

固定液的性质对分离起决定作用，有关这一问题将在本章第四节中详细讨论。在这里讨论一下固定液的用量问题。一般来说，载体的表面积越大，固定液用量可以越高，允许的进样量也就越多。但从式（5-24）可见，为了改善液相传质，应使液膜薄一些。目前填充柱中盛行低固定液含量的色谱柱。固定液液膜薄，柱效能提高，并可缩短分析时间。但固定液用量太低，液膜越薄，允许的进样量也就越少，因此固定液的用量要根据具体情况决定。

固定液的配比（指固定液与载体的质量比）一般用 5∶100 到 25∶100，也有低于 5∶100 的。不同的载体为要达到较高的柱效能，其固定液的配比往往不同。一般来说，载体的表面积越大，固定液的含量可以越高。

4. 载体的性质和粒度

载体的表面结构和孔径分布决定了固定液在载体上的分布以及液相传质和纵向扩散的情况。要求载体表面积大，表面和孔径分布均匀，这样，固定液涂在载体表面上成为均匀的薄膜，液相传质就快，就可提高柱效。对载体粒度要求均匀、细小，这样有利于提高柱效。但粒度过细、阻力过大，使柱压降增大，对操作不利。对 3～6mm 的色谱柱，使用 80～100 目的载体较为合适。

5. 进样时间和进样量

进样速度必须很快，一般用注射器或进样阀进样时，进样时间都在 1s 以内。若进样时间过长，试样原始宽度变大，半峰宽必将变宽，甚至使峰变形。进样量一般是比较少的。液体试样一般进样 0.1～5μL，气体试样 0.1～10mL。

进样量太多，会使几个峰叠在一起，分离不好。但进样量太少，又会使含量少的组分因检测器灵敏度不够而不出峰。最大允许的进样量，应控制在使半峰宽基本不变，且峰面积或峰高与进样量呈线性关系的范围内。

6. 汽化温度

进样后要有足够的汽化温度，使液体试样迅速汽化后被载气带入柱中。在保证试样不被分解的情况下，适当提高汽化温度对分离及定量有利，尤其当进样量大时更是如此。一般选择汽化温度比柱温高 30～70 ℃。

7. 柱长和柱内径的选择

增加柱长对提高分离度有利（分离度 R 正比于柱长的平方），但组分的保留时间延长且柱阻力增长，不便操作。

柱长的选用原则是在能满足分离目的的前提下，尽可能选用较短的柱，有利缩短分析时间。填充色谱柱的柱长通常为1~3m，可根据要求的分离度通过计算确定合适的柱长或由实验确定。柱内径一般为3~4mm。

第四节　气相色谱的固定相及其选择

在气相色谱分析中，某一多组分混合物中各组分能否完全分离开，主要取决于色谱柱的效能和选择性，固定相是色谱柱的核心部分，试样组分的分离是否完全在很大程度上取决于固定相选择是否适当，因此选择适当的固定相就成为色谱分析中的关键问题。

一、气-固色谱固定相

在气相色谱分析中，气液色谱法的应用范围广、选择性好，但在分离常温下的气体时，由于气体在一般固定液中的溶解度很小，所以分离效果并不好。若采用吸附剂作固定相，由于其对气体的吸附性能常有差别，因此往往可取得满意的分离效果。

在气-固色谱法中作为固定相的吸附剂，常用的有非极性的活性炭、弱极性的氧化铝、强极性的硅胶等。它们对各种气体吸附能力的强弱不同，因而可根据分析对象选用。由于吸附剂种类不多，不是同批制备的吸附剂的性能往往有差异，且进样量稍多时色谱峰就不对称、有拖尾现象等。近年来，通过对吸附剂表面进行物理化学改性，研制出表面结构均匀的吸附剂（如碳分子筛等），不但使极性化合物的色谱峰不致拖尾，而且可以成功地分离一些顺、反式空间异构体。

高分子多孔微球（国产商品牌号为GDX）是以苯乙烯和二乙烯基苯作为单体，经悬浮共聚所得的交联多孔聚合物，是一种应用日益广泛的气-固色谱固定相。例如有机物或气体中水的含量测定，若应用气-液色谱柱，由于组分中含水会给固定液、载体的选择带来麻烦与限制；若采用吸附剂作固定相，由于水的吸附系数很大，以至于无法进行分析；而采用高分子多孔微球固定相，由于多孔聚合物和羟基化合物的亲和力极小，且基本按分子质量顺序分离，故相对分子质量较小的水分子可在一般有机物之前出峰，峰形对称，特别适于分析试样中的痕量水含量，也可用于多元醇、脂肪酸、腈类等强极性物质的测定。由于这类多孔微球具有耐腐蚀和耐辐射性能，可用于分析如 HCl、Cl_2、SO_2 等腐蚀性气体等。高分子多孔微球按共聚体的化学组成和共聚后的物理性质不同，分为不同的商品牌号，具有不同的极性及应用范围。该固定相除应用于气固色谱外，又可作为载体涂上固定液后使用。

二、气-液色谱固定相

气-液色谱固定相是由载体和固定液（高沸点有机物）组成。

1. 载体（担体）

载体应是一种化学惰性、多孔性的固体颗粒，它的作用是提供一个大的惰性表面，用以承担固定液，使固定液以薄膜状态分布在其表面上。对载体有以下几点要求。

① 表面有微孔结构，孔径均匀，多孔性，比表面积较大。

② 表面应是化学惰性，即表面没有吸附性或吸附性很弱，更不能与被测物质起化学反应。

③ 热稳定性好，有一定的机械强度，不易破碎。

④ 具有一定的粒度和规则形状，颗粒均匀、细小，这样有利于提高柱效。但颗粒过细，使柱压降增大，对操作不利。一般选用60~80目或80~100目等。

气-液色谱中所用载体可分为硅藻土型和非硅藻土型两类。常用的是硅藻土型载体，因处理方法不同分为红色载体和白色载体两种。这两种硅藻土载体的化学组成和内部结构基本相似，但它们的表面结构却不同。

（1）红色载体 由天然硅藻土直接煅烧而成，其中的铁煅烧后生成氧化铁，呈浅红色。载体表面孔穴密集，孔径较小（平均孔径为 $1\mu m$），比表面积大（比表面积为 $4.0m^2 \cdot g^{-1}$）。由于表面积大，涂固定液量多，在同样大小中分离效率就比较高。此外，由于结构紧密，因而机械强度较好。缺点是表面存在吸附活性中心。如与非极性固定液配合使用时，影响不大，分析非极性试样时也比较满意，然而与极性固定液配合使用时，可能会造成固定液分布不均匀，从而影响柱效，故一般适用于分析非极性或弱极性物质。国产 6201 载体及美国 Chromosorb P 属于此类。

（2）白色载体 天然硅藻土在煅烧前加入少量助熔剂（如碳酸钠），使氧化铁在煅烧后生成铁硅酸钠，变为白色。由于在煅烧时加入了助熔剂，载体成为较大的疏松颗粒，其机械强度不如红色载体。表面孔径较大（$8\sim9\mu m$），比表面积较小（$1.0m^2 \cdot g^{-1}$），但表面极性中心显著减少，吸附性小，故一般用于分析极性物质。国产 101 载体及美国 Chromosorb W 属于此类。

硅藻土型载体表面含相当数目的硅醇基等基团，具有细孔结构，并呈现不同的 pH，故载体表面既有吸附活性，又有催化活性。如涂上极性固定液，会造成固定液分布不均匀。分析极性试样时，由于与活性中心的相互作用，会造成色谱峰的拖尾。而在分析二烯、氨基衍生物、含氮杂环化合物等化学性质活泼的试样时，都有可能发生化学变化或不可逆吸附。因此在分析这些试样时，载体需进行钝化处理，以改进载体空隙结构，屏蔽活性中心，提高柱效。处理方法可用酸洗、碱洗、硅烷化等。

硅藻土型载体有氟载体、玻璃微球载体和高分子多孔微球等，常用气液色谱载体见表 5-1。载体的选择对色谱分离有较大影响。选择载体的原则大致为：

① 当固定液质量分数大于 5% 时，可选用硅藻土型（白色或红色）载体；
② 当固定液质量分数小于 5% 时，应选用处理过的载体；
③ 对于高沸点组分，可选用玻璃微球载体；
④ 对于强腐蚀性组分，可选用氟载体。

表 5-1 常用气液色谱载体

种类		载体名称	特点及用途	生产厂家
硅藻土类	红色硅藻土载体	201 红色载体 301 釉化红色载体 6201 红色载体	适用于涂渍非极性固定液分析非极性物质 由 201 釉化而成，性能介于红色与白色硅藻土担体之间，适用于分析中等极性物质	上海试剂厂 大连催化剂厂
	白色硅藻土载体	101 白色载体 101 酸洗 101 硅烷化白色载体 102 白色载体	适用于涂渍极性固定液分析极性物质 催化吸附性小，减小色谱峰拖尾	上海试剂厂
非硅藻土类		高分子微球	由苯乙烯和二乙烯苯共聚而成	上海试剂厂
		玻璃微球	经酸碱处理，比表面积 $0.02m^2 \cdot g^{-1}$，可在较高温度下使用，适宜分析高沸点物质。	
		氟载体	由四氟乙烯聚合而成，比表面积 $10.5m^2 \cdot g^{-1}$ 适宜分析强极性物质和腐蚀性物质	

2. 固定液

（1）对固定液的要求
① 挥发性小 在操作温度下有较低蒸气压，以免流失。

② 热稳定性好　在操作温度下不发生分解，但在操作温度下呈液态。

③ 对试样各组分有适当的溶解能力　否则组分易被载气带走而起不到分配作用。

④ 具有高的选择性　即对沸点相同或相近的不同物质有尽可能高的分离能力。

⑤ 化学稳定性好　不与试样组分、载气、载体发生任何化学反应。

(2) 固定液的分类　用于色谱分析的固定液有上千种，为了选择和使用方便，一般按极性大小把固定液分为四类：非极性、中等极性、强极性和氢键型固定液。

① 非极性固定液　主要是一些饱和烷烃和甲基硅油，它们与待测物质分子之间的作用力以色散力为主，组分的流出次序与色散力大小有关，由于色散力与沸点成正比，所以组分按沸点由低到高顺序流出，若试样中兼有极性和非极性组分，则同沸点的极性组分先出峰。常用的固定液有角鲨烷、阿皮松等，适用于非极性和弱极性化合物的分析。

② 中等极性固定液　由较大的烷基和少量的极性基团或可以诱导极化的基团组成，它们与待测物质分子间的作用力以色散力和诱导力为主，组分基本上按沸点顺序出峰，同沸点的非极性组分先出峰。常用的固定液有邻苯二甲酸二壬酯、聚酯等，适用于弱极性和中等极性化合物的分析。

③ 强极性固定液　含有较强的极性基团，它们与待测物质分子间作用力以静电力和诱导力为主，组分按极性由小到大的顺序出峰。常用的固定液有氧二丙腈等，适用于极性化合物的分析。

④ 氢键型固定液　是强极性固定液中特殊的一类，与待测物质分子间作用力以氢键力为主，组分依形成氢键的难易程度出峰，不易形成氢键的组分先出峰。常用的固定液有聚乙二醇、三乙醇胺等，适用于分析含 F、N、O 等的化合物。

(3) 固定液的极性　固定液的极性可以采用相对极性 P 来表示。这种表示方法规定强极性的固定液 β,β'-氧二丙腈的相对极性 $P=100$，非极性的固定液角鲨烷的相对极性 $P=0$，然后用一对物质正丁烷-丁二烯或环己烷-苯进行试验，分别测定这一对试验物质在 β,β'-氧二丙腈、角鲨烷及欲测极性固定液的色谱柱上的调整保留值，然后按下列公式计算欲测固定液的相对极性 P_x：

$$P_x = 100 - \frac{100(q_1 - q_x)}{q_1 - q_2} \tag{5-35}$$

$$q = \lg \frac{t'_{R(苯)}}{t'_{R(环己烷)}} \tag{5-36}$$

式中，下标 1、2 和 x 分别表示 β,β'-氧二丙腈、角鲨烷及欲测固定液。这样测得的各种固定液的相对极性均在 0～100 之间，为了便于在选择固定液时参考，又将其分为五级，每 20 为一级，P 在 0～+1 间的为非极性固定液，+1～+2 为弱极性固定液，+3 为中等极性固定液，+4～+5 为强极性固定液，非极性亦可用"－"来表示。

应用相对极性 P_x 表征固定液性质，显然并未能全面反映被测组分和固定液分子间的全部作用力，为了能更好地表征固定液的分离特性，罗胥耐特（Rohrschneider L，罗氏）及麦克雷诺（McReynolds W O，麦氏）在上述相对极性概念的基础上提出了改进的固定液特征常数。

罗胥耐特选用了 5 种代表不同作用力的化合物作为探测物，即苯、乙醇、甲乙酮、硝基甲烷和吡啶，以非极性固定液角鲨烷为基准来表征不同固定液的分离性质——罗氏常数。麦氏在罗氏工作基础上，选用 10 种物质来表征固定液的分离特性。实际上通常采用麦氏的前 5 种探测物，即苯、丁醇、2-戊酮、硝基丙烷和吡啶测得的特征常数（麦氏常数）已能表征固定液的相对极性。其方法是以角鲨烷固定液为基础，用以上 5 种物质作探测物，分别测得在待测固定液上的保留指数 I_x 和在角鲨烷固定液上的保留指数 I_s 之差 $\Delta I = I_x - I_s$，即可表征以标准非极性固定液角鲨烷为基准时待测固定液的麦氏常数，以 X、Y、Z、U、S 表示

以上 5 种物质的麦氏常数。即

$$X = I_x^{苯} - I_s^{苯} = \Delta I^{苯}$$
$$Y = I_x^{丁醇} - I_s^{丁醇} = \Delta I^{丁醇}$$
$$Z = I_x^{2-戊酮} - I_s^{2-戊酮} = \Delta I^{2-戊酮}$$
$$U = I_x^{硝基苯烷} - I_s^{硝基苯烷} = \Delta I^{硝基苯烷}$$
$$S = I_x^{吡啶} - I_s^{吡啶} = \Delta I^{吡啶}$$

麦氏常数越小，则固定液的极性越接近非极性固定液的极性，麦氏常数可从气相色谱手册中查阅。5 种探测物 ΔI 值之和 $\Sigma\Delta I$ 称为总极性，总极性越大表明该固定液极性越强。麦氏常数中某特定值如 X 或 Y 值越大，则表明该固定液对相应的探测物（作用力）所表征的性质越强。

（4）固定液的选择　固定液的选择一般根据"相似相溶"的原则，待测组分分子与固定液分子的性质（极性、官能团等）相似时，其溶解度就大。

① 分离非极性物质，一般选用非极性固定液，这时试样中各组分按沸点次序先后流出色谱柱，沸点低的先出峰，沸点高的后出峰。

② 分离极性物质，选用极性固定液，这时试样中各组分主要按极性顺序分离，极性小的先流出色谱柱，极性大的后出峰。

③ 分离极性和非极性混合物，一般选用极性固定液，这时非极性组分先出峰，极性组分（或易被极化的组分）后出峰。

④ 对于能形成氢键的试样，如醇、胺、水和酚等的分离，一般选用极性的或是氢键型的固定液，这时试样中各组分按与固定液分子间形成氢键的能力大小先后流出，不易形成氢键的先出峰，最易形成氢键的最后流出。

⑤ 对于难分离的复杂样品，可选用两种或两种以上的固定液。

在实际工作中遇到的样品是比较复杂的，所以选择固定液应根据具体样品而定，一般依靠经验或参考文献，按最接近的性质来选择。

第五节　气相色谱检测器

检测器的作用是将经色谱柱分离后的各组分按其特性及含量转换为相应的电信号。因此检测器是检知和测定试样的组成和各组分含量的部件，是气相色谱仪中的主要组成部件。

根据检测的原理不同，气相色谱检测器可分为浓度型检测器和质量型检测器两种。

（1）浓度型检测器　检测器的响应值和组分成正比，检测器测量的是载气中某组分浓度瞬间的变化。常用的浓度型检测器有热导检测器和电子捕获检测器等。

（2）质量型检测器　检测器的响应值和单位时间内进入检测器某组分的质量成正比，检测器测量的是载气中某组分进入检测器的速度变化。常用的质量型检测器有氢火焰离子化检测器和火焰光度检测器等。

一、热导检测器

热导检测器（thermal conductivity detector，TCD）是气相色谱常用的检测器，也是最早的商品检测器。它结构简单、性能稳定，对无机物和有机物都有响应，线性范围宽且不破坏样品，是应用最广、最成熟的气相色谱检测器之一，适用于常量及含量在 10^{-5} g 数量级以上的组分分析。

1. 热导池的结构

热导池由池体和热敏原件构成，有双臂热导池和四臂热导池两种，其基本结构如图 5-7（a）和（b）所示。

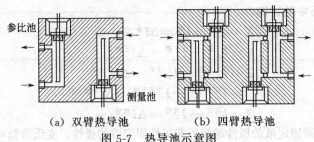

参比池

（a）双臂热导池　　　（b）四臂热导池

图 5-7　热导池示意图

它是由池体（由不锈钢块制成）和热敏元件组成，池体内装长度、粗细、电阻值（$R_1 = R_2$）完全相同的热敏元件（钨丝、铼钨丝或热敏电阻）构成参比池和测量池，它们与两固定电阻 R_3，R_4 组成惠斯通电桥，如图 5-8 所示，从物理学中知道，当电桥平衡时，$R_1 R_4 = R_2 R_3$。

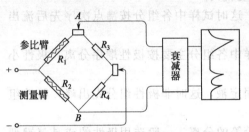

参比臂

R_1
R_2

测量臂

R_3
R_4

衰减器

图 5-8　双臂热导池电路原理

热导池体两端有气体进口和出口，参比池仅通过载气气流，从色谱柱出来的组分由载气携带进入测量池。

2. 热导检测器的基本原理

热导检测器是基于不同的物质具有不同的热导率设计的。当电流通过钨丝时，钨丝被加热到一定温度，钨丝的电阻值也就增加到一定值（一般金属丝的电阻值随温度的升高而增加）。在未进试样时，通过热导池两个池孔（参比池和测量池）的都是载气。由于载气的热传导作用，使钨丝的温度下降，电阻减小，此时热导池的两个池孔中钨丝温度下降和电阻减小的数值是相同的。在试样组分进入以后，载气流经参比池，而载气带着试样组分流经测量池，由于被测组分与载气组成的混合气体的热导率和载气的热导率不同，因而测量池中钨丝的散热情况就发生变化，使两个池孔中的两根钨丝的电阻值之间有了差异，此差异可以利用电桥测量出来。

当电流通过热导池中两臂的钨丝时，钨丝加热到一定温度，钨丝的电阻值也增加到一定值，两个池中电阻增加的程度相同。如果用氢气作载气，当载气经过参比池和测量池时，由于氢气的热导率较大，被氢气传走的热量也较多，钨丝温度就迅速下降，电阻减小。在载气流速恒定时，在两只池中的钨丝温度下降和电阻值的减小程度是相同的，亦即 $\Delta R_1 = \Delta R_2$，因此当两个池都通过载气时，电桥处于平衡状态，能满足 $(R_1 + \Delta R_1) R_4 = (R_2 + \Delta R_2) R_3$。此时 A，B 两端的电位相等，$\Delta E = 0$，就没有信号输出，电位差计记录的是一条零位直线，称为基线。如果从进样器注入试样，经色谱柱分离后，由载气先后带入测量池。此时由于被测组分与载气组成的二元混合气体热导率与纯载气不同，使测量池中钨丝散热情况发生变化，导致测量池中钨丝温度和电阻值的改变，而与只通过纯载气的参比池内的钨丝的电阻值之间有了差异，这样电桥就不平衡，即

$$\Delta R_1 \neq \Delta R_2$$
$$(R_1 + \Delta R_1) R_4 \neq (R_2 + \Delta R_2) R_3$$

这时电桥 A，B 之间产生不平衡电位差，就有信号输出。载气中被测组分的浓度愈大，测量池钨丝的电阻值改变亦愈显著，因此检测器所产生的响应信号，在一定条件下与载气中组分的浓度存在定量关系。

3. 影响热导检测器灵敏度的因素

（1）桥电流　电流增加，使钨丝温度提高，钨丝和热导池体的温差加大，气体容易将热量传出去，灵敏度得到提高。一般响应值与工作电流的三次方成正比，即增加电流能使灵敏

度迅速增加。但电流太大，将使钨丝处于灼热状态，引起基线不稳，呈不规则抖动，甚至会将钨丝烧坏。一般桥路电流控制在 $100\sim200$mA 左右（氮气作载气时为 $100\sim150$mA，氢气作载气时为 $150\sim200$mA）。

（2）池体温度 当桥路电流一定时，钨丝温度一定。如果池体温度低，池体和钨丝的温差就大，能使灵敏度提高。但池体温度不能太低，否则被测组分将在检测器内冷凝。一般池体温度不应低于柱温。

（3）载气种类 载气与试样的热导率相差愈大，则灵敏度愈高。由于一般物质的热导率都比较小，故选择热导率大的气体（如 H_2 或 He）作载气，灵敏度就比较高。另外，载气的热导率大，在相同的桥路电流下，钨丝温度较低，桥路电流就可升高，从而使热导池的灵敏度大为提高，因此通常采用氢气作载气。如果用氮气作载气，由于和被测组分热导率差别小，灵敏度低，有些试样的热导率比氮气大，会出现倒峰，还由于二元系热导率呈非线性，以及因热导性能差而使对流作用在热导池中影响增大等原因，常常会出现不正常的色谱峰（如 W 形峰、倒峰等）。某些气体与蒸气的热导率见表 5-2。载气流速对输出信号有影响，因此载气流速要稳定。

表 5-2 某些气体与蒸气的热导系数（λ）

单位：$J \cdot cm^{-1} \cdot s^{-1} \cdot ℃^{-1}$

气　　体	$\lambda\times10^5$（100℃）	气　　体	$\lambda\times10^5$（100℃）
氢	224.3	甲烷	45.8
氦	175.6	乙烷	30.7
氧	31.9	丙烷	26.4
空气	31.5	甲醇	23.1
氮	31.5	乙醇	22.3
氩	21.8	丙酮	17.6

（4）热敏元件阻值 选择阻值高，电阻温度系数较大的热敏元件，当温度有一些变化时，就能引起电阻明显变化，灵敏度就高。

TCD 是填充柱气相色谱中最常用的检测器，但由于 TCD 检测池体积太大，需要采用补充气来减少死体积的影响，只有在试样浓度高时才能产生足够的响应，因此，在毛细管气相色谱中应用有限。

二、氢火焰离子化检测器

氢火焰离子化检测器（flame ionization detector，FID），简称氢焰检测器，是气相色谱最常用的检测器之一。它结构简单，灵敏度高，响应快，稳定性好，死体积小，线性范围宽，对大多数有机化合物有很高的灵敏度，一般比热导池检测器的灵敏度高几个数量级，能检测到 10^{-12}g$\cdot$g^{-1} 的痕量有机物。但对在氢火焰中不能电离的无机化合物如 H_2O、CO_2、CO、H_2S、NO_x 等物质则不能检测。

1. FID 的基本结构

氢火焰离子化检测器的主要部分是一个离子室。离子室一般用不锈钢制成，包括气体入口、火焰喷嘴、一对电极和外罩，如图 5-9 所示。

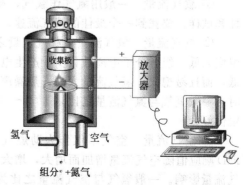

图 5-9 氢火焰离子化检测器的基本结构

被测组分被载气携带，从色谱柱流出，与氢气混合后一起进入离子室，由毛细管喷嘴喷出。氢气在空气的助燃下经引燃后进行燃烧，以燃烧所产生的高温火焰（约 2100 ℃）为能源，使被测有机物组分电离成正负离子，在氢火焰附近设有收集极（正极）和极化极（负极），在两极之间加有 150～300V 的极化电压，形成一直流电场。产生的离子在收集极和极化极之间的外电场作用下定向运动而形成电流。被测组分电离的程度与性质有关，一般在氢火焰中电离效率很低，大约每 50 万个碳原子被电离 1 个，因此产生的电流很微弱，需经放大器放大后，才能在记录系统上得到色谱峰。产生的微电流大小与进入离子室的被测组分含量有关，含量愈大，产生的微电流就愈大，这二者之间存在定量关系。

为了使离子室在高温下不被试样腐蚀，金属零件都用不锈钢制成，电极都用纯铂丝绕成，极化极兼作点火极，将氢气点燃。为了把微弱的离子流完全收集下来，要控制收集极和喷嘴之间的距离。通常把收集极置于喷嘴上方，与喷嘴之间的距离不超过 10mm。也有把两个电极装在喷嘴两旁，两极间距离约 6～8mm。

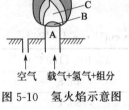

图 5-10　氢火焰示意图

2. FID 离子化的作用机理

对于氢火焰离子化检测器离子化的作用机理，至今还不十分清楚。根据有关研究结果，目前认为火焰中有机物的电离不是热电离而是化学电离，即有机物在火焰中发生自由基反应而被电离。火焰性质如图 5-10 所示，A 为预热区，B 层为点燃火焰，C 层为热裂解区，温度最高，D 层为反应区。

当含有机物 C_nH_m 的载气由喷嘴喷出进入火焰时，在 C 层发生裂解反应产生自由基

$$C_nH_m \longrightarrow \cdot CH$$

然后产生的自由基进入反应区 D 层，与外面扩散进来的激发态原子氧或分子氧发生如下反应，生成 CHO^+ 及 e^-

$$\cdot CH + O^* \longrightarrow CHO^+ + e^-$$

生成的正离子 CHO^+ 与火焰中大量水分子碰撞而发生分子-离子反应，产生 H_3O^+

$$CHO^+ + H_2O \rightarrow H_3O^+ + CO$$

化学电离产生的正离子（CHO^+，H_3O^+）和电子在外加 150～300V 直流电场作用下向两极移动而产生微电流。经放大后，记录下色谱峰。

3. 影响 FID 灵敏度的因素

离子室的结构对 FID 的灵敏度有直接影响，操作条件的变化如氢气、载气、空气的流速和检测室的温度等都对检测器灵敏度有影响。

(1) 气体流量　包括载气、氢气和空气的流量。

① 载气流量　一般用氮气作载气，载气流量的选择主要考虑分离效能。对一定的色谱柱和试样，要找到一个最佳的载气流速，使柱的分离效果最好。

② 氢气流量　氢气流量与载气流量之比影响氢火焰的温度及火焰中的电离过程。氢焰温度太低，组分分子电离数目少，产生电流信号就小，灵敏度低。氢气流量低，不但灵敏度低，而且易熄火；氢气流量太高，热噪声就大，故对氢气必须维持足够流量。当氮气作载气时，一般氢气与氮气流量之比是 1∶1～1∶1.5，在最佳氢氮比时，不但灵敏度高，而且稳定性好。

③ 空气流量　空气不仅作为助燃气，而且提供 O_2 以生成 CHO^+。当空气流量低时，FID 响应值随空气流量增加而增大，增大到一定值（一般为 400mL·min^{-1}）时则不再受空气流量影响。一般氢气与空气流量之比为 1∶10。空气流量一般不宜超过 800mL·min^{-1}，否则会使火焰晃动，噪声增大，如果各种气体中含有微量的有机杂质，也会严重影响基线的

稳定性，因此要保证管路的干净并使用高纯载气。

（2）极化电压 极化电压低时，响应值随极化电压的增大而增大，当增大到一定值时，增加电压对响应值不再产生影响。增大极化电压，可使线性范围更宽，通常极化电压为 150 ～300V。

（3）使用温度 与热导检测器不同，氢火焰离子化检测器的温度不是主要影响因素，从 80～200 ℃，灵敏度几乎相同，80 ℃以下，灵敏度显著下降，这是由水蒸气冷凝造成。

三、电子俘获检测器

电子俘获检测器（electron capture detector，ECD）是应用广泛的一种具有高选择性、高灵敏度的浓度型检测器。它的选择性是指它只对具有电负性的物质（如含有硫、氮、氧、卤素、磷的物质）有响应，电负性越大，灵敏度越高。其高灵敏度表现在能测出 10^{-14} g·mL^{-1} 的电负性物质。电子俘获检测器的构造如图 5-11 所示。

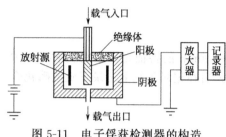
图 5-11 电子俘获检测器的构造

在检测器池体内有一圆筒状 β 放射源（^{63}Ni 或 ^{3}H）作为阴极，一个不锈钢棒作为阳极。在此两极间施加一直流或脉冲电压。当载气（一般采用高纯氮气）进入检测器时，在放射源发射的 β 射线作用下发生电离：

$$N_2 \longrightarrow N_2^+ + e^-$$

生成的正离子和慢速低能量的电子，在恒定电场作用下向极性相反的电极运动，形成恒定的电流即基流。当具有电负性的组分进入检测器时，它俘获了检测器中的电子而产生带负电荷的分子离子并放出能量：

$$AB + e^- \longrightarrow AB^- + E$$

带负电荷的分子离子和载气电离产生的正离子复合成中性化合物，被载气携带出检测器外：

$$AB^- + N_2^+ \longrightarrow N_2 + AB$$

由于被测组分俘获电子，其结果使基流降低，产生负信号而形成倒峰。组分浓度愈高，倒峰愈大。

由于电子俘获检测器具有高灵敏度，高选择性，其应用范围日益扩大。它经常用于痕量的具有特殊官能团的组分的分析，如食品、农副产品中农药残留量的分析，大气、水中痕量污染物的分析等。

操作时应注意载气纯度（应大于 99.99%）和流速对信号值和稳定性有很大的影响。检测器的温度对响应值也有较大的影响。由于线性范围较狭，只有 10^3 左右，要注意进样量不可太大。

四、火焰光度检测器

火焰光度检测器（flame photometric detector，FPD）是对含磷、含硫的化合物有高选择性和高灵敏度的一种色谱检测器。这种检测器主要由喷嘴、滤光片和光电倍增管三部分组成，如图 5-12 所示。

当含有硫（或磷）的试样进入氢焰离子室，在富氢-空气焰中燃烧时，有下述反应：

$$RS + 空气 + O_2 \longrightarrow SO_2 + CO_2$$

$$2SO_2 + 8H \longrightarrow 2S + 4H_2O$$

亦即有机硫化物首先被氧化成 SO_2，然后被氢还原成 S 原子，S 原子在适当温度下生成激发态 S_2^* 分子，当其跃迁回基态时，发射出 350～ 430nm 的特征分子光谱。

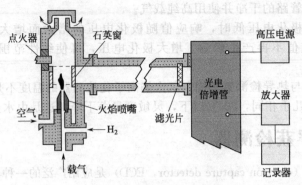

图 5-12　火焰光度检测器

$$S + S \longrightarrow S_2^*$$
$$S_2^* \longrightarrow S_2 + h\nu$$

含磷试样主要以 HPO 碎片的形式发射出波长 $480 \sim 600nm$ 的特征光。这些发射光通过滤光片照射到光电倍增管上，将光转变为光电流，经放大后在记录系统上记录下硫或磷化合物的色谱图。

五、检测器的主要性能指标

对检测器的要求是响应快、灵敏度高、稳定性好、线性范围宽，并以这些作为衡量检测器质量的指标。现将检测器的主要性能指标分述如下。

1. 灵敏度 S

检测器的灵敏度，亦称响应值或应答值，以 S 表示，是检测器性能的重要指标。单位浓度（或质量）的物质通过检测器时所产生的信号的大小，就称为该检测器对该物质的灵敏度。S 值越大，则说明检测器越灵敏。

由于各种检测器的检测机理不同，灵敏度的计算方法也不同。

浓度型检测器采用单位体积载气中含有单位质量（或体积）样品通过检测器时所产生的信号来表示。灵敏度（当试样为液体时，单位为 $mV \cdot mL \cdot mg^{-1}$；当试样为气体时，单位为 $mV \cdot mL \cdot mL^{-1}$）计算公式如下：

$$S = \frac{c_1 A F_0}{c_2 m} \tag{5-37}$$

式中，A 为色谱峰面积，$mV \cdot min^{-1}$；F_0 为载气流速，$mL \cdot min^{-1}$；c_1 为记录仪的灵敏度，即记录仪满量程与记录纸宽度之比，$mV \cdot cm^{-1}$；c_2 为记录仪纸速，$cm \cdot min^{-1}$；m 为进入检测器的某组分的量，mg 或 mL。

质量型检测器采用每秒钟有 $1g$ 物质通过检测器时所产生的信号来表示。灵敏度（单位为 $mV \cdot g \cdot s^{-1}$）计算公式为：

$$S = \frac{60 c_1 A}{c_2 m} \tag{5-38}$$

式中，m 为进样量，g。

2. 检出限 D

检出限也称敏感度，是指检测器恰能产生和噪声相鉴别的信号时，在单位体积或时间需向检测器进入的物质质量（单位为 g）。通常认为恰能鉴别的响应信号至少应等于检测器噪声的 3 倍，如图 5-13 所示。

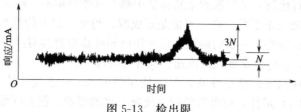

图 5-13 检出限

检出限以 D 表示，则可定义为：

$$D = \frac{3N}{S} \tag{5-39}$$

式中，N 为检测器的噪声，指由于各种因素所引起的基线在短时间内左右偏差的响应数值，mV；S 为检测器的灵敏度。一般来说，D 值越小，说明仪器越敏感。

3. 最小检出量 Q_0

指检测器恰能产生和噪声相鉴别的信号时所需进入色谱柱的最小物质量（或最小浓度），以 Q_0 表示。它与检测器的检出限成正比。但与检测限不同，Q_0 不仅与检测器的性能有关，还与柱效及操作条件有关。所得色谱峰的半宽度越窄，Q_0 就越小。

4. 响应时间

响应时间指进入检测器的某一组分的输出信号达到其值的 63% 时所需要的时间，一般都小于 1s。检测器的死体积越小，电路系统的滞后现象越小，响应速率越快，响应时间就越小。

5. 检测器的线性范围

检测器的线性范围是指响应信号与试样量之间保持线性关系的范围，通常用最大进样量与最小检出量的比值来表示，这个范围越大，越有利于准确定量。

第六节 气相色谱定性方法

气相色谱分析法具有高的分离效能，但分离往往不是最终的目的，目的是要得到定性或定量的结果。气相色谱定性分析就是要确定试样的组成，即确定每个色谱峰各代表什么组分。气相色谱的定性能力总的来说是比较弱的。长期以来，色谱工作者在这方面作了很多努力，创立了很多新方法和辅助技术，使其在定性方面有了很大进展，但总体来说，仍然不能令人满意。近年来，将气相色谱法与光谱、质谱等技术联用的方法，既充分利用了色谱的高效分离能力，又利用光谱、质谱的高鉴别能力，加上电子计算机对数据的快速处理及检索，为未知物的定性分析打开了广阔的前景。现把几种常用的定性分析方法介绍如下。

一、利用已知物直接对照进行定性分析

利用已知物直接对照定性，是一种简单可靠的方法，在具有已知标样的情况下，常使用该方法。该法定性的依据是：在一定柱条件（柱长、固定相）、操作条件下，组分有固定的保留值。

但也应注意：①相同的物质在相同条件下，有相同的保留值；②在相同条件下，有相同保留值的不一定是同一物质。

1. 利用保留值定性

将未知物和已知标准物在同一根色谱柱上，用相同的色谱操作条件进行分析，作出色谱图后进行对照比较。如图 5-14 所示，将未知试样（a）与已知标准物质（b）在同样色谱条件下

得到的色谱图直接进行比较，可以推测未知样品中峰 2 可能是甲醇，峰 3 可能是乙醇，峰 4 可能是正丙醇，峰 7 可能是正丁醇，峰 9 可能是正戊醇。当然，以上的推测只是初步的，如要得到准确的结论，有时还需要进一步的确认。在利用已知物质直接对照进行定性时是利用保留时间（t_R）直接比较，这时要求载气的流速、载气的温度和柱温度一定要恒定。载气流速的微小波动，载气温度和柱温度的微小变化，都会使保留值（t_R）改变，从而对定性结果产生影响。使用保留体积（V_R）定性，虽可避免载气流速变化的影响，但实际使用是很困难的，因为保留体积的直接测定是很困难的，一般都是利用流速和保留时间来计算保留体积。

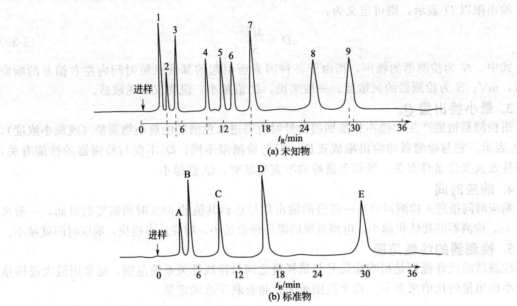

图 5-14　以已知纯物质对照进行定性示意图
已知纯物质：A—甲醇；B—乙醇；C—正丙醇；D—正丁醇；E—正戊醇

2. 用相对保留值定性

由于相对保留值是被测组分与加入的参比组分（其保留值应与被测组分相近）的调整保留值之比，因此，当载气的流速和温度发生微小变化时，被测组分与参比组分的保留值同时发生变化，而它们的比值——相对保留值则不变。也就是说，相对保留值只受柱温和固定相性质的影响，而柱长、固定相的填充情况（即固定相的紧密情况）和载气的流速均不影响相对保留值（r_{is}）。因此在柱温和固定相一定时，相对保留值（r_{is}）为定值，可作为定性的较可靠参数。

3. 用已知物增加峰高法定性

当未知样品中组分较多、所得色谱过密、用上述方法不易辨认时，或仅作未知样品指定项目分析时均可用此法。首先作出未知样品的色谱图，然后在未知样品中加入一定量的已知纯物质，然后在同样的色谱条件下，作已加纯物质的未知样品的色谱图。对比两张色谱图，哪个峰加高了，则该峰就是加入的已知纯物质的色谱峰。这一方法既可避免载气流速的微小变化对保留时间的影响而影响定性分析的结果，又可避免色谱图图形复杂时准确测定保留时间的困难。这是在确认某一复杂样品中是否含有某一组分的最好办法。

4. 利用双柱或多柱定性

采用已知物直接对照定性，在同一根柱子上进行分析比较来进行定性分析。这种定性分析结果的准确度往往不高，特别对一些同分异构体往往区分不出来。如 1-丁烯与异丁烯在阿皮松、硅油等非极性柱上有相同的保留值，这时如改用极性柱，1-丁烯与异丁烯将有不同的保留值，所以，可以在两根不同极性的柱子上，将未知物的保留值与已知物的保留值进行对比分析，这样就可以大大提高定性分析结果的准确度。

在用双柱定性时，所选择的两根柱子的极性差别应尽可能大，极性差别越大，定性分析结果的可信度越高。

由于非极性柱上各物质出峰顺序基本上是按沸点高低出峰，而在极性柱上各物质的出峰顺序则是主要由其化学结构所决定。因此双柱定性在同分异构体的确认中有很重要的作用。

在双柱选择上还可以选择氢键缔合能力有较大差异的不同柱子对一些氢键形成能力不同的化合物进行定性分析。

两个纯化合物在性能（极性或氢键形成能力等）不同的两根或多根色谱柱上有完全相同的保留值，则这两个纯化合物基本上可以认定为同一个化合物。使用的柱子越多，可信度越高。

二、利用保留指数定性法

保留指数（retention index）是科互茨（Kovats）于 1958 年提出的，所以又称科互茨指数，是一种重现性较其他保留数据都好的定性参数，可根据所用固定相和柱温直接与文献值对照而不需要标准试样。它表示物质在固定液上的保留值行为，是目前使用最广泛并被国际上公认的定性指针。

保留指数 I 是把物质的保留行为用两个紧靠近它的标准物（一般是两个正构烷烃）来标定，并以均一标度（即不用对数）来表示。某物质的保留指数可由下式计算而得

$$I = 100\left(\frac{\lg X_i - \lg X_Z}{\lg X_{Z+1} - \lg X_Z} + Z\right) \tag{5-40}$$

式中，X 为保留值，可以用调整保留时间 t_R'、调整保留体积 V_R' 表示；i 为被测物质；Z，$Z+1$ 代表具有 Z 个和 $Z+1$ 个碳原子的正构烷烃。被测物质的 X 值应恰在这两个正构烷烃的 X 值之间，即 $X_Z < X_i < X_{Z+1}$。正构烷烃的保留指数则人为地定为它的碳数乘以 100，例如正戊烷、正己烷、正庚烷的保留指数分别为 500、600、700。因此，欲求某物质的保留指数，只要与相邻的正构烷烃混合在一起（或分别的），在给定条件下进行色谱实验，然后按式（5-40）计算其保留指数。

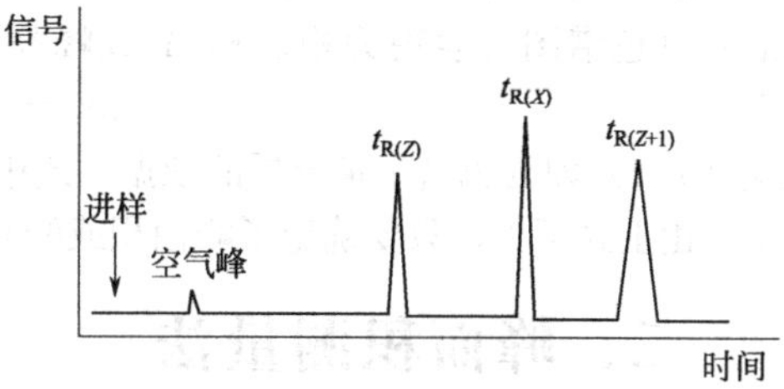

【例 5-2】 现以乙酸正丁酯在阿皮松 L 柱上，柱温为 100 ℃时的保留指数为例来加以说明。选正庚烷、正辛烷两个正构烷烃，乙酸正丁酯的峰在此两正构烷烃峰的中间（如图 5-15 所示）。

图 5-15　保留指数测定示意图

正庚烷（n-C$_7$）　$X_Z = 174.0$s　$\lg 174.0 = 2.2405$

乙酸正丁酯　$X_i = 310.0$s　$\lg 310.0 = 2.4914$

正辛烷（n-C$_8$）　$X_{Z+1} = 373.4$s　$\lg 373.4 = 2.5722$

解　$Z = 7$，将上述数据代入式（5-40）得

$$I = 100 \times \left(\frac{2.4914 - 2.2406}{2.5722 - 2.2406} + 7\right) = 775.63$$

保留指数仅与固定相的性质、柱温有关，与其他实验条件无关，因此只要柱温和固定液相同，就可用文献上发表的保留指数进行定性鉴定，而不必用纯物质。

三、与其他方法结合的定性分析

1. 与质谱、红外光谱等仪器联用

较复杂的混合物经色谱柱分离为单组分，再利用质谱、红外光谱或核磁共振等仪器进行

定性鉴定。其中特别是气相色谱和质谱的联用，是目前解决复杂未知物定性问题的最有效工具之一。

2. 与化学方法配合进行定性分析

带有某些官能团的化合物，经一些特殊试剂处理，发生物理变化或化学反应后，其色谱峰将会消失、提前或移后，比较处理前后色谱图的差异，就可以初步辨认试样含有哪些官能团。使用这种方法时可直接在色谱系统中装上预处理柱。如果反应过程进行比较慢或进行复杂的试探性分析，也可使试样与试剂在注射器内或者其他小容器内反应，再将反应后的试样注入色谱柱。

四、利用检测器的选择性进行定性分析

不同类型的检测器对各种组分的选择性和灵敏度是不相同的，例如热导池检测器对无机物和有机物都有响应，但灵敏度较低；氢焰电离检测器对有机物灵敏度高，而对无机气体、水分、二硫化碳等响应很小，甚至无响应；电子捕获检测器只对含有卤素、氧、氮等电负性强的组分有高的灵敏度；火焰光度检测器只对含硫、磷的物质有信号。氮磷检测器对含卤素、硫、磷、氮等杂原子的有机物特别灵敏。利用不同检测器具有不同的选择性和灵敏度，可以对未知物大致分类定性。

第七节 气相色谱定量方法

一、定量分析的依据

在一定操作条件下，分析组分 i 的质量（m_i）或其在载气中的浓度是与检测器的响应信号（色谱图上表现为峰面积 A_i 或峰高 h_i）成正比的，即：

$$m_i = f_i' A_i \text{ 或 } m_i = f_i'' h_i \tag{5-41}$$

式（5-41）即为色谱定量分析的依据，式中的比例系数 f_i' 及 f_i'' 分别为峰面积和峰高的定量校正因子。由上式可见，只要确定了峰面积或峰高及校正因子，就能计算待测组分在混合物中的含量。

二、峰面积测量法

峰面积的测量直接关系到定量分析的准确度。常用峰面积测量方法（根据峰形的不同）有如下几种。

1. 峰高乘半峰宽法

当色谱峰为对称峰时可采用此法。根据等腰三角形面积的计算方法，可以近似认为峰面积等于峰高乘以半峰宽：

$$A = hY_{1/2} \tag{5-42}$$

这样测得的峰面积为实际峰面积的 0.94 倍，实际上峰面积应为：

$$A = 1.065 \, hY_{1/2} \tag{5-43}$$

显然，在作绝对测量时（如测灵敏度），应乘以 1.065。但在相对计算时，1.065 可约去。

由于此法简单、快速，所以在实际工作中常采用。对于矮而宽的峰，则可以用峰高和峰底宽度来计算。但应注意，在同一分析中，只能用同一种近似测定方法。

2. 峰高乘平均峰宽法

对于不对称色谱峰使用此法可得较准确的结果。所谓平均峰宽是指在峰高 0.15 和 0.85

处分别测峰宽，然后取其平均值：

$$A = h \times \frac{Y_{0.15} + Y_{0.85}}{2} \tag{5-44}$$

3. 峰高乘保留值法

在一定操作条件下，同系物的半峰宽与保留时间成正比，即：$Y_{1/2} \propto t_R$，所以：$Y_{1/2} = bt_R$

$$A = hY_{1/2} = hbt_R \tag{5-45}$$

在相对计算时，b 可约去，于是：

$$A = hY_{1/2} = ht_R \tag{5-46}$$

此法适用于狭窄的峰，或有的峰窄、有的峰又较宽的同系物的峰面积测量。

4. 积分仪和色谱工作站

自动积分仪是测量峰面积最方便的工具，速度快，线性范围宽，精度一般可达 $0.2\% \sim 2\%$，对小峰或不对称峰也能得出较准确的结果。

现在有计算机联机的色谱工作站，峰面积可由计算机通过计算软件直接计算出来，并可对基线漂移的色谱图的峰面积作校正，部分重叠的峰的面积也可计算。

三、定量校正因子

色谱定量分析是基于被测物质的量与其峰面积成正比关系。但是由于同一检测器对不同的物质具有不同的响应值，所以两个含量相同的物质出峰面积不一定相等，这样就不能用峰面积来直接计算物质的含量，所以必须要对检测器的响应值——峰面积和峰高进行校正。

前已述及，在一定的操作条件下，进样量（m_i）与响应讯号（峰面积 A_i）成正比：

$$m_i = f_i' A_i \text{ 或 } m_i = f_i'' h_i \tag{5-47}$$

式中，f_i' 或 f_i'' 就是定量校正因子（又称绝对校正因子），它的物理含义是单位峰面积或峰高所代表的组分量（可以是质量、物质的量或对气体样品也可以是体积）。

$$f_i' = m_i / A_i \quad \text{和} \quad f_i'' = \frac{m_i}{h_i} \tag{5-48}$$

f_i' 或 f_i'' 主要由仪器的灵敏度所决定，它既不易准确测定，也无法直接应用。所以在定量工作中都是用相对校正因子。

四、相对校正因子

相对校正因子是指某物质与一标准物质的绝对校正因子之比，我们平常所指的校正因子都是相对校正因子。

常用的标准物质，对热导池检测器是苯，对氢焰检测器是正庚烷。按被测组分使用的计量单位的不同，可分为质量校正因子、摩尔校正因子和体积校正因子（通常把相对二字略去）。

1. 质量校正因子 f_m

这是一种经常用的定量校正因子，即：

$$f_m = \frac{f_{i(m)}'}{f_{s(m)}'} = \frac{A_s m_i}{A_i m_s} \tag{5-49}$$

式中，下标 i，s 分别代表被测物和标准物质。

2. 摩尔校正因子 f_M

如果以物质的量计量，则：

$$f_M = \frac{f_{i(M)}'}{f_{s(M)}'} = \frac{A_s m_i M_s}{A_i m_s M_i} = f_m \frac{M_s}{M_i} \tag{5-50}$$

式中，M_i、M_s分别为被测物和标准物质相对分子质量。

3. 体积校正因子 f_V

如果以体积计量（气体样品），则体积校正因子就是摩尔校正因子，这是因为 1mol 任何气体在标准状态下其体积都是 22.4L。

$$f_M = \frac{f'_{i(V)}}{f'_{s(V)}} = \frac{A_s m_i M_s \times 22.4}{A_i m_s M_i \times 22.4} \tag{5-51}$$

对于气体分析，使用摩尔校正因子可得体积分数。

五、常用的几种定量方法

1. 归一化法

当试样中各组分都能流出色谱柱，且都有相应的色谱峰时，则可用归一化法进行定量计算。

假设试样中有 n 个组分，每个组分的质量为 m_1，m_2，…，m_n，各组分质量的总和为 m，则组分 i 的质量分数 w_i 为：

$$w_i = \frac{m_i}{m} \times 100\% = \frac{m_i}{m_1 + m_2 + \cdots + m_n} \times 100\%$$

$$= \frac{A_i f_i}{A_1 f_1 + A_2 f_2 + \cdots + A_n f_n} \times 100\% \tag{5-52}$$

式中，f_i 为质量校正因子，得质量分数；如为摩尔校正因子，则得摩尔分数或体积分数（气体）。

若各组分的 f 值相近或相同，例如同系物中沸点接近的各组分，则上式可简化为：

$$w_i = \frac{A_i}{A_1 + A_2 + \cdots + A_n} \times 100\% \tag{5-53}$$

对于狭窄的色谱峰，也有用峰高代替峰面积来进行定量测定。当各种操作条件保持严格不变时，在一定的进样量范围内，峰的半宽度是不变的，因此峰高就直接代表某一组分的量。这种方法快速简便，适合于工厂和一些具有固定分析任务的化验室使用。此时：

$$w_i = \frac{h_i f_i}{h_1 f_1 + h_2 f_2 + \cdots + h_n f_n} \times 100\% \tag{5-54}$$

归一化法的优点是：简便、准确，当操作条件如进样量、流速等变化时，对结果影响小。

注意点：用归一化法定量时，①样品中所有组分都要出峰，否则会产生误差；②所有组分的峰不能重叠。

【例 5-3】 一液体混合物中，仅含有苯、甲苯，用气相色谱法，热导池为检测器得到以下结果：苯的峰面积为 9.1cm²，校正因子为 0.8；甲苯的峰面积为 21.8cm²，校正因子为 0.75。求各组分的质量百分含量分别为多少？

解

$$w_{苯} = \frac{A_苯 f_苯}{A_苯 f_苯 + A_{甲苯} f_{甲苯}} \times 100\%$$

$$= \frac{9.1 \times 0.8}{9.1 \times 0.8 + 21.8 \times 0.75} \times 100\%$$

$$= 30.8\%$$

$$w_{甲苯} = 100\% - 30.8\% = 69.2\%$$

2. 内标法

当只需测定试样中某几个组分，而且试样中所有组分不能全部出峰时，可采用此法。

内标法是将一定量纯物质作为内标物，加入到准确称取的试样中，根据被测物和内标物的质量及其在色谱图上相应的峰面积比，求出某组分的含量。

例如要测试样中组分 i 的含量为 w_i，可于试样中加入质量为 m_s 的内标物，试样质量为 m，则

$$m_i = f_i A_i$$
$$m_s = f_s A_s$$
$$m_i / m_s = A_i f_i / f_s A_s$$
$$m_i = \frac{A_i f_i}{A_s f_s} m_s \tag{5-55}$$
$$w_i = \frac{m_i}{m} \times 100\% = \frac{A_i f_i}{A_s f_s} \times \frac{m_s}{m} \times 100\%$$

如内标物就是相对校正因子的标准物，则 $f_s = 1$，此时计算可简化为：

$$w_i = \frac{A_i}{A_s} \times \frac{m_s}{m} f_i \times 100\% \tag{5-56}$$

由上述计算式可以看到，本法是通过测量内标物及欲测组分的峰面积的相对值来进行计算的，因而由于操作条件变化而引起的误差，都将同时反映在内标物及欲测组分上而得到抵消，所以可得到较准确的结果。这是内标法的主要优点，内标法在很多仪器分析方法上得到应用。

内标物的选择：

① 它应该是试样中不存在的纯物质；

② 加入的量应接近于被测组分；

③ 同时要求内标物的色谱峰位于被测组分色谱峰附近，或几个被测组分色谱峰的中间，并与这些组分完全分离；

④ 还应注意内标物与欲测组分的物理及物理化学性质（如挥发度、化学结构、极性以及溶解度等）相近，这样当操作条件变化时，更有利于内标物及欲测组分做匀称的变化。

内标法的特点：

① 优点是定量较准确，而且不像归一化法有使用上的限制；

② 不足是每次分析要准确称取试样和内标物的质量，因而它不宜于作快速控制分析。

【例 5-4】 为了测定无水乙醇中水分 i 的含量，称 1.80g 混合样，加入 0.0400g 内标物苯 S，混匀后进样。从色谱图上测得 $A_i = 7.0\text{cm}^2$，$A_s = 25.0\text{cm}^2$。已知：$f_i = 1.11$，$f_s = 1.00$。计算组分 i 的含量。

解

$$w_i = \frac{f_i A_i}{f_s A_s} \times \frac{m_s}{m} \times 100\%$$
$$= \frac{1.11 \times 7.0}{1.00 \times 25.0} \times \frac{0.0400}{1.80} \times 100\%$$
$$= 0.691\%$$

所以，乙醇中水分为 0.691%。

3. 外标法

所谓外标法（又称定量进样-标准曲线法）就是应用欲测组分的纯物质来制作标准曲线，这与在分光光度分析中的标准曲线法是相同的。此时用欲测组分的纯物质加稀释剂（对液体样品用溶剂稀释，气体样品用载气或空气稀释）配成不同含量（%）标准溶液，取固定量标准溶液进行分析，从所得色谱图上测出响应信号（峰面积或峰高等），然后绘制响应信号（纵坐标）对百分含量（横坐标）的标准曲线。分析试样时，取和制作标准曲线时同样量的

试样（固定量进样），测得该试样的响应信号，由标准曲线即可查出其百分含量。

此法的优点是操作简单、计算方便，但结果的准确度主要取决于进样量的重现性和操作条件的稳定性。

第八节　毛细管柱气相色谱法

毛细管柱气相色谱法（capillyary column gas chromatography）是用毛细管柱作为气相色谱柱的一种高效、快速、高灵敏度的分离分析方法，是 1957 年由戈雷（Golay M J E）首先提出的。他用内壁涂渍一层极薄而均匀的固定液膜的毛细管代替填充柱，解决组分在填充柱中由于受到大小不均匀载体颗粒的阻碍而造成色谱峰扩展、柱效降低的问题。这种色谱柱的固定液涂渍在柱内壁上，中心是空的，故称开管柱（open tubular column），习惯称毛细管柱。由于毛细管柱具有相比大、渗透性好、分析速度快、总柱效高等优点，因此可以解决原来填充柱色谱法不能解决或很难解决的问题。毛细管柱的应用大大提高了气相色谱对复杂物质的分离能力。

一、毛细管色谱柱的种类

毛细管柱可由不锈钢、玻璃等制成，不锈钢毛细管柱由于惰性差，有一定的催化活性，加上不透明、不易涂渍固定液，现在已很少使用。玻璃毛细管表面惰性较好，易观察，早期较多使用，但易折断，安装较困难。1979 年出现使用熔融石英制作的柱子，由于这种色谱柱具有化学惰性、热稳定性及机械强度好并具有弹性，因此它已占主要地位。

毛细管柱按其固定液的涂渍方法可分为如下几种。

（1）涂壁开管柱（wall coated open tubular，WCOT 柱）　将固定液直接涂渍在管内壁上。这是戈雷最早提出的毛细管柱。由于管壁的表面光滑、润湿性差，对表面接触角大的固定液，直接涂渍制柱，重现性差，柱寿命短；现在的 WCOT 柱，其内壁通常都先经过表面处理，以增加表面的润湿性，减小表面接触角，再涂固定液。

（2）多孔层开管柱（porous layer open tubular，PLOT 柱）　在管壁上涂渍一层多孔性吸附剂固体微粒，不再涂固定液，实际上是使用开管柱的气固色谱柱。

（3）载体涂渍开管柱（support coated open tubular，SCOT 柱）　为了增大开管柱内固定液的涂渍量，先将非常细的载体微粒（$<2\mu m$）涂在毛细管内壁上，然后再在多孔层上涂固定液，这种毛细管柱，液膜较厚，因此柱容量较 WCOT 柱高。

（4）化学键合相毛细管柱　将固定相用化学键合的方法键合到硅胶涂覆的柱表面或经表面处理的毛细管内壁上。经过化学键合，大大提高了柱的热稳定性。

（5）交联毛细管柱　由交联引发剂将固定相交联到毛细管管壁上。这类柱子具有耐高温、抗溶剂抽提、柱效高、柱寿命长等特点，因此得到迅速发展。

二、毛细管色谱柱的特点

（1）渗透性好　一般毛细管的渗透率约为填充柱的 100 倍，在同样的柱前压下，可使用更长的毛细管柱（如 100m 以上），而载气的线速可保持不变。这就是毛细管柱高柱效的主要原因。

（2）相比（β）大　相比大，传质快，有利于提高柱效；但是毛细管柱的 k' 值比填充柱小，加上由于渗透性大可使用很高的载气流速，从而使分析时间变得很短，有利于快速分析。

（3）柱容量小 毛细管柱允许的进样量小，这样对进样和检测技术要求更高。进样量取决于柱内固定液含量，由于毛细管柱涂渍的固定液仅几十毫克，液膜厚度为 $0.35\sim1.5\ \mu m$，柱容量小，因此进样量不能大，否则将导致过载而使柱效降低，色谱峰扩展、拖尾。对液体试样，一般进样量为 $10^{-3}\sim10^{-2}\mu L$，因此毛细管柱气相色谱在进样时需要采用分流进样技术。

（4）总柱效高 从单位柱长的柱效看，毛细管柱和填充柱处于同一数量级，但毛细管柱的长度比填充柱可长 $1\sim2$ 个数量级，因此其总柱效远高于填充柱，这样就大大提高分离复杂混合物的能力。毛细管柱与填充柱的比较见表 5-3。

表 5-3 填充柱和毛细管柱性能的比较

色谱参数	填充柱	WCOT	SCOT
柱长度/m	1～5	10～100	10～50
渗透性×10^{-7}/cm	1～10	50～800	200～1000
柱内径/mm	2～4	0.1～0.8	0.5～0.8
液膜厚度/μm	10	0.1～1	0.8～2
相比	4～200	100～1500	50～300
每个峰的容量/ng	10～10^6	＜100	50～300
柱效/N·m^{-1}	500～1000	1000～4000	600～1200
最小板高/mm	0.5～2	0.1～2	0.2～2
分离能力	低	高	中等
相对压力	高	低	低
最佳线速/cm·s^{-1}	5～20	10～100	20～160

三、毛细管柱的色谱系统

毛细管柱和填充柱的色谱系统基本上是相同的。但由于毛细管柱内径小，因此即使采用很高的线性流速，载气的体积流速仍很小。如果柱两端连接管路的接头部件、进样器、检测器死体积大，就会使试样组分在这些部分扩散而影响毛细管系统的分离和柱效（柱外效应），所以毛细管柱色谱仪器对死体积的限制是很严格的。为了减少组分的柱后扩散，可在色谱系统中增加尾吹气，即在毛细管柱出口到检测器流路中增加一条叫尾吹气的辅助气路，以增加柱出口到检测器的载气流量，减少这段死体积的影响。又由于毛细管柱系统的载气 N_2 流量小（1～5mL·min^{-1}），使氢火焰离子化检测器所需 N、H 比过小而影响灵敏度，因此尾吹还能增加 N、H 比而提高检测器的灵敏度。

另外一个不同处是由于毛细管柱的柱容量很小，用微量注射器很难准确地将少于 $0.01\mu L$ 的液体试样直接送入，为此常采用分流进样方式。毛细管柱色谱系统和填充柱色谱系统的流路比较如图 5-16 所示。由图可见，主要不同是毛细管柱色谱仪柱前增加了分流进样装置，柱后增加了尾吹气。

所谓分流进样，是将液体试样注入进样器

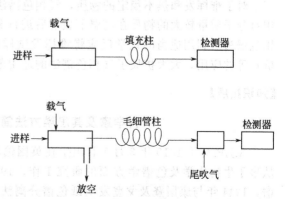

图 5-16 毛细管柱色谱仪和填充柱色谱仪流路比较

使其汽化，并与载气均匀混合，然后让少量试样和载气进入色谱柱，大量试样和载气放空，如图 5-16 所示。由于在分流且放空之前载气的流速较高，因此减少了进样器死体积的影响。放空的试样量与进入毛细管柱试样量的比称分流比，通常控制在 50∶1～500∶1。分流后的试样组分能否代表原来的试样与分流器的设计有关。分流进样器由于简便易行而得到广泛应用，然而它尚未能很好适用于痕量组分的定量分析以及定量要求高的分析，为此已发展了多种进样技术，如不分流进样、冷柱头进样等。

第九节　气相色谱分析的特点及其应用

气相色谱分析是一种具有高效能、高选择性、高灵敏度、样品用量少、操作简单、应用广泛的分离分析方法。

色谱分离主要是基于组分在两相间反复多次的分配过程。一根长 1～2m 的色谱柱，一般可有上千个理论塔板，对于长柱（毛细管柱），甚至有一百多万个理论塔板，这样就可使一些分配系数很接近的以及极为复杂、难分离的物质，经过多次分配平衡，最后仍能得到满意的分离。如用空心毛细管色谱柱，一次可以解决含有一百多个组分的烃类混合物的分离及分析，因此气相色谱法的分离效能很高，选择性很好。

在气相色谱分析中，由于使用了高灵敏度的检测器，可以检测 $10^{-11}\sim10^{-13}$ g 物质，它可以检出超纯气体、高分子单体和高纯试剂中的质量分数为 10^{-6} 甚至 10^{-10} 数量级的杂质；在环境监测上可以用来直接检测（即试样不需要事先浓缩）大气中质量分数为 $10^{-6}\sim10^{-9}$ 数量级的污染物；农药残留量的分析中可测出农副产品、食品、水质中质量分数为 $10^{-6}\sim10^{-9}$ 数量级的卤素、硫、磷化物等等，因此气相色谱分析很适合于痕量分析。

气相色谱分析操作简单、分析快速，通常一个试样的分析可在几分钟到几十分钟内完成。某些快速分析，一秒钟可分析好几个组分。但若使用手工计算数据，常使分析速度受到很大限制。目前色谱仪器，大都带有色谱工作站，使色谱操作及数据处理实现了自动化，这样就使气相色谱分析的高速度得到了实现。

气相色谱法可以应用于气体试样的分析，也可以分析易挥发或可转化为易挥发物质的液体和固体，不仅可分析有机物，也可分析部分无机物。一般来说，只要沸点在 500 ℃ 以下，热稳定性良好，相对分子质量在 400 以下的物质，原则上都可采用气相色谱法，目前气相色谱法所能分析的有机物，约占全部有机物的 15%～20%，而这些有机物恰是目前应用很广的那一部分，因而气相色谱法应用十分广泛。

对于难挥发和热不稳定的物质，气相色谱法是不适用的，但近年来裂解气相色谱法（将相对分子质量较大的物质在高温下裂解后进行分离检测，已应用于聚合物的分析）、反应气相色谱法（利用适当的化学反应将难挥发试样转化为易挥发的物质，然后以气相色谱法分析）等的应用，大大扩展了气相色谱法的适用范围。

【知识拓展】

科学家及其思维方法简介——色谱学家马丁

A.J.P.马丁 1910 年 3 月 1 日出生在英国伦敦，1936 年获剑桥大学博士学位，以后主要从事于生物化学及色谱学方面的研究工作。1941 年与 R.L.M.辛格共同发明液相分配柱色谱，1944 年与康斯登及戈登发明纸色谱分离法，1951 年与 A.T.詹姆斯共同发明了气-液分配色谱法，并提出气液分配色谱理论——塔板理论。由于他在分配色谱方面的卓越贡献，与辛格一起荣获了 1952 年的诺贝尔化学奖。

马丁能获得杰出的成就，是由于他具有以下几方面特点。

1. 一生勤奋好学，不断思考联想

少年时代的马丁就喜欢学习和阅读化学、化工方面的书，中学时代十分关注化工生产中的蒸馏问题，在剑桥大学学习期间，阅读了一些化工生产中有关蒸馏柱及分离酒精等方面的书，并对提高蒸馏分离能力等问题以及生物样品的分离产生了浓厚的兴趣，并提出了一系列联想。

2. 具有不断探索、敢于创新的精神

马丁早年就对化学物质的分离感兴趣，他对一些当时人们尚不清楚的物质如维生素 E 的分离进行了深入的研究，并设计出了第一台分离仪器，经过多次反复修改，终于实现了期望已久的分离目的，使分离柱的理论塔板数达到 200 块，在当时这是一项了不起的成就。

3. 具有持之以恒、醉心于实验研究的精神

马丁发明气-液分配色谱，从开始设想到实验成功，曾经历了长达数月的时间，与他一起工作的詹姆斯看到一次一次的失败，几乎失去了信心。但马丁坚信一定会成功，并经过无数次的细致工作，孜孜不倦地设计新的仪器，以期能使操作和分离效果都更令人满意，他先后提出了几十种改进方案，但没有一种是价廉且便于制造的。1940 年，马丁领悟到了问题的关键所在：要使两相同时作相反方向的运动，并使两相间的平衡能迅速达到，否则实验就要进行很长的时间。为了迅速达到平衡，就要使液体变成很细小的液滴，而当液滴变得很细小时，却不利于使其淀析出来，也不利于使其按指定的方向移动。这就要求新设计的仪器很紧凑，而且要能借用外力来加速液滴的运动，这样才能缩短分离时间，这正是他设计新仪器的基本思想。马丁后来又意识到：完全没有必要使两种液体同时移动，只要能移动其中的一种就行了。第二天他根据这种想法设计出一台合用的装置，几经改进之后，终于成了今天人们所熟知的分配色谱，马丁最终获得了成功。

论在色谱方面的贡献，马丁是继茨维特之后最杰出的几个色谱学家之一。他在色谱方面的成就也是多方面的，不但发展了分配柱色谱，而且发明了纸色谱，特别是发明了气-液分配色谱，此外他还在固定相和检测器等方面也做出了贡献，使色谱的应用在 20 世纪 50～60 年代达到一个前所未有的高峰。这种新的分离方法的出现，大大推动了有机化学、生物化学以及医药学研究的发展，影响是极其深远的。

——摘自：http://chn.chinamil.com.cn/wy/2011-08/29/content_4660198.htm

思考题与习题

1. 简要说明气相色谱分析的基本原理。
2. 气相色谱仪一般由哪几部分组成？各部件的主要作用是什么？
3. 试述热导、氢火焰离子化和电子捕获检测器的基本原理，它们各有什么特点？
4. 当下列参数改变时：(1) 柱长增加；(2) 固定相量增加；(3) 流动相流速减小；(4) 相比增大，是否会引起分配比的变化？为什么？
5. 当下列参数改变时：(1) 柱长缩短；(2) 固定相改变；(3) 流动相流速增加；(4) 相比减少，是否会引起分配系数的改变？为什么？
6. 当下述参数改变时：(1) 增大分配比；(2) 流动相速度增加；(3) 减小相比；(4) 提高柱温，是否会使色谱峰变窄？为什么？
7. 为什么可用分离度 R 作为色谱柱的总分离效能指标？
8. 试述"相似相溶"原理应用于固定液选择的合理性及其存在的问题。
9. 色谱定性的依据是什么？主要有哪些定性方法？
10. 在一根 2m 长的色谱柱上，分析一个混合物，得到以下数据：苯、甲苯及乙苯的保

留时间分别为 $1'20''$、$2'2''$及 $3'1''$；半峰宽为 $0.211cm$、$0.291cm$、$0.409cm$，已知记录纸速为 $1200mm \cdot h^{-1}$，求色谱柱对每种组分的理论塔板数及塔板高度。

11. 分析某种试样时，两个组分的相对保留值 $r_{21} = 1.11$，柱的有效塔板高度 $H = 1mm$，需要多长的色谱柱才能完全分离？

12. 已知记录仪的灵敏度为 $0.658mV \cdot cm^{-1}$，记录纸速为 $2cm \cdot min^{-1}$，载气流速为 $F_0 = 68mL \cdot min^{-1}$，进样量 $12℃$ 时 $0.5mL$ 饱和苯蒸气，其质量经计算为 $0.11mg$，得到的色谱峰的实测面积为 $3.84cm^2$，求该检测器的灵敏度。

13. 某一气相色谱柱，速率方程中 A，B，C 的值分别为 $0.15cm$，$0.36cm^2 \cdot s^{-1}$ 和 $4.3 \times 10^{-2}s$，计算最佳流速和最小塔板高度。

14. 有一 ABC 三组分的混合物，经色谱分离后，其保留时间分别为：$t_{r(A)} = 4.5min$，$t_{r(B)} = 7.5min$，$t_{r(C)} = 10min$，死时间 $= 1.4$，求（1）B 对 A 的相对保留值；（2）C 对 B 的相对保留值；（3）B 组分在此柱中的容量因子是多少？

15. 丙烯和丁烯的混合物进入气相色谱柱得到如下数据：

组分	保留时间/min	峰宽/min
空气	0.5	0.2
丙烯	3.5	0.8
丁烯	4.8	1.0

计算：（1）丁烯在这根柱上的分配比是多少？

（2）丙烯和丁烯的分离度是多少？

16. 已知在混合酚试样中仅含有苯酚、o-甲酚、m-甲酚、p-甲酚四种组分，经乙酰化处理后，测得色谱图，从图上测得各组分的峰高、半峰宽以及测得相对校对因子分别如下：

化合物	苯酚	o-甲酚	m-甲酚	p-甲酚
峰高/mm	64.0	104.1	89.2	70.0
半峰宽/mm	1.94	2.40	2.85	3.22
相对校正因子（f）	0.85	0.95	1.03	1.00

求各组分的质量分数。

17. 有一试样含甲酸、乙酸、丙酸及不少水、苯等物质，称取此试样 $1.055g$。以环己酮作内标，称取环己酮 $0.1907g$，加到试样中，混合均匀后进样，得如下数据：

化合物	甲酸	乙酸	环己酮	丙酸
峰面积/cm²	14.8	72.6	133	42.4
相对校正因子（f）	3.83	1.78	1.00	1.07

求甲酸、乙酸和丙酸的质量分数。

参 考 文 献

[1] 朱明华，胡坪. 仪器分析. 第 4 版. 北京：高等教育出版社，2008.

[2] 高向阳. 新编仪器分析. 第 2 版. 北京：科学出版社，2004.

[3] 冯玉红. 现代仪器分析实用教程. 北京：北京大学出版社，2008.

[4] 刘约权. 现代仪器分析. 第 2 版. 北京：高等教育出版社，2006.

第六章

Chapter 06

高效液相色谱分析法

⚡ **本章提要** ┈┈┈┈┈┈┈┈┈┈┈┈┈┈┈┈┈┈┈┈┈┈┈┈┈┈┈┈┈┈┈┈┈┈┈┈┈┈┈

高效液相色谱是在经典液相色谱法的基础上发展起来的，用高压输送流动相，适宜于分离和分析沸点高、相对分子质量大、热稳定性差的物质和生物活性物质的一种分离、分析方法。

本章主要介绍高效液相色谱的特点、仪器组成；高效液相色谱柱的各种固定相及流动相的选择、分离原理；熟悉分配色谱、吸附色谱、离子交换色谱、离子对色谱、空间排阻色谱等方法的原理及其应用。

第一节 概　　述

高效液相色谱法（high performance liquid chromatography，HPLC）是 20 世纪 70 年代发展起来的一项高效、快速的新型分离分析技术。它是在经典液相色谱法的基础上引入了气相色谱法的理论，并在技术上采用了高压泵、高效固定相和高灵敏度检测器等装置的柱色谱技术，也称为现代液相色谱法。目前高效液相色谱法已经成为应用极为广泛的化学分离分析的重要手段，已在生物工程、制药工程、食品工程、环境监测、石油化工等领域获得了广泛应用。

一、HPLC 与经典液相色谱

与经典液相（柱）色谱法相比，HPLC 有以下有特点。

1. 柱寿命长

经典液相色谱的色谱柱通常只能进行一次分离，进行第二次分离时，必须更换固定相，而高效液相色谱的色谱柱可重复使用，柱寿命一般可达一年以上。

2. 分离效率高

经典液相色谱法在常压或略高于常压条件下使用，填料颗粒大、柱效低，而高效液相色谱法是在高压输液泵的条件下操作使用，其压力可达几十兆帕，填料颗粒直径小于 $10\mu m$，柱效高，分离能力强。

3. 进样量小

经典液相色谱法进样量大，一般在几至几百毫升，而高效液相色谱进样量一般仅为几至几十微升。

4. 分析时间短

经典液相色谱法进行一次分离往往需要几小时至几十小时，而 HPLC 分离效率高，一次分析仅需几分钟即可完成。

5. 检测灵敏度高

经典液相色谱法需要在离线条件下检测，而 HPLC 可实现在线检测，采用高灵敏度的检测器，大大提高了灵敏度。

二、HPLC 与气相色谱

气相色谱的许多理论与技术同样适用于 HPLC，但 HPLC 与气相色谱相比，有一定差别。

1. 使用范围不同

气相色谱适用于低沸点、热稳定性好、中小相对分子质量的化合物，不适于分析沸点高的有机物、相对分子质量大和热稳定性差的化合物以及生物活性物质，因而使其应用受到限制。而高效液相色谱法只要求试样能制成溶液，而不需要汽化，因此，不受试样挥发性的限制。对于高沸点、热稳定性差、相对分子质量大（大于 400 以上）的有机物（这些物质几乎占有机物总数的 $75\%\sim80\%$）原则上都可用高效液相色谱法来进行分离、分析。

2. 色谱柱不同

气相色谱柱很长，特别是毛细管柱可长至几十米甚至上百米，柱效也很高，其理论塔板数可达 $10^4\sim10^6$。而 HPLC 色谱柱较短，一般为 $15\sim30\mathrm{cm}$，柱效低于气相色谱柱，理论塔板数仅为几千至几万。

3. 流动相作用不同

气相色谱流动相为惰性气体，组分与流动相无亲和作用力，只与固定相作用，仅仅起运载试样的作用，不起分离作用。HPLC 的流动相除起运载试样外，还具有分离作用，改变流动相组成，可使试样组分得到有效的分离。

4. 检测器不同

气相色谱检测器种类较少，但已有发展成熟的火焰离子化检测器和热导检测器等通用型检测器，特别是火焰离子化检测器，灵敏度较高。而 HPLC 的检测器种类多，但通用型的较少。

5. 操作条件不同

气相色谱是在加温条件进行操作，而高效液相色谱是在常温、高压下进行操作。

第二节　高效液相色谱仪

采用高压输液泵、高效固定相和高灵敏度检测器等装置的液相色谱仪称为高效液相色谱仪。高效液相色谱仪种类很多，但不论哪种类型的高效液相色谱仪，基本上都由高压输液系统、进样系统、分离系统、检测系统、微机控制及数据处理系统组成。如图 6-1 所示为高效液相色谱仪的结构示意图。

一、高压输液系统

高压输液系统由贮液罐、高压输液泵、梯度洗脱装置等部件组成，其中核心部件为高压输液泵。

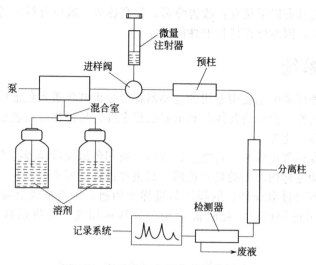

图 6-1 高效液相色谱仪的结构示意

1. 贮液罐

贮液罐用于存放溶剂，一般由不锈钢、玻璃或聚四氟乙烯衬里为材料，容积一般为 0.5～2 L。溶剂使用前必须进行脱气，脱气的目的是为了防止流动相从高压柱内流出时，释放出气泡进入检测器而使噪声剧增，甚至不能正常检测。常用超声脱气、氦气脱气、真空脱气或电磁搅拌脱气等方法，其中真空脱气效果较好，且易于制成在线脱气装置。

2. 高压输液泵

高压输液泵是高效液相色谱仪的重要部件，它将流动相输入到柱系统，使试样在柱系统中完成分离过程。因此，输液泵应具备以下条件。

① 流量要恒定，无脉动并具有较大的调节范围。一般流量精度要高且稳定，其 RSD 应小于 0.5%。

② 应有足够的输送压力，并能在高压下连续工作。一般压力应达 25～50MPa。

③ 能抗溶剂、耐酸、耐碱腐蚀，因为流动相常用有机溶剂，有时还要加入缓冲盐、少量酸或碱等成分。

④ 泵的死体积要小，以便于更换溶剂和进行梯度洗脱。

输液泵通常有恒压泵和恒流泵两种类型。恒压泵保持泵压力不变，而流量可变。恒流泵保持流量不变，而泵压力可变。由于稳定的流量更有利于提高色谱柱的分离效能，因此近些年来均用恒流泵，往复柱塞式恒流泵是目前高效液相色谱仪中采用最广泛的一种泵。由于这种泵的柱塞往复运动频率较高，所以对密封环的耐磨性及单向阀的刚性和精度要求都很高。密封环一般采用聚四氟乙烯添加剂材料制造，单向阀的球、阀座及柱塞则用人造宝石材料。往复泵有单柱塞、双柱塞和三柱塞等。

3. 梯度洗脱装置

高效液相色谱的洗脱方式分为等梯度洗脱和梯度洗脱两种，前者是指在同一分析过程中流动相组成不变，适于分离性质差别小、组分数量不多的试样。而对于试样中各组分性质相差较大、组分数多的试样，则需按一定的程序来连续改变流动相的组成，即梯度洗脱，使各组分在各自适宜的条件下分别流出色谱柱，可以提高分离效能并加快分析速度。梯度洗脱装置通常分为低压梯度装置和高压梯度装置两种类型。低压梯度是指在常压下预先按一定的程序将溶剂混合后再用泵输入色谱柱。高压梯度是指将溶剂用高压泵增压后输入色谱系统梯度混合器，溶剂混合后送入色谱柱。

　　总之，梯度洗脱具有以下优点：改善峰形；提高柱效；减少分析时间；使强烈滞留的组分不容易残留在柱上，因而可保持柱的性能良好。

二、进样系统

　　高效液相色谱进样系统是使用专用的进样器将待分析试样送入色谱柱中。对进样器的要求是具有良好的密封性、最小的死体积和最好的稳定性，且进样时对色谱系统压力、流量影响很小，便于实现自动化等。

　　进样系统包括取样和进样两个功能。目前高效液相色谱仪进样器有手动进样阀和自动进样器两种。其中手动进样阀常用的是六通阀，其进样过程如图 6-2 所示。先将六通阀置取样位置，此时流动相不经过取样环，取样环与进样器相通，用微量注射器将试样注入取样环后，再转动六通阀至进样位置，此时流动相与取样环相连，并将试样带入色谱柱，完成进样。

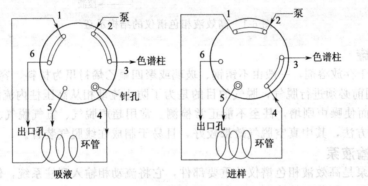

图 6-2　六通高压进样阀工作示意图

　　自动进样器是由计算机自动控制，按预先设定的程序自动完成进样的装置。自动进样器按取样、复位、清洗、转盘等几个过程完成一次进样，能自动依次完成几十个或上百个试样的分析，其进样量可以调节，进样的重复性高，适合大量试样的分析，可实现自动化操作。

三、分离系统

　　色谱柱是整个色谱系统的心脏，它的质量优劣直接影响分离效果。色谱柱通常采用优质不锈钢管制成。柱内壁要求光洁平滑，否则内壁的纵向沟痕和表面多孔性也会引起谱带的展宽，柱接头的死体积应尽可能小。柱长一般为 15～30cm，内径 1～6mm，常用的标准柱是内径为 4.6mm 或 3.9mm，形状为直形柱，填料颗粒直径 5～10μm，柱效以理论塔板数计大约 5000～20000。液相色谱柱发展的一个重要趋势是减小填料颗粒度（3～5μm）以提高柱效，这样可以使用更短的柱，加快分析速度。另一方面是减小柱径（内径小于 1mm），既可大大降低溶剂用量又能提高检测浓度，但这对仪器及技术提出了更高的要求。

　　液相色谱柱的分离效能，主要取决于柱填料的性能，作为高效液相色谱法的固定相必须具有粒径较小且分布均匀、机械强度高、传质速度快及化学性质稳定等特点。但也与柱床的结构有关，而柱床结构直接受装柱技术的影响。因此，装柱质量对柱性能有重大的影响，液相色谱柱的装柱方法有干法和湿法两种。填料颗粒度大于 20μm 的可用干法装柱，粒度小于 20μm 的填料只能采用湿法装柱，这是因为微小颗粒表面存在着局部电荷，具有很高的表面能，因此在干燥时倾向于颗粒间的相互聚集，产生宽的颗粒范围并黏附于管壁，不利于获得高的柱效。

四、检测系统

检测器是高效液相色谱仪的三大关键部件之一，其作用是将色谱洗脱液中组分的量或浓度转变为电信号的大小，用于定性和定量分析。用于高效液相色谱中的检测器应具备灵敏度高、噪声低、响应速度快、线性范围宽、重复性好、适应范围广等特点。检测器按照适用范围通常分为通用型和选择型两种。通用型检测器是指对一般物质均具有检测能力的检测器，如蒸发光散射检测器。选择型检测器对不同物质响应差别较大，因此只能选择性地检测某些物质，如紫外吸收检测器、荧光检测器等。

1. 紫外吸收检测器

紫外吸收检测器（ultra-violet detector，UVD）是一种选择型浓度型检测器，它的作用原理是基于被分析试样组分对特定波长紫外线的选择性吸收，组分浓度与吸光度的关系遵守比尔定律。它具有灵敏度高、噪声低等优点，在高效液相色谱中应用最广，约占70%，其结构如图6-3所示。紫外吸收检测器有固定波长（单波长和多波长）和可变波长（紫外分光和紫外-可见分光）两类。

紫外吸收检测器常用氘灯作光源，氘灯发射出紫外-可见区范围的连续辐射，并安装一个光栅型单色器，通过扫描获得所需的工作波长。它有两个流通池，一个作参比，另一个作测量用。光源发出的紫外光照射到流通池上，若两流通池通过纯的均匀溶剂，它们在紫外波长下几乎无吸收，光电管上接受到的辐射强度相等，无信号输出。当组分进入测量池时，吸收一定的紫外光，使两光电管接受到的辐射强度不等，这时有信号输出，输出信号的大小与组分浓度有关。

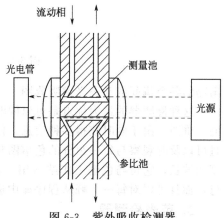

图6-3 紫外吸收检测器

紫外吸收检测器的灵敏度很高，许多官能团在紫外区有很高的摩尔吸光系数。若采用可调波长的氘灯作光源，在组分的最大吸收波长处进行检测，最小检测量为几纳克，因而即使是那些对紫外光吸收较弱的物质，也可用这种检测器进行检测。另外，这种检测器对温度和流速不敏感，对流动相速度变化不敏感，流动相组成的变化对检测器响应几乎无影响，可适用于梯度洗脱，其结构较简单。但是只有在检测器所提供的波长下有较大吸收的分子才能进行检测，而且流动相的选择受到一定限制，即具有一定紫外吸收的溶剂不能作流动相，每种溶剂都有紫外截止波长。当小于该截止波长的紫外光通过溶剂时，溶剂的透光率降至10%以下，因此检测器的工作波长不能小于溶剂的紫外截止波长。为了扩大应用范围和提高选择性，可应用可变波长检测器。这实际上就是装有流通池的紫外分光光度计或紫外-可见分光光度计，应用此检测器，还能获得分离组分的紫外吸收光谱。

2. 二极管阵列检测器

二极管阵列检测器（photodiode array detector，DAD）是更为先进的检测器，在这类检测器中采用光电二极管阵列作为检测元件，阵列由几百至上千个光电二极管组成，检测波长范围达190～1015 nm。二极管阵列检测器的光路如图6-4所示。

从氘灯发出的紫外-可见辐射通过液相色谱流通池，在此被流动相中的组分进行特征吸收，然后通过入射狭缝进行分光，使所得含有吸收信息的全部波长，聚焦在阵列上同时被检测，并用电子学方法及计算机技术对二极阵列快速扫描采集数据。由于扫描速率非常快，每帧图像仅需要约0.01s，远远超过色谱峰流出的速率，因此无需停流扫描也可观察色谱柱流

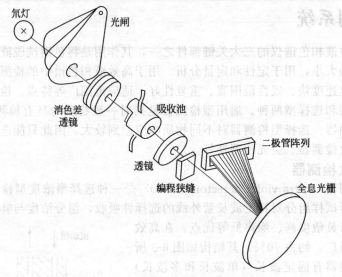

图 6-4 二极管阵列检测器光路图

出物的各个瞬间的动态光谱吸收图。

这种检测器的最大优点是可以同时获得吸收值,其保留时间和波长函数图类似于等高线的三维图。由于同时获得多种信息,使每个组分在整个波长范围内的光谱信息大大增加,而且可以及时观察与每一组分的色谱图相应的光谱数据,从而迅速决定具有最佳选择性和灵敏度的波长,它可与色谱工作站联用,通过评估程序,可以从比较光谱图获得试样纯度的信息,而且可以对每一个峰从程序库中进行检索来确定该化合物。

3. 荧光检测器

荧光检测器(fluorescent detector,FD)是最灵敏的高效液相色谱检测器,如图 6-5 所示。

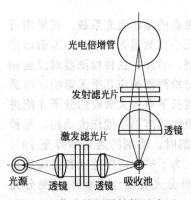

图 6-5 荧光检测器结构示意图

它属于选择型浓度型检测器,光源发出的光束通过透镜和激发滤光片,分离出特定波长的紫外光,此波长称为激发波长,再经聚焦透镜聚集于吸收池上,此时荧光组分被紫外光激发,产生荧光。在与光源垂直的方向上经聚焦透镜将荧光聚焦,再通过发射滤光片,分离出发射波长,并投射到光电倍增管上,荧光强度与组分浓度成正比例。

荧光检测器具有很好的选择性,许多物质,特别是具有对称结构的有机芳环分子受紫外光激发后,能辐射出比紫外光波长较长的荧光,如维生素 B、卟啉类化合物、多环芳烃等,许多生化物质包括某些药物、氨基酸、胺类等化合物都可用荧光检测器检测,其中某些不发射荧光的物质亦可通过化学衍生物转变成能发出荧光的物质而得到检测。荧光检测器的灵敏度比紫外吸收检测器约高两个数量级,因此特别适合于痕量分析。非荧光物质可通过与荧光试剂反应变成荧光物质后检测,扩大了该检测器的应用范围。

4. 示差折光检测器

示差折光检测器(refractive index detector,RID)是一种通用型检测器,是借连续测定流通池中溶液折射率的方法来测定试样浓度的检测器。溶液的折射率是纯溶剂(流动相)和纯溶质(试样)的折射率乘以各物质的浓度之和。因此只要溶有试样的流动相和纯流动相之间折射率有差异,就能进行检测。

示差折光检测器按其工作原理可以分成偏转式和反射式两种类型，现以后者为例作一介绍。反射型示差折光检测器根据 Fresnel 反射定律设计，其结构如图 6-6 所示。光源发出的光束分别投射到测量池和参比池上，其中有一部分入射光在液体和棱镜界面上就被反射出来，而另一部分则穿过液体后被棱镜底部的不锈钢板反射出来，投射到光电管上。由于流经参比池和测量池的液体的折射率不同，因此反射出来的两束光强度就有差别，导致光电管产生信号。

示差折光检测器的通用性好，可以检测的化合物的范围广，但它灵敏度低，主要缺点是它对温度变化很敏感，折射率随环境温度的变化很大，因此检测器的温度控制精度应为 $-10^{-3} \sim 10^{-3}℃$。示差折光检测器不能用于梯度洗脱。

5. 电化学检测器

电化学检测器（electrochemical conductivity detector，ECD）也称电导检测器，是离子色谱法中使用最广泛的检测器。其工作原理是根据物质在某些介质中电离后所产生的电导变化来测定物质含量，所以对于那些无紫外吸收或不能发生荧光，但具有电活性的物质，都可用电化学检测器检测。图 6-7 是这种检测器的结构示意图。它的主要部件是电导池，电导池内的检测探头是由一对平行的铂电极（表面镀铂黑以增加其表面积）组成，将两个电极构成电桥的一个测量臂。图 6-8 是其测量线路图。电桥可用直流电源，也可用高频交流电源。这类检测器的响应受温度的影响较大，因此要求严格控制温度，一般在电导池内放置热敏电阻器进行监测。

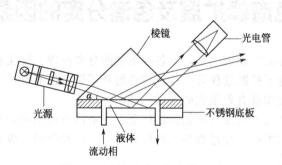

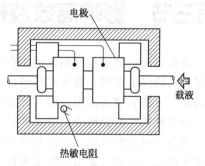

图 6-6　反射型示差折光检测器　　　　图 6-7　电化学检测器结构示意图

目前电化学检测器主要有电导、安培、极谱和库仑四种检测器，许多具有电化学氧化还原性的化合物如氨基等有机物及无机物阴阳离子等可用电化学检测器测定。它在食品添加剂、环境污染、动植物组织中的代谢、生物制品及医药测定中获得了广泛的应用。

6. 蒸发光散射检测器

蒸发光散射检测器（evaporative light scattering detector，ELSD）是一种通用型检测器，是基于不挥发性溶质对光的散射，其响应值与试样质量成正比。其工作原理如图 6-9 所示。色谱柱 1 后的流出物在通向散射室 7 的途中与高流速氮气混合，形成微小均匀的雾状液滴。在加热的蒸发漂移管 3 中，流动相不断蒸发，溶质分子形成悬浮在溶剂蒸气中的小颗粒，被氮气载带进入散射室。在此，溶质颗粒受到由激光光源 5 发射的激光束的照射，其散射光由光电二极管检测器 6 检测产生电信号，电信号的强弱取决于散射室中溶质颗粒的大小与数量。单位时间内通过散射室溶质颗粒的数量与流动相的性质、雾化气体以及流动相的流速有关。当上述条件恒定时，散射光的强度仅取决于被测组分的浓度。

与示差折光检测器相比，蒸发光散射检测器的灵敏度高，响应信号不受溶剂和温度的影响，可用于梯度洗脱，但不宜采用非挥发性缓冲液作流动相。蒸发光散射检测器的响应值与试样质量成正比，所以可以在没有标准品的情况下，采用内标法测定未知物的近似含量。

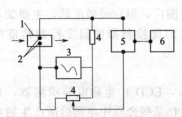

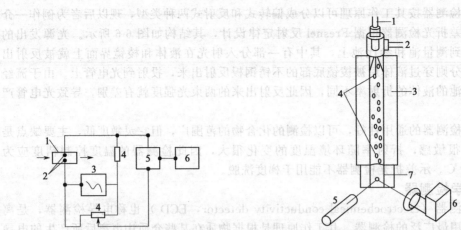

图 6-8   电化学检测器检测线路图   图 6-9   蒸发激光散射检测器工作原理示意图
1—检测器池体；2—电极；3—电源；   1—色谱柱；2—喷雾气体；3—蒸发漂移管；4—试样液滴；
4—电阻；5—相敏检波器；6—记录系统   5—激光光源；6—光二极管检测器；7—散射室

目前，蒸发光散射检测器已广泛用于检测糖类、聚合物、表面活性剂、酯类等无紫外吸收或紫外吸收系数较小的物质。

第三节   影响高效液相色谱峰扩展及色谱分离的因素

高效液相色谱法与气相色谱法在许多方面有相似之处，如各种溶剂的分离原理、溶质在固定相上的保留规律、溶质在色谱柱中的峰形扩散过程等。速率理论解释了引起色谱峰扩张的因素，了解它对色谱实验的实际设计和操作都有着很大的指导意义。

高效液相色谱分析中，当试样以柱塞状或点状注入液相色谱柱后，在液体流动相的带动下实现各个组分的分离，并引起色谱峰形的扩展，此过程与气液色谱的分离过程类似，也符合速率理论方程式（也就是范第姆特方程式）：

$$H = H_E + H_L + H_S + H_{MM} + H_{SM} = A + \frac{B}{u} + Cu \tag{6-1}$$

式中，A 为涡流扩散项（H_E）；B/u 为分子扩散项（H_L）；Cu 为传质阻力项，包括固定相的传质阻力项（H_S）、流动的流动相的传质阻力项（H_{MM}）以及滞留的流动相的传质阻力项（H_{SM}）。

现根据速率理论对色谱峰扩展及色谱分离的影响讨论如下。

1. 涡流扩散项 H_E

$$H_E = 2\lambda d_p \tag{6-2}$$

其含义与气相色谱法的相同。

2. 分子扩散项 H_L

当待测试样以塞状（或点状）进样注入色谱柱后，沿着流动相前进的方向产生扩散，因而引起色谱峰形的扩展，又称纵向扩散。分子扩散项 H_L 与分子在流动相中的扩散系数 D_M 成正比，与流动相的线速度 u 成反比，即

$$H_L = \frac{C_L D_M}{u} \tag{6-3}$$

式中，C_L 为一常数。由于分子在液体中的扩散系数比在气体中要小 4~5 个数量级，因

此在液相色谱法中，当流动相的线速度大于 $0.5\text{cm}\cdot\text{s}^{-1}$ 时，这个纵向扩散项对色谱峰扩展的影响是可以忽略的。

3. 传质阻力项

可分为固定相传质阻力项和流动相传质阻力项。

（1）固定相的传质阻力项 H_S 试样分子从流动相进入到固定液内进行质量交换的传质过程取决于固定液的厚度 d_f，以及试样分子在固定液内的扩散系数 D_S：

$$H_S = \frac{C_S D_f^2}{D_S} u \tag{6-4}$$

式中，C_S 是与容量因子 k' 有关的系数。由上式可见，对由固定相的传质所引起的峰扩展，主要从改善传质，加快溶质分子在固定相上解吸过程着手加以解决。对于液-液分配色谱法，可使用薄的固定相层，而对吸附、排阻和离子交换色谱法，则可使用小的颗粒填料来解决。

（2）流动相传质阻力项 试样分子在流动相的传质过程有两种形式，即在流动的流动相中的传质和滞留的流动相中的传质。

① 流动的流动相中的传质阻力项 H_{MM} 在固定相颗粒间移动的流动相，对处于不同层流的流动相分子具有不同的流速，溶质分子在紧挨颗粒边缘的流动相层流中的移动速度要比在中心层流中的移动速度慢，因而引起峰形扩展。与此同时，也会有些溶质分子从移动快的层流向移动慢的层流扩散（径向扩散），这会使不同层流中的溶质分子的移动速度趋于一致而减少峰形扩散。该因素对塔板高度变化的影响是与线速度 u 和固定相粒度 d_p 的平方成正比，与试样分子在流动相中的扩散系数 D_M 成反比：

$$H_{MM} = \frac{C_{MM} d_p^2}{D_M} u \tag{6-5}$$

式中，C_{MM} 是一常数，是容量因子 k' 的函数，其值取决于柱直径、形状和填充的填料结构。当柱填料规则排布并紧密填充时，C_{MM} 降低。

② 滞留的流动相的传质阻力项 H_{SM} 色谱柱中装填的无定形或球形全多孔固定相，其颗粒内部的孔洞充满了滞留流动相，溶质分子在滞留流动相中的扩散会产生传质阻力。对仅扩散到孔洞中滞留流动相表层的溶质分子，其仅需移动很短的距离，就能很快地返回到颗粒间流动的主流路；而扩散到孔洞中滞留流动相较深处的溶质分子，就会消耗更多的时间停留在孔洞中，当其返回到主流路时必然伴随谱带的扩展。滞留区传质与固定相的结构有关，所以改进固定相能提高液相色谱的柱效。

滞留区传质阻力项 H_{SM} 为

$$H_{SM} = \frac{C_{SM} d_p^2}{D_M} u \tag{6-6}$$

式中，C_{SM} 是一常数，它与颗粒微孔中被流动相所占据部分的分数以及容量因子有关。

由以上讨论可知，影响高效液相色谱柱效的主要因素是传质项，而纵向扩散项的影响可以忽略不计。要提高液相色谱分离的效率，必须提高柱内填料装填的均匀性和减小粒度以加快传质速率。

由式（6-1）可以看出，将 H 对 u 作图，也可绘制出和气相色谱相似的曲线，如图 6-10 所示，曲线的最低点也对应着最低理论塔板高度 H_{min} 和流动相的最佳线速 u_{opt}。但是在 HPLC 中，u_{opt} 的数值比 GC 的要小得多，这表明 HPLC 色谱柱与 GC 的填充柱相

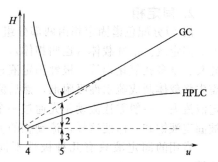

图 6-10 GC 和 HPLC 的典型的 H-u 图
1—B/u；2—Cu；3—A；4—HPLC 的 u 最佳；5—GC 的 u 最佳

比，前者具有更高的柱效。而且，H-u 曲线具有平稳的斜率，这表明采用高的流动相流速时，色谱柱柱效无明显的损失。因此，HPLC 实际应用中可以采用高流速进行快速分析，缩短分析时间。

4. 柱外效应

对于高效液相分析法，除了上述因素影响色谱扩展外，柱外效应也是引起色谱峰形扩展、降低柱效的不利因素。柱外效应（柱外展宽）指由色谱柱以外各种因素引起的色谱峰形扩展的效应。柱外因素可分为柱前和柱后两种因素。

柱前峰展宽主要由进样所引起。液相色谱法进样方式，大都是将试样注入色谱柱顶端滤塞上或注入进样器的液流中。采用这种方式时，由于进样器的死体积，以及进样时液流扰动引起的扩散造成了色谱峰的不对称和展宽。

柱后展宽主要由连接管、检测器流通池体积引起。由于分子在液体中有较低的扩散系数，因此在液相色谱法中，这个因素比在气相色谱法中更为显著。为此，连接管的体积、检测器的死体积应尽可能小。

第四节　高效液相色谱法的主要类型及其分离原理

根据分离机制的不同，高效液相色谱法可分为以下几种类型：液-液分配色谱法及化学键合相色谱法、液-固吸附色谱法、离子对色谱法、离子交换色谱法和空间排阻色谱法等。

一、液-液分配色谱法及化学键合相色谱法

液-液分配色谱法即流动相与固定相都是液体的色谱法，或称为液-液色谱法。

1. 分离原理

在液-液分配色谱中，一个液相作为流动相，另一个液相（即固定液）则分散在很细的惰性载体或硅胶上作为固定相。作为固定相的液相与流动相互不相溶，它们之间有一个界面。固定液对被分离组分是一种很好的溶剂。当被分析的试样进入色谱柱后，各组分按照它们各自的分配系数，很快地在两相间达到分配平衡。即是根据试样组分在两种互不相溶的液体中溶解度的不同而实现分离的。

依据固定相和流动相的相对极性的不同，可把液-液色谱法分为正相液-液色谱与反相液-液色谱法两类。正相液-液色谱法——固定液的极性大于流动相的极性，它对极性强的组分有较大的保留值，常用于分离强极性化合物；反相液-液色谱法——固定液的极性小于流动相的极性，它对于极性弱的组分有较大的保留值，适于分离弱极性的化合物。

2. 固定相

液-液分配色谱固定相由两部分组成，一部分是惰性载体，另一部分是涂渍在惰性载体上的固定液。惰性载体（也叫担体），主要是一些固体吸附剂，如全多孔球形或无定形微粒硅胶、全多孔氧化铝等。极性固定液直接涂渍在亲水的多孔载体上，对于非极性固定液，则需先将载体制成疏水性吸附剂，然后涂渍。固定液易被流动相逐渐溶解而流失，为了防止固定液流失，一般需让流动相先通过一个与分析柱有相同固定液的前置柱，以便让流动相预先被固定液饱和。即便这样，流动相的流速仍不能太高，也不能用梯度洗脱。

常用的固定液只有几种极性不同的物质，如正十八烷、聚乙二醇、聚酰胺、异三十烷等。

3. 流动相

在液-液分配色谱中，除一般要求外，还要求流动相的极性必须与固定液显著不同，这

主要是为了避免固定液溶于流动相中而流失。若用非极性或亲脂性物质为固定相，则应以极性较大的或亲水性溶剂为流动相；若用极性较强的或亲水性物质为固定相，则应以极性较弱的或亲脂性溶剂为流动相。

在正相分配色谱中，使用的流动相类似于液-固色谱中使用极性吸附剂时应用的流动相。此时流动相主体为己烷、庚烷，可加入<20%的极性改性剂，如1-氯丁烷、异丙醚、二氯甲烷、四氢呋喃、氯仿、乙酸乙酯、乙醇、乙腈等。

在反相分配色谱中，使用的流动相类似于液-固色谱中使用非极性吸附剂时应用的流动相。此时流动相的主体为水，可加入一定量的改性剂，如二甲基亚砜、乙二醇、乙腈、甲醇、丙酮、二氧六环、乙醇、四氢呋喃、异丙醇等。

4. 应用

液-液分配色谱法既能分离极性化合物，又能分离非极性化合物，如烷烃、烯烃、芳烃、稠环、甾族等化合物。它适用的试样类型广，最适合同系物组分的分离。但在色谱分离过程中由于固定液在流动相中仍有微量溶解，以及流动相通过色谱柱时机械冲击，固定液会不断流失而导致保留行为的变化、柱效和分离选择性变坏等不良后果。为了更好地解决固定液从载体上流失的问题，将各种不同有机基团通过化学反应共价键合到硅胶（载体）表面的游离羟基上，代替机械涂渍的液体固定相，从而产生了化学键合固定相，为色谱分离开辟了广阔的前景。自20世纪70年代末以来，液相色谱分析工作大多在化学键合固定相上进行的。它能用于正相色谱法、反相色谱法、离子色谱法、离子对色谱法等色谱技术上，特别是反相化学键合相色谱法，因为其操作系统简单，色谱分离过程稳定。加之分离技术灵活多变，已成为高效液相色谱法中应用最广泛的一个分支。

二、液-固吸附色谱法

1. 原理

液-固色谱法的固定相是固体吸附剂，流动相为液体。吸附剂是一些多孔的固体颗粒物质，在它的表面上通常存在吸附点。因此液固吸附色谱是根据物质在固定相上的吸附作用不同来进行分离的。其作用机制是试样分子（X）和溶剂分子（S）对吸附剂活性表面的竞争吸附，其过程可表示为：

$$X_m + nS_a \rightleftharpoons X_a + nS_m$$

式中，X_m 和 X_a 分别为在流动相中的溶质分子和被吸附的溶质分子；S_a 为被吸附在吸附剂表面上的溶剂分子；S_m 为在流动相中的溶剂分子；n 为被吸附的溶剂分子数。溶质分子 X 被吸附，将取代固定相表面上的溶剂分子，这种竞争吸附达到平衡时，有

$$K = \frac{[X_a][S_m]^n}{[X_m][S_a]^n}$$

式中，K 为吸附平衡常数，亦即分配系数。上式表明，K 值大的强极性组分易被吸附，保留值大，难于洗脱，K 值小的弱极性组分难被吸附，保留值小，易于洗脱。

2. 固定相

在液-固高效液相色谱中，常用的液-固色谱固定相是表面多孔和全多孔微粒型硅胶、氧化铝、分子筛（极性）和活性炭（非极性）等。由于硅胶柱具有高的柱效，试样容量大，并具有机械性能较好、不溶胀、不与大多数试样发生化学反应等特点，因此是使用最普遍的一种色谱柱。一般极性弱的试样用活性较高的吸附剂，极性强的试样用活性较低的吸附剂。

3. 流动相

液-固色谱法选择流动相的原则是：极性大的试样需用极性强的洗脱剂，极性弱的试样

宜用极性较弱的洗脱剂。洗脱剂的极性强弱可用溶剂的强度参数 $\varepsilon°$ 表示，$\varepsilon°$ 表示单位面积洗脱剂表面的溶剂吸附能力，$\varepsilon°$ 越大，表示溶剂的极性越强（$\varepsilon°$ 可参阅相关参考书或手册）。常用溶剂的极性顺序排列如下：水（极性最大）、甲酰胺、乙腈、甲醇、乙醇、丙醇、二氧六环、四氢呋喃、丁酮、正丁醇、乙酸乙酯、乙醚、异丙醚、二氯甲烷、氯仿、溴乙烷、苯、氯丙烷、甲苯、四氯化碳、二硫化碳、环己烷、己烷、庚烷、煤油（极性最小）。

4. 应用

在某些情况下，液-固色谱的分离对象与分配色谱可以相互替代，但主要还是互补。一般来说，液-固色谱最适宜分离那些溶解在非极性溶剂中、具有中等相对分子质量且为非离子型的试样。液-固吸附色谱法在分离几何异构体、族分离和制备色谱等方面具有独特的意义。也还可用于分离偶氮燃料、维生素、甾族化合物、多核苷芳烃、油类、极性较小的植物色素等。如图 6-11 所示是用吸附色谱分离氯化噻吩嗪的四种异构体

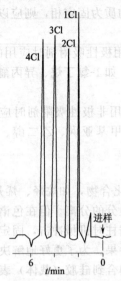

图 6-11 吸附色谱分离氯化噻吩嗪异构体
色谱条件：柱，115mm×4mm；填料，7.5μm 的 Spherisorb 氧化铝；流动相，正己烷-二氧六环（体积分数 50%，50%）；检测器，UV 254nm

的情况。液-固色谱不适于强极性的离子型试样的分离，不适于分离同系物（由于它对相对分子质量的选择性较小）。

三、离子对色谱法

1. 原理

离子对色谱法是将一种或多种与溶质分子电荷相反的离子（称为对离子或反离子）加到流动相或固定相中，使其与溶质离子结合形成疏水型离子对化合物，从而控制溶质离子的保留行为。用于阳离子分离的对离子是烷基磺酸类，如己烷磺酸钠等；用于阴离子分离的对离子是烷基铵类，如氢氧化四丁基铵等。离子对色谱的分离机理有不同假说，现以离子对分配机理来说明。在色谱分离过程中，流动相中待分离的有机离子 X^+（也可以是带负电荷的离子）与固定相或流动相中带相反电荷的对离子 Y^- 结合，形成离子对化合物 X^+Y^-，然后在两相间进行分配：

$$X^+_{水相} + Y^-_{水相} \overset{K_{XY}}{\rightleftharpoons} X^+ \; Y^-_{有机相}$$

K_{XY} 是其平衡常数：

$$K_{XY} = \frac{[X^+ \; Y^-]_{有机相}}{[X^+]_{水相} \; [Y^-]_{水相}} \tag{6-7}$$

根据定义，溶质的分配系数 D_X 为

$$D_X = \frac{[X^+ \; Y^-]_{有机相}}{[X^+]_{水相}} = K_{XY} \; [Y^-]_{水相} \tag{6-8}$$

这表明，分配系数与水相中对离子 Y^- 的浓度有关。

根据流动相和固定相的性质，离子对色谱法可分为正相离子对色谱法和反相离子对色谱法。在反相离子对色谱法中，采用非极性的疏水固定相，含有对离子 Y^- 的甲醇-水溶液作为极性流动相。试样离子 X^+ 进入柱内以后，与对离子 Y^- 生成疏水性离子对 X^+Y^-，后者在

疏水性固定相表面分配或吸附。此时待分离组分 X^+ 在两相中的分配系数符合式（6-8）。

2. 应用

离子对色谱法，特别是反相离子对色谱法解决了以往难分离混合物的分离问题，如酸、碱和离子、非离子的混合物，特别是一些生化试样如核苷、生物碱、核酸等的分离。另外，还可借助离子对的生成给试样引入紫外吸收或发荧光的基团，以提高检测的灵敏度。

四、离子交换色谱法

1. 原理

离子交换色谱法是基于离子交换树脂上可解离的离子与流动相中具有相同电荷的溶质离子进行可逆交换，根据这些离子对交换剂具有不同的亲和力而将它们分离。凡是在溶剂中能够解离的物质通常都可以用离子交换色谱法来进行分离。离子交换树脂的交换机理如下：

阳离子交换 $\qquad R^- Y^+ + X^+ \rightleftharpoons Y^+ + R^- X^+$

阴离子交换 $\qquad R^+ Y^- + X^- \rightleftharpoons Y^- + R^+ X^-$

式中，X 为待分离的组分离子；Y 为流动相离子；R 为离子交换树脂上带电离子部分。

组分离子与流动相离子争夺离子交换树脂上的离子。组分离子对树脂的亲和力越大即交换能力越大，越易交换到树脂上，保留时间就越长；反之，亲和力小的组分离子，保留时间就越短。

2. 固定相

离子交换色谱法中所用固定相通常有两种类型。一种是薄膜型离子交换树脂，常用的为薄壳型离子交换树脂，即以薄壳珠为载体，在它的表面涂约 1% 的离子交换树脂而成。另一种是离子交换键合固定相，是用化学反应将离子交换基团键合在惰性载体表面。它也分为两种形式：一种是键合薄壳型，载体是薄壳珠；另一种是键合微粒载体型离子交换树脂，它的载体是微粒硅胶。后者是近年来出现的新型离子交换树脂，它具有键合薄壳型离子交换树脂的优点，室温下即可分离，柱效高，且试样容量较前者大。

根据离子交换基团性质，离子交换剂可分为阳离子交换剂和阴离子交换剂。阳离子交换剂又可分为强酸性和弱酸性两类，前者的可交换基团为 $-SO_3H$，后者的为 $-COOH$。阴离子交换剂又可分为强碱性和弱碱性两类，前者的可交换基团为 $-N(CH_3)_3Cl$，后者的为 $-NH_2$。常用的离子交换剂为磺酸型（RSO_3H）和季铵盐 $[RN(CH_3)_3Cl]$。

常用的离子交换色谱固定相见表 6-1。由于强碱或强酸性离子交换剂比弱碱、弱酸型交换剂使用的 pH 范围更广，可分离许多不同类型的化合物，若采用 pH 梯度洗脱则更能改进分离。但是，强烈滞留的化合物，且又不能承受强酸或强碱的剧烈条件，则可在弱碱或弱酸型的离子交换剂上更易洗脱。

表 6-1　常用离子交换色谱固定相

类型	基团	粒度/μm	酸碱强度	型　　号
	$-SO_3$	10	强酸	Partisil-10-SCX（硅胶基）
	$-SO_3$	5，10	强酸	Nucleosdsa（硅胶基）
	$-SO_3$	6～8	强酸	ZorbaxSCX（硅胶基）
全多孔	$-SO_3$	130±2	强酸	AminexAScriesA5（树脂基）
（阳离子）	$-NMe^+$	5，10	强碱	NueleosilSB（硅胶基）
全多孔	$-NR_3^+$	7	强碱	ZorbaxSAX（硅胶基）
（阴离子）	$-NR_3^+$	7±1	强碱	AminexAScriesA29（树脂基）
	$-NR_3^+$	10	强碱	Partisil-10-SAX（硅胶基）

3. 流动相

离子交换色谱一般采用水的缓冲液作流动相。水是一种理想的溶剂，以水溶液为流动相时可通过改变流动相的 pH、缓冲液的类型、离子强度以及加入少量有机溶剂、配位剂等方式来改变交换剂的选择性，使待测试样得到较好的分离。

4. 应用

离子交换色谱不仅广泛地应用于有机物质，而且广泛地应用于生物物质的分离，如氨基酸、核酸、蛋白质、药物及它们的代谢物、维生素的混合物、食品防腐剂、血清等的分离。

五、空间排阻色谱法

空间排阻色谱又称凝胶色谱，以凝胶为固定相，它的分离机理与其他色谱法完全不同。它类似于分子筛的作用，但凝胶的孔径比分子筛要大得多，一般为数纳米到数百纳米。试样分子与固定相之间不存在相互作用，色谱固定相是多孔性凝胶，仅允许直径小于孔径的组分进入，这些孔对于溶剂分子来说是相当大的，以致溶剂分子可以自由地扩散出入。当被分析的试样随着淋洗溶剂进入柱子后（如图 6-12 所示），溶质分子即向填料内部孔洞扩散。试样中的大分子不能进入凝胶孔洞而完全被排阻，只能沿多孔凝胶粒子之间的空隙通过色谱柱，首先从柱中被流动相洗脱出来；中等大小的分子能进入凝胶中一些适当的孔洞中，但不能进入更小的微孔，在柱中受到滞留，较慢地从色谱柱洗脱出来；小分子可进入凝胶中绝大部分孔洞，在柱中受到更强的滞留，会更慢地被洗脱出；溶解样品的溶剂分子，其相对分子质量最小，可进入凝胶的所有孔洞，最后从柱中流出，从而实现具有不同分子大小试样的完全分离。

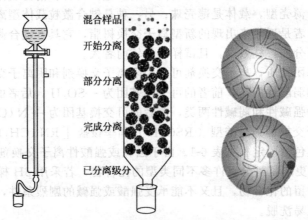

混合样品

开始分离

部分分离

完成分离

已分离级分

图 6-12　凝胶渗透色谱分离机理

空间排阻色谱法所使用的固定相按交联度和含水量分为软质、半硬质和硬质凝胶三种。所谓凝胶是含有大量液体的柔软而富于弹性的物质，是一种经过交联而具有立体网状结构的多聚体。软质凝胶如葡聚糖凝胶、琼脂凝胶等，适用于水为流动相。交联度小的空隙大，吸水膨胀度大，适用于相对分子质量大的物质的分离；反之适用于相对分子质量小的物质的分离，它不能承受压力。半硬质凝胶如苯乙烯-二乙烯基苯交联共聚凝胶是应用最多的有机凝胶，适用于非极性有机溶剂，不能用于丙酮、乙醇类极性溶剂，同时，由于不同溶剂其溶胀因子各不相同，故不能随意更换溶剂，能耐较高压力，流速不宜大。

硬质凝胶如多孔玻璃珠、多孔硅胶等，可控孔径玻璃珠是近年来受到重视的一种固定相。它具有恒定的孔径和较窄的粒度分布，因此色谱柱易于填充均匀，对流动相溶剂体系、压力、流速、pH 或离子强度等影响较小，适用于较高流速下操作。

在空间排阻色谱法中对流动相的要求不是为了控制分离，而是要求其黏度低，对试样的溶解性好。

空间排阻色谱适用于对未知试样的探索分离，它能很快提供试样按分子大小组成的全面情况，并迅速判断样品是简单的还是复杂的混合物，并提供试样中各组分的近似相对分子质量。其主要应用于测量聚合物相对分子质量及其分布；聚合物的支化度、共聚物及共混物的组成；聚合物分级及其结构分析；高聚物中微量添加剂的分析等；测定高聚物的绝对相对分子质量（多角度激光光散射）。这种分离方法不宜用于分子大小组成相似或分子大小仅差 10% 的组分分析，如同分异构体的分离不宜用空间排阻色谱法。

六、离子色谱法

离子色谱法是在离子交换色谱法的基础上于 20 世纪 70 年代中期发展起来的液相色谱法，并快速发展成为水溶液中阴离子分析的最佳方法。该方法利用离子交换树脂为固定相，电解质溶液为流动相。常以电导检测器为通用检测器，并设置了抑制柱来消除流动相中强电解质背景离子对电导检测器的干扰。即离子色谱法是用电导检测器对阳离子和阴离子混合物作常量和痕量分析的色谱法，分析时在分离柱后串接一根抑制柱，来抑制流动相中的电解质的背景电导率。典型的双柱型离子色谱仪的流程示意图如 6-13 所示。试样组分在分离柱和抑制柱上的反应原理与离子交换色谱法相同。

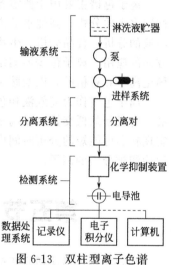

图 6-13　双柱型离子色谱仪流程图

以阴离子交换树脂（R—OH）作固定相，分离阴离子（如 Br^-）为例。当待测阴离子 Br^- 随流动相（NaOH）进入色谱柱时，发生如下交换反应（洗脱反应为交换反应的逆过程）：

$$R—OH + Na^+Br^- \longrightarrow R—Br^- + Na^+OH^-$$

式中，R 代表离子交换树脂。在阴离子分离中，最简单的洗脱液是氢氧化钠，洗脱过程中 OH^- 从分离柱的阴离子位置置换待测阴离子 Br^-。当待测阴离子从柱中被洗脱下来进入电导池时，要求能检测出洗脱液中电导的改变。但洗脱液中 OH^- 的浓度要比试样阴离子浓度大得多才能使分离柱正常工作。因此，与洗脱液的电导值相比，由于试样离子进入洗脱液而引起电导的改变就非常小，其结果是用电导检测器直接测定试样中阴离子的灵敏度极差。若使分离柱流出的洗脱液通过填充有高容量 H^+ 型阳离子交换树脂的抑制柱，则在抑制柱上将发生两个非常重要的交换反应：

$$R—H^+ + Na^+OH^- \longrightarrow R—Na^+ + H_2O$$
$$R—H^+ + Na^+Br^- \longrightarrow R—Na^+ + H^+Br^-$$

由此可见，从抑制柱流出的洗脱液中，洗脱液（NaOH）已被转变成电导值很小的水，消除了本底电导的影响。试样阴离子则被转变成其相应的酸，又因为 H^+ 的离子淌度是 Na^+ 的 7 倍，这就大大提高了所测阴离子的检测灵敏度。

在阳离子分析中，也有相似的反应。此时以阳离子交换树脂作分离柱，一般用无机酸为洗脱液，洗脱液进入阳离子交换柱洗脱分离阳离子后，进入填充有 OH^- 型高容量阴离子交换树脂的抑制柱，将酸（洗脱液）转变为水。

$$R—OH^- + H^+Cl^- \longrightarrow R—Cl^- + H_2O$$

同时，将试样阳离子 M^+ 转变成其相应的碱：

$$R—OH^- + M^+Cl^- \longrightarrow R—Cl^- + M^+OH^-$$

　　因此抑制反应不仅降低了洗脱液的电导，而且由于 OH^- 的离子淌度为 Cl^- 的 2.6 倍，从而提高了所测阳离子的检测灵敏度。

　　上述这种使用一根离子交换柱作为分离样品用，另一根是抑制柱，用于除去大部分洗脱液中的离子，以便在检测时能消除移动相离子的干扰的方法称为双柱型离子色谱法也称为化学抑制型离子色谱法。

　　1979 年 D. T. 耶尔德、J. S. 弗里茨和 G. 施穆克尔斯介绍了不用抑制柱的单柱法，从分离柱流出的液体直接进入检测器，由于不需要特殊的抑制柱，并且可以使用常规的液相色谱仪器，所以单柱法发展最快。例如选用低电导的洗脱液（流动相）（$1 \times 10^{-4} \sim 5 \times 10^{-4} \, mol \cdot L^{-1}$）的苯甲酸盐或邻苯二甲酸盐等稀溶液，不仅能有效地分离、洗脱分离柱上的各个阴离子，而且背景电导较低，能显示试样中痕量 F^-、Cl^-、NO_3^-、SO_4^{2-} 等阴离子的电导信号。阳离子可选用稀硝酸、乙二胺硝酸盐稀溶液等作为洗脱液。洗脱液的选择是单柱法中最重要的问题，除与分析的灵敏度及检测限有关外，还决定能否将试样组分分离。

　　离子色谱主要用于测定各种离子的含量，特别适于测定水溶液中低浓度的阴离子，例如饮用水水质分析，高纯水的离子分析，矿泉水、雨水、各种废水和电厂水的分析，纸浆和漂白液的分析，食品分析，生物体液（尿和血等）中的离子测定，以及钢铁工业、环境保护等方面的应用。离子色谱能测定下列类型的离子：有机阴离子、碱金属、碱土金属、重金属、稀土离子和有机酸，以及胺和铵盐等。

　　离子色谱作为高效液相色谱的一个新的发展，只有十几年的历史，今后在选择新的洗脱液，合成新的低交换容量离子交换树脂和高灵敏度的检测器方面有很广阔的发展前景，以便实现在尽可能短的分析时间内能分离含有多种阴离子（或阳离子）的混合物，并能高度灵敏地检测被分离的离子。

第五节　高效液相色谱法的应用

　　高效液相色谱法适宜于分离分析沸点高、相对分子质量大、热稳定性差的物质和生物活性物质，因而已应用于核酸、肽类、内酯、稠环烃、高聚物、药物、人体代谢产物、生物大分子、表面活性剂、抗氧化剂等的分析中，在生物化学和生物工程研究、制药工业研究和生产、食品工业分析、环境监测、石油化工产品分析等领域获得广泛的应用。

一、在生物化学和生物工程中的应用

　　当前随着生命科学和生物工程技术的迅速发展，人们对氨基酸、多肽、蛋白质及核碱、核苷、核苷酸、核酸（核糖核酸 RNA、脱氧核糖核酸 DNA）等生物分子的研究兴趣日益增加。这些生物活性分子是人类生命延续过程必须摄取的成分，也是生物化学、生化制药、生物工程中进行蛋白质纯化、DNA 重组与修复、RNA 转录等技术中的重要研究对象，因此涉及它们的分离、分析问题也日益重要。

　　高效液相色谱法中的反相色谱法、空间排阻色谱法和离子对色谱法都可用于上述多种生物分子的分离和分析。HPLC 技术在生化领域的应用主要集中于两个方面：①相对分子质量较低的物质，如氨基酸、有机酸、有机胺、类固醇、卟啉、糖类、维生素等的分离和测定；②相对分子质量较高物质，如多肽、核糖核酸、蛋白质和酶（胰岛素、激素、细胞色素、干扰素等）的纯化、分离和测定。

二、在医药研究中的应用

　　高效液相色谱法由于具有高选择性、高灵敏度等特点，已成为医药研究的有力工具。如人工合成药物的纯化及成分的定性、定量测定，中草药有效成分的分离、制备及纯度测定，临床医药研究中人体血液和体液中药物浓度、药物代谢物的测定，新型高效手性药物中手性对映体含量的测定等，所有这一切都需用到高效液相色谱的不同测定方法予以解决。

三、在食品分析中的应用

　　食品是人类生活中的必需品，是人类生命活动能量的来源。食品种类繁多，各种食品有不同的特性和营养成分，它所包含的糖、有机酸、维生素、蛋白质、氨基酸、脂肪等直接关系人体的健康。在食品生产过程，往往需添加防腐剂、抗氧化剂、人工合成色素、甜味剂、保鲜剂等化学物质，它们的含量过高就会危害人体健康。此外由于环境污染也会使食品沾污有害的微量元素、农药残留、黄曲霉素等，因此食品分析的重要性日益受到人们的关注。近年来高效液相色谱分析法在食品分析中的应用日益增多，它比化学分析法操作简便、快速，并能提供更多的有用信息。主要应用于：①食品营养成分分析　蛋白质、氨基酸、糖类、色素、维生素、香料、有机酸（邻苯二甲酸、柠檬酸、苹果酸等）、有机胺、矿物质等；②食品添加剂分析　甜味剂、防腐剂、着色剂（合成色素如柠檬黄、苋菜红、靛蓝、胭脂红、日落黄、亮蓝等）、抗氧化剂等；③食品污染物分析　霉菌毒素（黄曲霉毒素、黄杆菌毒素、大肠杆菌毒素等）、微量元素、多环芳烃等。

四、在环境污染分析中的应用

　　高效液相色谱法适用于对环境中存在的高沸点有机污染物的分析，如大气、水、土壤和食品中存在的多环芳烃、多氯联苯、有机氯农药、有机磷农药、氨基甲酸酯农药、含氮除草剂、苯氧基酸除草剂、酚类、胺类、黄曲霉素、亚硝胺等。主要应用于多环芳烃的检测（有机燃料未完全燃烧产生）；多氯联苯（PCB）的检测；农药残留的检测（有机磷，氯，除草剂等）及酚类和胺类的检测（化工、燃料、制药等产生的工业废水）等领域。

五、在精细化工分析中的应用

　　在精细化工生产中使用的具有较高分子量和较高沸点的有机化合物，如高碳数脂肪族或芳香族的醇、醛和酮、醚、酸、酯等化工原料，以及各种表面活性剂、药物、农药、染料、炸药等工业产品，都可使用高效液相色谱法进行分析，如醇、醛和酮、醚的分离分析；酸和酯的分离分析；表面活性剂的分析及聚合物的分析研究。

❓ 思考题与习题

1. 高效液相色谱仪一般分为几部分？
2. 高效液相色谱仪高压输液泵应具备什么性能？
3. 在液相色谱中，提高柱效的途径有哪些？其中最有效的途径是什么？
4. 选择流动相应注意什么？
5. 高效液相色谱选择检测器应注意什么？
6. 简述高效液相色谱法和气相色谱法的主要异同点。

7. 何谓化学键合相？常用的化学键合相有哪几种类型？分别用于哪些液相色谱法中？

8. 什么叫正相色谱？什么叫反相色谱？各适用于分离哪些化合物？

9. 简述反相键合相色谱法的分离机制。

10. 离子色谱法的原理及应用范围？

11. 在高效液相色谱法中流动相使用前为什么要脱气？

12. 基线不稳、上下波动或漂移的原因是什么？如何解决？

13. 欲测定二甲苯的混合试样中的对二甲苯的含量。称取该试样 110.0mg，加入对二甲苯的对照品 30.0mg，用反相色谱法测定。加入对照品前后的色谱峰面积（mm²）值为：对二甲苯 $A_{对}=40.0$，$A'_{对}=104.2$；间二甲苯 $A_{间}=141.8$，$A'_{间}=156.2$。试计算对二甲苯的含量。

14. 测定黄芩颗粒中的黄芩素的含量，实验方法同第 13 题。测得对照品溶液（$5.98\mu g \cdot mL^{-1}$）和供试品溶液的峰面积分别为：706436 和 458932，求黄芩颗粒中黄芩素的含量。

15. 测定生物碱试样中黄连碱和小檗碱的含量，称取内标物、黄连碱和小檗碱对照品各 0.2000g 配成混合溶液，测得峰面积分别为 3.60cm²、3.43cm² 和 4.04cm²。称取 0.2400g 内标物和试样 0.8560g 同法配制成溶液后，在相同色谱条件下测得峰面积分别为 4.16cm²、3.71cm² 和 4.54cm²。计算试样中黄连碱和小檗碱的含量。

参 考 文 献

[1] 于世林. 高效液相色谱方法及应用. 第 2 版. 北京：化学工业出版社，2005.

[2] 方慧群，于俊生，史坚. 仪器分析. 北京：科学出版社，2002.

[3] 武汉大学. 分析化学. 第 4 版. 北京：高等教育出版社，2000.

第七章

Chapter 07

原子发射光谱法

本章提要

原子发射光谱法是根据处于激发态的待测元素原子回到基态时发射的特征谱线对待测元素进行定性、定量分析的方法。本章主要介绍原子发射光谱法基本原理及特点；原子发射光谱仪的组成。要求了解典型的激发光源，熟悉原子发射光谱分析原理、流程和特点，能根据不同要求选择合适的分析谱线，熟悉原子发射光谱分析的一般原则及定量分析方法，了解原子发射光谱分析法的基本应用。

第一节　光学分析法概述

光学分析是一类重要的仪器分析法。它主要是根据物质发射、吸收电磁辐射以及物质与电磁辐射的相互作用来进行分析的分析方法。电磁辐射（电磁波）按其波长可分为不同区域。

γ射线 5～140pm

X射线 0.01～10nm

光学区 10nm～100μm

其中：

远紫外区 10～200nm

近紫外区 200～380nm

可见区 380～780nm

近红外区 0.78～2.5μm

中红外区 2.5～50μm

远红外区 50～1000μm

微波 1mm～1m

无线电波＞1m

所有这些波长区域，在光学分析中都可涉及，因而光学分析的方法是很多的，但通常可分为两大类。

1. 光谱分析方法

基于测量辐射的波长及强度。在这类方法中通常需要测定试样的光谱，而这些光谱是由物质的原子或分子的特定能级的跃迁所产生的，因此根据其特征光谱的波长可进行定性分析。而光谱的强度与物质的含量有关，故可进行定量分析。常见的比色分析就是在可见光区测定物质对光的吸收强度来进行定量分析的方法。

根据电磁辐射的本质，光谱分析方法可分为分子光谱和原子光谱。

根据辐射能量传递的方式，光谱分析方法又可分为发射光谱法、吸收光谱法、荧光光谱法和拉曼光谱法等。

2. 非光谱方法

基于测量物质与电磁辐射相互作用时引起的电磁辐射的物理变化。非光谱方法不涉及能级的跃迁，而是利用电磁辐射与物质的相互作用引起电磁辐射在方向上的改变或物理性质的变化，如折射、反射、色散、散射、干涉、衍射及偏振等，通过测定这些变化进行分析的一类方法，例如比浊法、X 射线衍射等。

第二节　原子发射光谱法

原子发射光谱法（Atomic Emission Spectrometry，AES）是根据处于激发态的待测元素原子回到基态时发射的特征谱线对待测元素进行分析的方法。用适当的方法（火焰、电弧、火花或等离子体）提供能量，使试样蒸发、汽化并激发发光，发射的光经棱镜或光栅分光后，得到按波长顺序排列的原子光谱。测定原子发射光谱线的波长及强度，确定元素的种类及其浓度的方法称为原子发射光谱分析法。原子发射光谱法是一种成分分析方法，可对约70 种元素（金属元素及磷、硅、砷、碳、硼等非金属元素）进行分析。这种方法常用于定性、半定量和定量分析。在地质、冶金、机械、环境、材料、能源、生命及医学领域得到广泛应用。

一、原子发射光谱法基本原理

原子发射光谱法是根据原子所发射的光谱来测定物质的化学组分的。原子是由一个结构紧密的原子核和核外不断运动的电子组成。每个电子处在一定的能级上，具有一定的能量。正常情况下，原子处于稳定状态，它的能量是最低的，这种状态称为基态。但当受到外界能量（如热能、电能等）的作用时，与高速运动的气态粒子和电子相互碰撞而获得了能量，使原子中外层的电子从基态跃迁到更高能级上，处在这种状态的原子称为激发态。这种将原子中的一个外层电子从基态跃迁至激发态所需要的能量称为激发能。

由最低能级激发态向基态跃迁所发射的谱线称为第一共振线或主共振线。主共振线具有最小的激发能，因此最容易被激发，为该元素最强的谱线。当外加的能量足够大时，可以把原子中的电子从基态跃迁至无限远处，也即脱离原子核的束缚力，使原子成为离子，这种过程称为电离。原子失去一个外层电子成为离子时所需要的能量称为第一电离能。当外加的能量更大时，离子还可以进一步电离成二级离子（失去两个外层电子）和三级离子（失去三个外层电子），并具有相应的电离能。这些离子中的外层电子也能被激发，其所需要的能量即为相应离子的激发能。

处于激发态的原子或离子是十分不稳定的，在极短的时间内（约 10^{-8} s）便会跃迁至基态或其他较低能级上。当原子从较高能级跃迁到基态或其他较低的能级的过程中，将以一定波长的电磁波形式辐射出多余的能量，其辐射的能量可用下式表示：

$$\Delta E = E_i - E_j = h\nu = \frac{hc}{\lambda} \tag{7-1}$$

式中，E_i，E_j 分别为高能级、低能级的能量，通常以电子伏特（eV）为单位；h 为普朗克常量（6.6256×10^{-34} J·s）；ν 及 λ 分别为所发射电磁波的频率和波长；c 为光在真空中的速率，等于 2.997×10^{10} cm·s^{-1}。

从式（7-1）可见，每一条所发射的谱线的波长，取决于跃迁前后两个能级的能量差。由于原子的能级很多，原子在被激发后，其外层电子可有不同的跃迁，但这些跃迁应遵循一定的规则（即"光谱选律"），因此对特定元素的原子可产生一系列不同波长的特征光谱线，这些谱线按一定的顺序排列，并保持一定的强度比例。原子的各个能级是不连续的（量子化），电子的跃迁也是不连续的，这就是原子光谱是线状光谱的根本原因。

由于原子核外电子的能级很多，原子被激发后，其外层电子可有不同的跃迁，因此对特定元素的原子可产生一系列不同波长的特征光谱线。根据某元素的原子或离子特征谱线是否出现，可以鉴定该元素是否存在，即可以进行光谱定性分析；而这些光谱线的强度又与试样中该元素的含量有关，因此又可以根据元素特征谱线的强度确定该元素的含量，即可以进行光谱定量分析。这就是原子发射光谱分析的基本依据。

二、谱线强度

谱线强度不但取决于分析物的浓度，而且与原子和离子的固有属性，如跃迁概率、辐射频率、激发电位以及激发态与基态的统计权重等有关。此外，光源温度以及与之有关的蒸发速率、停留时间、离解常数和电离常数均对谱线强度产生影响。

设 i、j 两能级之间的跃迁所产生的谱线强度（I_{ij}）表示为：

$$I_{ij} = N_i A_{ij} h \nu_{ij} \tag{7-2}$$

式中，N_i 为单位体积内处于高能级 i 的原子数；A_{ij} 为两个能级间的跃迁概率；ν_{ij} 为发射谱线的频率。

激发态和基态的原子数目遵循统计力学中 Maxwell-Boltaman 分布定律：

$$N_i = N_0 \frac{g_i}{g_0} e^{\left(-\frac{E_i}{kT}\right)} \tag{7-3}$$

式中，N_i 为单位体积内处于激发态的原子数；N_0 为处于基态的原子数；g_i、g_0 为激发态和基态的统计权重，也称激发态和基态能级的简并度；E_i 为激发态的激发能；k 为 Boltzman 常数，其值为 $1.38 \times 10^{-23} \mathrm{J \cdot K^{-1}}$；$T$ 为激发温度，用热力学温度表示。

把式（7-3）代入式（7-2）得到下式：

$$I_{ij} = \frac{g_i}{g_0} A_{ij} h \nu_{ij} N_0 e^{-\frac{E_i}{kT}} \tag{7-4}$$

从式（7-4）可看出谱线强度与下列因素有关。

（1）激发电位　谱线强度与激发能量的关系呈负指数关系，激发能量愈大，谱线强度就愈小。这是由于随着激发能的增高，处于该激发态的原子数迅速减少。实验证明，绝大多数激发能较低的谱线都比较强，激发能最低的第一共振线往往是最强线。

（2）跃迁概率　谱线强度与跃迁概率成正比。跃迁概率可通过实验数据计算得到，对于遵循选择定则的那些跃迁，A_{ij} 的数值是 $10^6 \sim 10^9 \mathrm{s^{-1}}$，一般情况下，跃迁概率等于激发态寿命的倒数。

（3）统计权重　谱线强度与激发态、基态统计权重的比值 $\dfrac{g_i}{g_0}$ 成正比。

（4）激发温度　激发温度升高，体系的运动能增大，有利于原子激发，因此谱线强度增大。但是，温度太高，体系中被电离的原子数目将增多，中性原子数目减少，导致谱线强度减弱。所以，提高谱线强度不能单纯靠提高激发源的温度来实现。

如图 7-1 所示为某些元素谱线强度和温度的关系曲线图。曲线表明，各元素有其最合适的激发温度，在此温度下，谱线强度最大；高于该温度，谱线强度反而减小。

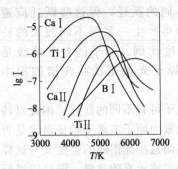

图 7-1　谱线强度与温度的关系
Ⅰ—原子线；Ⅱ—离子线

（5）基态原子数　谱线强度与基态原子数目 N_0 成正比，而 N_0 是由元素的浓度（c）决定的，在一定条件下 $N_0 \propto c$，在激发能和激发温度一定时，式（7-4）中的其他各项均为常数项，合并及简化后，可得出谱线强度 I 与试样中元素浓度 c 的关系式为：

$$I = ac \tag{7-5}$$

式中，a 为与谱线性质、试验条件有关的常数。上式表明，在一定分析条件下，谱线强度与元素的浓度成正比；但在浓度较大时，将发生自吸现象，上式应修正为：

$$I = ac^b \quad 或 \quad \lg I = b \lg c + \lg a \tag{7-6}$$

式中，b 是由自吸现象决定的常数。在浓度较低时，自吸现象可忽略，b 值接近 1。式（7-6）是原子发射光谱定量分析的依据。

三、谱线的自吸与自蚀

原子获得一定能量后被激发，发射某一波长的谱线，被处于基态的同类原子吸收的现象称为自吸。

以电弧为激发源的原子发射光谱分析中，待测元素在激发源产生的弧焰高温中蒸发为气态原子，然后被激发发生跃迁从而发射光谱线。弧焰具有一定的厚度（如图 7-2 所示），弧焰中心（a）温度最高，边缘（b）温度较低。弧焰中心发射出来的辐射光必须通过整个弧层射出。由于边缘的温度较低，因而处于基态的原子较多，这些低能态的原子能够吸收同类高能态原子发射出来的光。自吸既影响谱线形状，又影响谱线强度。

自吸对谱线强度的影响可用朗伯-比尔定律描述：

$$I = I_0 e^{-ad} \tag{7-7}$$

式中，I 为射出弧层的谱线强度；I_0 为弧焰中心发射的谱线强度；a 为吸收系数（与基态原子数目有关）；d 为弧层厚度。

可见，弧层越厚，弧焰中被测元素的原子浓度越大，则自吸现象越严重，使谱线强度减弱的程度越大。

自吸现象对谱线形状的影响如图 7-3 所示。当自吸严重时，谱线中心的辐射几乎完全被吸收了，看起来似乎是两条谱线，这一现象称为自蚀。

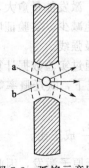

图 7-2　弧焰示意图

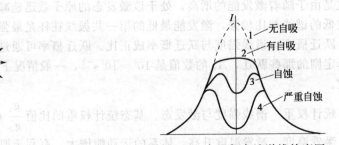

图 7-3　自吸与自蚀谱线轮廓图

由于自吸现象严重影响谱线强度，因此在光谱定量分析中，自吸和自蚀是必须注意的问题。

四、原子发射光谱的特点

原子发射光谱分析法在发现新元素和推动原子结构理论的建立方面做出重要贡献，在各种无机材料的定性、半定量及定量分析方面也发挥着重要作用。近 20 多年来，由于新型光源、色散仪及检测技术的飞速发展，原子发射光谱分析法得到更广泛的应用。摄谱法现在仍有相当应用，可以同时记录一定波长范围内的所有元素光谱，如地质部门从事大批试样的多元素定性、半定量分析，冶金部门进行的钢材成品分析等。随着等离子体光源的推广应用，光电直读法逐渐普及，广泛应用于材料科学、环境科学、生命科学及原子能工业、半导体工业的超纯材料分析中。

原子发射光谱分析法有如下突出特点。

（1）灵敏度高 在一般情况下适用于低含量元素的测定，对于电弧和火花光谱分析，大多数元素的检出限为 $0.1\sim1\mu g\cdot g^{-1}$；对于 ICP 光谱分析，大多数元素的检出限为 $10^{-3}\sim10^{-5}\mu g\cdot mL^{-1}$。

（2）精密度高、线性范围大 对于电弧和火花光谱分析，精密度在 $\pm10\%$ 左右，线性范围约 2 个数量级；对于 ICP 光电直读光谱分析，精密度为 $\pm1\%$ 左右，线性范围可达 6 个数量级，显然，可有效地用于高、中、低含量的元素测定。

（3）选择性好 由于每一种元素都有其特征谱线，总有可供选用的分析线，只要选择合适的工作条件，便可直接进行光谱分析。目前该分析方法可测定 70 多种元素。

（4）分析效率高 原子发射光谱分析一般不必把待测元素从基体中分离出来，所用试样量少，在较短时间内可测定大批试样，多通道光谱仪可以进行多元素同时测定，所以分析工作的效率高。

（5）分析速度快 利用光电直读光谱仪，可在几分钟内同时对几十种元素进行定量分析。分析试样不需经化学处理，固体、液体样品都可直接测定。

（6）试样消耗少 原子发射光谱法原子发射光谱分析法也有些缺点：①该法仍然是一种相对分析方法，配制一套标准试样要求极高，对于复杂基体的标样制备更困难；②原子发射光谱法只能用于元素分析，不能确定这些元素在试样中存在的化合物状态和结构；③摄谱法的准确度不高；④光谱仪器价格比较昂贵，ICP 光谱分析仪运转费用高，普及推广较困难。

第三节 原子发射光谱仪

一、光源

光源的作用是提供试样蒸发、激发所需要的能量，使之产生光谱。光源对于光谱分析的检出限、精密度和准确度均有较大影响。用于环境试样分析的光源主要有火焰、直流电弧、交流电弧、高压火花和电感耦合等离子体。

1. 火焰

光焰发射光谱法是利用火焰做激发光源，利用可燃气体在燃烧过程中所产生的热能使样品蒸发并分解为基态原子，火焰的热能使原子外层电子激发至高能态，从激发态返回至基态时发射出原子光谱的谱线强度来对待测物质含量进行测定的方法。火焰发射光谱法属于最简单形式的原子发射光谱法，又称为火焰光度法。整个火焰分为内焰和外焰两个区域，由于内焰中的气体没有完全燃烧，故温度较低，外焰的温度较高。分析时应用外焰的中间部分。火焰的温度取决于燃气和助燃气（氧化剂）的种类、流量和两者的比例、火焰燃烧器的类型。目前火焰光度法多采用汽油、石油醚或煤气作燃气，空气作助燃气，火焰温度小于 2000K，属于低温火焰。

火焰光源与电弧、火花和 ICP 相比较，火焰的温度比较低，激发的能量较小，只能激发具有低激发能态的元素的原子。如果采用低于 2000K 的低温火焰，仅能测定碱金属，但是与电激发原子发射光谱法相比较，火焰光度法的稳定性较高，光谱简单易分析，设备的价格低廉。在应用上，用其他方法测定钠、钾较为困难，而以火焰光度法测定既快速简便，仪器又较简单、便宜。因此，此法在一些试样（如玻璃、硅酸盐、血浆等）的分析中得到了广泛的应用，在农业上常用来测定钾、钠等元素的含量。

2. 直流电弧

（1）工作原理　直流电弧的线路图如图 7-4 所示。利用直流电（E 是直流电源）作为激发能源，常用电压为 220～380V，电流 5～30A。可变电阻（又称镇流电阻）用以稳定和调节电流的大小，电感（有铁芯）用来减小电流的波动。G 为分析间隙，上、下是两个电极（一般用碳电极），样品通常放在下电极的凹孔中，电极之间是空气，处于大气压力下。由于直流电不能击穿两极，故应先行点燃电弧，为此可使分析间隙的两电极接触或用某种导体接触两电极使之通电。这时，电极尖端被烧热，点燃电弧，随后使两电极相距 4～6mm，就得到了电弧光源。此时从炽热的阴极尖端射出的热电子流，以很大

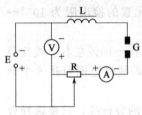

图 7-4　直流电弧发生器

的速率通过分析间隙而奔向阳极，当冲击阳极时，产生高热，使试样物质由电极表面蒸发成蒸气，蒸发的原子因与电子碰撞，电离成正离子，并以高速运动冲击阴极。于是电子、原子、离子在分析间隙互相碰撞，发生能量交换，引起试样原子激发，发射出一定波长的光谱线。

直流电弧通过两种方法使空气电离（点弧）产生自持放电：一种是接触起弧，接通电源后，使上、下电极接触、电路短路瞬间产生大电流击穿电极间的空气；另一种是高频引燃，利用高频电流产生的高压使空气击穿。高频引燃与交流电弧引燃线路相同，将在交流电弧中详述。

（2）直流电弧的温度特性　电弧的温度通常分为电极头温度和弧焰温度两部分。电极头温度对试样蒸发过程影响较大，而弧焰温度则影响激发过程。

直流电弧的电极头温度较高，阳极可达 4000K。这是由于高速运动的电子向阳极轰击，在阳极表面产生一个炽热的斑点（阳极斑点）。因温度高有利于试样的蒸发，所以试样通常被置于阳极。电极头的温度与电流大小有关，电流增大时，电流密度增大，电极头的温度增高。

弧焰温度取决于弧隙中气体元素的电离电位，当弧隙中气体是低电离电位元素时，弧焰的导电性增加，电极间的电位差降低，于是弧焰温度亦随之降低。当不同电离电位的元素同时存在时，弧焰温度取决于有效电离电位，有效电离电位与各元素的电离电位及浓度有关，当各元素的浓度相差不大时，弧焰温度取决于电离电位最低的元素。电流强度对弧焰温度影响不大，如电流强度从 5A 增加到 30A，弧焰温度只提高约 800K。因为随着电流增大，弧柱变宽，电流密度增加不大，所以弧温升高不显著。直流电弧的弧温一般在 4000～7000K，可使 70 种以上的元素激发，所产生的谱线主要是原子谱线。

（3）直流电弧的优缺点　直流电弧的优点是构造简单，操作安全，电极头温度高，蒸发能力强，试样的利用率高，适用于难挥发微量元素的分析。缺点是弧光游移不定，分析结果的重现性差；弧焰温度低，激发能力不强；弧层较厚，易产生自吸或自蚀现象。

3. 交流电弧

交流电弧一般可分为两种：高压交流电弧与低压交流电弧。高压交流电弧的特点是燃弧

线路中电压较高，所以弧区放电的特性受外界的影响较小，具有灵敏度高、重现性好的优点。缺点是电压高，操作危险，因此我国使用较少，广泛采用的是高频高压引火的低压交流电弧，其线路图如图7-5所示。

（1）工作原理　低压交流电弧使用110～220V的低压交流电作为电弧的主要电源，但在此低压交流电上又叠加了一个高频高压电来"引火"，低压交流电可利用这一"引火"所造成的通路来产生电弧。低压交流电弧发生器基本电路由两部分组成：高频高压引火电路Ⅰ和低频低压燃弧电路Ⅱ。这两个电路

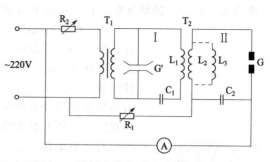

图 7-5　低压交流电弧发生器基本电路

借助于高频变压器 T_2 的线圈 L_1 和 L_2 耦合。220V的交流电通过变压器 T_1 使电压升至3000V左右向电容器 C_1 充电，充电速度由 R_2 调节。当 C_1 的充电能量随交流电压每半周升至放电盘 G' 的击穿电压时，放电盘被击穿，此时 C_1 通过电感 L_1 向 G 放电，在 L_1C_1 回路中产生高频振荡电流，振荡的速度由放电盘的距离和充电速度来控制，每半周只振荡一次。高频振荡电流经高频变压器 T_2 耦合到低压电弧回路（Ⅱ），并升压至10kV，通过电容器 C_2 使分析间隙 G 的空气电离，形成导电通道。低压电流沿着已造成电离的空气通道，通过 G 引燃电弧。当电压降至低于维持电弧放电所需的电压时，弧焰熄灭。接着第二个半周又开始，该高频电流每半周使电弧重新点燃一次，维持弧焰不熄灭。

（2）交流电弧特点　由于低压交流电弧的放电呈周期性变化，每半周强制点弧，且在电极表面有一个新的接触点，电流密度较高，因而放电稳定性比直流电弧好，分析的重现性较好。弧焰温度比直流电弧略高，激发能力较强，操作简便安全。但电极头温度比直流电弧低，蒸发能力不及直流电弧。当使用大电流时，弧层较厚。交流电弧光源适合于金属、合金的定性、定量分析。

4. 高压火花

（1）工作原理　高压火花发生器的基本电路如图7-6所示。电源电压由调节器电阻 R 适当降低后，经变压器 T 产生10～25kV的高压，然后通过扼流圈 D 向电容器 C 充电。当电容器 C 上的充电电压达到分析间隙 G 的击穿电压时，就通过电感 L 向分析间隙 G 放电，产生具有振荡特性的火花放电。放电完了以后，又重新充电、放电，反复进行。

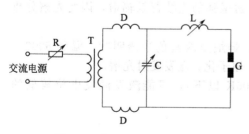

图 7-6　高压电火花发生器

（2）高压火花光源的特点　高压火花光源放电稳定性好，电弧放电的瞬间温度可高达10000K以上，适用于定量分析及难激发元素的测定。由于激发能大，所产生的谱线主要是离子线，又称火花线。但这种光源每次放电后的间隙时间较长、电极头温度较低，因而试样的蒸发能力较差，较适合于分析低熔点的试样。缺点是灵敏度较差、背景大，不宜做痕量元素分析。另一方面，由于电火花仅射击在电极的一个点上，若试样不均匀，产生的光谱不能全面代表被分析的试样，故仅适用于金属、合金等组成均匀的试样。由于使用高压电源，操作时应注意安全。

5. 电感耦合等离子体

电感耦合等离子体（inductively coupled plasma，ICP）是目前发射光谱分析中发展迅速、极受重视的一种新型光源，一般由高频发生器、等离子体炬管和雾化器组成。

等离子体是一种由自由电子、离子、中性原子与分子组成的气体。它具有相当电离程度（电离度＞1%），能够导电。它的正负电荷密度几乎相等，从整体来看是呈电中性的。

（1）ICP光源的结构 ICP光源主要由高频发生器、等离子体炬管、雾化器三部分组成。高频发生器的作用是产生高频电流。发生器的频率在5～60MHz都可满足ICP工作的需要，ICP的主体是等离子体炬管，如图7-7所示。等离子体炬管由三层同心石英管套接而成。石英炬管管口绕有数匝直径5～6mm的空心紫铜管或镀银紫铜管作感应线圈，线圈与高频发生器相连。

有三股惰性气流（通常是氩气流）分别通入炬管，以切线方向引入最外层的气流称为冷却气（等离子气），其作用是把等离子体焰炬和石英管隔离开，以免烧熔石英炬管。同时由于它的冷却作用造成中心气压变低，引起焰炬收缩，管口ICP焰炬稳定；中间管气流称为辅助气，其作用是把点燃的等离子体焰稍稍向上托起，防止中心管口因过热而熔融，一旦等离子体中心通道形成，便可不用辅助气，中心层的气流称载气，其作用是把经过雾化器的试样溶液以气溶胶形式引入等离子体中。

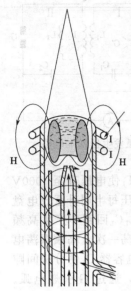

图7-7 ICP炬管结构

（2）ICP焰炬的形成 作为发射光谱分析激发光源的等离子焰炬有多种，ICP是其中最常用的一种。ICP形成原理同高频加热的原理相似。将石英炬管置于高频感应线圈中，等离子工作气体（通常为氩气）持续从炬管内通过（如图7-7所示）。最初，在感应线圈上施加高频电场时，由于气体在常温下不导电，因而没有感应电流产生，也不会出现等离子体。若使用感应线圈产生电火花触发少量气体电离（或将石墨棒等导体插入炬管内，使其在高频交变电场作用下产生热而发射热电子），产生的带电粒子在高频交变电磁场的作用下高速运动，碰撞气体原子，使之迅速大量电离，形成"雪崩"式放电。电离了的气体在垂直于磁场方向的截面上形成闭合环形的涡流，在感应线圈内形成相当于变压器的次级线圈并同相当于初级线圈的感应线圈耦合，这股高频感应电流产生的高温又将气体加热、电离，并在管口形成一个火炬状的稳定的等离子体焰炬。

等离子焰炬分为三个区域。

① 感应区 感应线圈所包围的区域，呈白色不透明状。该区为高频电流形成的涡流区，温度可达10000K，电子密度也很高。由于该区能发射很强的连续背景辐射，因此光谱分析应避开这个区域。

② 分析区 位于感应线圈上方10～20mm处，焰炬呈淡蓝色半透明状，温度6000～8000K，是光谱分析的观测区，待测物在此区蒸发、原子化、激发发射光谱。

③ 尾焰区 无色透明区，该区温度较低（6000K以下），只能激发激发电位较低的元素。

（3）ICP光源的特点

① ICP的工作温度比其他光源高，在等离子体核外达10000K，在中央通道的温度也有6000～8000K，且又是在惰性气氛条件下，原子化条件极为良好，有利于难熔化合物的分解和元素的激发，因此对大多数元素都有很高的分析灵敏度。

② 检出限低，多数元素的检出限在0.1～100μg·L^{-1}之间。

③ 稳定性好，分析结果的精密度高，相对标准偏差约为1%。

④ 基体效应小，化学干扰少。

⑤ 自吸效应小。

⑥ 选用不同分析谱线可用于高、中、低含量元素的分析。

ICP 光源的局限性是：用于非金属元素分析灵敏度低，仪器价格较贵。

二、光谱仪

用来观察和记录原子发射光谱并进行光谱分析的仪器称为原子发射光谱仪。在现代原子发射光谱分析中，常用的原子发射光谱仪主要有火焰光度计、摄谱仪、等离子体发射光谱仪。

1. 火焰光度计

用于火焰发射光谱测定的仪器叫火焰光度计，火焰光度计的仪器结构示意图如图 7-8 所示。目前火焰光度计多采用干涉滤光片作为分光元件，测定钾时用波长为 766.5nm 的滤光片，测定钠时用波长为 589.0nm 的滤光片。一般火焰光度计使用硅光电池或光电管作为检测器，早期的火焰光度计中，也有使用硒光电池作为检测器的，由于光电流较大，可以不用放大器。近年来，随着电子技术的进步，读数装置逐步从模拟显示方式向数字显示方式发展，有的型号还配有微型打印机。

2. 摄谱仪

光谱仪是用来观察光源的光谱的仪器。它将光源发射的电磁波分解为按一定次序排列的光谱。

发射光谱分析根据接收光谱辐射方式的不同可以有三种方法，即看谱法、摄谱法和光电法。如图 7-9 所示是这三种方法的示意图。由图可见，这三种方法基本原理都相同，都是把激发试样获得的复合光通过入射狭缝射在分光元件上，使之色散成光谱，然后通过测量谱线来检测试样中的分析元素。而其区别在于看谱法用人眼去接收，摄谱法用感光板接收，而光谱法则用光电倍增管、阵列检测器接收光谱辐射。下面主要讨论目前还在使用的摄谱法原理。

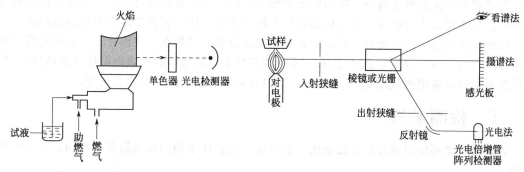

图 7-8 火焰光度计示意图　　图 7-9 发射光谱分析的看谱法、摄谱法、光电法

摄谱仪根据其使用的色散元件可分为棱镜摄谱仪和光栅摄谱仪。

（1）棱镜摄谱仪　棱镜摄谱仪的种类很多，根据棱镜色散能力大小的不同，可分为大、中、小型摄谱仪。按所用波长的不同，摄谱仪可分为紫外、可见、红外三大类，它们所用的棱镜材料也不同，对紫外光用水晶或萤石，对可见光用玻璃，对红外光用岩盐等材料。目前在实际工作中较常使用的是中型石英棱镜摄谱仪。棱镜摄谱仪主要由照明系统、准光系统、色散系统（棱镜）及投影系统（暗箱）四部分组成，如图 7-10 所示。照明系统由透镜 L 组

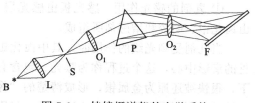

图 7-10 棱镜摄谱仪的光学系统

成，透镜可分为单透镜及三透镜两类。为了使光源产生的光均匀地照射于狭缝 S，并使感光板上所得的谱线每一部分都很均匀、清晰，一般采用三透镜照明系统。准光系统包括狭缝 S 及准光镜 O_1，其作用在于把光源辐射通过狭缝 S 的光，经过准光镜 O_1 变成平行光束照射到棱镜 P 上，要求色差小、光能损失少。色散系统可以由一个或多个棱镜组成。经过准光镜 O_1 后所得的平行光束，通过棱镜 P 时，由于棱镜材料对不同波长的光折射率不同，因而产生色散现象。对可见光区，玻璃棱镜色散率较大；对于紫外区，石英棱镜的色散率较大。同一棱镜，对短波长的光比对长波长的光色散率大。投影系统包括暗箱物镜 O_2、感光板 F，其作用是将经过色散后的单色光束聚焦而形成按波长顺序排列的狭缝像——光谱。

（2）光栅摄谱仪　光栅摄谱仪利用衍射光栅作为色散元件，利用光的衍射现象进行分光。光栅摄谱仪基本部件光栅可分为平面光栅（如图 7-11 所示）和凹面光栅。平面光栅常用于摄谱仪中，而凹面光栅常用于光电直读式光谱仪。图 7-11 所示为 WPS-1 型平面光栅摄谱仪的光路示意图。试样被光源激发后发射的光，经过三透镜照明系统由狭缝 1 经平面反射镜 2 折向球面反射镜下方的准直镜 3，经准直镜 3 反射后以平行光束投射到光栅 4 上，由光栅分光后的光束经球面反射镜上方的成像物镜 5，最后按波长排列聚焦于感光板 6 上。旋转光栅转台 8 改变光栅的入

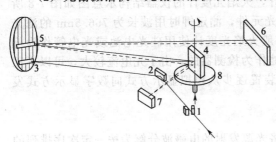

图 7-11　WPS-1 型平面光栅摄谱仪的光路示意图
1—狭缝；2—反射镜；3—准直镜；4—光栅；
5—成像物镜；6—感光板；7—二次衍射
反射镜；8—光栅转台

射角，便可改变所需的波段范围和光谱级次，7 为二次衍射反射镜，衍射（由光栅 4）到它表面上的光线被反射回光栅，被光栅再分光一次，然后到成像物镜 5，最后聚焦成像在一次衍射光谱下面 5mm 处。这样经过两次衍射的光谱，其色散率和分辨率比一次衍射的大一倍。为了避免一次衍射光谱与二次衍射光谱相互干扰，在暗盒前设有光阑，可将一次衍射光谱滤掉。在不用二次衍射时，可在仪器面板上转动手轮，使挡板将二次衍射反射镜挡住。

以摄谱法进行光谱分析时，还需要有一些观察设备。例如在观察谱片时，需要有将摄得的谱片进行放大（一般放大 20 倍左右）并投影在屏上以便观察的光谱投影仪（映谱仪），测量谱线黑度时需要用测微光度计（黑度计），以及测量谱线间距需要比长仪等。

三、检测装置

光谱分析常用的检测方法有摄谱法、光电法，它们所采用的检测器各不相同，下面分别介绍。

1. 摄谱法检测器

摄谱法的检测器部分包括感光板、映谱仪和测微光度计。

（1）感光板　感光板是用于记录光谱的。将它置于摄谱仪焦面上可摄取被测元素的光谱，经过显影、定影、冲洗等过程制得光谱底片。

① 乳剂的感光作用　感光板由感光层与支持体（玻璃板组成），感光层通常称为乳剂，由卤化银、明胶和增感剂所组成。

当乳剂受到光线的作用时，其中卤化银将有小部分分解为金属银及卤素，前者形成不可见的潜影中心，这个过程称为曝光。包含有潜影中心的卤化银结晶，在某些还原物质的作用下，很快被还原为金属银，形成清楚的"像"，这一过程称为显影。而没有潜影中心的卤化银结晶，则还原得很慢，仅产生雾翳。显影以后，应把乳剂中未被作用的卤化银除去。通常

采用适当的溶液将其溶解，这一过程称为定影。

② 乳剂特性曲线　感光板的作用在于把接受到的曝光量 H 转换为感光板的黑度 S。感光板的乳剂经过曝光、显影、定影以后，显示出黑的谱线来，其黑度的大小与落在感光板上的曝光量有关。但是，黑度与曝光量的关系比较复杂，不能用一个简单的数学公式完全表达出来，通常只能用图解的方法来表示。这种描述黑度与曝光量关系的图解曲线称为乳剂特性曲线，如图 7-12 所示。

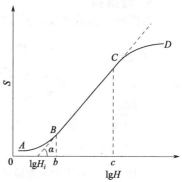

图 7-12　乳剂特性曲线

曲线可分为三个部分：BC 直线部分为正常曝光部分，AB 为曝光不足部分，CD 为曝光过度部分。图中曝光量 H 是感光层所接受的照度和曝光时间的乘积。

黑度 S 表示谱线在感光板上变黑程度，其定义为：将某一光束 a 射至谱片上，透过未受光作用部分的光强度为 I_0，透过变黑部分的光强度为 I，则

$$S = \lg \frac{I_0}{I} \tag{7-8}$$

通过测微光度计（一种能测量感光板上谱线黑度的仪器）可测定谱线黑度 S。

γ 为反衬度，正常曝光部分曲线的斜率，与波长有关，表示曝光量改变时黑度变化的快慢。在定量分析中，常常利用曲线的正常曝光部分 BC 线段，它是直线，斜率是不变的，黑度 S 与曝光量的对数值 $\lg H$ 可用以下简单数学公式表示

$$S = \gamma(\lg H - \lg H_i) \tag{7-9}$$

bc 线段是 BC 部分在横坐标上的投影，称为乳剂的展度，在一定程度上决定了用某种感光板做定量分析时所能分析的含量范围。

（2）映谱仪　映谱仪又称光谱放大仪（或光谱投影仪），其放大倍数约为 20 倍，将谱板置于映谱仪上，可清楚地看到摄取的被测元素光谱。映谱仪用于光谱定性和半定量分析。

（3）测微光度计　定量分析时用来测量感光板上所记录的谱线黑度的仪器称为测微光度计。根据黑度的定义，谱线黑度的测量包括测量通过未感光部分的透过光强度 I_0 和通过谱线的透过光强度 I。

2. 光电直读光谱仪

光电法是利用光电转换元件（如光电倍增管）将光信号转换为电信号来检测谱线强度。这类光谱仪常称为光电直读光谱仪，有单道扫描式、多道固定狭缝式和全谱直读式三种类型。

在单、多道光电光谱仪的焦面上，一个出射狭缝和一个光电倍增管构成一个光通道，可接收一条谱线，将其转变为电信号。单道扫描式光谱仪只有一个通道，这个通道可以在光谱仪的焦面上扫描移动，在不同的时间检测不同的谱线。多道光电直读光谱仪则是安装了多个固定的出射狭缝和光电倍增管，可同时测量多条谱线。但由于出射狭缝位置固定，测量波长有限，因而一台多道光谱仪只能测若干种固定元素。

全谱直读光谱仪采用的是 CID（电荷注入检测器）、CCD（电荷耦合检测器）、SCD（分段式电荷耦合检测器）等固体检测器。这类检测器由金属-氧化物半导体经过特殊加工制成。当一定强度的光照射到检测器某个检测单元上后，产生一定量的电荷，并储存在检测单元内，然后采用电荷移出的方式将其读出。由于固态检测器包含许多检测单元，因此可以同时记录很多谱线，快速进行全谱直读。目前，以 ICP 作为光源的全谱直读光谱仪，已经成为

现代原子发射光谱仪的发展趋势。

光电法的优点是：分析速度快，准确度高，适用的波长范围广。

3. 看谱镜

看谱镜又称看谱仪，因常用于钢铁等样品的分析，故又称析钢仪或验钢镜，其光学系统如图 7-13 所示。

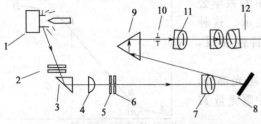

图 7-13　34W 型验钢镜光学系统

1—光源；2—保护玻璃；3—反射棱镜；4—聚光镜；
5—狭缝；6—狭缝保护玻璃；7—物镜；8—光栅；
9—转向棱镜；10—视场光阑；
11—显微镜；12—目镜组

试样被光源 1 激发而产生辐射，光辐射通过保护玻璃 2，并由棱镜 3 反射、透镜 4 聚焦后进入狭缝 5（6 为狭缝保护玻璃），并通过物镜后的平行光投射至光栅 8 上，经过光栅分光后，不同波长的光再由物镜 7 聚焦射向转向棱镜 9，再经过视场光阑 10 及显微镜 11 到达目镜组 12。光栅可以借手轮转动，以便使选用的波长进入视场。目镜是一个放大镜，将样品光谱放大若干倍，便于眼睛直接观察。由此可知，看谱镜与摄谱仪除检测器不同外，其他部分都是相同的。看谱镜是用眼睛观察试样中元素的特征谱线和比较谱线强度的大小，以确定试样的组成和含量。用看谱镜分析比摄谱法快。仪器设备简易而廉价，操作简便，灵敏度高。但由于用眼睛观察主观误差大，只能做定性分析和半定量分析；由于眼睛感光范围有限，工作波段仅限于可见光区 400～700nm 的范围。故看谱镜常用于合金钢、有色金属及有色金属合金的定性和半定量分析。

4. 二极管阵列检测器

阵列检测器常见的有光电二极管阵列检测器、电荷注入检测器和电荷耦合检测器，其中光电二极管阵列检测器在光谱分析中发展迅速，应用较多。

光电二极管阵列检测器（photodiode arrays detector，PDA）是一维转换器，光敏元件呈线性排列。每一个光敏元件是一个小硅光二极管，数目从 64～4096 不等，常用的是 1024 个。每一个光二极管并联一个 10pF 的储存电容，构成一个光二极管-储存电容对，通过 N-bit 移位寄存器和转换器开关顺序地连接到普通的输出电路上。当光照射到阵列上时，受光照射的光电二极管产生光电流储存在电容器中，产生的光电流与光强度成正比。通过集成的数字移位寄存器，扫描电路顺序读出各个电容器上储存的电荷。与光电倍增管相比，光电二极管阵列的优越性不仅是测量速度快，而且可以同时测量多个光信号。

与光电二极管阵列一样，电荷注入和电荷耦合式检测器都是固态传感器。当它受到光照射时，通过光电效应产生电荷，在芯片表面施加一定电位使其产生可储存电荷的分立势阱，这些势阱在半导体芯片上由几十万个点阵构成一个检测阵列，每个点阵（感光板）相当于一个光电倍增管，可在电荷积累的同时不经转变地进行电荷测量。这个点阵再将试样中所有元素在 165～800nm 波长范围内的谱线记录下来并同时进行测定。用这种检测器的光谱仪，可获得二维光学信息，因此具有特别的价值和发展潜力。

第四节　原子发射光谱分析方法

原子发射光谱分析法能够进行元素的定性、半定量以及定量分析，与其他分析方法相比，该方法最突出的优点是可对多元素进行同时测定。

一、光谱定性分析

1. 光谱定性分析的依据

根据前面所述原子发射光谱的产生可知：由于元素的原子结构不同，它们激发时所产生的光谱也不同，即每种元素都具有自己的特征光谱。因此，如果在获得的试样光谱中发现某种元素的特征光谱线存在，就可以断定试样中存在该元素。

有些元素的光谱线比较简单，如氢。但有些元素的原子结构比较复杂，谱线可达数千条，铁、钴、镍、钨、钼、钒、钛、铀、铬、锆、铪、铌、钽、钍以及稀土元素，都属于多谱线元素。然而，在定性分析中，并不要求对各元素的每条谱线都进行测定，一般只要根据 2～3 条特征灵敏线是否出现，即可确定该元素是否存在。

最后线是当某元素含量逐渐减少时，最后仍能观察到的谱线。最后线往往是激发电位最低的第一共振线，也称最灵敏线。

此外，有时亦采用元素的特征谱线组来检测元素的存在。特征谱线组往往是元素的双重线、三重线或者几组双重线，并不包括这些元素的最后线。例如，镁的最后线是 285.213nm（单重线），而很容易辨认的是在 277.6～278.2nm 间的五重线，因此，可借助该谱线组来判断镁元素是否存在。但由于此五重线不是最后线，所以在低含量时不能使用。低含量时应根据最后线是否出现来判断该元素是否存在。

2. 定性分析的灵敏度

光谱分析的灵敏度，有绝对灵敏度与相对灵敏度两种表示方法，所谓绝对灵敏度就是能检出某元素需要的最少的质量；而相对灵敏度则表示能检出某元素需要该元素在样品中最小的质量分数。

不同的元素，灵敏度不同。当某元素的谱线未出现时，并不表示试样中该元素绝对不存在，而仅仅表示该元素的含量可能低于光谱定性分析方法的灵敏度。

3. 定性分析方法

（1）纯样光谱比较法　即将试样与已知的欲鉴定元素的纯物质在相同条件下并列摄谱，然后将所得光谱图进行比较，以确定某些元素是否存在。例如欲检查某 TiO_2 试样中是否含有 Pb，只需将 TiO_2 试样和已知含铅的 TiO_2 标准试样并列摄谱于同一感光板上，比较并检查试样光谱中是否有铅的谱线存在，便可确定试样中是否含有铅。这种方法很简便，但只适用于试样中指定组分的定性鉴定。

（2）铁谱比较法　当测定复杂组分以及进行光谱定性分析时，上述简单方法已不适用，则需要用铁的光谱来进行比较。此时将试样和纯铁并列摄谱。因为铁的谱线较多，在我们常用的铁光谱的 210.0～660.0nm 波长范围内，大约有 4600 条谱线，其中每条谱线的波长都已作了精确的测量，载于谱线表内。所以用铁的光谱线作为波长的标尺是很适宜的。一般就将各元素的分析线按波长位置标插在铁光谱图的相应位置上，预先制备一套与所用摄谱仪具有相同色散率的"元素标准光谱图"。如图 7-14 所示为波长 301.0～312.0nm 的元素标准光谱图。在进行定性分析时，只要在映谱仪上观察所得谱片，使元素标准光谱图上的铁光谱谱线与谱片上摄取的铁谱线相重合，如果试样中未知元素的谱线与标准光谱图中已标明的某元素谱线出现的位置相重合，则该元素就有存在的可能。通常可在光谱图中选择 2～3 条欲测元素的特征灵敏线或线组进行比较，通过比较就可以判断此未知试样中存在的元素。

对于光谱定性分析，除了要求给出试样中那些元素外，还应指出哪些元素在试样中是主要成分、哪些是少量及微量成分。首先查找试样的主要成分，将谱板自波长 240.0～420.0nm 一一检查，就会发现谱板中有又粗又黑的谱线，这些就是试样中主要成分的谱线。

如在试样中发现 324.745nm 与 327.396nm 两根又粗又黑的谱线，就可判定试样中含有大量的铜。然后对其他杂质元素的 2～3 条灵敏线进行检查，并根据灵敏线的强弱来判断它们在试样中的大致含量，即是大量、少量还是微量。

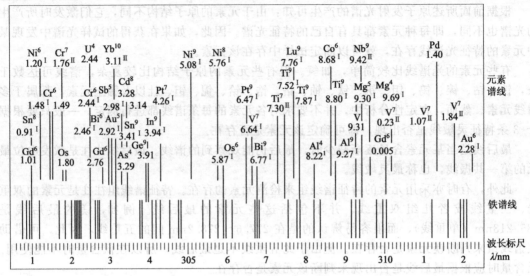

图 7-14　元素标准光谱图

二、光谱定量分析

（一）光谱定量分析原理

1. 光谱定量分析的基本关系式

光谱定量分析是根据被测试样光谱中欲测元素的谱线强度来确定元素浓度。元素的谱线强度 I 与该元素在试样中浓度 c 的相互关系，可用下述经验式表示：

$$I = ac^b \tag{7-10}$$

式 (7-10) 称为赛伯-罗马金（Schiebe Lomakin）公式。式中，b 为自吸系数，其数值取决于光源的性质、谱线的性质以及待测元素的含量。无自吸收存在时，$b=1$；有自吸时，$b<1$，且自吸愈严重，b 值愈小。a 值则与待测元素的蒸发、激发条件以及试样的组成有关。将式两边取对数，则

$$\lg I = \lg a + b \lg c \tag{7-11}$$

这就是光谱定量分析的基本关系式。在一定条件下，当 a、b 为常数时，$\lg I$ 与 $\lg c$ 成直线关系。

由于 a 和 b 随被测元素含量和实验条件（蒸发、激发条件、取样量、感光板特性、显影条件等）的改变而变化，这种变化往往很难完全避免，因此要根据谱线的绝对强度来进行定量分析是不能得到准确结果的。所以在实际光谱分析中，常采用内标法来消除工作条件变化对结果的影响。

2. 内标法

在待测元素的谱线中选一条线作为分析线，在基体元素（试样中除了待测元素之外的其他共存元素）或在定量加入的其他元素的谱线中选一条与分析线匀称的谱线作为内标线（或称比较线），这两条谱线组成所谓分析线对。分析线与内标线的绝对强度的比值称为相对强度。内标法就是借测量分析线对的相对强度来进行定量分析的。这样可以使谱线强度由于光

源波动而引起的变化得到补偿。

设分析线和内标线的谱线强度分别为 I_1 和 I_2：

$$I_1 = a_1 c_1^{b_1}$$
$$I_2 = a_2 c_2^{b_2} \tag{7-12}$$

因内标元素的浓度 c_2 为一定值，无自吸现象时，$b_2 = 1$，所以 $c_2 b_2$ 为常数，由于实验条件相同，$a_1 = a_2$，令分析线和内标线的绝对强度之比（即相对强度）为 R，则

$$\frac{I_1}{I_2} = \frac{a_1 c_1^{b_1}}{a_2 c_2^{b_2}} = K c_1^{b_1} \tag{7-13}$$

将上式中 c_1、b_1 改写 c、b 后两边取对数：

$$\lg R = \lg \frac{I_1}{I_2} = b \lg c + \lg K \tag{7-14}$$

这就是内标法定量分析关系式，以 $\lg R$ 对 $\lg c$ 所作的曲线即为相应的工作曲线。因此只要测出谱线的相对强度 R，便可从相应的工作曲线上求得试样中欲测元素的含量。由于分析线对是在同一感光板上摄谱，实验条件稍有改变，两谱线所受影响相同，相对强度保持不变，所以可得到较准确的结果。应该注意的是，应用内标法时，对内标元素和分析线对的选择是很重要的，选择时主要考虑以下几点。

① 原来试样内应不含或仅含有极少量所加内标元素。若试样主要成分（基体元素）的含量较恒定，有时亦可选用此基体元素作为内标元素。

② 因为元素发射的谱线强度与该元素的激发能有关，因此要选择激发电位相同或接近的分析线对。若选用离子线组成分析线对，则不仅要求分析线及内标线的激发电位相近，还要求电离电位也相近。这样当激发条件改变时，线对的相对强度仍然不变，或者说两条线的绝对强度随激发条件的改变做匀称变化。

③ 两条谱线的波长应尽可能接近。由于两条线将在同一感光板极为靠近的部分感光，因此曝光时间的变动、感光板乳剂层的性质、冲洗感光板的情况都将产生同样的影响，这样它们在感光板上的相对强度将不受这些因素的变化而改变，即使改变也将是很小的。

④ 所选线对的强度不应相差过大。因为欲测杂质的含量通常很小。若内标元素是试样中的基体元素，应选择此基体元素光谱线中的一条弱线；若外加少量其他元素作内标，则应选用一条较强的线。

⑤ 所选用的谱线应不受其他元素谱线的干扰，也应不是自吸收严重的谱线。

⑥ 内标元素与分析元素的挥发率应相近（沸点、化学活性及相对原子质量都应接近）。

内标法的优点是：虽然蒸发、激发条件等变化对谱线强度有影响，但对分析线和内标线的影响基本上是一样的，所以对其强度比值的影响不大。

光电直读光谱仪上带有内标通道，可直接检测分析线对的强度，自动进行内标法测定。但是，谱法不能直接用内标法关系式进行定量分析。

3. 摄谱法定量分析

摄谱法光谱定量分析是采用照相的方式将待测元素的谱线拍摄在感光板上然后通过测量谱线的黑度，从而确定待测元素的含量。

谱线影像的黑度与作用于感光板上的光强度、曝光时间、显影剂的化学成分、浓度、温度、显影时间以及乳剂本身的性质等有关。当乳剂的种类和显影条件保持一致时，则黑度仅与落在乳剂上的曝光量有关。设 H 为曝光量，I 为光线射入乳剂上的光强，t 为曝光时间，则

$$H = It \tag{7-15}$$

当摄谱时间控制一定时，曝光量 H 与光强 I 成正比。光强愈强，则黑度 S 值愈大，如

果测得 S，就得到了 I。

当谱线强度 I 所产生的黑度落在乳剂特性曲线（如图 7-12 所示）的直线部分

对于分析线：$S_1 = \gamma_1 \lg H_1 - i_1 = \gamma_1 \lg I_1 \cdot t_1 - i_1$

对于内标线：$S_2 = \gamma_2 \lg H_2 - i_2 = \gamma_2 \lg I_2 \cdot t_2 - i_2$

由于在同一感光板上曝光时间相等，则 $t_1 = t_2$。当两条谱线的波长很接近，而且谱线的黑度都落在乳剂特性曲线的直线部分，则

$$i_1 = i_2, \quad \gamma_1 = \gamma_2$$

则
$$\Delta S = S_1 - S_2 = \gamma_1 \lg I_2 - \gamma_2 \lg I_2 = \gamma \lg \frac{I_1}{I_2} \tag{7-16}$$

由前面已经讨论的内标法已知：
$$\lg R = \lg \frac{I_1}{I_2} = b \lg c + \lg a \tag{7-17}$$

所以
$$\Delta S = \gamma \lg R = \gamma b \lg c + \gamma \lg a \tag{7-18}$$

这就是摄谱法光谱定量分析关系式。此公式使用的条件是：

① 分析线对的黑度值必须落在乳剂特性曲线的直线部分；

② 在分析线对波长范围内，乳剂的反衬度 γ 值应保持不变；

③ a 为常数，$b = 1$，内标元素的含量为一定值。

（二）光谱定量分析方法

1. 三标准试样法

三标准试样法亦称工作曲线法，是最常用的一种光谱定量分析方法。在确定的分析条件下，配制 3 个或 3 个以上的已知不同含量的标样和待测样品，在相同条件下激发产生光谱，测量其谱线的强度或黑度，以所获得的分析线对的 $\lg R$ 或 ΔS 为纵坐标，待测元素含量的对数 $\lg c$ 为横坐标绘制工作曲线，再由工作曲线求得试样中待测元素的含量。三标准试样法在很大程度上消除了测定条件的影响，因此在实际工作中应用较多，如图 7-15 所示。

2. 标准加入法

从光谱定量分析内标法关系式 $R = ac^b$ 可以看出，当自吸收系数 $b = 1$ 时，$R = ac$。设试样中待测元素原先含量为 c_x，在几份试样中的加入量分别为 c_1、c_2、c_3、…，则 $R_x = ac_x$，$R_1 = a(c_x + c_1)$，$R_2 = a(c_x + c_2)$，…。以 R 对加入量 c 作图，可得如图 7-16 所示曲线，将直线外推至与 c 轴相交（$R_x = 0$ 处），则其截距的绝对值即为 c_x。

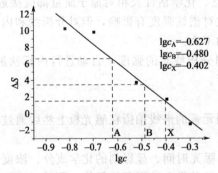

图 7-15 三标准试样法工作曲线

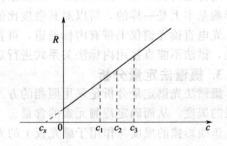

图 7-16 标准加入法工作曲线

该法仅适用于低含量成分的分析（$b = 1$）。对于高含量成分的测定，因自吸收的存在，b 不等于 1，使曲线弯曲，外推的结果影响准确度。此外，加入量不得少于 3 个，且加入量的含量范围应与待测元素在同一数量级上。

第五节 原子发射光谱法的应用及进展

一、大气颗粒物元素测定

在环境分析中应用最广泛的是以电感耦合等离子体作为激发源的原子发射光谱法（ICP-AES）。该法具有灵敏度高、测量精度好、基体效应小、线性范围宽、能同时进行多元素测定的特点，可用于环境试样中 70 余种元素的分析，如大气、水体、垃圾、水体沉积物、土壤等介质中重金属元素，海水中稀有元素以及水体、土壤中稀土元素的测定。大气颗粒物中有害成分通过呼吸道影响人体健康，其中铍和铅具有显著致突变性，因此在大气环境分析监测中对铍和铅的测定显得尤为重要。用电感耦合等离子体原子发射光谱法分析大气颗粒物时，试样必须先消解制备成溶液。采用微波在密闭加压下以硝酸-过氧化氢及氢氟酸消解大气颗粒物试样。ICP-AES 测定铍和铅，可获得满意的结果。

二、废水元素测定

废水中的重金属元素曾采用极谱法、原子吸收法或其他的化学分析法进行测定，但不管哪种方法，都不能做到同时测定多种元素。对于共存离子的干扰问题，极谱法需加入支持电解质来消除干扰，原子吸收法需加入干扰抑制剂消除干扰。而 ICP-AES 由于基体效应小，方法简便、快捷，可同时对金属冶炼、选矿等生产过程排放的废水中的 Cd、Cr、Cu、Ni、Pb 和 Zn 等元素进行测定。

三、土壤中的稀土元素测定

稀土元素能促进高等植物光合作用效率和叶绿素的形成，推迟叶片衰老过程。在土壤中喷施一定量稀土元素，有利于农作物的生长，增加产量。但是，如果土壤中稀土元素积累量达到一定程度，便会带来稀土元素污染问题。因此准确测定土壤中的稀土元素，对于防止土壤稀土元素的污染具有重要意义。原子吸收和原子发射光谱法是进行元素分析的重要手段。原子吸收光谱法可以测定许多 ICP-AES 能测定的元素，并且对 K、Na、Ag、Zn 等元素，检出限低于 ICP-AES。但是，对于 V、Mo、W、Si 以及稀土等原子化效率低的高温元素，检测性能没有 ICP-AES 好。当采用 ICP-AES 测定土壤中微量 La、Ce、Pr、Nd、Sm、Y 六个元素时，为了消除和减小土壤中基体元素如铝、铁、钙等的干扰影响，进行了两次沉淀分离，除去了绝大部分基体元素，有效地消除了这些元素的干扰，提高了测定结果的准确度。

四、植物和食品分析

将根、茎、叶、果实等植物样品用适当方法清洗以后，风干或烘干，经过适当破碎，并用干法灰化或湿法消化的方法除去植物样品的有机物，即可进行发射光谱分析。此外，也可以将植物样品与少量无机盐和较大量碳粉混合磨匀，并用混匀的细粉末压制电极，然后用高压电火花光源直接进行分析。保证这种方法准确度的关键也是适当解决标准系列的配制问题。发射光谱分析是对食品中包括有害金属元素在内的各种金属元素及个别金属元素进行全面分析的最简便的方法。通过食品的中间品溶液的严格分析，可以了解各种材质的设备在一定的介质条件下，向食品中引入微量元素的情况，这不仅可以找到有害元素的一些来源，而且为设备材料的合理定型积累了第一手技术资料。由于多种植物和动物的各个部分都可能成为食品的组成部分，故食品的光谱分析的复杂性常表现在样品的预处理和消除系统误差等方面。常用的预处理方法分为干法灰化和湿法消化两种方法。经过灰化或消化的处理以后，剩下完全是无机成分，再用发射光谱方法分析，不仅没有有机物的干扰，而且微量金属元素实际上已经浓缩了很多倍。干法灰化就是将植物的根茎叶、动物的肉及脏腑或糕点面包等样品低温下烘干，然后于200～300℃下进行炭化，最后于450～500 ℃下进行灰化。湿法消化就是将这些样品用适当的混合酸（如硝酸和硫酸，硫酸和高氯酸，硝酸和高氯酸等）进行消煮，完全分解有机物，然后加热去除过量的酸。在用电弧光源进行光谱分析时，需要将干法灰化的灰分或湿法消化的干渣与缓冲剂混合研磨，然后放入电极孔中进行分析。加入缓冲剂是为尽可能降低由于灰分成分波动引起的误差。常用的缓冲剂有硫酸钾、碳粉、氧化铝等。在采用ICP光源的时候，对于酒类和各种饮料可以不用灰化或消化而直接进行分析。如果将某些食品配制成悬浮液体，例如将奶粉用乙酸和水调成乳化液以后，可以用ICP光源进行直接分析。当然，在制定这些直接分析方法时，需要通过实验研究，也要适当解决标准溶液的配制问题，才能避免系统误差。

五、元素性中毒快速诊断中的应用

在元素周期表上100余种元素中，大约1/3的元素对人体具有不同程度的毒性。其中，砷、铅、汞、钡、镉、铊、铍等有剧毒，若因食品或水体遭受污染，人误食少许，即可产生灾难性后果。部分元素若过量摄入，可导致机体严重损害，产生中毒性脑病、中毒性肝病、中毒性肾病、中毒性心血管病等。在工业社会，食品和水体易被毒性元素污染，造成误食者中毒。元素性中毒发病非常快，往往在0.5～2h就可出现临床症状。目前，国内外多采用化学分析法或原子吸收光谱法对毒物进行分析，但上述方法只能单个元素逐一测定，分析速度太慢，不能适应发生中毒事件后的紧急救治行动，延误治疗，可能导致严重的后果。因此，建立一个快速的多元素同时分析方法，对于元素性中毒的快速诊断、拟定合理的救治方案、及时地抢救患者生命、避免机体更大范围的损害，具有极其重要的意义。在多元素同时或顺序快速测定方面，首推ICP-AES技术。特别是端视ICP-AES技术的发展，使其灵敏度大幅度提高，更加适合微量元素的快速分析。目前国内外尚未建立以端视ICP-AES技术为主体的元素性中毒快速诊断系统。

【知识拓展】

等离子体发射光谱仪

1. 概述

（1）历史和进展　电感耦合等离子体原子发射光谱仪是基于电感耦合等离子体原子发射光谱法（ICP-AES）而进行分析的一种常用的分析仪器。ICP-AES法是以电感耦合等离子炬为激发光源的一类原子发射光谱分析方法，它是一种由原子发射光谱法衍生出来的新型分析技术。早在1884年Hittorf就注意到，当高频电流通过感应线圈时，装在该线圈所环绕的真空管中的残留气体会发出辉光，这是对ICP光源等离子放电的最初观察。1961年Reed设计了一种从石英管的切向通入冷却气的较为合理的高频放电装置，Reed把这种在大气压下所得到的外观类似火焰的稳定的高频无极放电称为电感耦合等离子炬（ICP）。Reed的工作引起了SGreenfield、RHWenat和Fassel的极大兴趣，他们首先把Reed的ICP装置用于原子发射光谱法（AES），并分别于1964年和1965年发表了他们的研究成果，开创了ICP在原子光谱分析上的应用历史。1975年美国的ARL公司生产出了第一台商品ICP-AES多通道光谱仪，1977 年出现了顺序型（单道扫描）ICP 仪器，此后各种类型的商品仪器相继出现。至 20 世纪 90 年代 ICP 仪器的性能得到迅速提高，相继推出分析性能好、性价比高的商品仪器，使 ICP 分析技术成为元素分析常规手段。1991 年出现了采用 Echelle 光栅及光学多道检测器的新一代 ICP 商品仪器，该仪器采用电荷注入器件（charge injection device，CID）或电荷耦合器件（charge couple device，CCD）代替传统的光电倍增管（PMT）检测器，推出全谱直读型 ICP-AES 仪器。我国于 20 世纪 80 年代开始 ICP-AES 的研究，多限于自己组装仪器，且多为摄谱法，ICP-AES 分析技术的发展及应用滞后于国外。随着国外高性能 ICP 仪器的引进，在 20 世纪 90 年代国内 ICP 分析技术应用得到迅速发展，ICP-AES 分析技术也逐渐成为国内各实验室元素分析的常规手段。ICP-AES 仪器技术新进展及发展方向主要体现在：①分析的范围和能力不断扩展；②固态检测器和固态发生器的应用日益普遍；③水平、垂直或双向观测技术不断提高；④仪器控制与数据处理向数字化、网络化发展，操作软件功能日益强大和自动化等；⑤小型化、智能化、多样化的适配能力、精确、简捷、易用，且具有极高的分析速度等。

（2）特点

① 样品范围广，分析元素多。电感耦合等离子体原子发射光谱仪可以对固态、液态及气态样品直接进行分析，应用最广泛也优先采用的是溶液雾化法（即液态进样）。可以进行 70 多种元素的测定，不但可测金属元素，而且对很多样品中非金属元素硫、磷、氯等也可测定。

② 分析速度快，可多种元素同时测定。多种元素同时测定是原子发射光谱仪最显著的特点。可在不改变分析条件的情况下，同时或有顺序地进行各种不同高低浓度水平的多元素的测定，这是原子发射光谱仪最显著的特点。

③ 检出限低、准确度高、线性范围宽且多种元素同时测定。电感耦合等离子体原子发射光谱仪对很多常见元素的检出限达到 $\mu g/L$ 至 mg/L 水平，动态线性范围大于 10^6，ICP-AES 法已迅速发展为一种极为普遍、适用范围广的常规分析方法。

④ 定性及半定量分析。对于未知样品，等离子体原子发射光谱仪可利用丰富的标准谱线库进行元素的谱线比对，形成样品中所有谱线的"指纹照片"，计算机通过自动检索，快速得到定性分析结果，再进一步可得到半定量的分析结果。

⑤ 等离子体原子发射光谱仪的不足之处是光谱干扰和背景干扰比较严重，对某些元素灵敏度还不太高等。

2. 结构及组成

以高频电感耦合等离子体（ICP）为光源的原子发射光谱装置称为电感耦合等离子体发射光谱仪，简称为 ICP 发射光谱仪或 ICP。ICP 光谱仪一般包括四个基本单元：等离子体光源系统、进样系统、光学系统、检测和数据处理系统等。全谱直读 ICP 光谱仪构成如图 7-17 所示。

（1）等离子体光源系统　早期的原子发射光谱仪采用电弧和电火花光源，然而，随着等离子体光源的问世使其成为目前原子发射光谱仪最广泛使用的激发光源。其中以电感耦合等离子体光源应用最为广泛。电感耦合等离子体是一种原子或分子大部分已电离的气体。它是电的良导体，因其

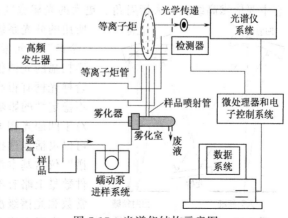

图 7-17　光谱仪结构示意图

中的正、负电荷密度几乎相等，所以从整体来看它是电中性的。ICP 等离子体温度可高达 5000～10000K。ICP 等离子体光源系统由 RF 高频发生器、等离子炬管、气路系统等组成。高频发生器是 ICP-AES 的基础核心部件，它为等离子体提供能量，通过工作线圈给等离子体输送能量，并维持 ICP 光源稳定放电，要求其具有高度的稳定性和不受外界电磁场干扰。根据等离子体炬安装方向与光学系统观测方向的方式不同，ICP-AES 目前主要使用轴向、径向、双向 3 种观测方式。等离子炬管是 ICP 等离子体光源系统的重要部件。它是由三层同心石英管组成。外管通冷却气 Ar 的目的是使等离子体离开外层石英管内壁，以避免它烧毁石英管。采用切向进气，其目的是利用离心作用在炬管中心产生低气压通道，以利于进样。中层石英管出口做成喇叭形，通入 Ar 气维持等离子体的作用，有时也可以不通 Ar 气。内层石英管内径约为 1～2mm，载气将试样气溶胶由内管注入等离子体内。试样气溶胶由气动雾化器或超声雾化器产生。当载气将试样气溶胶通过等离子体时，被后者加热至 6000～7000K，样品中的待测物质很快被蒸发、分解，产生大量的气态原子，气态原子还可进一步吸收能量而被激发至激发态，而产生原子发射光谱。

（2）进样系统　目前，ICP 主要是溶液进样，ICP 进样系统由蠕动泵、雾化系统等组成，被测定的溶液首先经蠕动泵进入雾化室，再经雾化器雾化转化成气溶胶，一部分细微的颗粒被氩气载入等离子体，另一部分颗粒较大的则被排出。随载气进入等离子体的气溶胶在高温作用下，经历蒸发、干燥、分解、原子化和电离的过程，所产生的原子和离子被激发，并发射出各种特定波长的光，产生发射光谱。ICP 常用的雾化器有同心（溶液和雾化同轴心方向）雾化器和交叉（溶液和雾化垂直方向）雾化器两种。其中，同心雾化器有较好的雾化效率，精密度较好，但容易发生堵塞；而交叉雾化器虽雾化效率和精度稍低，但可耐高盐，不易发生堵塞，且不易损坏。

除了溶液进样，将固体样品直接引入原子光谱分析系统一直是原子发射光谱研究的热点。直接固体进样可有效地克服试样分解过程所带来的缺陷，如外来污染、转移损失、分析时间长及试剂和人力的消耗等。目前主要方法有激光烧蚀、电热蒸发（ETV）试样引入、悬浮体进样、把装有试样的棒头直接插入 ICP 等，但固体进样相对溶液进样一般测定精密度较差。

（3）光学系统　电感耦合高频等离子体原子发射光谱的光学系统相对比较复杂，但其作用与原理与其他光谱类似，即将复合光分解为单色光。原子发射光谱的分光系统通常由狭缝、准直镜、色散元件、凹面镜等组成。其核心部件是色散元件，如棱镜或光栅两种。目前一般采用高分辨率的中阶梯光栅分光。中阶梯光栅光谱仪是采用较低色散的棱镜或其他色散元件作为辅助色散元件，安装在中阶梯光栅的前或后来形成交叉色散，获得二维色散图像。它主要依靠高级次、大衍射角、更大的光栅宽度来获得高分辨率的，这是目前较先进光谱仪所用的分光系统，配合 CCD、SCD、CID 检测器可以实现"全谱"多元素"同时"分析。也有采用中阶梯光栅的顺序扫描的光谱仪。相对于平面光栅（如图 7-18 所示），中阶梯光栅有很高的分辨率和色散率，由于减少了机械转动不稳定性的影响，其重复性、稳定性有很大的提高。而相对于凹面光栅光谱仪，它在具备多元素分析能力的同时，可以灵活地选择分析元素和分析波长。目前各厂家的"全谱"仪器基本都采用此类型，只是光路设计和使用光学器件数量上略有不同。中阶梯光栅可通过增大闪耀角、光栅常数和光谱级次来提高分辨率。由于 ICP 有很强的激发能力，发射谱线丰富，谱线干扰也较为严重，因此，提高仪

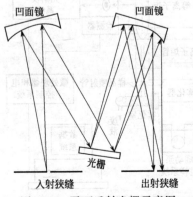

图 7-18　平面反射光栅示意图

器高分辨率有利于避开一些谱线干扰。

（4）检测和数据处理系统　ICP 检测器早期主要用光电倍增管（PMT）检测器，目前已逐步被各种固体检测器代替。商品仪器固体检测器主要有电荷耦合检测器 CCD（charge coupled detector）、电荷注入式检测器 CID（charge injection detector）、分段式电荷耦合检测器 SCD（subsectioncharge coupled detector），这些固体检测器，作为光电元件具有暗电流小、灵敏度高、信噪比较高的特点，具有很高的量子效率，而且是超小型的、大规模集成的元件，可以制成线阵式和面阵式的检测器，能同时记录成千上万条谱线，并大大缩短了分光系统的焦距，使多元素同时测定功能大为提高并成为全谱直读光谱仪。目前，ICP 全谱直读光谱仪可按设定的方法实现多功能数据处理，包括绘制工作曲线、进行内标法和标准加入法、自动进行背景扣除，不仅可实时计算，还可改变某些参数进行重处理等。不少软件还带有独特的多元谱图校正功能。

——摘自：陈浩主编 . 仪器分析 . 北京：科学出版社，2010；朱明华，胡坪主编 .
仪器分析 . 第 4 版 . 北京：高等教育出版社，2008

？思考题与习题

1. 名词解释
共振线；激发能；离子线；灵敏线；分析线；自吸；自蚀；最后线
2. 原子发射光谱的特点是什么？
3. 原子发射法定性及定量分析原理是什么？
4. 简述 ICP 的工作原理及其特点。
5. 选择内标元素和分析线对有什么要求？
6. 摄谱法是如何进行定量分析的？
7. 用火焰光度法在 404.3nm 测量土壤试液中钾的发射光谱强度，钾标准溶液和试液的数据如下，求试液中钾的质量浓度。

钾溶液质量浓度/$\mu g \cdot mL^{-1}$	空白	2.50	5.00	10.00	15.00	试液
相对发射光谱强度	0	12.4	24.3	50.0	72.8	44.0

参 考 文 献

[1] 杨军，杨瑞龙，白治中等 . Cu 掺杂对 CdS 薄膜结构、光致发光及 CdS/CdTe 电池性能的影响 . 光谱实验室，2013（01）：1-8.

[2] 王铁，亢德华，于媛君 . ICP-AES 测定钒钛高炉渣中的 MnO、P、V_2O_5、TiO_2. 鞍钢技术，2013（01）：44-46.

[3] 曾艳霞，李树安，孙凡等 . 电感耦合等离子发射光谱法同时测定连云港产草莓中的铅铬镉铜 . 食品科学，2013（04）：204-207.

[4] 孙凤，邓丽霜，童红，等 . 电感耦合等离子体原子发射光谱法测定新疆洋葱籽中常量/微量元素 . 分析科学学报，2013（01）：81-84.

[5] 谭伟，熊佳梁，高斯祺等 . 电感耦合等离子体原子发射光谱法对西南金丝梅中的 15 种元素的形态分析 . 中成药，2013（02）：335-338.

[6] 张玉芬，于秀英，齐景凯 . 微波消解-等离子体原子发射光谱法测定 8 种粮食中 7 种金属元素含量 . 食品科学，2012（24）：280-282.

[7] 黄丽，黄宗华，郑丽纯等 . 电感耦合等离子体原子发射光谱法同时测定仿真饰品中砷、钡、镉、钴、铬、汞、镍、铅、锑和硒迁移量 . 理化检验（化学分册），2012（12）.

[8] 索金玲，张金龙，吴珊等 . 微波消解-电感耦合等离子体原子发射光谱法测定管输原油中镍、钠、钒 . 石油与天然气化工，2013（03）.

[9] 张玉芬，韩娜仁花，赵玉英等．微波消解-电感耦合等离子体原子发射光谱法测定 6 种蒙药中 7 种金属元素．中草药，2013（04）：434-6.

[10] 杨元．现代分析测试技术在卫生检验中的应用．成都：四川大学出版社，2008.

[11] 钱沙华，韦进宝．环境仪器分析．北京：中国环境科学出版社，2004.

[12] 邓勃．原子吸收光谱分析的原理、技术和应用．北京：清华大学出版社，2004.

[13] 刘崇华．光谱分析仪器使用与维护．北京：化学工业出版社，2010.

[14] 孙延一，吴灵．仪器分析．武汉：华中科技大学出版社，2008.

[15] 陈新坤．原子发射光谱分析原理．天津：天津科学技术出版社，1991.

[16] 寿曼立，姜桂兰．仪器分析（二）：原子光谱分析．第 2 版．北京：地质出版社，1994.

[17] 朱永法，宗瑞隆，姚文清．材料分析化学．北京：化学工业出版社，2009.

[18] 钱沙华，韦进宝．仪器分析．北京：中国环境科学出版社，2004.

[19] 陈浩．仪器分析．北京：科学出版社，2010.

第八章 Chapter 08

原子吸收光谱法

💡 **本章提要**
....

　　原子吸收光谱分析法是测量试样中痕量和超痕量金属元素的重要手段之一，原子荧光对测定某些特定元素（As、Hg、Se、Sb）效果较好，可与原子吸收法互补使用。本章主要介绍原子吸收光谱法和原子荧光光谱法的基本原理、仪器流程及定量方法等，要求熟悉积分吸收和峰值吸收，掌握原子吸收光谱仪的结构，熟悉分析条件选择，熟悉火焰原子吸收中的化学干扰及其消除方法，了解氢化物原子吸收分析干扰的来源，了解塞曼效应及氘灯背景校正。

第一节　概述

　　早在 18 世纪初人们研究太阳连续光谱时，就发现太阳连续光谱中存在着许多暗线，后来进一步研究表明太阳连续光谱中的暗线是太阳中处于高温部分的原子发射的辐射线，经过外围低温部分时，被其较冷的同种元素原子蒸气所吸收而形成的。

　　虽然，原子吸收现象较早被人们所认识，但真正应用于化学分析上是从 1955 年澳大利亚物理学家瓦尔西（Walsh A）发表了著名论文"原子吸收光谱在化学分析中的应用"以后才开始的。这篇论文奠定了原子吸收光谱分析法的理论基础。1959 年里沃夫（L'vov）发表了非火焰原子吸收光谱法的研究论文，提出石墨炉原子化器，引起了人们的高度重视。直到 1969 年商品石墨炉的出现和应用，原子吸收光谱分析法的灵敏度得到了较大的提高。20 世纪 70 年代以后，由于塞曼效应扣除背景技术和计算机在原子吸收光谱仪上的应用，实现了高背景、低含量元素的测定。连续光源、中阶梯光栅单色器、波长调制原子吸收法、背景扣除技术都使这方面工作得到完善。

　　与此同时火焰原子化技术也得到了发展。特别是 1965 年威尔茨（J B Willis）应用了氧化亚氮-乙炔火焰，大大扩展了该法所能测定的元素范围。氧屏蔽空气-乙炔火焰的应用，为易生成难解离氧化物的元素分析提供了一种新的可能性。原子捕集法、脉冲进样技术的应用使火焰原子吸收光谱分析法的灵敏度和检出限得到了提高。

　　近年来，基体改进剂、石墨炉加压原子化、石墨管涂层技术、悬浮物进样技术等的应用使这项分析技术日臻完善，原子吸收光谱分析法在科学研究和经济建设中发挥着越来越重要的作用。

第二节　原子吸收光谱法的基本原理

一、原子吸收光谱的产生

一个原子可具有多种能级状态，在正常状态下，原子处于最低能态，即基态。原子在两个能级之间的跃迁伴随着能量的发射和吸收，当原子受外界能量激发时，其最外层电子可能跃迁到不同能级，因此可能具有不同的激发态。电子从基态跃迁到能量最低的激发态（称为第一激发态）时要吸收一定频率的光，由于激发态不稳定，电子会在很短的时间内跃迁返回基态，并发射出同样频率的光（谱线），这种谱线称为共振发射线（简称共振线）。使电子从基态跃迁至第一激发态所产生的吸收谱线称为共振吸收线（也简称为共振线）。其过程示意如图 8-1 所示。

试液 MX ──负压吸入后 雾化成气溶胶──▶ M(基态原子，气态)+X(气态) ──吸收一定光辐射──▶ 跃迁到较高能级

图 8-1　原子吸收光谱过程示意图

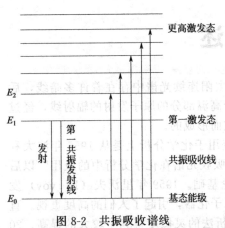

图 8-2　共振吸收谱线

根据 $\Delta E = h\nu = hc/\lambda$ 可知，由于各种元素的原子结构及其外层电子排布不同，核外电子从基态受激发而跃迁到第一激发态所需要的能量不同，同样，由第一激发态跃迁回基态时所发射的能量也不同，因而各种元素的共振线不同而各有其特征性，所以这种共振线是元素的特征谱线。一般情况下，原子外层电子由基态跃迁至第一激发态所需能量最低，最容易发生，其所对应的吸收谱线称为第一共振吸收谱线（主共振线），如图 8-2 所示。因此，对大多数元素来说，主共振线就是元素的灵敏线。原子吸收分析就是利用处于基态的待测元素原子蒸气对从光源辐射的共振线的吸收来进行分析的。

二、谱线轮廓与谱线变宽

1. 谱线轮廓

原子吸收线并不是严格意义上的几何线，而是占据着相当窄的有限的频率或波长范围，即具有一定的宽度，通常称之为谱线的轮廓。

若将光源发射的不同频率的电磁辐射通过原子蒸气，其入射光强度为 $I_{0\nu}$，有一部分电磁辐射被吸收，其透射光的强度 I_ν 与电磁辐射通过原子蒸气的厚度（即火焰的宽度）L 的关系服从朗伯-比尔（Lamber-Beer）定律，即：

$$I_\nu = I_{0\nu}\,e^{-K_\nu L} \tag{8-1}$$

式中，K_ν 为基态原子对频率为 ν 的光的吸收系数。

吸收系数 K_ν 随着光源的辐射频率而改变，这是由于物质的原子对光的吸收具有选择性，对不同频率的光，原子对其吸收也不同，故透过光的强度 I_ν 随着光的频率而有所变化，其变化规律如图 8-3 所示。由图 8-3 可知，当频率为 ν_0 时，透射光强度最小，吸收最大，即

原子蒸气在特征频率 ν_0 时有吸收线。若将吸收系数 K_ν 随频率 ν 变化的关系作图（如图 8-4 所示），则吸收线的轮廓的意义更加清楚，此时可用吸收线的半宽度来表征吸收线的轮廓。表示原子吸收线轮廓的特征量是吸收线的特征（中心）频率 ν_0（波长 λ_0）和半宽度 $\Delta\nu$。特征频率 ν_0（波长 λ_0）是指极大吸收系数 K_0 所对应的频率（波长），其能量等于产生吸收的两量子能级间真实的能量差，特征频率 ν_0 由原子的能级分布特征决定。半宽度 $\Delta\nu$ 是指极大吸收系数一半 $K_0/2$ 处吸收线轮廓间的频率（波长）差。

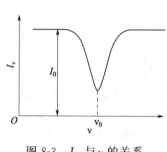

图 8-3　I_ν 与 ν 的关系

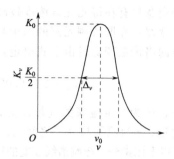

图 8-4　吸收线轮廓与半宽度

2. 谱线变宽

造成谱线变宽的原因很多，主要有原子内部因素引起的自然变宽和外部因素引起的热变宽、碰撞变宽、场变宽等。

（1）自然变宽 $\Delta\nu_N$　在无外界条件影响时谱线所具有的宽度称为自然变宽。它与激发态原子的有限寿命有关，寿命越长，谱线越窄。不同的谱线有不同的自然变宽。在多数情况下吸收线的自然变宽通常约为 10^{-5}nm 数量级，与其他变宽相比完全可以忽略。

（2）热变宽 $\Delta\nu_D$　谱线的热变宽又称为多普勒（Doppler）变宽，它是由于原子热运动引起的。从物理学中已知，一个运动着的原子发出的光，如果运动方向背向观测者，则在观测者看来，其频率较静止原子所发的光的频率低；反之，如光向着观测者运动，则其频率较静止原子发出的光高，这就是多普勒效应。原子吸收光谱分析中，对于火焰和石墨炉原子吸收池，气态原子处于无序热运动中，相对于检测器而言，各发光原子有着不同的动能分量，即使每个原子发出的光是频率相同的单色光，但检测器所接受的光则是频率略有不同的光，于是引起谱线的变宽。这种效应无论是在空心阴极灯中的发光原子还是在原子化器中的被测基态原子都存在。

谱线的多普勒变宽 $\Delta\nu_D$ 可由下式决定：

$$\Delta\nu_D = \frac{2\nu_0}{c} \times \sqrt{\frac{2RT\ln 2}{Ar}} 7.162 \times 10^{-7} \nu_0 \tag{8-2}$$

式中，R 为摩尔气体常数；T 为吸收物质的热力学温度；c 为光速；Ar 为吸光原子的相对原子质量；ν_0 为谱线的中心频率。因此，多普勒变宽与元素的相对原子质量、温度和谱线的频率有关，相对原子质量越小，温度越高，变宽程度就越大。

发射光谱线和吸收线的热变宽对原子吸收分析产生很不利的影响，尤其是发射光谱线的热变宽能使吸收定律应用的准确性受到影响。所以空心阴极灯（原子吸收光谱法的光源）中的热变宽应尽可能减小。减小的办法是降低灯的供电电流，这样能使灯内温度降低。因此，在空心阴极灯发射的分析线强度足够的情况下，降低灯电流对提高准确度和灵敏度都是有益的。

（3）压力变宽　压力变宽又称碰撞变宽。由于吸光原子与蒸气中原子或分子相互碰撞而引起的能级稍微变化，使发射或吸收光量子频率改变而导致的谱线变宽。这种变宽和气体压力有关，气体压力升高，粒子相互碰撞机会增多，碰撞变宽就加大。根据与之碰撞的粒子不同，压力变宽分为两种，即霍尔兹马克（Holtzmark）变宽和洛伦兹（Lorenz）变宽。

霍尔兹马克变宽是指被测元素激发态原子与基态原子（即同种原子）相互碰撞引起的变宽，又称为共振变宽，以 $\Delta\nu_H$ 表示。

洛伦茨变宽是指被测元素原子与其他元素的原子相互碰撞引起的变宽，以 $\Delta\nu_L$ 表示。洛伦兹变宽随原子区内原子蒸气压力增大和温度升高而增大。

共振变宽只有在待测元素浓度较高时才有影响。在通常条件下，压力变宽起重要作用的是洛伦兹变宽，亦即待测元素的原子与不同原子间的碰撞引起的变宽作用。

谱线的洛伦兹变宽可由下式决定：

$$\Delta\nu_L = 2 \times 6.02 \times 10^{23} \sigma^2 P \sqrt{\frac{2}{RT\pi}\left(\frac{1}{Ar} + \frac{1}{Mr}\right)} \tag{8-3}$$

式中，P 为产生碰撞的气体压力；Ar 为待测元素相对原子质量；Mr 为外界气体的相对分子质量；σ 为原子与分子之间的碰撞有效截面积；R 为气体常数；T 为绝对温度。

除了以上因素外，影响谱线变宽的还有其他一些因素，如场致变宽（强电场和磁场引起的）、自吸效应等。但在通常的原子吸收分析实验条件下，吸收线的轮廓主要受多普勒变宽和洛伦兹变宽的影响。在 2000～3000K 的温度范围内 $\Delta\nu_D$ 和 $\Delta\nu_L$ 具有相同的数量级（$10^{-3}\sim10^{-2}$ nm）。当采用火焰原子化装置时，$\Delta\nu_L$ 是主要的，但由于 $\Delta\nu_L$ 与蒸气中其他原子或分子的浓度（压强）有关，当共存原子浓度很低时，特别在采用无火焰原子装置时，多普勒变宽 $\Delta\nu_D$ 将占主要地位。但是不论是哪一种因素，谱线的变宽都将导致原子吸收分析灵敏度的下降。

三、原子吸收光谱的测量

1. 积分吸收法

在原子吸收分析中，积分吸收是指围绕中心频率 ν_0 在它的半宽度范围内的吸收系数的积分面积。积分吸收与单位体积原子蒸气中吸收辐射的原子数目有下列关系：

$$\int_0^{+\infty} K_\nu \mathrm{d}\nu = \frac{\pi e^2}{mc} N_0 f \tag{8-4}$$

式中，e 为电子电荷；m 为电子质量；N_0 为单位体积内基态原子数；f 为振子强度，代表每个原子中能够吸收或发射特定频率光的平均电子数，在一定条件下，对于一定元素，f 可视为一常数；N_0 为单位体积原子蒸气中的基态原子数，在一定条件下与试液中含待测物质原子的浓度成正比。

上式表明，积分吸收与单位体积原子蒸气中的基态原子数成正比，在一定条件下与试液的浓度成正比。从理论上讲，只要能测出积分值，就可以计算出待测元素的含量。但是由于原子吸收线的半宽度仅为 10^{-3} nm 数量级，若要准确测定积分吸收值，就要精确地对原子吸收线的轮廓进行扫描，为此就需要有分辨率高达 50 万的单色器，但在目前的技术条件下还难以实现，因此原子吸收光谱无法通过测量积分吸收来确定被测元素的浓度。

2. 峰值吸收法

1955 年澳大利亚物理学家瓦尔什（Walsh A）提出了使用锐线光源测量谱线峰值吸收的办法来解决常规分光光度法进行原子吸收测量所遇到的困难。所谓锐线光源是指能发射出谱线半宽度很窄的发射线的光源，且发射出来的谱线的中心频率与吸收线的中心频率一致，如图 8-5 所示。

峰值吸收法是指基态原子蒸气对入射光中心频率线的吸收，峰值吸收的大小以峰值吸收系数 K_0 表示。瓦尔什证明了在使用锐线光源及温度不太高的火焰条件下，峰值吸收系数 K_0

与原子蒸气中待测元素的基态原子数 N_0 呈线性关系（式 8-5）。

$$K_0 = \frac{2\sqrt{\pi\ln2}}{\Delta\nu_D} \times \frac{e^2}{mc} N_0 f \qquad (8-5)$$

由上式可见，只要能测出峰值吸收系数 K_0，就能求得 N_0 值。

在实际测量时，当频率为 ν、强度为 I_0 的平行光，通过厚度为 b 的基态原子蒸气时，根据郎伯-比尔定律：

$$I_t = I_0 e^{-K_\nu b} \qquad (8-6)$$

式中，I_0 和 I_t 分别是频率为 ν 的入射光和透射光的强度；K_ν 为峰值吸收系数。

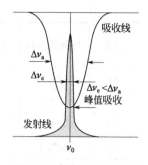

图 8-5　峰值吸收测量图

当使用锐线光源时，可用 K_0 代替 K_ν，则：

$$A = \lg\frac{I_0}{I_t} = 0.434K_0 b = 0.434\frac{2\sqrt{\pi\ln2}}{\Delta\nu_D}\frac{e^2}{mc}N_0 fb \qquad (8-7)$$

或

$$A = k N_0 b \qquad (8-8)$$

式（8-8）表明，当使用很窄的锐线光源作原子吸收测量时，测得的吸光度与原子蒸气中待测元素的基态原子数呈线性关系。

四、基态原子数与原子吸收定量基础

原子吸收光谱分析测量的是气态基态原子对其特征谱线的吸收。在原子吸收分析中，通常利用高温使试样原子化来得到气态基态原子。但是在高温中，气态基态原子也可以通过热激发成为激发态原子。

理论研究和实验观察表明，在高温下达到热平衡状态时，激发态原子数目 N_j 与基态数目 N_0 的关系可用玻尔兹曼（Boltzmann）关系式表示：

$$\frac{N_j}{N_0} = \frac{g_j}{g_0}\exp\left(-\frac{\Delta E}{KT}\right) \qquad (8-9)$$

式中，g_j、g_0 为激发态和基态的统计权重；ΔE 为激发能；K 为玻尔兹曼常数；T 为热平衡时气体的热力学温度。

从上式可以看出，原子在热平衡状态时，处于高能级的原子数目总是少于低能级的原子数目。同时还可以看出，温度升高，基态原子数减少，激发态原子数增加。

在原子吸收光谱分析中，我们所关心的主要是那些能够产生共振吸收的基态原子数。表 8-1 列出了在不同温度下根据计算得到的某些元素共振线的 N_j/N_0 值。由表 8-1 可以看出，温度越高，N_j/N_0 越大；在同一温度下，电子跃迁所需的激发能越小，则 N_j/N_0 值越大。常用的火焰温度一般低于 3000K，所以对大多数元素来说，N_j/N_0 值都很小（<0.1%），即火焰中的激发态原子数远小于基态原子数，也就是说火焰中基态原子数占绝对多数，因此可用基态原子数 N_0 代表吸收辐射的总原子数。

表 8-1　某些元素共振线的 N_j/N_0 值

元素	共振线/nm	g_j/g_0	激发能/eV	N_j/N_0		
				2000K	2500K	3000K
Na	589.0	2	2.104	0.99×10^{-5}	1.14×10^{-4}	5.83×10^{-4}
Ba	553.5	3	2.239	6.38×10^{-6}	3.19×10^{-5}	5.19×10^{-4}

续表

元素	共振线/nm	g_j/g_0	激发能/eV	N_j/N_0		
				2000K	2500K	3000K
Sr	460.7	3	2.690	$4.99×10^{-7}$	$11.32×10^{-5}$	$9.07×10^{-5}$
Ca	422.7	3	2.932	$1.22×10^{-7}$	$3.67×10^{-6}$	$3.55×10^{-5}$
Co	338.2	1	3.664	$5.85×10^{-10}$	$4.11×10^{-8}$	$6.99×10^{-7}$
Ag	328.1	2	3.778	$6.03×10^{-10}$	$4.84×10^{-8}$	$8.99×10^{-7}$
Cu	324.8	2	3.817	$4.82×10^{-10}$	$4.04×10^{-8}$	$6.65×10^{-7}$
Mg	285.2	3	4.346	$3.35×10^{-11}$	$5.20×10^{-9}$	$1.50×10^{-7}$
Pb	283.3	3	4.375	$2.83×10^{-11}$	$4.55×10^{-9}$	$1.34×10^{-7}$
Au	267.6	1	4.632	$2.12×10^{-12}$	$4.60×10^{-10}$	$1.65×10^{-8}$
Zn	213.9	3	5.795	$7.45×10^{-15}$	$6.22×10^{-12}$	$5.50×10^{-10}$

实际分析要求测定的是试样待测元素的浓度，而此浓度是与待测元素吸收辐射的原子总数成正比的。所以在一定浓度范围和一定火焰宽度 b 的情况下，式（8-8）可表示为

$$A = K'c \tag{8-10}$$

式中，c 为待测元素的浓度；K' 在一定实验条件下为一常数。所以，在一定实验条件下，吸光度与浓度成正比，通过测定吸光度就可求出待测元素的含量。这就是原子吸收分光光度分析的定量基础。

第三节　原子吸收分光光度计

原子吸收分光光度计又称原子吸收光谱仪，原子吸收光谱仪的组成包括辐射光源、原子化器、单色器、检测器和数据采集与处理系统，其示意图如图 8-6 所示。

$$\boxed{\text{锐线光源}} \rightarrow \boxed{\text{原子化系统}} \rightarrow \boxed{\text{单色器}} \rightarrow \boxed{\text{检测器}} \rightarrow \boxed{\text{数据处理及显示系统}}$$

图 8-6　原子吸收分光光度计基本结构示意图

原子吸收分光光度计有单光束和双光束两种类型。单光束型仪器结构比较简单（如图 8-7 所示），共振线在外光路损失少，因而应用广泛。但受光源强度变化的影响而容易发生基线漂移，可以通过对光源进行适当的预热来降低基线漂移，但在标尺扩展时仍不能忽略，而双光束型仪器可以克服基线漂移现象。

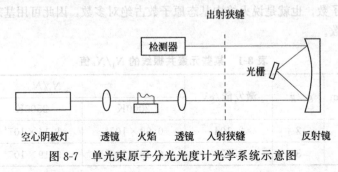

图 8-7　单光束原子分光光度计光学系统示意图

双光束型原子吸收分光光度计的光学系统示意图如图 8-8 所示。光源辐射被分为两束光，试样光束通过火焰，参比光束不通过火焰，然后用半反射镜将试样光束及参比光束交替通过单色器而投射到检测器。在检测器中将所得脉冲信号分离为参比信号及试样信号，并得到此两信号的强度比，故光源的任何漂移都可由参比光束得到补偿。

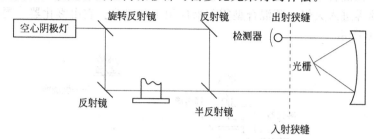

图 8-8　双光束原子分光光度计光学系统示意图

一、光源

光源的作用是辐射待测元素的特征光谱（实际辐射的是共振线和其他非吸收谱线），为了测出待测元素的峰值吸收，必须使用由待测元素制成的锐线光源。在原子吸收光谱分析中，为了获得较高的灵敏度和准确度，光源必须满足以下条件：

（1）能辐射锐线，即发射线的半宽度要明显小于吸收线的半宽度；

（2）能辐射待测元素的共振线，并具有足够的强度，以保证有足够的信噪比；

（3）辐射的光强度必须稳定且背景小，使用寿命长。

蒸气放电灯、无极放电灯和空心阴极灯都能符合上述要求，这里重点介绍应用最广泛的空心阴极灯。

常用的空心阴极灯是一种气体放电管，它由一个圆柱形的空心阴极和一个棒状阳极组成。空心阴极由用以发射所需谱线的金属或合金，或铜、铁、镍等金属制成阴极衬套，空穴内熔入或衬入所需金属。阳极可用钨、钛、锆等纯金属制作，但最常用的是钨棒，两极被密封于充有低压惰性气体的带有石英窗的玻璃管套内，其结构如图 8-9 所示。

当正负电极间施加适当电压（300～500V）时，便开始辉光放电，这时电子将从空心阴极的内壁射向阳极，在电子通路上与惰性气体原子碰撞而使之电离，产生带正电荷的惰性气体离子，该正离子在电场作用

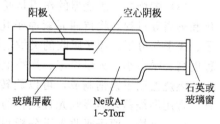

图 8-9　空心阴极灯构造图
（1Torr＝133.322Pa）

下，以高速向阴极内壁猛烈轰击，使阴极表面的金属原子溅射出来。溅射出来的金属原子再与电子、惰性气体原子及离子发生碰撞而被激发，处于激发态的粒子不稳定，很快就会返回基态，并以光的形式释放出多余的能量，产生待测元素的特征光谱线。

二、原子化器

原子化器的作用是使试样溶液中的待测元素转化为基态原子蒸气，以便对特征光谱线进行吸收。原子化是原子吸收分析的关键步骤。元素测定的灵敏度、准确性，在很大程度上取决于原子化状况。所以，要求原子化器要有尽可能高的原子化效率，且不受浓度的影响，稳定性、重现性好，背景和噪声小。原子化器主要有两大类：火焰原子化器和非火焰原子化器。前者具有简单、快速、对大多数元素有较高的灵敏度和较低的检出限等优点，因而至今仍广泛使用。

无火焰原子化技术具有较高的原子化效率、较高的灵敏度和更低的检出限，因而发展很快。

1. 火焰原子化器

它分为两种类型：全消耗型原子化器和预混合型原子化器。全消耗型原子化器是将试样直接喷入火焰；预混合型原子化器是由雾化器将试样雾化，并在混合室内除去较大的雾滴，使试样均匀地喷雾进入火焰。预混合型雾化器应用十分普遍。它由雾化器、混合室、燃烧器组成，如图 8-10 所示。

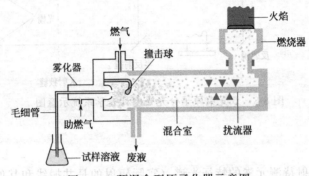

图 8-10 预混合型原子化器示意图

（1）**雾化器** 雾化器的作用是利用压缩空气将试样溶液变成高度分散的细小雾滴，生成的雾滴随气体流动并被加速，形成粒子直径为微米级的气溶胶。气溶胶粒子直径越小，火焰中生成的基态原子越多。

（2）**混合室** 混合室的作用是使气溶胶粒度更小、更均匀，使燃气、助燃气充分混合。因此，在混合室中装有撞击球和扰流器，雾化器的记忆效应要小。记忆效应也称残留效应，是指将溶液喷雾后，立即用蒸馏水喷雾，仪器读数返回零点或基线的时间。记忆效应越小，则仪器返回零点的时间越短。

（3）**燃烧器** 燃烧器的作用是通过火焰燃烧，使试样雾滴在火焰中经过干燥、蒸发、熔化和解离等过程，将待测元素原子化。在此过程中会产生大量的基态原子及部分激发态原子、离子与分子。原子吸收的灵敏度取决于光路中的基态原子数，所以要求燃烧器的原子化程度高、噪声小、火焰稳定、光路上原子数目多等。

燃烧器用不锈钢制成，可以旋转一定角度，高度和前后位置可调节，以选择合适的位置。常用燃烧器多为吸收光程较长的长缝型燃烧器，狭缝有单缝和三缝两类。

（4）**火焰** 原子吸收光谱分析测定的是基态原子，而火焰原子化法是使试液变成原子蒸气的一种理想方法。化合物在火焰温度的作用下经历蒸发、干燥、熔化、解离、激发和化合等复杂过程。在此过程中，除产生大量游离的基态原子外，还会产生很少量激发态原子、离子和分子等不吸收辐射的粒子，这些粒子是要尽量设法避免的。

火焰温度是影响原子化程度的重要因素。温度过高，会使试样原子激发或电离，基态原子数减少，吸光度下降。温度过低，不能使试样中盐类解离或解离率太低，测定的灵敏度也受到影响，如果存在未解离分子的吸收，干扰就会更大。因此，必须根据实际情况，选择适合的火焰温度。常见的火焰及温度见表 8-2。

表 8-2 常用火焰的燃烧特性

火焰温度		温度和颜色	
火　焰	温度/℃	颜　色	温度/℃
蜡烛	1400	初红	500

续表

火焰温度		温度和颜色	
火　　焰	温度/℃	颜　　色	温度/℃
乙醇	1700	暗红	700
本生灯	1800	樱红	900
氢	1900	鲜樱红	1000
乙炔	2500	橙黄	1100
一氧化碳和氧	2600	鲜橙黄	1200
氢和氧（氢氧焰）	2800	白	1300
乙炔和氧	3800	眩白	>1500

由表 8-2 可见，火焰温度主要取决于燃气和助燃气的种类，也与燃气和助燃气的流量有关。火焰按燃气和助燃气的比例（燃助比）不同，可分为化学计量火焰、富燃性火焰和贫燃性火焰三种。

① 化学计量火焰　也称中性火焰，是指燃助比与化学计量关系接近时的火焰。火焰的层次清晰、温度高、稳定、干扰少。许多元素可采用此种火焰。如在日常分析工作中，较多采用化学计量的乙炔-空气火焰（中性火焰），其燃助比为 1:4。这种火焰稳定、温度高、背景发射低、噪声小，适用于测定许多元素。

② 富燃性火焰　是指燃助比超过化学计量时形成的火焰，具有较强的还原性，有利于易形成难解离氧化物的元素测定。如富燃性乙炔-空气火焰，其燃助比大于 1:3。此类火焰中有大量燃气未燃烧完全，含有较多的碳、OH 等，故温度略低于化学计量火焰，有还原性，适于易形成难离解氧化物的元素测定。

③ 贫燃性火焰　是指燃助比小于化学计量时形成的火焰，其特点是颜色呈蓝色，氧化性强，温度低，适用于测定易解离、易电离的元素，如碱金属。贫燃性乙炔-空气火焰，其燃助比小于 1:6。

下面以预混合型燃烧器乙炔-空气焰为例，介绍层流火焰结构。如图 8-11 所示。

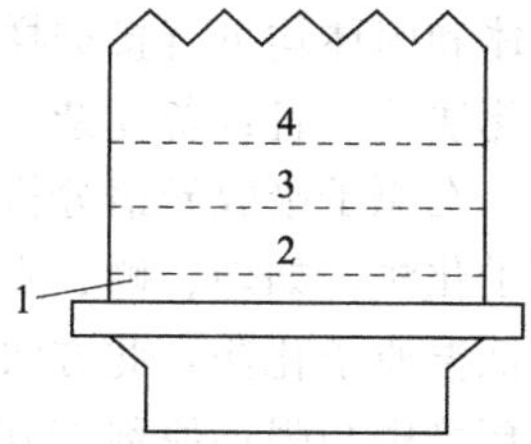

图 8-11　层流火焰结构
1—预热区；2—第一反应区；
3—原子化区；4—第二反应区

预热区，位于灯头上方附近，这是一层光亮不大、温度不高的蓝色焰，上升的燃气在这里被加热到着火，温度为 350℃；

第一反应区，在预热区上方，是一条清晰蓝色光带，称为燃烧前沿或初步反应区，这里燃烧不充分，温度略低于 2300℃；

原子化区，火焰温度最高，约 2300℃，且具有还原性气氛，在本层保持的自由原子浓度最大，是分析的主要工作区；

第二反应区，位于火焰上半部，覆盖火焰外表，温度略低于 2300℃。由于本层处于外层，有充足的空气供应，所以燃烧完全。

2. 非火焰原子化器

非火焰原子化器又称无火焰原子化器，它利用电热阴极溅射等离子体或激光等方法使试样中待测元素形成基态自由原子。常用的非火焰原子化器是石墨炉原子化器，其结构如图 8-12 所示，主要由电源、炉体和石墨管三部分组成。电源提供较低电压（10～25V）和大电流（500A），电流通过石墨管时产生高热、高温，最高温度可达到 3000℃，从而使试样原子化。

石墨管的内径约 8mm，长约 28mm，管中央有一小孔，用以加入试样。石墨炉炉体具有水冷外套，保护炉体。炉体内通惰性气体，如氩气或氮气，以防止石墨管在高温下燃烧和待测元素被氧化，同时排除灰化时产生的烟雾，降低噪声。

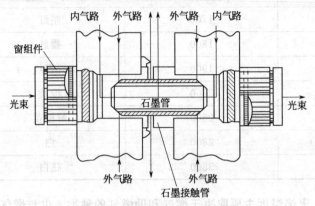

图 8-12　管式石墨炉原子化器

石墨炉工作时，要经过干燥、灰化、原子化和净化四个步骤程序升温。干燥的目的是在低温（通常为 105℃）下蒸发去除试样的溶剂，以免因溶剂的存在而导致灰化和原子化过程飞溅；灰化的作用是在较高温度（350～1200℃）下进一步去除有机物或低沸点无机物，以减少基体组分对待测元素的干扰；原子化温度随被测元素而异（244～3000℃）；净化的作用是将温度升至最大允许值，以去除残余物，消除由此产生的记忆效应。石墨炉原子化法的优点是注入的试样几乎可以完全原子化。试样的原子化过程在惰性气体和强还原性介质中进行，这样有利于难熔氧化物的原子化；同火焰原子化法相比，自由原子在石墨炉吸收区内停留时间较长，大约为前者的 1000 倍，测定的绝对检出限达 10^{-12}～10^{-14}g；而且石墨炉法中液体和固体均可直接进样。但石墨炉法的基体效应及化学干扰较大，测定的重现性比火焰原子化法差，且设备复杂、费用高。

在原子吸收光谱分析中对一些特殊元素可以用其他原子化方法，如氢化物原子化法和冷原子化法。如砷、硒、汞等，可以利用某些化学反应使其氢化物原子化法。冷原子化法是一种低温原子化法，此方法利用 KI 及 $SnCl_2$ 将试样中的待测元素还原为低价化合物，再在酸性环境中与强还原剂 $NaBH_4$ 或 KBH_4 作用生成低熔点、低沸点的共价分子型氢化物，从而有效地从样品基体中分离出来，并容易转变为自由原子蒸气。氢化物原子化法既是生成过程又是一个分离过程，可以克服试样中其他组分对被测元素的干扰。测量灵敏度比火焰原子化法高约 3 个数量级。但能够形成氢化物的元素只有九种（砷、锑、铋、锗、锡、硒、碲、铅和汞），因此应用范围不广。冷原子化法是将试样中汞离子用 $SnCl_2$ 还原为金属汞，由于汞的蒸气压非常高，易于汽化，所以用空气流将汞蒸气带入气体吸收管中利用原子吸收进行测定。此种方法的灵敏度和准确度都很高，是测定痕量汞的好方法。

三、光学系统

光学系统可分为两部分，外光路系统（又称照明系统）和分光系统（单色器）。

外光路系统使光源发出的共振线能正确地通过被测试样的原子蒸气，并投射到单色器的狭缝上。

分光系统（单色器）的作用是将待测元素的共振线与邻近谱线分开。主要由色散元件（光栅或棱镜）、反射镜、狭缝等组成（如图 8-7 所示）。光源发出的特征光经第一透镜聚集在待测原子蒸气时，部分被基态原子吸收，透过部分经第二透镜聚集在单色器的入射狭缝，经反射镜反射到单色器上进行色散，再经出射狭缝反射到检测器上。原子吸收所用的吸收线是锐线光源发射出的共振线，它的光谱比较简单，所以并不要求仪器具有很高的色散能力，但同时为了便于测定，又要求有一定的出射光强度，若光源强度一定，就需要选用适当的光栅色散率与狭缝宽度配合，构成适于测定的通带来满足上述要求。所谓通带是指通过单色器出射狭缝的谱线宽度，它由色散元件的色散率与入射狭缝宽度决定的，用 W 表示。

$$W = DS \qquad (8-11)$$

式中，W 为单色器的通带宽度，nm；D 为光栅线色散率的倒数，$nm \cdot mm^{-1}$；S 为狭缝宽度，mm。

由于每台仪器单色器采用的光栅一定，其倒线色散率 D 为定值，因此单色器的分辨率和集光本领就取决于狭缝宽度。调宽狭缝，使光谱通带加宽，单色器的集光本领加强，出射光强度增加，但同时出射光包含的波长范围也相应加宽，使光谱干扰和背景干扰增加，单色器的分辨率降低，导致测得的吸收值偏低，工作曲线弯曲，产生误差。反之，调窄狭缝，光谱通带变窄，实际分辨率提高，但出射光强度降低，相应要求提高工作电流和增加检测器增益，这样会伴随着谱线变宽和噪声增加。因此，在实际工作中，应根据测定的需要调节合适的宽度。例如，对碱金属及碱土金属，由于待测元素共振线附近干扰及连续背景很小，应采用较大的狭缝宽度；对于过渡金属及稀土元素等具有复杂光谱或有连续背景的元素，适宜采用较小的狭缝宽度，以减少非吸收谱线的干扰，得到线性好的工作曲线。

四、检测系统

检测系统主要由检测器、放大器、对数变换器和显示装置组成，它的作用是将单色器分出的光信号转换成电信号，经放大器放大后以透射率或吸光度的形式显示出来。

常用的光电转换元件有光电管、光电池和光电倍增管等。在原子吸收分光光度计中，通常使用光电倍增管作检测器。光电倍增管是一种具有多级电流放大作用的真空光电管，它可以将经过原子蒸气吸收和单色器分光后的微弱光信号转变成电信号，其放大倍数可达 $10^6 \sim 10^8$ 倍。为了使光电倍增管输出信号具有高度稳定性，可以通过调整负高压来增加光电倍增管的总灵敏度，但过高的电压会增加噪声和暗电流。

光电倍增管在使用时应尽量避免非信号光照射和长时间无间隙使用，并尽量不用过高的电压，以确保光电倍增管的良好工作特性。

放大器的作用是将光电倍增管输出的电压信号进行放大。原子吸收常用同步解调放大器。它既有放大作用，又能滤掉火焰发射以及光电倍增管暗电流产生的无用直流信号，从而有效提高信噪比。

在显示装置里，信号可以转换成吸光度或透光率，也可转换成浓度用数字显示器显示出来，还可以用记录仪记录吸收峰的峰高或峰面积。较先进的原子吸收分光光度计中还设有自动调零、自动校准、积分读数、曲线校正等装置，并可用计算机绘制和校准工作曲线及高速度处理大量测定数据。

第四节　原子吸收光谱法分析条件的选择

原子吸收光谱分析中分析条件的选择对测定的灵敏度、准确度和干扰情况等有很大的影响，必须予以重视。不同型号以及不同的元素，其最佳测定条件的选择都有所不同。因此，在分析工作中要根据实际情况进行选择，现择其重点讨论如下。

一、分析线的选择

一般元素都有多条共振线可供选择，分析线的选择可从灵敏度、稳定性、有无干扰及仪器自身条件等方面进行考虑，一般选用元素的主共振线作为分析线，这样可获得较高的灵敏度。但并非任何情况下都做这样的选择，有时应选择灵敏度较低的共振线作为分析线，如测量高浓度（避免过度稀释）或有干扰时，可选次灵敏线。适宜的分析线是通过实验方法来确定的，其方法是：固定其他实验条件，从适当波长开始，依次改变波长，测量在不同的波长处待测元素标准液的吸光度，绘制 A-λ 曲线，找出具有最大吸光度的波长，并考虑在此波长处有无干扰情况，若无干扰，则可以确定该波长的谱线为分析线。常用的分析线可查阅有关手册。

二、空心阴极灯电流

空心阴极灯的发射特性取决于工作电流，空心阴极灯电流的大小将影响到测定的灵敏度、稳定性及其使用寿命。一般以在保证有足够强度且稳定的光谱输出的前提下，尽量使用较低的工作电流为原则，通常用空心阴极灯上标注的最大工作电流的 $40\%\sim60\%$ 为宜。最佳的灯电流的选择要通过实验方法绘制出吸光度-灯电流关系曲线，选择有最大吸光度时的最小灯电流。

三、火焰温度

火焰温度是影响原子化效率的基本因素。在确保待测元素能充分解离为基态原子的前提下，低温火焰比高温火焰具有较高的灵敏度。火焰温度由火焰种类决定，如对于分析线在 200nm 以下的元素，乙炔-空气火焰对其有明显吸收，应采用氢气-空气火焰；易电离元素应采用煤气-空气火焰；中低温即可原子化的元素，可采用乙炔-空气火焰；易生成难离解化合物的元素，可采用氧化亚氮-乙炔火焰。当火焰种类选定后，应通过实验进一步确定燃气与助燃气流量的合适比例。

四、燃烧器高度

火焰中不同区域内的温度及其火焰特性是不同的，故在原子化过程中，不同元素在火焰中形成基态原子的最佳浓度区域不同。测定时应使光源发出的待测元素特征谱线通过基态原子密度最大的区域，通常称为原子化区。

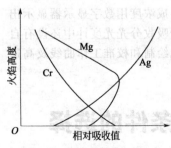

图 8-13　火焰吸收值示意图

选择燃烧器高度使光束从原子浓度最大的区域通过，燃烧器高度影响测定灵敏度、稳定性和干扰程度。一般在燃烧器狭缝口上方 $2\sim5$mm 处火焰具有最大的基态原子浓度，灵敏度最高。但对于不同测定元素和不同性质的火焰有所不同。如图 8-13 所示，对氧化物稳定性高的 Cr，随火焰高度增加，即火焰氧化特性增强，形成氧化物的趋势增大，吸收值相应减小。反之，对于氧化物不稳定的 Ag，其原子浓度主要由银化合物的离解速率所决定，故 Ag 的吸收值随火焰高度增加而增大。对于氧化物稳定性中等的 Mg，吸收值开始随火焰高度的增加而增大，达到极大值后又随火焰高度的增加而降低。这是由于吸收信号由自由 Mg 原子产生的速率所决定，随火焰氧化特性的增强，自由 Mg 原子因生成氧化镁而损失。由此可见，由于元素基态原子浓度在火焰中随火焰高度不同而各不相同。在测定时必须仔细调节燃烧器的高度，使测量光束从自由原子浓度最大的火焰区通过，以此得到最佳的测试灵敏度。最佳的燃烧器高度，可通过绘制吸光度-燃烧器高度曲线来选定。

五、狭缝宽度

对于确定的仪器，倒线色散率 D 是一定的，因此单色器光谱通带只取决于狭缝宽度。狭缝宽度影响光谱宽度和检测器接收的辐射能量，因此选择狭缝宽度时要兼顾这两个方面。由于原子吸收光谱的谱线重叠概率较小，因此在测定时可以使用较宽的狭缝，这样可以增加光强，使用较小的增益减少检测器的噪声，从而提高信噪比、改善检测限。但在火焰背景发射较强、吸收谱线附近有干扰线存在时，就应使用较窄的狭缝。狭缝宽度的确定方法一般是调节不同的狭缝宽度测量试液的吸光度。

六、试样用量

在火焰原子吸收法中，进样量的大小影响测定的灵敏度，一般 $3\sim6\text{mL}\cdot\text{min}^{-1}$ 为宜。进样量过小，火焰中基态原子数相对较少，吸光度值较小，灵敏度低；进样量过大，降低火焰温度，原子化效率下降，灵敏度降低。最佳进样量的选择可以通过实验确定，其具体方法是在合适的燃烧器高度下，调节毛细管出口的压力以改变进样速率，达到最大吸光度的进样量即为合适的试样用量。

以上讨论的主要是火焰原子化仪器工作条件的选择。对于石墨炉原子化法，显然应根据其方法特点予以考虑，还需要合理选择干燥、灰化、原子化和净化阶段的温度及时间等。

第五节 原子吸收定量分析方法

原子吸收定量分析法是一种相对而不是绝对的方法，定量结果只能是与标准溶液或标准物质相比较而言。原子吸收的定量方法主要有两种：标准曲线法和标准加入法（也有内标法但使用频率不高）。

在考虑试样中某元素能否应用原子吸收光谱法时，首先应查看该元素的灵敏度和检出限，若灵敏度能达到要求，则需进行测定条件的选择，最后确定测定方法的精密度和准确度。

一、灵敏度、特征浓度及检出限

1. 灵敏度及特征浓度

在原子吸收分光光度分析中，灵敏度 S 是指吸光度的增量与相应的待测元素的浓度（或质量）的增量之比，其表达式为：

$$S_c = \Delta A/\Delta c \qquad \text{或} \qquad S_m = \Delta A/\Delta m \tag{8-12}$$

式中，S_c 为浓度型检测器灵敏度；S_m 为质量型检测器灵敏度。

在火焰原子化法中常用特征浓度 c_c（单位为 $\mu g\cdot mL^{-1}\cdot 1\%^{-1}$）来表征灵敏度，所谓特征浓度是指能产生 1% 净吸收（即吸光度为 0.0044）时溶液中待测元素的浓度：

$$c_c = \frac{\Delta c \times 0.0044}{\Delta A} = \frac{0.0044}{S_c}$$

在石墨炉原子化法中，常用特征质量 m_c（单位为 $\mu g \cdot g^{-1} \cdot 1\%^{-1}$）来表示分析灵敏度（又称绝对灵敏度）。所谓特征质量是指产生 1% 净吸收（即吸光度为 0.0044）时溶液中待测元素的质量：

$$m_c = \frac{\Delta m \times 0.0044}{\Delta A} = \frac{0.0044}{S_m} \tag{8-13}$$

2. 检出限

检出限（detection limit）表示在适当置信度下能被仪器检出的元素的最低浓度或最低质量。一般指待测元素所产生的信号强度等于其噪声强度标准偏差的 3 倍时所对应的质量浓度或质量分数，其表达式为：

$$D_c = \frac{3\sigma}{S_c} \text{ 或 } D_m = \frac{3\sigma}{S_m} \tag{8-14}$$

式中，σ 为对空白溶液连续测定至少 10 次所得的吸光度求算的标准偏差；D_c 为火焰原子化法检出限，$\mu g \cdot mL^{-1}$；D_m 为石墨炉原子化法检出限，μg。

检出限比灵敏度具有更明确的意义，它考虑了噪声的影响，并明确指出了测定的可靠程度。由此可见，降低噪声、提高测试精密度是改善检出限的有效途径。对于一定的仪器，合理地选择分析条件，诸如选择合适的灯电流、仪器的充分预热、调节合适的检测系统、保证供气的稳定等，都可以降低噪声水平。

二、定量分析方法

1. 标准曲线法

配制一系列合适的标准溶液，由低浓度到高浓度依次测定其吸光度 A。以测得的吸光度 A 为纵坐标，以待测元素浓度 c 或质量 m 为横坐标，绘制标准曲线（或计算回归方程和相关系数）。在相同的实验条件下，吸入待测试样溶液，根据测得的吸光度 A，查标准曲线（或通过回归方程计算）求得试样待测元素的浓度或质量（如图 8-14 所示）。

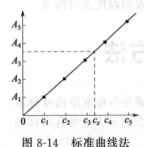

图 8-14　标准曲线法

在实际分析中，当待测元素浓度较高时曲线会向浓度坐标弯曲，这是因为当待测元素浓度较高时，吸收线的变宽除考虑热变宽外，还要考虑压力变宽，这种变宽会使吸收线轮廓不对称，导致光源辐射的共振线的中心波长与共振吸收线的中心波长错位，因而吸收相应减少，结果标准曲线向浓度坐标弯曲。另外，火焰中各种干扰（光谱干扰、化学干扰、物理干扰等）也可能导致曲线弯曲。

标准曲线法简便、快速，但只适用于组成简单的试样。在使用标准曲线法时要注意以下几点：

① 配制的标准溶液的浓度，应在吸光度与浓度成直线关系的范围内；
② 标准溶液和试样溶液都应该用相同的试剂处理；
③ 应该扣除空白值；
④ 在整个分析过程中操作条件应保持不变；
⑤ 由于仪器的不稳定会使标准曲线的斜率发生变动，因此，每次测定前应用标准溶液对吸光度进行检查和校正。

2. 标准加入法

对于组成不完全明确的待测试样，或试样的组分复杂，或基体的干扰难以克服，并且待测试样足够，可以采用标准加入法进行测定（如图 8-15 所示）。

分取几份等量（体积）的待测样品（假设四份），其中一份不加入待测元素的标准溶液，其余各份试样中分别加入已知不同量的待测元素标准溶液，然后用溶剂稀释至一定体积，设试样中待测元素的浓度为 c_x，加入标准溶液后的浓度分别为 c_x+c_0、c_x+2c_0、c_x+3c_0，在标准测定条件下分别测定它们的吸光度（A_x、A_1、A_2、A_3），以吸光度 A 对加入量作图，便得到一条不通过原点的曲线，截距所对应的吸光度正是试样中待测元素所引起的效应。外延曲线与横坐标相交，交点至原点的距离所相应的浓度 c_x，即为所求的试样中待测元素的浓度。

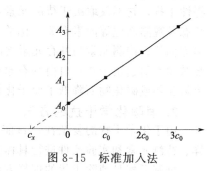

图 8-15 标准加入法

使用标准加入法应注意以下几点：

① 待测元素的浓度与其对应的吸光度应呈线性关系；

② 为了得到精确的外推结果，至少应采用 4 个点来做外推曲线（包括试样本身），而且要使第一个加入量产生的吸收值为试样原吸收值的一半左右；

③ 采用标准加入法只能消除基体效应带来的影响，而不能消除背景吸收的影响，这是因为相同的信号，既加到试样测定值上，也加到增量后的试样测定值上，因此只有扣除背景之后，才能得到待测元素的真实含量；

④ 对于灵敏度很低的曲线，容易引起大的测定误差。

第六节　原子吸收光谱分析中的干扰及其消除

原子吸收光谱分析中的干扰主要有物理干扰、化学干扰、电离干扰和光谱干扰四种类型，现分别讨论如下。

一、物理干扰及其消除

物理干扰是指试样在转移、蒸发和原子化过程中，由于溶质或溶剂的物理化学性质改变而引起的干扰，属非选择性干扰，即对试样中各元素的影响基本上是相似的。

1. 物理干扰产生的原因

在火焰原子吸收中，试样溶液的性质发生任何变化，都直接或间接地影响原子化效率。如试样的黏度发生变化时，影响吸喷速率进而影响雾滴和雾化效率。毛细管的内径和长度以及空气的流量同样影响吸喷速率。试样的表面张力和黏度的变化，将影响雾滴的细度、脱溶剂效率和蒸发效率，最终影响到原子化效率。当试样中存在大量的基体元素时，它们在火焰中蒸发解离时，不仅要消耗大量的热量，而且在蒸发过程中有可能包裹待测元素，延缓待测元素的蒸发、影响原子化效率。物理干扰一般都是负干扰，最终影响火焰分析体积中原子的密度。

2. 消除物理干扰的方法

为消除物理干扰，保证分析的准确度，一般采用以下方法：配制与待测试液基体一致的标准溶液，这是最常用的方法。当配制与待测试液基体一致的标准溶液有困难时，需采用标准加入法。当被测元素在试液中浓度较高时，可以用稀释溶液的方法来降低或消除物理干扰。

二、化学干扰及其消除

1. 化学干扰的本质

化学干扰是指试样溶液转化为自由基态原子的过程中，待测元素与其他组分之间的化学作用而引起的干扰效应。它主要影响待测元素化合物的熔融、蒸发和解离过程，这种效应可以是正效应，增强原子吸收信号；也可以是负效应，降低原子吸收信号。化学干扰是一种选择性干扰，它不仅取决于待测元素与共存元素的性质，而且还与火焰类型、火焰温度、火焰状态及观测部位等因素有关。化学干扰是火焰原子吸收中干扰的主要来源，其产生的原因是多方面的。待测元素与共存元素之间形成热力学更稳定的化合物，致使参与吸收的基态原子数减少而引起负干扰；自由基态原子自发地与火焰中的其他原子或基团反应生成了氧化物、氢氧化物或碳化物而降低了原子化效率。

2. 消除化学干扰的方法

由于化学干扰的复杂性，目前尚无一种通用的消除这种干扰的方法，需针对特定的试样、待测元素和实验条件进行具体分析。

抑制干扰是消除干扰的理想方法。在标准溶液和试样溶液中均加入某些试剂常常可以控制化学干扰。

（1）加入释放剂　待测元素和干扰元素在火焰中形成稳定的化合物时，加入另一种物质使之与干扰元素反应形成更难挥发或更稳定的化合物，从而使待测元素从干扰元素的化合物中被释放出来，加入的这种物质称为释放剂。常用的释放剂有氯化镧、氯化锶等。例如，磷酸盐干扰钙的测定，当加入镧和锶后，由于镧与磷酸根结合成稳定的化合物而将钙释放出来，从而消除了磷酸盐对钙的干扰，其反应如下：

$$2CaCl_2 + 2H_3PO_4 \longrightarrow Ca_2P_2O_7 + 4HCl + H_2O$$

$$CaCl_2 + H_3PO_4 + LaCl_3 \longrightarrow LaPO_4 + 3HCl + CaCl_2$$

采用加入释放剂以消除干扰，必须注意释放剂的加入量。加入一定量的释放剂才能起释放作用，但也有可能因加入量过多而降低吸收信号，最佳加入量应通过实验加以确定。

（2）加入保护剂　加入一种试剂能使待测元素不与干扰元素生成难挥发的化合物，但能与待测元素形成稳定的且在原子化条件下又易于解离的化合物，从而可保证待测元素不受干扰，加入的这种试剂称为保护剂。例如，为了消除磷酸盐对钙的干扰，也可加入 EDTA 使钙转化为 Ca-EDTA 配合物，后者在火焰中易于原子化，这样可以消除磷酸盐的干扰。同样，加入以 8-羟基喹啉作保护剂可消除铝对镁、铁的干扰；在含铅溶液中加入 EDTA，可消除磷酸盐、碳酸盐、硫酸盐、氟离子、碘离子对 Pb 测定的干扰。此外，葡萄糖、蔗糖、乙二醇、甘油、甘露醇都已用作保护剂。若使用有机保护剂，因有机配合物在火焰中更易解离，使与有机配位剂结合的待测元素有效地原子化。

（3）加入缓冲剂　在试样和标准溶液中加入一种过量的干扰元素，使干扰效应达到饱和，而不再随干扰元素量的变化而变化，这种干扰物质称为缓冲剂。例如用乙炔-氧化亚氮测定钛时，铝有干扰，难以获得准确结果，向试样中加入铝盐使铝的浓度达到 $200\mu g \cdot mL^{-1}$ 时，铝对钛的干扰就不再随溶液中铝含量的变化而改变，从而可以准确测定钛。但这种方法不是很理想，它会显著降低测定的灵敏度。

另外，标准加入法也是消除化学干扰的一种行之有效的方法。如果上述方法不能有效消除化学干扰，也可以用化学分离法，如溶剂萃取、离子交换、吸附和沉淀法等将干扰组分与待测元素分离。采用化学分离法不仅可以消除干扰，而且还会使待测元素得到富集，提高测定的灵敏度。

三、电离干扰及消除

电离干扰是由于基态原子在火焰中发生电离而引起的干扰效应。电离干扰使自由基态原子减少，降低待测元素的吸光度，导致标准曲线弯曲。元素在火焰中的电离度与火焰温度和该元素的电离电位有密切的关系。火焰温度越高，元素的电离电位越低，则电离度越大。因此电离干扰主要发生于电离电位较低的碱金属和碱土金属。

抑制电离干扰一方面可采用改变火焰类型和状态的方法，使火焰温度降低；另一方面可加入消电离剂，即加入 K、Rb、Cs 等较易电离元素，在火焰中优先被电离，从而抑制和减小了待测元素基态原子的电离。

四、光谱干扰及其消除

1. 与光源有关的光谱干扰

光源在单色器的光谱通带内存在与分析线相邻的其他谱线。

（1）与分析线相邻的待测元素的谱线干扰　这种情况常见于过渡元素（Ni、Co、Fe），这些元素在光谱内存在几条发射线，而且被测元素对这几种辐射光均产生吸收，这就产生干扰。通过减小狭缝可以改善或消除这种干扰。但波长差很小时，通过减小狭缝仍难消除干扰，并且可能使信噪比大大降低，此时需另选谱线。

（2）与分析线相邻的非待测元素的谱线干扰（即非吸收线干扰）　如果与分析线相邻的非待测元素的谱线是该元素的吸收线，而当试样中又含有此元素时，将产生"假吸收"，从而得到不正确的结果，产生正误差；如果此谱线是该元素的非吸收线，同样会使欲测元素的灵敏度下降，工作曲线弯曲。这种干扰主要是由于空心阴极灯的阴极材料不纯而引起，且常见于多元素灯。若选用具有合适惰性气体、纯度又较高的单元素灯，就可避免此干扰。

2. 光谱重叠干扰

在原子吸收分析中谱线重叠的概率比较小，但个别仍可能产生谱线重叠而引起干扰。表 8-3 列举了由于共振线重叠而引起干扰的一些例子。

表 8-3　谱线重叠干扰

分析线/nm		干扰线/nm	
Al	308.215	V	308.211
Sb	217.023	Pb	216.999
Sn	231.147	Ni	231.097
Cd	228.802	As	228.812
Ca	422.673	Ge	422.657
Co	252.136	In	252.137
Cu	342.754	Eu	324.753
Ga	403.307	Ga	403.307
Fe	271.903	Pt	271.904
Mn	403.307	Ga	403.298
Hg	253.653	Co	253.649
Si	250.690	V	250.690
Zn	213.856	Fe	213.859

谱线重叠可以是电极材料中的杂质线，例如，由空心阴极灯填充气谱线引起，或者是其

有复杂光谱的元素本身发射出单色器不能完全分开的谱线。如遇到谱线重叠干扰时，最好是另外选择其他的分析线，或用分离干扰元素的方法解决。

3. 背景吸收干扰

这类干扰主要来自原子化器的背景吸收，是光谱干扰的一种特殊形式，主要包括分子吸收和光散射。在原子吸收分析中，分子吸收和光散射的后果是相同的，均产生表观吸收，使测定结果偏高。

(1) 分子吸收干扰　分子吸收干扰是指在原子化过程中生成的气体分子、氧化物、盐类或氢氧化物等分子对辐射吸收而引起的干扰。分子吸收是带状光谱，不同的化合物有不同的吸收光谱。例如，钙在火焰中生成 $Ca(OH)_2$，它在 $530.0 \sim 560.0$nm 有一个吸收带，干扰钡 553.5nm 的测定。碱金属卤化物在大部分紫外区都会产生吸收；高温火焰中碱土金属的氧化物在可见光及紫外光区也有明显的吸收；硫酸、磷酸在 250nm 以下有很强的分子吸收，而硝酸和盐酸的分子吸收却很小，因此在原子吸收分析中使用酸时大多采用硝酸和盐酸。分子吸收情况与干扰物质的浓度有关，浓度越高，分子吸收越强；同时也与火焰温度有关，使用高温火焰是消除分子吸收的最好办法。火焰中的 OH、CH、CN 等产生的分子吸收与波长、火焰类型和状态有关。波长越短，火焰气体分子吸收越强，不同类型的火焰其分子吸收的大小也不同，同一类型的火焰状态不同，其干扰程度也不同，其中以还原性（富燃）火焰状态中气体的分子吸收干扰最大。

火焰气体分子的吸收干扰可采用调零的方法予以消除，但当干扰严重时会影响到测定的灵敏度和检出限，为了获得较好的测定精密度，应选择合适的火焰类型和状态以减小分子吸收产生的干扰。

(2) 光散射干扰　光散射干扰是在原子化过程中产生的固体微粒，通过光路时对光产生散射，使光偏离光路而不能被检测，导致吸光度值偏高。在石墨炉原子吸收法中，光散射要比火焰法中严重得多，这是由于有机物在惰性气体中灰化时，会有相当大的颗粒进入光路而引起光散射。

(3) 背景吸收的消除及背景校正技术　由于背景吸收严重干扰原子吸收的测量，为此需要进行校正。石墨管炉原子化法中的背景吸收干扰要比火焰原子化法更严重，必须扣除。

背景吸收干扰的校正方法，目前主要通过仪器进行校正，主要有以下几点。

① 利用邻近非共振线的校正法　用空心阴极灯发射的共振线，测得原子吸收和背景吸收的总吸光度 A_T，再用空心阴极灯中邻近共振线的非共振线测量。由于非共振线不会被原子共振吸收，却能被背景所吸收，得 A_B。两者的差值 $A_T - A_B = A$ 便是真实的原子吸收。

② 利用氘灯或氢灯连续光源校正背景吸收　该装置如图 8-16 所示。

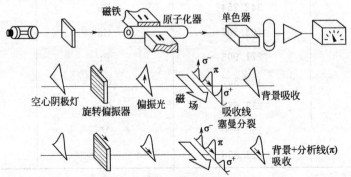

图 8-16　校正背景吸收装置图

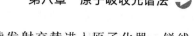

　　旋转镜切光器使空心阴极灯的锐线发射和氘灯的连续发射交替进入原子化器，锐线光源测得的吸光度值为原子吸收和背景吸收的总吸光度 A_T，连续光源通过原子化器时，产生的吸收 A_B（待测原子的吸收可以忽略）因此 $A_T - A_B$ 即为校正后被测元素的吸光度值。

　　③ 利用塞曼效应校正背景　　塞曼效应是指在磁场作用下光源辐射的每条谱线便可分裂成几条偏振化的分线的现象。利用这些分裂的偏振成分来区分被测元素和背景吸收，即为塞曼效应校正法（如图 8-16 所示）。当光源上加上与光束方向垂直的磁场时，光源发射的待测元素特征谱线分裂为 π 和 σ^+，σ^- 三条分线。π 分线的偏振方向与磁场平行，波长不变；σ^+ 和 σ^- 的偏振方向与磁场垂直，且波长分别向长波和短波方向偏移。当光源的三条分线通过原子化器时，基态原子仅对 π 分线产生吸收，对 σ^+，σ^- 分线无吸收；而背景对 π 和 σ^+，σ^- 分线均有吸收。用旋转式检测器把 π 和 σ^+，σ^- 分线分开，用 π 分线吸收值减去 σ^+，σ^- 分线吸收值即为待测元素的真实吸收值。塞曼效应校正法是目前最为理想的背景校正法，许多先进的原子吸收光谱仪都有该自动校正功能。

第七节　原子吸收光谱分析法的特点及其应用

一、原子吸收光谱分析法的特点

　　原子吸收分光光度法具有许多优点，如灵敏度高、选择性好、抗干扰能力强、测定元素范围广、仪器简单、操作方便、仪器价格便宜等。这使其具有强大的生命力，很快就以崭新的面目出现在分析化学之林，其发展速度之快也是分析化学史上少有的，其广泛应用于农业、冶金、地质、环境等各个领域。分析金属元素的含量时，原子吸收法往往是一种首选的定量方法。

　　具体来讲，原子吸收光谱法具有以下几个优点。

　　（1）灵敏度高　　原子吸收光谱法测定的绝对灵敏度可达 $10^{-15} \sim 10^{-13}$ g。

　　（2）选择性好　　原子吸收光谱是基于待测元素对其特征谱线的吸收，因此干扰较少，易于消除。

　　（3）精密度和准确度高　　测定中等和高含量元素的相对标准偏差可小于 1%，其准确度已经接近于经典化学方法。但石墨炉原子吸收法的分析精密度相对较差，一般约为 3% ~ 5%。由于原子吸收程度受外界因素的影响相对较小，因此，一般具有较高的精密度和准确度。

　　（4）应用范围广　　能够用原子吸收光谱法直接测定的元素多达 70 多种。

　　（5）需样量少、分析速度快　　一般测定时间长则几分钟，短则仅需几十秒钟。

　　原子吸收光谱法的不足之处是测定不同元素时需要用不同的灯，更换不太方便，新型多通道原子吸收光谱法虽然在一定程度上解决了此问题，但价格比较昂贵。另外对多数非金属元素还不能直接测定。

二、原子吸收光谱分析法的应用

　　原子吸收光谱分析法不仅可测定 70 多种元素，还能用于多种类型试剂的分析，加上仪器较简单、操作方便，因而原子吸收分析法的应用范围非常广泛。例如，在农业方面，可进行土壤、肥料和植物体系等的分析；在地质方面，可进行矿物、岩石等的分析；在冶金方面，可进行金属及其合金的原料、中间产品和成品分析；在化工方面，可进行化学试剂、玻璃、陶瓷、水泥、化工（含轻化工）产品的分析；在生物学和医学方面可进行血液、尿、生物体素的分析；在水质分析方面，可进行淡水、海水、盐水及污水等水样分析；在环境保护方面，可进行废水、废料等环境污染物的分析监测；在石油方面可进行石油中金属元素、催化剂中中毒元素等的分析。

1. 直接原子吸收分析

直接原子吸收分析，指试样经适当前处理后，直接测定其中的待测元素。金属元素和少数非金属元素可直接测定。

(1) 试样的前处理　试样一般需要进行适当的前处理，分解其中的有机质等，把待测组分转移到溶液中再进行测定。

土样可采用氢氟酸溶解法或强酸消化法处理。前者是用 HF-HCl 或 HF-HClO$_4$ 混合酸在聚四氟乙烯容器中处理土样，蒸干后再溶于盐酸，可用于除 Si 外的绝大多数元素分析；后者采用 HNO$_3$-HClO$_4$，HNO$_3$-HCl，HNO$_3$-HClO$_4$-H$_2$SO$_4$ 或 HNO$_3$-HClO$_4$-(NH$_4$)$_2$MoO$_4$ 等混合强酸消化处理土样，这些方法只适用于 Cd，Pd，Ni，Cu，Zn，Se，K，Mn，Co，Fe 等部分元素分析，不适用于土样全成分分析。

动植物样及食品、饲料等样品，可用干灰化法或强酸消化法处理。前者是在 720～820K 的高温下灰化样品，再用 HCl 或 HNO$_3$ 溶解，对于 As，Se，Hg 等易挥发损失的元素不能用此法；后者是用 HNO$_3$-HClO$_4$，HNO$_3$-HClO$_4$-H$_2$SO$_4$ 等消化分解试样，适用于绝大多数元素的分析。

(2) 测定　试样前处理后，含量较高的 K，Na，Ca，Cu，Zn，Fe，Mn 等元素可直接（或适当稀释后）用火焰原子化法测定；含量低的 Cd，Ni，Co，Mo 等元素需萃取富集后用火焰原子化法测定，或者直接用石墨炉原子化法测定；易挥发且含量低的 Sc，As，Sb 等元素宜选用氢化物发生法或石墨炉原子化法；汞宜选冷原子化法或石墨炉原子化法。

2. 间接原子吸收分析

间接原子吸收分析，指待测元素本身不能或不容易直接用原子吸收光谱法测定，而利用它与第二种元素（或化合物）发生化学反应，再测定产物或过量的反应物中第二种元素的含量，依据反应方程式即可算出试样中待测元素的含量。大部分非金属元素通常需要采用间接法测定。

例如，试液中的氯与已知过量的 AgNO$_3$ 反应生成 AgCl 沉淀，用原子吸收法测定沉淀上部清液中过量的 Ag，即可间接定量氯。此法曾用于尿、酒中 5～10μg·mL^{-1} 氯的测定。利用 BaCl$_2$ 与 SO$_4^{2-}$ 的沉淀反应，间接定量 SO$_4^{2-}$，曾用于生物组织和土样中 SO$_4^{2-}$ 的测定。间接法的应用，有效地扩大了原子吸收法的使用范围，同时也是提高某些元素分析灵敏度的途径之一。

3. 原子吸收光谱分析法的应用实例

【例 8-1】　火焰原子吸收光谱法测定环境空气中的铅（中华人民共和国国家标准 GB/T 15264—94）

环境空气中的铅，系指酸溶性铅及铅的氧化物。本方法适用于环境空气中颗粒铅的测定。当采样体积为 50m^3 时，最低检出浓度为 5×10^{-4}mg·m^{-3}。

(1) 试剂　除特殊说明外，均为无铅分析纯试剂和去离子水或同等纯度的水。

铅，含量不低于 99.99%。

硝酸（HNO$_3$），$c=1.42$g·mL^{-1}，优级纯。

过氧化氢（H$_2$O$_2$），质量分数约 30%。

氢氟酸（HF），质量分数约 40%。

1+1 硝酸溶液。

1+1 硝酸-过氧化氢混合液，临时现配。

铅标准储备溶液，$c_{Pb}=1.000mg \cdot mL^{-1}$：称取 $1.000g\pm0.001g$ 铅于器皿中，加入硝酸 15mL，加热，直至溶解完全，然后用水稀释定容至 1000mL，混匀。

铅标准溶液，$c_{Pb}=0.100mg \cdot mL^{-1}$ 用移液管取 10.00mL 铅标准储备溶液至 100mL 容量瓶内，用 1% 硝酸溶液稀释至标线，混匀。

（2）仪器　原子吸收分光光度计及相应的辅助设备（乙炔：纯度不低于 99.6%，用钢瓶或由乙炔发生器供给；空气：一般由气体压缩机供给，进入燃烧气以前，应适当过滤，以除去其中的水、油和其他杂物）。

4 号多孔玻璃过滤器（滤膜：超细玻璃纤维滤膜）。空白滤膜的最大含铅量要明显低于该法的最低检出浓度。

总悬浮颗粒采样器：中流量采样器。

（注：实验用的玻璃器皿用洗涤剂洗净后，在 1+1 硝酸溶液中浸泡。使用前，先后用自来水和无铅水彻底洗洁净。）

（3）试样的采集　玻璃纤维滤膜过滤直径为 8cm 时，用中流量采样器，以 $50\sim150L \cdot min^{-1}$ 流量，采样 $30\sim60m^3$。采样时应将滤膜毛面朝上，放入采样夹中拧紧。采样后小心取下滤膜尘面朝里对折两次叠成扇形，放回纸袋中，并详细记录采样条件。

（4）分析步骤

① 样品的处理　取试样滤膜，置于高型烧杯中，加入 10mL 硝酸-过氧化氢混合溶液浸泡 2h 以上，微火加热至沸腾，保持微沸 10min，冷却后加入过氧化氢 10mL，沸腾至微干，冷却，加 1% 硝酸溶液 20mL，再沸腾 10min，热溶液通过多孔玻璃过滤器，收集于烧杯中，用少量 1% 热硝酸溶液冲洗过滤器数次。待滤液冷却后，转移到 50mL 容量瓶中，再用 1% 硝酸溶液稀释至标线。取同批号等面积空白滤膜，按样品处理方法，制备成空白溶液。

② 工作标准溶液的配制　取 6 个 100mL 容量瓶，分别加入 0.050mL、1.00mL、2.00mL、4.00mL、8.00mL、10.00mL 质量浓度为 $0.100mg \cdot L^{-1}$ 的铅标准溶液，然后用 1% 硝酸溶液稀释至标线，配制成工作标准溶液，其质量浓度范围包括试样中被测铅质量浓度。

③ 吸光度的测量　根据选定的原子吸收分光光度计工作条件，测定工作标准溶液的吸光度。以吸光度对铅质量浓度（$mg \cdot L^{-1}$）绘制标准曲线。按校准曲线绘制时的仪器工作条件，测量空白溶液和试样溶液的吸光度值。

（5）分析结果计算　根据所测的吸光度值，在校准曲线上查出试样溶液和空白溶液的质量浓度，并由下式计算空气中铅的含量，单位为 $mg \cdot m^{-3}$。

$$c=\frac{V(c_a-c_b)N}{V_n \times 1000} \times \frac{S_t}{S_a}$$

式中，c 为铅及其无机化合物（换算成铅）质量浓度，$mg \cdot m^{-3}$；c_a 为试样溶液中铅质量浓度，$\mu g \cdot mL^{-1}$；c_b 为空白溶液中铅质量浓度，$\mu g \cdot mL^{-1}$；V 为试样溶液体积，mL；V_n 为换算成标准状况下（0°C、100kPa）的采样体积，m^3；N 为试样稀释倍数；S_t 为试样滤膜总面积，cm^2；S_a 为测定时所取滤膜面积，cm^2。

【例 8-2】 火焰原子吸收测定被污染土壤中重金属铜、锌、铬

土壤重金属污染是通过污水灌溉、污泥施肥、工业废水排放及大气沉降等途径造成的。土壤中的重金属不仅影响植物的生长发育，还可通过植物对重金属的吸收和累积作用危害人体健康，因此，分析土壤中重金属的含量对有效治理土壤重金属污染，提高农产品产量和质

量，保护人体健康有重要意义。

(1) 主要试剂　1.00g/L铜、锌、铬标准储备液。

混合标准工作液：吸取 1.00g/L^{-1}铬标准储备液 1.00mL，1.00g·L^{-1}铜、锌标准储备液各 0.5mL 于 10mL 的容量瓶中，以 1%的 HNO$_3$ 溶液定容，此混合标准工作液中铜和锌的质量浓度为 50.0mg·L^{-1}，铬的质量浓度为 100.0mg·L^{-1}。

10%和 1%的 HNO$_3$ 溶液。

(2) 仪器与测量条件　火焰原子吸收分光光度计；铜、锌、铬空心阴极灯。高速离心机；超声波清洗器。

(3) 分析步骤

① 样品的预处理　称取烘干后的土壤样品 10g 于 50mL 具塞比色管中，加入 10%硝酸溶液定容，加塞密封后置于超声波清洗器中，调电流为 250mA 使超声波发生功率为 55W，超声提取 20min，浸提上清液，于离心机中离心后备用。

② 标准系列溶液的配制　吸取标准工作液 0mL、0.50mL、1.00mL、2.00mL、3.00mL、5.00mL 于 6 个 100mL 容量瓶中，用 1%硝酸溶液定容，此溶液含铜、锌为 0μg·mL^{-1}、0.25μg·mL^{-1}、0.50μg·mL^{-1}、1.00μg·mL^{-1}、1.50μg·mL^{-1}、2.50μg/mL；含 Cr 为 0μg·mL^{-1}、0.50μg·mL^{-1}、1.00μg·mL^{-1}、2.00μg·mL^{-1}、3.00μg·mL^{-1}、5.00μg·mL^{-1}。

③ 校准曲线的制作及样品的测定　在上述选定的火焰原子吸收工作条件下，分别测定不同标准系列溶液，得到铜、锌、铬的校准曲线。在相同条件下，对待测试样及空白溶液进行测定，便可测得试样中铜、锌、铬的含量（μg·mL^{-1}）。

测定铜、锌、铬的相对标准偏差分别为 1.2%、2.5%和 1.4%；加标回收率分别为98.6%、101%和 104%。

第八节　原子荧光光谱分析法

原子荧光光谱虽在 20 世纪初在实验和机理上已被认识，但作为分析技术是 20 世纪 60 年代才发展起来的。1962 年 Alkemade 在第十届国际光谱会议上提出测量原子荧光产率的方法，Winefordner 导出原子荧光的强度表达式，此后迅速成为原子光谱分析的一个重要方法。

原子荧光光谱分析（atomic fluorescence spectrometry，AFS）法是通过测定待测原子蒸气在辐射能激发下所产生荧光的发射强度，来测定待测元素含量的一种发射光谱分析方法。从原理来看该方法属原子发射光谱范畴，从发光机制上看属光致发光，但由于所用仪器与原子吸收法仪器相近，故在本章讨论。

一、原子荧光光谱分析法基本原理

当气态自由原子受到强的特征辐射时，原子的外层电子由基态跃迁到激发态，约在 10^{-8}s 后，再由激发态跃迁返回到基态或较低能级时，辐射出与吸收光波长相同或不同的荧光，即为原子荧光。原子荧光是光致发光，属二次发光。当激发光源停止辐射后，跃迁停止，荧光立即消失，不同元素的荧光波长不同。

光与原子的相互作用主要有三种基本过程，即光的吸收、自发辐射和受激辐射。原子在高温下跃迁到较高能态，并从高能态自发辐射跃迁至低能态并辐射出相应频率的辐射，称为原子发射光谱。当光源的辐射通过原子蒸气时，原子吸收与其内能变化相对应的频率而由低能级或基态跃迁到较高能态，这种因原子对辐射的选择性吸收而得到的是原子吸收光谱。原子吸收光辐射跃迁到高能态，由于激发原子的寿命很短，一般在约 10^{-8} s 内返回到较低能级或基态，并辐射出原子荧光光谱（如图 8-17 所示）。

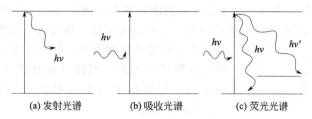

(a) 发射光谱   (b) 吸收光谱   (c) 荧光光谱

图 8-17 原子荧光产生的过程

二、原子荧光的类型

依据激发与发射过程的不同，原子荧光可分为共振原子荧光、非共振原子荧光、敏化荧光和多光子荧光四种类型。

1. 共振原子荧光

共振原子荧光源于吸收某一波长的光辐射受激后，所发射的荧光波长与激发光波长相

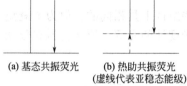

(a) 基态共振荧光   (b) 热助共振荧光
(虚线代表亚稳态能级)

图 8-18 共振原子荧光产生的过程

同，这种荧光称为共振荧光。

由于基态原子占原子中的几乎全部或大部分，从基态光致激发到激发态而后回到基态的共振跃迁有较大的跃迁概率，因此基态共振荧光［如图 8-18（a）所示］强度通常最大，分析中最为有用。

若原子受热激发处于亚稳态（如在火焰原子化温度条件下，许多原子处于亚稳态），则共振跃迁也可能发生在亚稳态和激发态之间。所发射的共振荧光称为热助共振荧光［如图 8-18（b）所示］。

2. 非共振原子荧光

非共振原子荧光包括直跃线荧光、阶跃线荧光和反 Stokes 荧光，其特点是荧光波长与激发光波长不同。

① 直跃线荧光 当原子由基态光致激发到较高激发态，在跃迁返回到中间能级的过程中发射出荧光（如图 8-19 所示），然后又以非辐射形式去激发回到原来的能级。由于跃迁能级间的能量差比最初激发能级间的能量差小，因而，荧光的波长比激发光的波长长。

② 阶跃线荧光 原子吸收光子从基态激发到高能级后，先以非辐射形式释放部分能量回到较低能级，再以辐射荧光形式返回基态。这种阶跃线荧光也称为"正常阶跃线荧光"［如图 8-20（a）所示］。由于只有亚稳态原子有较长的寿命，且不能发生自发辐射，所以阶跃跃迁常与亚稳态联系在一起。

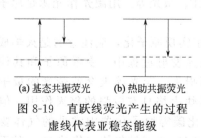

(a) 基态共振荧光   (b) 热助共振荧光

图 8-19 直跃线荧光产生的过程
虚线代表亚稳态能级

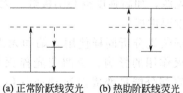

(a) 正常阶跃线荧光   (b) 热助阶跃线荧光

图 8-20 阶跃线荧光产生的过程
虚线代表亚稳态能级

光致激发后的原子也可进一步发生热激发（如从原子化火焰中获得能量）至更高能级，

然后返回中间能级时发射荧光［如图 8-20（b）所示］。这种阶跃线荧光称为"热助阶跃线荧光"。

③ 反 Stokes 荧光　当原子由基态被辐射激发到某一激发态，并在此基础上在原子化器中进一步热激发到更高能级时发射的荧光，这种荧光的特点是其波长比激发光的波长短，即荧光光子的能量比激发光子的能量大，它们之间能量的差额是由热能补充的，因此具有热助的性质。例如波长为410.2nm 的铟原子荧光线和铬 357.8nm 荧光线的产生（如图 8-21 所示）。

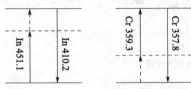

图 8-21　反 Stokes 荧光产生的过程

3. 敏化荧光

受光激发的原子与另一种原子碰撞时，把激发能传递给另一个原子使其激发，后者再以辐射形式去激发而发射的荧光称为敏化荧光。

各种元素的原子所发射荧光的波长各不相同，这是各种元素原子的特征。在原子浓度很低时（原子荧光常用于微量、痕量分析），所发射的荧光强度和单位体积原子蒸气中该元素基态原子数目成正比，如将激发光强度和原子化条件保持一定，则可由荧光强度（参考第十二章）测出试样溶液中该元素的含量，这是原子荧光定量分析的依据。

三、原子荧光分光光度计

原子荧光分析所使用的仪器和原子吸收分析光谱仪在一些组件上是相同的。但为了避免激发光源发射的辐射对原子荧光检测信号的影响，原子荧光光度计的光源、原子化器和分光系统不是排在一条线上，而是呈 90°角，如图 8-22 所示。

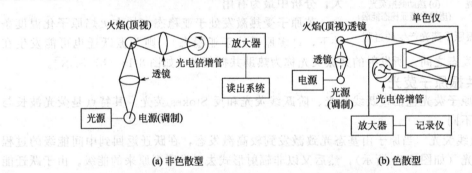

图 8-22　原子荧光分光光度计示意图

原子荧光分光光度计分为色散型和无色散型两类，后者的分光元件使用了干涉滤光器来分离分析线和邻近谱线以降低背景。

由于荧光强度与激发光强度成正比，为了提高测定的灵敏度，应采用发射高强度辐射线的激发光源，如高强度空心阴极灯、无机放电灯、ICP、激光等，用激光作光源是原子荧光分析的重要进展。

原子荧光分析同样使用火焰和无火焰原子化器来实现原子化，应注意的是火焰成分对荧光猝灭作用的影响。所谓荧光猝灭是指在原子荧光发射过程中，受激原子和其他粒子碰撞，将部分能量变成热运动或其他形式的能量而损失。荧光猝灭会使荧光的量子效率降低，从而使测定灵敏度下降。实验证明，空气-乙炔火焰具有较强的猝灭作用，但原子惰性气体 Ar、He 的猝灭比氮气、一氧化碳、二氧化碳等原子化器中常见的气体要小得多，因此宜使用以 Ar 作雾化气体的氢-氧火焰，或以 He 为保护气体（代替 N_2）的石墨炉原子化器。

四、原子荧光光谱分析法的特点及应用

1. 原子荧光光谱分析法的特点

原子荧光光谱分析法（AFS）的优点如下。

① 谱线简单　光谱干扰少，原子荧光光谱仪无需高分辨率的分光器。

② 检出限低　一般来说，分析线波长小于 300nm 的元素，其 AFS 有更低的检出限。波长在 300~400nm 的元素，如 Cd 可达 0.001ng·mL^{-1}，Zn 为 0.04ng·mL^{-1}。

③ 可同时进行多元素分析　原子荧光同时向各个方向辐射，便于制造多通道仪器。

④ 可以用连续光源　与原子吸收分析相比较，不一定需要锐线光源。

⑤ 校准曲线的线性范围宽　可达 4~7 个数量级。

原子荧光也存在一定的局限性：

① 在较高浓度时会产生自吸，导致非线性的校正曲线；

② 在火焰样品池中的反应和原子吸收相似，易引起化学干扰；

③ 存在荧光猝灭及相应散射光的干扰等问题，荧光效率随火焰温度和火焰成分而变，所以应该严格控制这些因素。

原子荧光光谱法目前多用于砷、铋、镉、汞、铅、锑、硒、碲、锡、锌等元素的分析。相比之下，该法不如原子发射光谱法和原子吸收光谱法应用广泛。

2. 原子荧光光谱分析法的应用

原子荧光光谱分析法具有很高的灵敏度，校正曲线的线性范围宽，能进行多元素同时测定。这些优点使得它在冶金、地质、石油、农业、生物、医学、地球化学、材料科学、环境科学等各个领域获得了相当广泛的应用。原子荧光光谱法的具体应用很多，如：锌、镉、锰等多元素的分析测定，酸雨中锌的测定，盐矿中硒、碲的测定，矿石中痕量锡的测定等。尤其是稀土元素的原子/离子荧光光谱分析可克服光谱干扰，因而 AFS 已成为稀土元素分析的有效方法之一，得到了广泛应用。此外，激光作为激发光源的原子荧光分析法进入 20 世纪 80 年代后取得了令人瞩目的成果，特别是 20 世纪 80 年代中期发展起来的电热原子化器-激光激发原子荧光光谱（ETA-LEAFS）法可以完成许多其他方法难以完成的分析任务，如大气中的汞，南极冰雪试样中的铝和锌，土壤中的金，海洋沉积物中金和钯等的测定。该法已为我国的环境监测、矿产资源勘探提供了许多有意义的数据。

（1）生物、食品、环境样品的分析　应用 ICP 激发源，可以直接分析生物样品（如血浆、血清、体液）和食品样品（酒类、罐头、乳制品、饮料等）中的微量元素以及环境样品（如空气中固体颗粒物、底泥、污水等）中的重金属。

（2）植物灰分组成测定　原子发射光谱分析法应用于植物分析之前都要灰化以除去有机成分，以下是一些代表性分析方法。

① 用火花激发植物灰分，用转盘电极带入放电间隙中激发，可同时测定 K、P、Ca、Mg、Na、Mn、B、Fe、Cu、Al、Mo、Sr、Ba 等多种元素。

② 用平头碳电极、交流电弧激发，以 Al$_2$O$_3$ 和碳粉为缓冲剂，以 Pd、Cd 为内标，可分析植物灰分中近 20 种常量和微量元素。

③ ICP 直读光谱。植物样品的灰分用 HNO$_3$ 溶解后，沉降不溶物，喷入等离子体焰炬中测定，可分析植物中近 20 种元素。如可以分析植物叶片、茶叶、大米、小麦、蔬菜等中的 Cu、Mn、Zn、Fe、Pb、Co、Ba、Ca、Al、Ni、Mg、P、Cu、Fe、K、Na、稀土元素。

（3）土壤常量和微量组分的分析　土壤样品经过浸提或消解后，用 ICP 作激发光源可以同时测定土壤中 Si、Al、Fe、Mg、Ca、Na、K、Ti、Mn、P、Co、Ni、Pb、Cu、Zn 等元素。

（4）元素的价态分析与其他技术联用，可以在某种程度上实现不同价态元素分析，如高效液相色谱（HPLC）与 ICP-AES 联用，可以实现水中 Fe^{3+}、Fe^{2+} 的分析。

【知识拓展】

连续光源原子吸收光谱仪——划时代的技术革命

原子吸收使用的光源主要是空心阴极灯，即锐线光源。锐线光源有着众所周知的诸多优点，但因每分析一个元素就要更换一个元素灯，再加上工作电流、波长等参数的选择和调节，使原子吸收分析的速度、信息量和使用的方便性等方面受到了限制。分析速度慢和依赖空心阴极灯的固有特性成了原子吸收光谱的致命弱点。克服这些缺点的最有效的方法，就是采用连续光源进行多元素测定。连续光源原子吸收成为分析工作者的一个长期梦想。

2004 年 4 月，德国耶拿分析仪器股份公司（Analytik Jena AG）成功地设计和生产出了连续光源原子吸收光谱仪 contrAA（其光路原理如图 8-23 所示），世界第一台商品化连续光源原子吸收光谱仪诞生了！它是德国耶拿公司投入十几年时间的研制成果，是原子光谱仪划时代的革命性产品，是当今原子吸收技术的顶级技术，它标志着德国耶拿已经走在了原子光谱技术的最前沿。

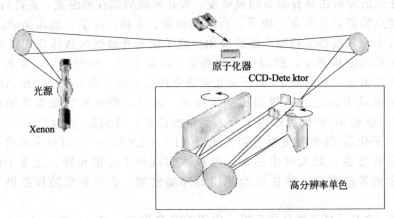

图 8-23 连续光源原子吸收光路原理图

连续光源的一个显著优点是辐射的波长范围宽，能覆盖从远紫外到近红外的全波段；另一个重要特点是能扩展工作曲线范围，并且不存在自吸收的问题。这种连续光源技术是两种经典技术——传统原子吸收和等离子体发射光谱的完美结合，将原子吸收技术的准确性、方便性与发射光谱技术的快速批量的特性结合在一起，成为先进、实用、高效的金属分析的新方法。

它用一个高聚焦短弧氙灯（如图 8-24 所示）替代所有元素灯，可满足全波长（189～900nm）所有元素的原子吸收测定需求，提供所有元素检测所需要的特征共振线，并可以选择任何一条谱线进行分析，可测量元素周期表中 70 余种元素，所以在检测时不再需要换灯和预热，也不需要担心分析某种特殊元素时没有元素灯等问题；同时由于波长连续覆盖，用户可以自定义和增添谱线，以方便分析。

连光源原子吸收光谱仪的功能特点如下。

图 8-24 高聚焦短弧氙灯

1. 快速多元素分析

连续光源原子吸收可以实现一次进样、自动顺序检测所有待测元素，完全颠覆了过去原子吸收单个元素测试的"传统"，速度达到普通 ICP-AES 的分析速度，可以达到 10 元素·min^{-1}，大大提高工作效率。

2. 高分辨率

连续光源原子吸收采用了最先进的分光技术，使光学分辨率提高到前所未有的 2pm，高于现在任何商品化的 ICP-AES，并且原子吸收只吸收共振线，所以连续光源原子吸收几乎没有任何光谱谱线的干扰；过去很难分析的样品如 Fe 基体中的 Pb 等，连续光源都可以轻松解决。

3. 多谱线同时检测

连续光源原子吸收可以在一次检测中对多条谱线进行分析，对同一元素，灵敏线和次灵敏线可以同时得到，非常有利于方法的开发和复杂样品的检测，并可以有效拓宽线性范围。

4. 改善灵敏度和动态范围

由于连续光源原子吸收的光源能量很强，配合 CCD 检测器的高量子化效率和高灵敏度，使整个仪器的灵敏度相比传统原子吸收提高 2～8 倍，强、弱谱线的选择、积分像素点的选取还可以极大地拓展动态范围。

5. 独特的背景校正技术

连续光源原子吸收采用的是真正的同时背景校正技术，消除了传统原子吸收固有的背景校正时间误差的问题，并不需要增加氘灯、塞曼等其他任何附件，而且更为灵活、结果更准确。

6. 拓展了应用范围

连续光源原子吸收的应用范围已经不再局限于传统原子吸收的金属检测和原子谱线检测，由于采用连续光谱，可以检测非金属元素的分子光谱，如利用 OP 分子共振线分析 P，利用 AlF 分子线分析 F 等，使原子吸收的应用提高到一个新的高度。

7. 同时具有传统原子吸收的先进技术

连续光源原子吸收在拥有上述先进技术的同时，还保留了传统原子吸收的许多先进技术，如：固体直接进样技术、双原子化器技术、横向加热技术、石墨炉氢化物联用技术、625 倍超大比例稀释技术等，让用户的分析工作更高效、准确。

contrAA 连续光源火焰原子吸收光谱仪在市场的面世，对现有的传统原子吸收光谱仪及等离子光谱仪器市场产生重要的影响，多元素同时测定的原子吸收光谱分析仪器走向实际应用的时代已经到来。

——摘自：http：//www.bioon.com.cn/doc/showarticle.asp? newsid=6332

思考题与习题

1. 名词解释

自然宽度；多普勒（Doppler）变宽；压力变宽；洛伦兹变宽；霍尔兹马克变宽；物理干扰；化学干扰；电离干扰；光谱干扰；背景干扰。

2. 影响原子吸收谱线宽度的因素有哪些？其中最主要的因素是什么？

3. 原子吸收光谱法，采用峰值吸收进行定量的条件和依据是什么？

4. 原子吸收光谱仪主要由哪几部分组成？各有何作用？

5. 与火焰原子化相比，石墨炉原子化有哪些优缺点？

6. 背景吸收是怎样产生的？对测定有何影响？

7. 简述原子吸收光谱法比原子发射光谱法灵敏度高、准确度高的原因。

8. 测定植株中锌的含量时，将三份 1.00g 植株样品处理后分别加入 0.00mL、1.00mL、2.00mL 的 0.0500mol·L^{-1} ZnCl$_2$ 标准溶液后稀释定容为 25.0mL，在原子吸收分光光度计上测定吸光度分别为 0.230、0.453、0.680，求植株样品中锌的含量。

9. 用原子吸收法测定钴获得如下数据：

$\rho_{标}/\mu g \cdot mL^{-1}$	2	4	6	8	10
$T/\%$	62.4	38.8	26.0	17.6	12.3

（1）绘制 A-ρ 标准曲线；

（2）某一试液在同样条件下测得 $T=20.4\%$，求其试液中钴的质量浓度。

参 考 文 献

[1] 王建元，胡久梅，杨振伟等. 火焰原子吸收光谱法测定川芎中的微量元素. 中医药学报，2013（01）：54-56.

[2] 王毛兰，赖劲虎，周文斌. 湿法消解-原子吸收光谱法测定啤酒中痕量铅和锌. 分析科学学报，2013（01）：65-68.

[3] 成娟，胡久梅，李婧等. 石墨炉原子吸收光谱法测定山药中的铅. 光谱实验室，2013（01）：137-140.

[4] 何健飞，雷霖，明剑辉. 石墨炉原子吸收光谱法直接测定生活饮用水中镍. 现代预防医学，2013（02）：326-327.

[5] 斯琴格日乐，李英杰，恩德. 微波消解-火焰原子吸收光谱法测定四大怀药中的 Fe 和 Zn. 光谱实验室，2013（01）：89-92.

[6] 孔光辉，李勇，刘亚丽. 程序控温消解-原子吸收光谱法分析土壤中的铅、镉、镍和铬. 分析化学，2012（12）：1950-1951.

[7] 刘利敏，罗亚虹，李琦等. 化学原子化-原子吸收光谱法测定金银花中镉含量的方法研究. 药物分析杂志，2013（02）：278-280.

[8] 范红显，贾霏，戴光榜. 间接原子吸收光谱的研究进展. 广州化工，2013（04）：48-49，68.

[9] 柳丽海，宋瑞强，纪律等. 浊点萃取-石墨炉原子吸收法测定田鱼干中的铅和镉. 中国卫生检验杂志，2013（02）：319-321.

[10] 中科大化学与材料科学学院实验中心编著. 仪器分析实验. 合肥：中国科学技术大学出版社，2011.

[11] 刘约权. 现代仪器分析. 北京：高等教育出版社，2006.

[12] 郭英凯. 仪器分析. 北京：化学工业出版社，2006.

[13] 刘永生. 仪器分析. 北京：化学工业出版社，2012.

[14] 季剑波. 化学检验工考级使用手册. 北京：化学工业出版社，2011.

[15] 张丰德，吕宪禹. 现代生物学技术. 南京：南开大学出版社，2005.

[16] 郭德济. 光谱分析法. 重庆：重庆大学出版社，1994.

[17] 丁明洁. 仪器分析. 北京：化学工业出版社，2008.

[18] 张扬祖. 原子吸收光谱分析应用基础. 上海：华东理工大学出版社，2007.
[19] 孙凤霞，仪器分析. 北京：化学工业出版社，2011.
[20] 姚进一，胡克伟. 现代仪器分析. 北京：中国农业大学出版社，2009.
[21] 钱沙华，韦进宝. 环境仪器分析. 北京：中国环境科学出版社，2004.
[22] 叶宪曾，张新祥. 仪器分析教程. 北京：北京大学出版社，2009.

第九章 Chapter 09

紫外-可见吸收光谱分析法

本章提要

紫外-可见吸收光谱法是一种有效的仪器分析技术，其仪器普及程度高、操作简单、灵敏度高，易于操作，被广泛应用于各个领域。本章主要介绍紫外-可见吸收光谱法的原理、仪器流程及应用。要求掌握紫外吸收光谱法基本原理、特点和应用范围；了解紫外光谱与电子跃迁和有机化合物结构的关系；掌握紫外吸收光谱法的定量分析方法与纯度检验。

第一节 概 述

一、紫外-可见吸收光谱分析法的分类

紫外-可见吸收光谱分析法（ultraviolet-visible absorption spectrometry，UV-Vis）是根据物质分子对波长在 $10 \sim 780nm$ 范围内的电磁波的吸收特性所建立起来的一种定性、定量和结构分析的方法，属于分子吸收光谱分析法，又由于是物质分子的价电子在吸收辐射并跃迁到高能级后所产生的吸收光谱，所以又称电子光谱。

紫外-可见吸收光谱分析法按测量光的单色程度分为比色法和分光光度法。

比色法是指应用单色性较差的光与被测物质作用而建立的分析方法，适用于可见光区。光的波长范围可借助所呈现的颜色来表征，光的相对强度可由颜色的深浅来区别，所以称为比色法，其中以人眼作为检测器的可见光吸收方法称为目视比色法，以光电转换器件作为检测器的方法称为光电比色法。

分光光度法是指应用波长范围很窄的光与被测物质作用而建立的分析方法。按照所用光的波长范围不同，又可分为紫外分光光度法和可见分光光度法，合称为紫外-可见分光光度法。紫外-可见光区分为 $10 \sim 200nm$ 的远紫外光区、$200 \sim 380nm$ 的近紫外光区、$380 \sim 780nm$ 的可见光区。其中，远紫外光区的光能被大气吸收，所以对远紫外光的测量必须在真空条件下操作，故也称为真空紫外区，一般不易利用。近紫外光区对分子结构研究很重要，它又称为石英区。可见光区是指其电磁辐射能被人眼所感觉到的区域。

二、紫外-可见吸收光谱分析法的特点

紫外-可见光度法是在仪器分析中应用最广泛的方法之一，具有以下优点。

① 灵敏度高 一般可以测定微克量级或浓度 $10^{-4} \sim 10^{-5} mol \cdot L^{-1}$ 的物质，有的达到 $10^{-7}g \cdot mL^{-1}$，因此，它特别适用于测定低含量和微量组分。

② 选择性好　一般可在多种组分共存的溶液中，不经分离而测定某种欲测的组分。

③ 通用性强，适用浓度范围广　不但可以定量分析，还可以定性分析和有机化合物中官能团的鉴定，同时也可用于测定有关的物理化学常数。

④ 准确度高　一般情况下，相对误差约为 2%，因此，适用于微量组分的测定，而不适用于高、中组分的测定。

⑤ 操作简便、快速、安全、分析成本低　所需样品量少（<2mg），花费时间短。

第二节　分子吸收光谱

分子和原子一样，也具有它的特征分子能级。分子内部的运动可分为价电子运动、分子内原子在平衡位置附近的振动和分子绕其重心的转动。因此分子具有电子能级、振动能级和转动能级。对于双原子分子的电子、振动、转动能级如图 9-1 所示。图中 A 和 B 是电子能级，在同一电子能级 A，分子的能量还因振动能量的不同而分为若干"支级"，称为振动能级，图中 $\nu = 0，1，2，\cdots$ 为电子能级 A 的各项振动能级，而 $\nu'' = 0，1，2，\cdots$ 为电子能级 B 的各振动能级。分子在同一电子能级和同一振动能级时，它的能量还因转动能量的不同而分为若干"分级"，称为转动能级，图中 $j' = 0，1，2，\cdots$ 即为 A 电子能级和 $\nu = 0$ 振动能级的各转动能级。所以分子的能量 E 等于下列三项之和：

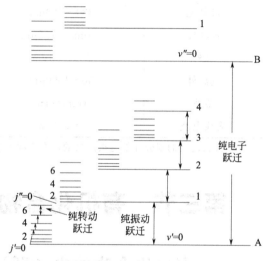

图 9-1　双原子分子的三种能级跃迁示意图

$$E = E_e + E_v + E_r \qquad (9\text{-}1)$$

式中，E_e，E_v，E_r 分别为电子能、振动能和转动能。

分子从外界吸收能量后，就能引起分子能级的跃迁，即从基态能级跃迁到激发态能级。分子吸收能量具有量子化的特征，即分子只能吸收等于两个能级之差的能量：

$$\Delta E = E_2 - E_1 = h\nu = \frac{hc}{\lambda} \qquad (9\text{-}2)$$

式中，h 为普朗克（Plank）常数；6.63×10^{-34} J·s；ν 为频率，s^{-1} 或 Hz；c 为光速（2.998×10^{10} cm·s^{-1}）；λ 为波长，在紫外-可见光区常用 nm 作单位，红外光区多采用 μm 作单位。

由于三种能级跃迁所需能量不同（所需能量大小顺序 $\Delta E_e > \Delta E_v > \Delta E_r$），所以需要不同波长的电磁辐射使它们跃迁，即在不同光区出现吸收谱带。

电子能级跃迁所需的能量较大，一般为 1~20eV。电子能级跃迁而产生的吸收光谱主要出于紫外及可见光区。这种分子光谱称为紫外-可见光谱或电子光谱。在电子能级跃迁时不可避免地要产生振动能级的跃迁并伴随着转动能级的跃迁，所以在紫外吸收光谱及可见吸收光谱中，一般包含有若干谱带系，不同谱带系相当于不同的电子能级跃迁，一个谱带系含有若干谱带，不同谱带系相当于不同的振动能级跃迁。同一谱带内又包含有若干光谱线，每一条线相当于不同的转动能级的跃迁。因此，分子的"电子光谱"是由许多线光谱聚集在一起的带光谱组成的谱带，称为"带状谱"（如图 9-4 所示），是一种连续的宽吸收带，而不是简单的线光谱。

如果用红外线照射分子，则此电磁辐射的能量不足以引起电子能级的跃迁，只能引起振动能级和转动能级的跃迁，这样得到的吸收光谱称为红外吸收光谱或振转光谱。如用能量更低的远红外线照射分子，则只能引起转动能级的跃迁，这样得到的光谱称为远红外光谱或转动光谱。

不同波长范围的电磁波所能激发的分子和原子的运动情况如表 9-1 所示。

表 9-1　电磁波谱

光　谱　区	波长范围[①]	原子或分子的运动形式
X 射线	$0.01 \sim 10nm$	原子内层电子的跃迁
远紫外	$10 \sim 200nm$	分子中原子外层电子的跃迁
紫外	$200 \sim 380nm$	分子中原子外层电子的跃迁
可见光	$380 \sim 780nm$	分子中原子外层电子的跃迁
近红外	$780nm \sim 2.5\mu m$	分子中涉及氢原子的振动
红外	$2.5 \sim 50\mu m$	分子中原子的振动及分子转动
远红外	$50 \sim 1000\mu m$	分子的转动
微波	$1mm \sim 1m$	分子的转动
无线电波	$1 \sim 1000m$	核磁共振

① 波长范围的划分并不是很严格的，在不同的文献资料中会有所出入。

第三节　有机化合物的紫外-可见吸收光谱

一、有机化合物的电子跃迁类型

紫外-可见吸收光谱是由分子中价电子的跃迁而产生的。因此，这种吸收光谱决定于分子中价电子的分布和结合情况。在有机化合物中与紫外-可见吸收光谱有关的价电子有三种：形成单键的 σ 电子，形成双键的 π 电子和分子中氮、氧、硫、卤素等杂原子上的未成键的孤对电子（称为 n 电子）。当它们吸收一定能量后，这些价电子将从成键轨道跃迁到反键轨道上，或从非键轨道跃迁到反键轨道上。而这种特定的跃迁是同分子内部结构有着密切关系的，分子中主要的电子跃迁类型有 4 种，如图 9-2 所示。

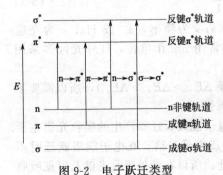

图 9-2　电子跃迁类型

1. σ→σ* 跃迁

成键 σ 电子由基态跃迁到 σ* 轨道。有机化合物中饱和 C—C 键，C—H 键以及其他单键都是 σ 键，由于 σ 键结合比较牢固，σ→σ* 跃迁所需能量较高，只有吸收远紫外光（<150nm）才能产生 σ→σ* 跃迁，所以例如甲烷的吸收峰在 125nm；乙烷的吸收峰在 135nm。产生的吸收峰一般出现在远紫外区，在近紫外、可见光区内不产生吸收，故常采用饱和烃类化合物作紫外-可见吸收光谱分析时的溶剂（如正己烷、正庚烷）。

2. n→σ* 跃迁

分子中未共用n电子跃迁到σ*轨道。凡含有杂原子饱和基团如—OH，—NH₂，—X，—S等的有机化合物分子中除能产生 σ→σ* 跃迁外，同时能产生 n→σ* 跃迁。n→σ* 跃迁所需能量比 σ→σ* 要低，其吸收峰一般位于 150～250nm 的紫外区，属于中强吸收。

3. π→π* 跃迁

成键π电子由基态跃迁到π*轨道。不饱和有机化合物及芳香族化合物除含 σ 电子外，还含有 π 电子，π电子比较容易受激发，能产生 π→π* 跃迁，其所需能量较低，吸收峰一般处于近紫外区，其特征是最大波长处的摩尔吸收系数大，一般 $\varepsilon_{max} > 10^4 L \cdot mol^{-1} \cdot cm^{-1}$，为强吸收。

4. n→π* 跃迁

未共用n电子跃迁到π*轨道。当有机化合物中同时含有 π 电子和 n 电子时（如羰基、硝基等），能产生 n→π* 跃迁。n→π* 跃迁所需能量低，其吸收峰处在近紫外、可见光区。这种跃迁的特点是谱带强度弱，摩尔吸收系数小。

综上所述，这几种电子跃迁所需能量大小是不同的，各种跃迁所需能量的大小次序为：σ→σ* > n→σ* ≥π→π* > n→π*。

在有机化合物中主要以 π→π*、n→π* 跃迁为基础，是紫外-可见吸收研究的主要对象。这两类跃迁在有机化合物中具有非常重要的意义，因为跃迁所需能量使吸收峰进入了便于实验的光谱区（200～1000nm）。

二、常用术语

1. 紫外-可见吸收曲线

紫外-可见吸收光谱又称吸收曲线，是以波长为横坐标，以吸光度 A（或透光率 T）为纵坐标，得到的 A-λ 曲线即为紫外-可见吸收光谱（或紫外-可见吸收曲线）如图 9-3 所示。

从图 9-3 中可以看出，物质在某一波长处对光的吸收最强，称为最大吸收峰，对应的波长称为最大吸收波长（λ_{max}）；低于最大吸收峰的峰称为次峰；吸收峰旁边的一个小的曲折称为肩峰；峰与峰之间吸光度最小的地方称为波谷，其所对应的波长称为最小吸收波长（λ_{min}）；在图谱短波端呈现强吸收而不成峰形的部分称为末端吸收。同一物质的浓度不同时，吸收曲线形状相同，λ_{max} 不变，只是相应的吸光度不同。

物质不同，其分子结构不同，则吸收光谱曲线不同，λ_{max} 不同，所以可根据吸收曲线对物质进行定性鉴定和结构分析。用最大吸收峰或次峰所对应的波长作为入射光，测定待测物质的吸光度，根据光吸收定律可对物质进行定量分析。

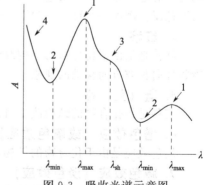

图 9-3 吸收光谱示意图
1—吸收峰；2—波谷；3—肩峰；
4—末端吸收

2. 生色团（或发色团）

有机化合物分子结构中含有不饱和键，能吸收紫外、可见光产生 π→π* 或 n→π* 跃迁的基团称为生色团。如 C＝C、C≡C、C＝O、COOH、C＝S、CONH₂、N＝N、N＝O 等。当出现几个发色团共轭，则几个发色团所产生的吸收带将消失，代之出现新的共轭吸收带，其波长将比单个发色团的吸收波长长，强度也增强。表 9-2 列举了某些生色团的吸收特性。

表 9-2 某些生色团的吸收特性

生色团	实例	溶剂	λ_{max}/nm	$\varepsilon_{max}/L \cdot mol^{-1} \cdot cm^{-1}$	跃迁类型
烯	$C_6H_{13}CH=CH_2$	正庚烷	177	13000	$\pi \to \pi^*$
			178	10000	
炔	$C_5H_{11}C\equiv CCH_3$	正庚烷	199	2000	$\pi \to \pi^*$
			255	160	
羰基	CH_3COCH_3	正己烷	186	1000	$n \to \sigma^*$
			280	16	$n \to \pi^*$
	CH_3COH	正己烷	180	大	$n \to \sigma^*$
			293	12	$n \to \pi^*$
羧基	CH_3COOH	乙醇	204	41	$n \to \pi^*$
酰胺基	CH_3CONH_2	水	214	60	$n \to \pi^*$
偶氮基	$CH_3N=NCH_3$	乙醇	339	5	$n \to \pi^*$
硝基	CH_3NO_2	异辛烷	280	22	$n \to \pi^*$
亚硝基	C_4H_9NO	乙醚	300	100	—
			665	20	$n \to \pi^*$
硝酸酯	$C_2H_5ONO_2$	二氧杂环六环烷	270	12	$n \to \pi^*$

3. 助色团

含有孤对电子，它们本身不吸收紫外可见光，当与发色团相连时，能改变发色团中分子轨道上的电子分布，使发色团的吸收带波长向长波方向移动，吸收强度增加的杂原子基团称为助色团。例如—OH、—OR、—X（Cl、Br、I）、—NH₂、—NO₂、—SH 等。

4. 红移

红移是指由于化合物的结构改变，如发生共轭作用、引入助色团，以及溶剂改变等，使吸收峰向长波方向移动的现象。

5. 蓝（紫）移

蓝移是指化合物的结构改变时或受溶剂的影响使吸收峰向短波移动的现象。

6. 增色效应（或浓色效应）

增色效应是由于化合物的结构改变或其他原因，使吸收带的吸收强度增加的效应。

7. 减色效应（淡色效应）

减色效应是由于化合物的结构改变或其他原因，使吸收带的吸收强度降低的效应。

8. 强带和弱带

化合物的紫外-可见光谱中，凡最大波长处的摩尔吸光系数 ε_{max} 值大于 $10^4 L \cdot mol^{-1} \cdot cm^{-1}$ 的吸收峰称为强带；凡 ε_{max} 值小于 $10^2 L \cdot mol^{-1} \cdot cm^{-1}$ 的吸收峰称为弱带。

三、有机化合物的紫外-可见吸收带

吸收带是指在紫外光谱中，吸收峰在光谱中的波带位置。从有机化合物的电子跃迁类型可知，它们的吸收光谱主要在紫外光区。由于目前一般的紫外-可见分光光度计只能检测近紫外区的电磁波，所以，只有含不饱和官能团的有机化合物的吸收光谱，才能用于光谱分析，根据电子及分子轨道的种类，一般可将吸收带分为四种类型。

1. R 吸收带

R 带是由化合物的 $n \rightarrow \pi^*$ 跃迁产生的吸收带，它具有杂原子不饱和基团，如 $\diagdown C = O$，— NO，— NO_2，— N $=$ N —，— C $=$ S 等这一类发色团的特征。其特点是处于较长波长范围（约 300nm），ε 小，λ_{max} 在 250～400nm，是弱吸收，一般 $\varepsilon < 100 L \cdot mol^{-1} \cdot cm^{-1}$。溶剂极性增加，$\lambda_{max}$ 降低，R 带发生蓝移，当有强吸收峰在其附近时，R 带出现红移，有时被遮盖。

2. K 吸收带

K 带是由共轭体系中 $\pi \rightarrow \pi^*$ 跃迁产生的吸收带，如 $\text{—}(CH = CH)_n\text{—}$，— CH $=$ C — CO —。其特点是吸收强度大，$\varepsilon > 10^4 L \cdot mol^{-1} \cdot cm^{-1}$，为强带。如丁二烯的 λ_{max} 为 218nm，ε 为 $10^4 L \cdot mol^{-1} \cdot cm^{-1}$，就属于 K 带。随着共轭体系的增长，K 带向长波方向移动，K 吸收带是共轭分子的特征吸收带。溶剂极性增加，对于 $\text{—}(CH = CH)_n\text{—}$ λ_{max} 不变，对于 — CH $=$ C — CO — λ_{max} 增大，发生红移。

3. B 吸收带

B 吸收带是芳香族化合物的特征吸收带，生色团是环状共轭体系，由环状共轭体系的 $\pi \rightarrow \pi^*$ 跃迁产生，λ_{max} 为 225nm。在气态或非极性溶剂中，苯及其许多同系物的 B 带出现振动的精细结构，常用来识别芳香族化合物。但在极性溶剂中，精细结构会消失。

4. E 吸收带

E 吸收带是由芳香族化合物的 $\pi \rightarrow \pi^*$ 跃迁所产生的，是芳香族化合物的特征吸收带，有两个吸收带，分别为 E_1 带和 E_2 带。

E_1 带由苯环内乙烯键上的 π 电子发生 $\pi \rightarrow \pi^*$ 跃迁所产生的，出现在 185nm 处，为强吸收，$\varepsilon > 10^4 L \cdot mol^{-1} \cdot cm^{-1}$。

E_2 带由苯环内共轭二烯键上的 π 电子发生 $\pi \rightarrow \pi^*$ 跃迁所产生的，出现在 204nm，为较强吸收，$\varepsilon > 10^3 L \cdot mol^{-1} cm^{-1}$。

当苯环上有发色团取代且与苯环共轭时，E 带常与 K 带合并一起红移。例如图 9-4 中苯乙酮的紫外吸收光谱中只可观察到 K、B、R 带。

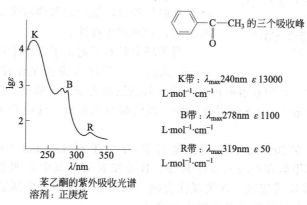

K 带：λ_{max} 240nm ε 13000 L·mol^{-1}·cm^{-1}

B 带：λ_{max} 278nm ε 1100 L·mol^{-1}·cm^{-1}

R 带：λ_{max} 319nm ε 50 L·mol^{-1}·cm^{-1}

苯乙酮的紫外吸收光谱
溶剂：正庚烷

图 9-4 苯乙酮的紫外吸收光谱

四、各类有机化合物的紫外-可见特征吸收光谱

1. 饱和碳氢化合物

饱和碳氢化合物只有 σ 电子，故只能产生 $\sigma \rightarrow \sigma^*$ 跃迁，所需能量很大，紫外吸收的波长很短，其吸收峰在真空紫外区。由于这类化合物在 200～1000nm 内无吸收带，故在紫外吸收光谱分析中常被用作溶剂。

当饱和碳氢化合物上的氢被氧、氮、硫、卤素等杂原子取代后,分子内除 σ 电子外还有 n 电子,因而有 n→σ* 跃迁。n→σ* 跃迁所需能量比 σ→σ* 小,所以吸收峰向长波方向移动。同一碳原子上杂原子数目愈多,λ_{max} 愈向长波移动。

2. 不饱和脂肪烃

这类化合物含有孤立双键的烯烃和共轭双键的烯烃,它们含有 π 键电子,吸收能量后产生 π→π* 跃迁。具有共轭双键的化合物(如丁二烯),相间的 π 键与 π 键相互作用,形成大 π 键。由于大 π 键各能级间的距离较近,电子容易激发,故吸收峰的波长往长波方向移动,ε 增大。例如乙烯 $\lambda_{max}=165nm$($\varepsilon=15000 L \cdot mol^{-1} \cdot cm^{-1}$),而在 $CH_2=CHCH=CH_2$ 中形成了大 π 键,$\lambda_{max}=217nm$,$\varepsilon_{max}=2.1\times10^4 L \cdot mol^{-1} \cdot cm^{-1}$。吸收峰的波长及强度与共轭体系的数目、位置、取代基的种类等有关,共轭键越多,往长波方向移动越显著,甚至产生颜色,据此可以判断分子中共轭体系的存在情况。共轭分子包括有共轭二烯(环状二烯,链状二烯)、α,β-不饱和酮、α,β-不饱和酸、多烯、芳香环与双键或羰基的共轭等。

3. 芳香族化合物

苯是最简单的芳香族化合物,图 9-5 为苯的紫外吸收光谱(异辛烷为溶剂)。由图可见,苯在 184nm($\varepsilon=47000 L \cdot mol^{-1} \cdot cm^{-1}$)和 204nm($\varepsilon=7000 L \cdot mol^{-1} \cdot cm^{-1}$)处有两个

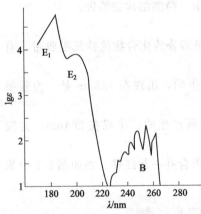

图 9-5 苯的紫外吸收光谱图
(溶剂:异辛烷)

强吸收带,分别称为 E_1 带和 E_2 带,它们都是由苯环结构中三个双键的环状共轭体系的 π→π* 跃迁所产生的,是芳香族化合物的特征吸收。若苯环上有如—OH,—Cl 等助色团取代,由于 n-π 共轭,使 E_2 带向长波方向移动,但一般在 210nm 左右;若有生色团取代而且与苯环共轭(π-π 共轭),则 E_2 带与 K 吸收带合并且发生红移。除此以外,在 256nm 处($\varepsilon=200 L \cdot mol^{-1} \cdot cm^{-1}$)还有较弱的一系列吸收带,称为精细结构吸收带,也称为 B 吸收带,这是由于 π→π* 跃迁和苯环的振动的重叠引起的。常用 B 吸收带的精细结构来辨认芳香族化合物,但当苯环上有取代基时,复杂的 B 吸收带却简单化,但吸收强度增加,同时发生红移。

当苯环上具有孤对电子杂原子取代基时,由于产生 n→π* 共轭,E_2 带和 B 带明显红移,ε 值也显著增大。苯环上助色团取代时,并随着溶剂极性不同,其精细结构变为简单或消失。如把苯胺变成苯胺盐,由于失去孤对电子,n→π* 共轭消失,吸收带与苯相似,这也是用以判断苯胺结构存在与否的根据。

生色团取代时,在 200~250nm 处出现 K 带,ε 大于 $10^4 L \cdot mol^{-1} \cdot cm^{-1}$,B 带红移也大。有的化合物如苯甲醛和乙酰苯等有 K 带、B 带和 R 带,其中 R 吸收带的波长最长。有些化合物的 B 带可被 K 带遮盖。含羰基化合物,如果在极性溶剂中测定,R 带有时被 B 带遮盖。下面分别就取代基的数目及位置进行论述。

(1)单取代苯

① 单取代基能使苯的吸收带发生红移,并使 B 带精细结构消失,但氟取代例外。

② 简单的烷基取代对苯的光谱形状影响不大,使吸收带略向红移,仍保持 B 带的精细结构,只是每个吸收带,吸收强度也略有增加,这是由于烷基的 σ 电子与苯环的 π 电子超共轭作用所引起的。

③ 当苯环上氢原子被给电子的助色基团如—NH_2、—OH 所取代时,由于助色基团 n 电子与苯环上 π 电子的共轭作用,吸收带会红移。各种给电子的助色基团对吸收带红移影响

的大小，按下列次序增加：

—CH₃ < —Cl < —Br < —I < —OCH₃ < —NH₂ < —O < —NHCOCH₃ < —NCH₃

④ 当苯环上的氢原子被吸电子取代基如—HC＝CH₂、—NO₂等取代时，由于发色基团与苯环的共轭作用，使苯的 E₂吸收带、B吸收带发生较大的红移，吸收强度也显著增加。

（2）二取代苯 当苯环上两个氢原子被取代后，无论是助色基团取代还是发色基团取代，其结果都能增加分子中共轭作用，使吸收带红移、吸收强度增加。

① 对位二取代苯 如果两个取代基是同类基团，即都是助色基团或都是发色基团，K吸收带的位置与红移较大的单取代基大致相等。两个取代基类型不同时，则K吸收带波长将大于两个基团单独的波长之和。

② 邻位和间位二取代苯 邻位和间位二取代苯的 λ_{max} 的红移值近似等于它们为两个取代基单独产生的波长的红移之和。

五、影响紫外-可见吸收光谱的因素

紫外-可见吸收光谱主要取决于分子中价电子的能级跃迁，但吸收带的位置易受分子的内部结构和外部环境等多种因素的影响，在较宽的波长范围内变动。

（1）共轭效应 由于共轭效应，电子离域到多个原子之间，导致 π→π* 能量降低，λ_{max} 红移，ε_{max} 增大。共轭双键数目越多，吸收峰红移越显著。同时，跃迁概率增大，ε_{max} 增大。

（2）助色效应 当助色团与发色团相连时，由于助色团的 n 电子与发色团的 π 电子共轭，结果使吸收峰向长波方向移动，吸收强度增强。

（3）超共轭效应 由于烷基的 σ 电子与共轭体系中的 π 电子共轭，使吸收峰向长波方向移动，吸收强度增强，但其影响远小于共轭效应。

（4）溶剂效应 溶剂的极性强弱能影响紫外-可见吸收光谱的吸收峰波长、吸收强度及形状。因为极性溶剂和溶质间常形成氢键，或溶剂的偶极使溶质的极性增强，引起 n→π* 及 π→π* 吸收带的迁移。例如亚异丙基酮 [CH₃—CO—CH＝C(CH₃)₂] 的溶剂效应如表 9-3 所示。

表 9-3 亚异丙基酮的溶剂效应

溶剂	正己烷	氯仿	甲醇	水	波长位移
π→π*	230nm	238nm	237nm	243nm	向长波移动
n→π*	329nm	315nm	309nm	305nm	向短波移动

溶剂对吸收峰波长的影响根据跃迁类型的不同而不同，对于 n→π* 跃迁随溶剂极性增强，λ_{max} 发生蓝移；而对 π→π* 跃迁，随溶剂极性增强，λ_{max} 发生红移。

溶剂除影响吸收波长外，还影响吸收强度和精细结构。例如 B 吸收带的精细结构在非极性溶剂中比较清楚，但在极性溶剂中则较弱，有时会消失而出现一个宽峰。如苯酚的 B 吸收带就如此，如图 9-6 所示，苯酚的精细结构在非极性溶剂庚烷中清晰可见，而在极性溶剂乙醇中则完全消失而呈现一宽峰。因此，测定紫外-可见吸收光谱时应注明所使用的溶剂，在溶解度允许范围内，应选择极性较小的溶剂，且所选用的溶剂应在样品的吸收光谱区无明显吸收，不影响样品的吸收光谱。

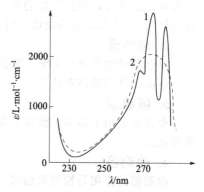

图 9-6 苯酚的 B 吸收带
1—庚烷溶液；2—乙醇溶液

(5) 溶液 pH 值的影响   pH 值能影响物质存在型体，从而影响吸收波长。pH 的改变可能引起共轭体系的延长或缩短，从而引起吸收峰位置的改变，对一些不饱和酸、烯醇、酚及苯胺类化合物的紫外光谱影响很大。在测定酸性、碱性或两性物质时，溶液 pH 值对光谱的影响很大。如果化合物溶液从中性变为碱性时，吸收峰红移，表明该化合物可能为酸性物质；如果化合物溶液从中性变为酸性时，吸收峰蓝移，表明该化合物可能为芳胺。例如酚类化合物和苯氨类化合物，由于在酸性、碱性溶液中的解离情况不同，从而影响共轭系统的长短，导致吸收光谱也不同。

(6) 空间位阻的影响   若生色团之间或生色团与助色团之间太拥挤，就会相互排斥于同一平面之外，共轭程度降低，则吸收峰发生蓝移，吸收带强度降低；如果位阻完全破坏了发色基团间的共轭效应，则只能观察到单个发色基团各自的吸收带。

(7) 顺反异构的影响   双键或环上取代基在空间排列不同而形成的异构体，一般反式的 λ_{max} 大于顺式的 λ_{max}。

第四节　紫外-可见光分光光度计

用于测量和记录待测物质对紫外光、可见光的吸光度及紫外-可见吸收光谱，并进行定性定量及结构分析的仪器，称为紫外-可见吸收光谱仪或紫外-可见分光光度计，其可测波长范围一般为 200～1000nm。

一、紫外-可见分光光度计的基本构造

紫外-见分光光度计的构造原理与可见分光光度计相似，都是由光源、单色器、吸收池、检测器和显示器五大部分组成，如图 9-7 所示。

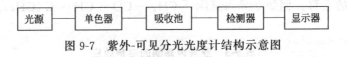

图 9-7　紫外-可见分光光度计结构示意图

1. 光源

光源是提供入射光的装置。要求发射连续的具有足够强度和稳定的紫外及可见光，且辐射强度随波长的变化尽可能小，使用寿命长。

在可见光区常用的光源为钨灯，可用的波长范围为 350～1000nm。在紫外区常用的光源为氢灯或氘灯，它们发射的连续光波长范围为 180～360nm。其中，氘灯产生的光谱强度比氢灯大 3～5 倍，且寿命比氢灯长，稳定性好。

2. 单色器

单色器又称为分光系统。它是将光源发射的复合光色散成单色光的光学装置。一般由狭缝、色散元件及透镜系统组成。最常用的色散元件是棱镜和光栅。

3. 吸收池

吸收池是用于盛放试液的装置。通常，在可见光区使用玻璃吸收池，而紫外光区使用石英吸收池。

4. 检测器

检测器的作用是检测光信号，并将光信号转变成电信号。要求检测器的灵敏度高，响应时间短，噪声水平低且有良好的稳定性。作为紫外-可见光区的辐射检测器，一般常用光电效应检测器，它是将接受的辐射功率变成电流的转换器，如光电池、光电管、光电倍增管、

光电二极管阵列检测器。光电倍增管较灵敏，特别适用于检测较弱的辐射，光电二极管阵作检测器具有快速扫描的特点。

5. 显示器

显示器的作用是将检测器的信号放大，并以适当的方式指示或记录下来。常用的显示装置有电表指示、数字显示、荧光屏显示和记录仪等。

目前，很多型号的紫外-可见分光光度计已装配微处理机，不但可对分光光度计进行操作控制，还可进行数据处理，大大提高了分析速度、测量精度和自动化程度。

二、紫外-可见分光光度计的类型

紫外-可见分光光度计的类型很多，可归纳为4种：单光束分光光度计、双光束分光光度计、双波长分光光度计和光电二极管阵列分光光度计。

1. 单光束分光光度计

只有一束经过单色器的光，交替通过参比溶液和待测试样溶液来进行测定。这种分光光度计的特点是结构简单、价格便宜、操作方便、维修也比较容易，适用于常规分析，如国内广泛采用721型分光光度计，751型、XG-125型、英国SP-500型和伯克曼DU-8型等都属于单光束分光光度计。

2. 双光束分光光度计

双光束分光光度计的光路图如图9-8所示。光源发出的光经过反射镜的反射，通过滤光片、入射狭缝、准直镜、光栅、出射狭缝，得到单色光，再由被斩光器分成交替的两束光，分别通过样品池和参比池，在测量中不需要移动吸收池，可随意改变波长的同时记录所测得的吸光度值，便于描绘吸收光谱。由于两束光同时分别通过参比池和样品池，所以操作简单，同时还可以

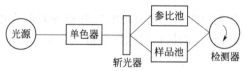

图9-8 双光束分光光度计光路示意图

消除光源强度变化带来的误差。目前，一般自动记录分光光度计均为双光束的，它可以连续地绘出吸收光谱曲线。如国产710型、730型、740型、日立UV-340型等就属于这种类型。如图9-9所示是一种双光束、自动记录式紫外-可见分光光度计光路系统图。

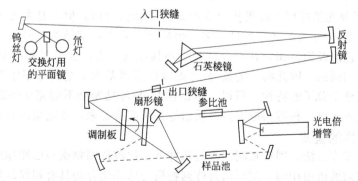

图9-9 一种双光束、自动记录式紫外-可见分光光度计光程原理图

3. 双波长分光光度计

单光束和双光束分光光度计，就测量波长而言，都是单波长的。它们由一个单色器分光后，让相同波长的光束分别通过样品池和参比池，然后测得样品池和参比池吸光度之差。双波长分光光度计原理如图9-10所示。由同一光源发出的光被分成两束，分别经过两个单色器，从而可以同时得到两个不同波长（λ_1和λ_2）的单色光，它们交替照射试液（不需要使

用参比溶液）。然后经过光电倍增管和电子控制系统，测得的是试样液在两波长 λ_1 和 λ_2 处吸光度。

双波长分光光度计不仅能测定高浓度试样、多组分混合试样，而且能测定一般分光光度计不宜测定的浑浊试样。双波长法测定相互干扰的混合试样时，不仅操作比单波长法简单，而

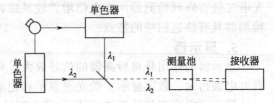

图 9-10 双波长分光光度计光路示意图

且精确度要高。用双波长法测量时，两个波长的光通过同一吸收池，这样可以消除因吸收池的参数不同、位置不同、污垢及制备参比溶液等带来的误差，使测定的准确度显著提高。另外，双波长分光光度计是用同一光源得到的两束单色光，故可以减小因光源电压变化产生的影响，得到高灵敏度和低噪声的信号。

4. 光电二极管阵列分光光度计

这是一种利用光电二极管阵列作检测器、由微型电子计算机控制的多通道的紫外-可见分光光度计，具有快速扫描吸收光谱的特点，其光路示意图如图 9-11 所示。

由光源发射的非平行复合光，经过透镜聚焦到吸收池上，通过吸收池到达全息光栅，经

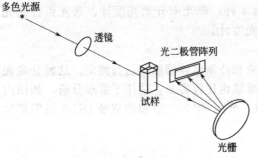

图 9-11 多道分光光度计的光路示意图

分光后的单色光由光电二极管阵列的光电二极管接受，而二极管阵列的电子系统，可以在 $0.1 \sim 1s$ 的极短时间内获得从 $200 \sim 900nm$ 范围的全光光谱。

第五节 紫外-可见吸收光谱法的应用

一、有机化合物的定性及结构分析

紫外-可见吸收光谱可用于有机化合物的定性及结构分析，但不是主要工具。因为大多数有机化合物的紫外-可见光谱带数目不多、谱带宽、缺少精细结构。另外，如果物质组成的变化不影响生色团及助色团，就不会显著影响其吸收光谱，如甲苯和乙苯的紫外-可见吸收光谱实际上是相同的。因此物质的紫外-可见吸收光谱基本上是其分子中生色团及助色团的特性，而不是整个分子的特性。所以，单根据紫外-可见光谱不能完全决定物质的分子结构，它必须与红外光谱、核磁共振波谱、质谱等方法配合起来，才能得出可靠的结论。

1. 未知试样的鉴定

一般采用比较光谱法，即在相同的测定条件下，比较待测物质与已知标准物质的吸收光谱曲线，如果它们的谱图相同，则可认为待测物质与已知化合物具有相同的生色基团；如果待测试样和标准物质的 λ_{max} 及相应的 ε 也相同，则可认为两者是同一种物质。

如果没有标准物质，则可借助汇编的各种有机化合物的紫外-可见标准谱图进行比较。但与标准谱图比较时，应注意操作时的测定条件要完全与文献规定的条件相同，而且要求仪器准确度、精密度高，否则可靠性差。

2. 有机化合物分子结构的推断

根据化合物的紫外及可见吸收光谱可以推测化合物所含的官能团。运用以下规律分析紫

外-可见光谱，在推测其分子结构时可提供有益的启示。

① 如果在 $200 \sim 750nm$ 波长范围内若无吸收峰，则可能是直链烷烃、环烷烃、饱和脂肪族化合物或仅含一个双键的烯烃等。若有低强度吸收峰（$\varepsilon = 10 \sim 100L \cdot mol^{-1} \cdot cm^{-1}$），（$n \rightarrow \pi^*$ 跃迁），则可能含有一个简单非共轭且含有 n 电子的生色团，如羰基；若在 $250 \sim 300nm$ 波长范围内有中等强度的吸收峰则可能含苯环；若在 $210 \sim 250nm$ 波长范围内有强吸收峰，则可能含有 2 个共轭双键；若在 $260 \sim 300nm$ 波长范围内有强吸收峰，则说明该有机物含有 3 个或 3 个以上共轭双键。

② 如果在 $270 \sim 350nm$ 区间有一个很弱的吸收峰（$\varepsilon_{max} = 10 \sim 100L \cdot mol^{-1} \cdot cm^{-1}$），并且在 200nm 以上没有其他吸收，该化合物含有带孤对电子的未共轭的发色团，例如 $C = O$，$C = C - O$，$C = C - N$ 等，弱峰由 $n \rightarrow \pi^*$ 引起。

③ 如果在紫外光谱中有许多吸收峰，某些峰甚至出现在可见区，则该化合物结构中可能具有长链共轭体系或者稠环芳香发色团，即 $200 \sim 1000nm$ 均有吸收峰，说明是个含长链的共轭体系或多环芳烃。如果化合物有颜色说明至少 $4 \sim 5$ 个相互共轭的发色团（主要指双键），但某些含氮化合物及碘仿除外。

④ 在紫外光谱中，若长波吸收峰的强度 ε_{max} 在 $10000 \sim 20000L \cdot mol^{-1} \cdot cm^{-1}$ 之间时，表示有 α, β-不饱和酮或共轭烯烃结构存在。

⑤ 化合物的长波吸收峰在 250nm 以上，且 ε_{max} 在 $1000 \sim 10000L \cdot mol^{-1} \cdot cm^{-1}$ 之间时，该化合物通常具有芳香结构系统，峰的精细结构是芳环的特征吸收。但芳香环被取代后共轭体系延长时，ε_{max} 可大于 $10000L \cdot mol^{-1} \cdot cm^{-1}$。

⑥ 充分利用溶剂效应和介质的 pH 影响与光谱的变化规律。增加溶剂极性将导致 K 带红移，R 带紫移，特别是 ε_{max} 发生很大变化时，可预测有互变异构体存在。若只有改变介质的 pH 光谱才有显著变化，则表示有可离子化的基团，并与共轭体系有关；由中性变为碱性，谱带发生较大红移，酸化后又恢复原位表明有酚羟基、烯醇或不饱和羧酸存在；反之，由中性变为酸性时谱带紫移，加碱后又恢复原位，则表明有氨（胺）基与芳环相连。

紫外-可见吸收光谱除可用于推测所含官能团外，还可用来区别同分异构体。例如乙酰乙酸乙酯在溶液中存在酮式与烯醇式互变异构体。酮式没有共轭双键，它在波长 240nm 处仅有弱吸收；而烯醇式由于有共轭双键，在波长 245nm 处有强的 K 吸收带（$\varepsilon = 18000L \cdot mol^{-1} \cdot cm^{-1}$），故根据它们的紫外-可见吸收光谱可判断其存在与否。

3. 物质纯度检查

利用紫外吸收光谱法来检查物质纯度是非常简便可行的方法。例如要检定甲醇中的杂质苯，因苯的 λ_{max} 为 256nm，而甲醇在此波长处无吸收，可通过绘制样品的紫外-可见吸收光谱图来判断是否含有杂质。

二、定量分析

紫外-可见吸收光谱法是进行定量分析最有用的工具之一。定量分析的依据是比尔定律，即在一定波长处被测定物质的吸光度与其浓度呈线性关系。因此，通过测定溶液对一定波长入射光的吸光度，即可求出该物质在溶液中的浓度和含量。

1. 单组分体系

单组分是指试样溶液中含有一种组分，或者是在混合物溶液中待测组分的吸收峰与其他共有物质的吸收峰无重叠。其定量方法有标准曲线法、比较法。

（1）标准曲线法　先配制一系列不同含量的标准溶液，选用适宜的参比，在相同的条件下，测定系列标准溶液的吸光度，作 A-c 曲线，即标准曲线，也可用最小二乘法处理，得线性回归方程。在相同条件下测定未知试样的吸光度，从标准曲线上就可以找到与之对应的未知试样的浓度。

（2）比较法　在相同条件下配制待测溶液与标准溶液，在相同的条件下测定各自的吸光度 A_x 和 A_s，然后进行比较，利用式（9-3），求出样品溶液中待测组分的浓度。

$$c_x = c_s A_x / A_s \qquad (9-3)$$

使用这种方法的要求是 c_x 和 c_s 应接近，且符合光吸收定律。因此，比较法只适用于个别试样的测定。

2. 多组分体系

对于含两个或两个以上组分的混合物，根据其吸收峰的相互干扰情况分为 3 种，如图 9-12 所示。对于图 9-12（a）的情况，可通过选择适当的入射光波长，按单一组分的方法测定。即在 λ_1 处测组分 x，在 λ_2 处测组分 y；对于图 9-12（b）的情况，则在 λ_1 处测组分 x；在 λ_2 处测总吸收，扣除 x 吸收，可求 y；而对图 9-12（c）的情况，由于两组分的吸收曲线相互重叠严重，此时可根据吸光度的加和性原理，通过适当的数学处理来进行测定。具体方法是：在 x 和 y 组的最大吸收波长 λ_1 和 λ_2 处分别测定混合物的总吸光度 A_{λ_1} 和 A_{λ_2}，然后通过解下列二元一次方程组，求得各组分浓度 c_x，c_y。

$$
\begin{cases}
A_{\lambda_1} = \varepsilon_{\lambda_1}^x c_x + \varepsilon_{\lambda_1}^y c_y \\
A_{\lambda_2} = \varepsilon_{\lambda_2}^x c_x + \varepsilon_{\lambda_2}^y c_y
\end{cases}
$$

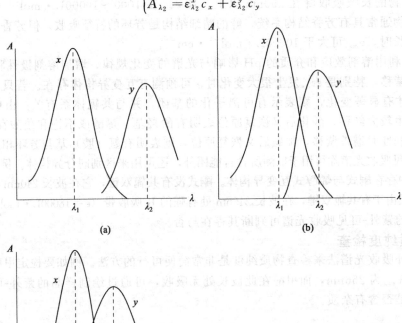

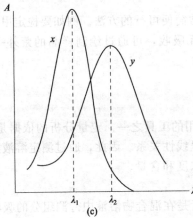

图 9-12　混合物的紫外吸收光谱

很明显，如果有 n 个组分相互重叠，就必须在 n 个波长处测定其吸光度的加和值，然

后解 n 元一次方程组，才能分别求得各组分含量。应该指出，随着测量组分的增多，实验结果的误差也将增大。值得一提的是，解联立方程组的方法是仪器分析中定量测定被干扰组分的一个基本方法，它也常用于红外光谱法、质谱法和荧光光度法等方法。

对于吸收光谱相互重叠的多组分混合物，除用上述解联立方程式的方法测定外，还可利用双波长分光光度法、导数吸光度法、三波长法等进行定量分析。另一类方法是通过对测定数据进行数学处理后，同时得出所有共存组分各自的含量，如多波长线性回归法，最小二乘法、因子分析法等，这些近代定量分析方法的特点是不经化学或物理分离，就能解决一些复杂混合物中各组分的含量测定。

思考题与习题

1. 电子跃迁有哪几种类型？这些类型的跃迁各处于什么波长范围？

2. 何谓发色团与助色团？试举例说明。

3. 有机化合物的紫外-可见吸收光谱中有哪几种类型的吸收带？它们产生的原因是什么？有什么特点？

4. 试估计下列化合物中哪一种化合物的 λ_{max} 最大？哪一种化合物的 λ_{max} 最小？为什么？

(a)　　　　(b)　　　　(c)

5. 称取某药物一定量，用 $0.1mol \cdot L^{-1}$ 的 HCl 溶解后，转移至 100mL 容量瓶中用同样 HCl 稀释至刻度。吸取该溶液 5.00mL，再稀释至 100mL。取稀释液用 2cm 吸收池，在 310nm 处进行吸光度测定，欲使吸光度为 0.350，需称样多少克？（已知：该药物在 310nm 处摩尔吸收系数 $\varepsilon = 6130 L \cdot mol^{-1} \cdot cm^{-1}$，摩尔质量 $M = 327.8 g \cdot mol^{-1}$）

6. 称取维生素 C 0.0500g 溶于 100mL 的 $5mol \cdot L^{-1}$ 硫酸溶液中，准确量取此溶液 2.00mL 稀释至 100mL，取此溶液于 1cm 吸收池中，在 $\lambda_{max} = 245nm$ 处测得 A 值为 0.498。求样品中维生素 C 的质量分数。（已知：该溶液在 245nm 处摩尔吸收系数 $\varepsilon = 560 L \cdot mol^{-1} \cdot cm^{-1}$）

7. 一般分光光度计读数有两种刻度，一种为透光率 T（%），另一种为吸光度 A，问当 $T = 0$、50%、100% 时，相应吸光度 A 的数值为多少？

8. 有一浓度为 c 的溶液、吸收了入射光的 16.69%，在同样条件下，浓度为 $2c$ 的溶液透光率为多少？

9. 一符合朗伯-比尔定律的有色溶液放在 2cm 的比色皿中，测得透光率为 60%，如果改用 1cm、5cm 的比色皿测定时，其 T（%）和 A 各为多少？

10. 以氯磺酚 S 光度法测定铌，100mL 溶液中含铌 100μg，用 1cm 比色皿，在 650nm 波长处测得其透光率为 44.0%，计算铌-氯磺酚 S 配合物在此波长处的吸光度、摩尔吸光系数。

11. 将 Fe^{3+} 0.10mg 在酸性溶液中用 KSCN 显色，稀释至 50mL，在波长 480nm 处用 1cm 比色皿测得吸光度为 0.240，计算 $Fe(SCN)_3$ 的摩尔吸光系数 [不考虑 $Fe(SCN)_3$ 的离解]。

参 考 文 献

[1] 姚新生. 有机化合物波谱分析. 北京：中国医药科技出版社，2004.

[2] 方惠群，于俊生，史坚. 仪器分析. 北京：科学出版社，2002.

[3] 李发美. 分析化学. 第 6 版. 北京：人民卫生出版社，2007.

[4] 张寒琦. 仪器分析. 北京：高等教育出版社，2009.

[5] 朱明华，胡坪. 仪器分析. 第 4 版. 北京：高等教育出版社，2008.

第十章

Chapter 10

红外吸收光谱分析法

本章提要

红外吸收光谱法是依据物质分子对红外辐射的特征吸收而建立起来的一种光谱分析法。本章主要介绍红外吸收产生的条件、分子振动类型；红外吸收光谱与结构的关系，常见化合物主要基团的特征吸收频率及影响基团频率位移的因素等。要求掌握红外光谱的产生原理及条件、基团频率及其影响因素，红外光谱基团频率与分子结构的关系，了解红外光谱仪的大致结构，了解红外光谱光源的特殊性，了解标准红外光谱图的利用方法。

第一节 红外吸收光谱分析法概述

红外吸收光谱分析法（Infrared Absorption Spectrometry，IR）又称"红外分光光度分析法"，是分子吸收光谱的一种，是利用物质对红外光区的电磁辐射的选择性吸收来进行结构分析及对各种吸收红外光的化合物的定性和定量分析的方法。被测物质的分子在红外线照射下，只吸收与其分子振动、转动频率相一致的红外光。对红外光谱进行剖析，可对物质进行定性分析。化合物分子中存在着许多原子团，各原子团被激发后，都会产生特征振动，其振动频率也必然反映在红外吸收光谱上。用红外光谱法可以根据光谱中吸收峰的位置和形状来推断未知物结构，依照特征吸收峰的强度来测定混合物中各组分的含量。由于红外吸收光谱法具有快速、灵敏度高、检测试样用量少、能分析各种状态的试样等特点，因此，它已成为现代结构化学、分析化学最常用和不可缺少的工具。

一、红外光谱区的划分

红外光谱位于可见光区和微波区之间，其波长范围大约为 $0.75 \sim 1000 \mu m$（波数 $33 \sim 12820 cm^{-1}$）。习惯上按红外线波长，将红外光谱常被分成三个区域：近红外光区、中红外光区、远红外光区，各个区域所得到的信息各有所不同。这三个区域所包含的波长（波数）范围以及能级跃迁类型见表 10-1，其中中红外是研究、应用得最多的区域。

表 10-1 红外光谱区分类

名称	波长 $\lambda/\mu m$	波数 σ/cm^{-1}	能级跃迁类型
近红外区（泛频区）	$0.75 \sim 2.5$	$12820 \sim 4000$	O—H、N—H 及 C—H 键的倍频、合频吸收
中红外区（基本振动区）	$2.5 \sim 50$	$4000 \sim 200$	分子中基团振动及分子转动
远红外区（转动区）	$50 \sim 1000$	$200 \sim 10$	分子转动，晶格振动

二、红外吸收光谱的表示方法

红外光谱的表示方法与紫外光谱的表示方法有所不同，红外光谱一般用符号 λ 表示波长，用 σ 表示波数（波数是波长的倒数，表示每厘米长度单位中所包含光波的数目），则波数与波长的关系如公式（10-1）。

$$\sigma(\mathrm{cm}^{-1}) = \frac{1}{\lambda(\mathrm{cm})} = \frac{10^4}{\lambda(\mu\mathrm{m})} \tag{10-1}$$

能量与波数成正比，因此，常用波数作为红外光谱图的横坐标；红外光谱图的纵坐标表示红外吸收的强弱，常用透光率（T）表示。T-σ 图上吸收曲线的峰尖向下，如甲基辛烷的红外光谱图如图 10-1 所示。

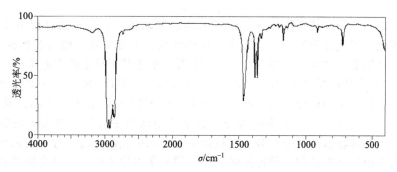

图 10-1　甲基辛烷的红外光谱图

三、红外吸收光谱法的特点

红外吸收光谱法具有以下特点。

① 具有高度的特征性。除光学异构体外，每种化合物都有自己的红外吸收光谱，即没有两个化合物的红外吸收光谱完全相同，这是进行定性鉴定和结构分析的基础。

② 应用范围广。红外吸收光谱法不仅对所有有机化合物都适用，还能研究配位化合物、高分子化合物及无机化合物，对气、固、液态试样均可进行分析。

③ 分析速度快、试样用量少、操作简便，不破坏试样。

④ 红外光谱法分析灵敏度较低。在进行定性鉴定及结构分析时，需要将待测试样提纯。在定量分析中，其准确度低，误差较大，对微量成分无能为力。

第二节　红外吸收光谱法的基本原理

当一束具有连续波长的红外光通过物质，物质分子中某个基团的振动频率或转动频率和红外光的频率一样时，分子就吸收能量由原来的基态振（转）动能级跃迁到能量较高的振（转）动能级，分子吸收红外辐射后发生振动和转动能级的跃迁，该处波长的光就被物质吸收。将分子吸收红外光的情况用仪器记录下来，就得到红外光谱图。

一、红外吸收光谱产生的条件

红外光谱是由于试样分子吸收电磁辐射导致振转能级跃迁而形成的，但试样分子不是任意吸收红外电磁辐射就能导致振动和转动能级的跃迁，因为分子吸收红外辐射必须满足两个条件：①辐射应具有刚好能满足物质发生振动能级跃迁所需的能量；②辐射与物质之间有偶合作用，即分子振动引起瞬间偶极矩变化。因此，当一定频率的红外辐射照射分子时，如果分子中某个基团的振动频率和它一致，二者就会产生共振，此时红外辐射的能量通过分子偶极矩的变化而传递给分子，这个基团就吸收一定频率的红外光产生振动跃迁，即这时的物质分子就产生红外吸收。

已知任何分子就其整个分子而言，是呈电中性的，但由于构成分子的各原子因价电子得失的难易，而表现出不同的电负性，因而分子显示出不同的极性。通常可以用分子的偶极矩 μ 来描述分子极性大小。设正、负电中心的电荷分别为，$+q$ 和 $-q$，正负电荷中心距离为 d，则

$$\mu = qd \tag{10-2}$$

由于分子内的原子在其平衡位置上处于不断的振动状态，在振动过程中 d 的瞬时值会不断地发生变化，因此分子的 μ 也会发生相应的改变，即分子具有确定的偶极矩变化频率。对于对称分子（即非极性分子，如 N_2、O_2、H_2 等）由于其正负电荷中心重叠，$d=0$，偶极矩 $\mu = qd = 0$，分子的振动并不引起 μ 的变化，所以，它与红外辐射不发生偶合，不产生红外吸收；当分子是一个偶极分子（$\mu \neq 0$），如 H_2O、HCl 时，由于分子的振动使得 d 的瞬间值不断改变，因而分子的 μ 也不断改变，分子的振动频率使分子的偶极矩也有一个固定的变化频率。当红外辐射的频率与分子偶极矩的变化频率相匹配时，分子的振动才会与红外辐射发生偶合而增加其振动能，使得振幅加大，即分子由原来的振动基态跃迁到激发态。由此可见，并非所有的振动都会产生红外吸收，只有偶极矩发生变化的振动才能引起可观测的红外吸收，这种振动称为红外活性振动；偶极矩等于零的分子振动不能产生红外吸收，称为红外非活性振动。

二、分子振动的类型

1. 双原子分子的振动

最简单的分子是由两个原子组成的双原子分子。分子中的原子以平衡点为中心，以非常小的振幅作周期性的振动，称为简谐振动。双原子分子就是简谐振动中一种最简单的例子。即可以将化学键相连接的两个原子看作两个刚性小球，化学键看作一个质量可忽略不计的弹簧，弹簧的长度 r 就是分子化学键的长度，两原子沿弹簧轴线上伸缩，如图 10-2 所示。这个体系的振动频率 σ（以波数表示），根据 Hooke 定律可导出如下公式：

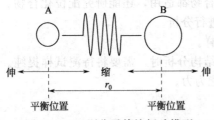

图 10-2　双原分子伸缩振动模型

$$\sigma = \frac{1}{2\pi c} \sqrt{\frac{k}{\mu}} \tag{10-3}$$

式中，c 为光速（$2.998 \times 10^{10}\,\text{cm} \cdot \text{s}^{-1}$）；$k$ 为弹簧力常数，也即连接原子化学键的力常数，$\text{N} \cdot \text{cm}^{-1}$；$\mu$ 是两个原子的折合质量，g。

$$\mu = \frac{m_1 m_2}{m_1 + m_2} \tag{10-4}$$

根据小球的质量和相对原子质量之间的关系，式（10-3）可写作：

$$\sigma = \frac{N_A^{1/2}}{2\pi c} \sqrt{\frac{k}{\mu}} = 1307 \sqrt{\frac{k}{\mu}} \tag{10-5}$$

式（10-3）或式（10-5）称为分子振动方程。从振动方程可见，影响基本振动频率的直接因素是相对原子质量和化学键的力常数。常见的化学键的 k 值如表 10-2 所示，根据式（10-5）即可估算出某些基团的基本振动频率。

表 10-2　主要化学键的键力常数　　　　　　　　单位：$N \cdot cm^{-1}$

键型	k	键型	k	键型	k
H—F	9.7	$\equiv$C—H	5.9	C—C	4.5
H—Cl	4.8	$=$C—H	5.1	C—O	5.4
H—Br	4.1	—C—H	4.8	C—F	5.9
H—I	3.2	—C$\equiv$N	18	C—Cl	3.6
O—H	7.7	—C$\equiv$C	15.6	C—Br	3.1
N—H	6.4	>C=O	12	C—I	2.7
S—H	4.3	C=C	9.6		

（1）具有相同或相似质量的原子基团　振动频率与力常数 $\sqrt{k}$ 成正比，已测得

单键的力常数 $k = 4 \sim 6 N \cdot cm^{-1}$；

双键的力常数 $k = 8 \sim 12 N \cdot cm^{-1}$；

叁键的力常数 $k = 12 \sim 18 N \cdot cm^{-1}$。

例如对于 C$\equiv$C，$k = 15 N \cdot cm^{-1}$，$\mu = \dfrac{12 \times 12}{12 + 12} = 6$，代入式（10-5）得 $\sigma = 2062 cm^{-1}$；

对于 C=C，$k = 10 N \cdot cm^{-1}$，$\mu = 6$，$\sigma = 1683 cm^{-1}$；

对于 C—C，$k = 5 N \cdot cm^{-1}$，$\mu = 6$，$\sigma = 1190 cm^{-1}$。

上述计算值与实验值是很接近的。由计算可说明，同类原子组成的化学键（折合相对原子质量相同），力常数越大的，基本振动频率就大，吸收峰将出现在高波数区。

（2）相同或相似化学键的基团　σ 与组成的原子质量的平方根成反比。

如 C—H，$k = 4.8$，$\mu = \dfrac{12 \times 1}{12 + 1} = 0.92$，计算所得到：

$$\sigma = 1307 \sqrt{\dfrac{4.8}{0.92}} = 2985 (cm^{-1})$$

由于氢的相对原子质量最小，故含氢原子单键的基本振动频率都出现在中红外的高频区。

由于各个有机化合物的结构不同，它们的相对原子质量和化学键的力常数各不相同，就会出现不同的吸收频率，因此各有其特征的红外吸收光谱。

化合物的红外光谱有许多吸收峰，根据吸收峰的频率与基本振动频率的关系，可将其分为基频峰与倍频峰。基频峰是分子吸收某一频率的红外线后，振动能级由基态跃迁到第一激发态时产生的吸收峰。基频峰的频率即为基本振动频率，对于多原子分子，基频峰频率为分子中某种基团的基本振动频率。基频峰的频率可由公式（10-5）推测，基频峰数目与分子的基本振动数有关，但往往小于基本振动数。由于基频峰的强度一般较大，因而是红外光谱上最重要的一类吸收峰。当分子吸收某一频率的红外光后，振动能级由基态跃迁到第二激发态或第三激发态所产生的吸收峰称为倍频峰。若由基态跃迁至第二激发态，所吸收红外线频率约相当于基本振动频率的两倍，产生的吸收峰称为二倍频峰，其余类推。

实际上，在一个分子中，基团与基团间、基团中的化学键之间都相互有影响，因此基本振动频率除决定于化学键两端的原子质量、化学键力常数外，还与内部因素（结构因素）及外部

因素（化学环境）有关。所以上述用经典力学的方法来处理分子的振动是为了得到宏观的图像，便于理解并有一定性的概念。另外，虽然根据式（10-5）可以计算其基频峰的位置，而且某些计算与实测值很接近，但这种计算只适用于双原子分子或多原子分子中影响因素小的谐振子。

2. 多原子分子的振动

多原子分子的振动，不仅有伸缩振动，还包括由键角参数发生变化引起的各种变形振动。因此，一般将多原子分子的振动形式分为两类：伸缩振动和变形振动。

（1）伸缩振动　伸缩振动是指原子沿化学键的键轴方向伸展和收缩（以 ν 表示振动频率），振动时键长发生变化而键角不变。伸缩振动有对称与不对称两类。对称伸缩振动频率用 ν_s 表示，在振动过程中，二个化学键在同一平面内沿键轴运动的方向相同，振动时各键同时伸长和缩短；不对称伸缩振动频率用 ν_{as} 表示，在振动过程中，二个化学键在同一平面内沿键轴运动的方向相反，即一个沿键轴方向作伸展振动时，另一个则沿键轴方向作收缩振动。所以振动时某些键伸长而另外的键则缩短。对于同一基团来说，不对称伸缩振动的频率要稍高于对称伸缩振动频率，这是因为不对称伸缩振动所需的能量高于对称伸缩振动所需的能量。

在环状化合物中，还有一种完全对称的伸缩振动叫骨架振动（或呼吸振动）。

（2）变形振动　变形振动又称为弯曲振动，是指原子间键角发生周期性变化的一种振动，而键的长度不变，以 δ 表示。弯曲振动包括面内和面外弯曲两种。

面内弯曲振动又分为剪式振动和面内摇摆振动。剪式振动（δ）在振动过程中，键角的变化类似于剪刀的"开"、"闭"的振动。面内摇摆振动（ρ）在振动过程中，基团的键角不改变，基团只是作为一个整体在平面内左右摇摆。

面外弯曲振动也分为两种。一种是面外摇摆振动，振动时基团作为整体垂直于分子平面前后摇摆，键角基本不发生变化，其频率用 ω 表示。另一种是扭曲振动，两个原子在垂直于分子平面的方向上前后相反地来回扭动，其频率用 τ 表示。

如图 10-3 所示为亚甲基（—CH_2—）的基本振动形式。对于同一个基团，弯曲振动所需要的能量小，出现在低频区；伸缩振动所需要的能量高，出现在高频区。

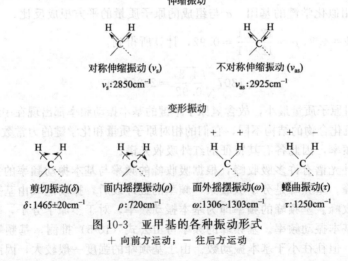

图 10-3　亚甲基的各种振动形式
＋ 向前方运动；－ 往后方运动

3. 分子的振动自由度与红外吸收峰

双原子分子只有一种振动形式——伸缩振动，多原子分子则不然。组成分子的原子越多，振动的形式就越多，一般用振动自由度来描述。振动自由度（f）也就是分子的基本振动数目，一个分子有多少个红外吸收峰，可以由分子的振动数目来解释。一个原子有三个自由度，因为每个原子在三维空间内都能向 X、Y、Z 三个坐标方向独立运动。当原子相互结合成分子后，仍保持这种独立运动，自由度数目不损失，在含有 N 个原子的分子中，分子自由度的总数将是 $3N$ 个。分子作为一个整体，其运动状态可分为：平动、转动及振动三种。N 个原子构成的分子，其振动自由度则为 $3N$ 减去平动自由度和转动自由度。对于非线型分子包括三个整个分子的质心沿 X、Y、Z 方向平移运动和三个整个分子绕 X、Y、Z 轴的转动运动。这六种运动都不是分子的振动，故振动形式应有（$f=3N-3-3=3N-6$）种。如图 10-4 所示。

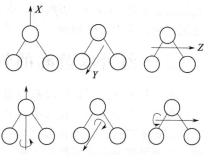

图 10-4　非线形分子的振动
自由度分析示意图

但对于直线形分子来说，若贯穿所有原子的轴是在 X 方向，则整个分子只能绕 Y、Z 转动，当分子绕 X 轴转动时，空间位置无变化，无能量变化，不产生自由度。因此直线形分子的振动形式为（$f=3N-3-2=3N-5$），如图 10-5 所示。

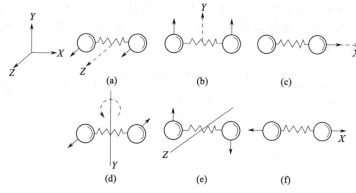

图 10-5　直线形分子的振动自由度分析示意图

例如水分子为非线形分子 $f=3N-6=3$，故水分子有三种振动形式，如图 10-6 所示；二氧化碳分子为线形分子 $f=3N-5=4$，有四种振动形式如图 10-7 所示。

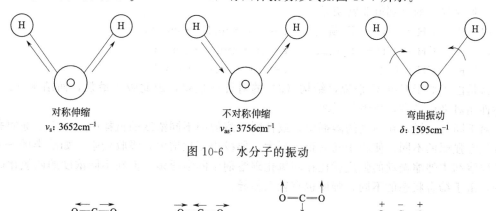

对称伸缩	不对称伸缩	弯曲振动
ν_s: 3652cm^{-1}	ν_{as}: 3756cm^{-1}	δ: 1595cm^{-1}

图 10-6　水分子的振动

$\nu_{s(C=O)}$: 1388cm^{-1}　　$\nu_{as(C=O)}$: 2349cm^{-1}　　$\delta_{C=O}$: 667cm^{-1}　　$\gamma_{C=O}$:667cm^{-1}

图 10-7　二氧化碳分子的基本振动形式

对于多数分子的红外光谱基频吸收峰可以用振动自由度 f 来推测，但实际上红外光谱观察到吸收峰的数目有时会增多或减少。主要原因有：①非红外活性振动，如二氧化碳分子，计算所得 $f=3\times3-5=4$，但对称伸缩偶极矩总变化 $\mu=0$，正负电荷中心重合，无峰，只有反对称伸缩有吸收峰位于 $2349cm^{-1}$；②峰的简并，频率相同的振动只出一个峰，如二氧化碳分子的 $667cm^{-1}$ 吸收峰；③弱峰被强峰覆盖或太弱，观察不到；④吸收峰不在检测器范围之内；⑤由于振动偶合及费米共振，使相应吸收峰分裂为两个峰。

三、红外吸收峰的强度

由红外光谱图可知吸收峰强弱有别，这与分子吸收红外线产生振动能级跃迁的概率和振动过程中的偶极矩的变化大小有关。①振动能级跃迁的类别不同其所需的能量不同，其产生跃迁的概率不同。比如由基态向第一激发态的跃迁概率比较大，所以相应的吸收峰也比较强。②偶极矩是分子极性的表征，组成化学键的原子的电负性差别越大或分子对称性越差，振动时其偶极矩也越大，相应的吸收峰的强度也越强。例如 C═O 基的吸收是非常强的，常常是红外图谱中最强的吸收带，而 C═C 基的吸收则有时出现，有时不出现，即使出现，相对来说强度也比较弱。它们都是不饱和键，但吸收强度的差别却很大，就是因为 C═O 基在伸缩振动时偶极矩变化很大，所以 C═O 基的跃迁概率大，而 C═C 双键则在伸缩振动时偶极矩变化很小。红外吸收的强度一般用摩尔吸光系数（ε）表示，按照 ε 大小分为很强、强、中等、弱、很弱，如表 10-3 所示。

表 10-3 红外吸收峰强度

$\varepsilon / L \cdot mol^{-1} \cdot cm^{-1}$	谱带强度	符号
>100	很强	vs
20~100	强	s
10~20	中	m
1~10	弱	w
<1	很弱	vw

对于同一类型的化学键，偶极矩的变化与结构的对称性有关系。例如双键在下述三种结构中，吸收强度的差别就非常明显。

(1) $R—CH═CH—R'$ 顺式 $\varepsilon = 10 L \cdot mol^{-1} \cdot cm^{-1}$；

(2) $R—CH═CH—R'$ 反式 $\varepsilon = 2 L \cdot mol^{-1} \cdot cm^{-1}$；

(3) $R—CH═CH_2$ $\varepsilon = 40 L \cdot mol^{-1} \cdot cm^{-1}$。

这是由于对于 C═C 来说，结构（3）的对称性最差，因此吸收最强，而结构（2）的对称性相对来说最高，故吸收最弱。

对于同一试样，在不同的溶剂中，或在同一溶剂中不同浓度的试样中，由于氢键的影响以及氢键强弱的不同，使原子间的距离增大，偶极矩变化增大，吸收增强。如醇类的—OH 在乙醚溶剂中伸缩振动的强度就比在四氯化碳溶剂中的强得多。而在不同浓度的四氯化碳溶液中，由于缔合状态的不同，强度也有较大差异。

第三节　红外吸收光谱与分子结构的关系

一、红外吸收光谱的特征吸频率

红外光谱的最大特点是具有特征性。复杂分子中存在许多原子基团，各个原子基团（化学键）在分子被激发后，都会产生特征的振动。分子的振动，实质上可归结为化学键的振动。因此，红外光谱的特征性与化学键振动的特征性是分不开的。研究了大量化合物的红外光谱后发现，同一类型的化学键的振动频率是非常相近的，总是出现在某一范围内。例如，CH_3CH_2Cl 的—CH_3 基团有一定的吸收频率，而很多具有—CH_3 基团的化合物在这个频率（3000～2800cm^{-1}）附近亦出现吸收峰，可以认为这个出现在—CH_3 吸收峰的频率是—CH_3 基团的特征频率。因此，凡是能用于鉴定原子基团存在并具有较高强度的吸收峰称为特征吸收峰，其对应的频率称为特征吸收频率。但因为同一类型的基团在不同物质中所处的环境各不相同，其红外光谱也有差异，而这种差别常常能反映出结构上的特点。所以通常确定官能团的存在还需其他相关峰的辅助。例如，$C=O$ 基团伸缩振动的频率范围大约在 1850～1600cm^{-1}，当与此基团相连接的原子是 C、O、N 时，$C=O$ 谱带分别出现在 1715cm^{-1}、1735cm^{-1}、1680cm^{-1} 处，根据这一差别可区分酮、酯和酰胺。因此，吸收峰的位置和强度取决于分子中各基团（化学键）的振动形式和所处的环境。

根据红外光谱和分子结构的特征，可将红外光谱按波数大小分为两个区域，即处于高频范围内的官能团区（4000～1300cm^{-1}）和频率较低的指纹区（1300～600cm^{-1}）。官能团区指基团的特征频率区，它的吸收光谱主要反映分子中特征基团的振动，基团的鉴定主要在这个区内进行。而指纹区犹如人的指纹，吸收光谱很复杂，但它能反映分子结构的细小变化，每一种化合物在该区的谱带位置、强度和形状都不相同，所以对有机化合物的鉴定有极大价值。因此，只要掌握了各种基团的振动频率（基团频率）及其位移规律，就可应用红外光谱来鉴定化合物中存在的基团及其在分子中的相对位置。

二、官能团区

有机分子的红外吸收大都在 4000～400cm^{-1} 波数范围内，红外光谱中 4000～1300cm^{-1} 区域的峰是由 X—H（X 为 O、N、C 等）单键的伸缩振动以及各种叁键及双键的伸缩振动所产生的基频峰，还包括部分含氢单键的面内弯曲振动的基频峰。由于基团吸收峰一般位于此高频范围，且在该区内峰比较稀疏，因此，它是基团鉴定工作最有价值的区域，称为官能团区（或基频区）。在实际应用时，为便于对光谱进行解析，常将官能团区分为四个区。

(1) X—H 伸缩振动区（X 可为 O、N、C 和 S 原子等）　频率范围为 4000～2500cm^{-1}，在这个区域内主要包括 O—H、N—H、C—H 和 S—H 键的伸缩振动。O—H 伸缩振动出现在 3650～3200cm^{-1} 的范围内，它是判断有无醇类、酚类和有机酸类的重要依据。当醇和酚溶于非极性溶剂，浓度在 0.01mol·L^{-1} 以下时，很容易识别游离羟基的伸缩振动吸收，其吸收峰出现在 3650～3580cm^{-1}，峰形尖锐，且没有其他峰干扰。但由于羟基是强极性基团，羟基化合物常出现缔合现象，当试样溶液浓度增加时，羟基伸缩振动吸收峰向低波数方向位移，在 3400～3200cm^{-1} 出现一个宽而强的吸收峰。因胺和酰胺的 N—H 伸缩振动也出现在 3500～3100cm^{-1}，因此在对 O—H 伸缩振动区进行解释时，要注意到 N—H 的干扰。C—H 伸缩振动分饱和和不饱和两种，饱和的 C—H 伸缩振动出现在 3000cm^{-1} 以下（3000～2800cm^{-1}），不饱和 C—H（主要有苯环上的 C—H 键、双键和叁键上的 C—H 键）伸缩振动出现在 3000cm^{-1} 以上。因此，3000cm^{-1} 波数是区分饱和 C—H 和不饱和 C—H 的分界线。

(2) 叁键和累积双键区　频率范围为 2500～2000cm^{-1}。该区域的红外谱带用得较少，主要包括—C≡C—，—C≡N 等叁键的伸缩振动和—C=C=C，—C=C=O 等累积双键的反对称伸缩振动。

（3）双键伸缩振动区　频率范围在 $2000\sim1500cm^{-1}$，该区主要包括 $C=O$，$C=C$，$C=N$，$N=O$ 等的伸缩振动以及苯环的骨架振动和芳香族化合物的倍频谱带。羰基的伸缩振动在 $1850\sim1660cm^{-1}$ 区域，所有羰基化合物如醛、酮、羧酸、酯、酰卤、酸酐等在该区域均有非常强的吸收，常成为红外谱图中最强的吸收，且在 $1850\sim1660cm^{-1}$ 范围内其他吸收带干扰的可能性较小，因此，$C=O$ 伸缩振动吸收带是判断有无羰基化合物的主要依据。$C=C$ 键（链烯）的伸缩振动出现在 $1680\sim1620cm^{-1}$，一般情况下强度比较弱。单环芳烃的 $C=C$ 伸缩振动吸收主要有四个，出现在 $1620\sim1450cm^{-1}$ 范围内，其中 $1600cm^{-1}$ 附近（$1520\sim1480cm^{-1}$）的吸收带最强，$1600cm^{-1}$ 附近（$1620\sim1590cm^{-1}$）吸收带居中，所以 $1600cm^{-1}$ 和 $1500cm^{-1}$ 附近的两个吸收带是鉴别芳环存在的重要标志之一。

苯的衍生物在 $2000\sim1650cm^{-1}$ 范围出现面外弯曲振动和面内变形振动的泛频吸收，它的强度很弱，但该区吸收峰的数目和形状与芳环的取代类型有直接关系，在鉴定苯环取代类型上非常有用。

（4）X—Y 伸缩振动及 X—H 变形振动区（$<1500cm^{-1}$）　这个区域的光谱比较复杂。主要包括 C—H，N—H 变形振动；C—O，C—X（卤素）等伸缩振动以及 C—C 单键骨架振动等。

从上述可见，利用官能团与不同类型基团产生的特征频率，以及同一类型基团在不同化合物中由于不同环境造成的特征频率的差别，可以推断分子中含有哪些基团并确定化合物的类别。

三、指纹区

红外光谱中 $1300\sim600cm^{-1}$ 的低频区称为指纹区。此区间的红外线能量较低，所出现的谱带源于各种单键的伸缩振动，以及多数基团的弯曲振动。因为弯曲振动的能级差小，因此在此区间谱带一般较密集，如人的指纹，故称为指纹区。各个化合物在结构上的微小差异在指纹区都会得到反映，因此，在确认有机化合物的结构时用处很大。

习惯上将指纹区分为两个波段。

（1）$1300\sim900cm^{-1}$ 区域　该区域的红外吸收信息非常丰富，所有单键的伸缩振动的分子骨架振动都在这个区域。该区域包括 C—O、C—N、C—F、C—S、P—O、Si—O 等键的伸缩振动频率区和 C=S、S=O、P=O 等双键的伸缩振动频率区，以及一些变形振动频率区。其中甲基（—CH_3）的对称变形振动出现在 $1380cm^{-1}$ 附近，对判断甲基很有价值；C—O 的伸缩振动出现在 $1300\sim1000cm^{-1}$ 范围，是该区域最强的峰，也容易识别。

（2）$900\sim600cm^{-1}$ 区域　该区域的吸收峰可以用来确认化合物的顺反构型或苯环的取代类型。例如，烯烃的面外变形振动出现的位置很大程度上取决于双键取代情况，顺式结构的吸收峰出现在 $690cm^{-1}$ 附近，而反式结构的吸收峰出现在 $990\sim970cm^{-1}$。利用该区域中苯环的 C—H 面外变形振动吸收峰和 $2000\sim1650cm^{-1}$ 区域苯出现的泛频吸收，可共同配合来确定苯环的取代类型。

官能团区和指纹区的信息功能不相同。从官能团区可以找出该化合物具有的官能团，而指纹区的吸收适宜用于与标准图谱（或已知物对照图谱）进行比较，从而得出该未知物与已知物结构是否相同的确切结论。在未知物鉴定、结构分析中，官能团区和指纹区的功能可以相互补充。

四、常见化合物的特征基团频率

红外吸收光谱是分子结构的客观反映，谱图中的吸收峰都对应着分子中化学键或基团的各种振动形式。大量的研究已总结了一些规律，如表 10-4 所示，不同的波数范围对应不同的官能团；根据相应的红外光谱特征，初步推测化合物中可能存在的特征基团，为进一步确定化合物的结构提供信息。

表 10-4 主要基团的红外光谱特征及振动类型

区段	波长/μm	波数/cm^{-1}	基团及振动类型
1	2.7～3.3	3700～3000	ν_{OH}，ν_{NH}
2	3.0～3.3	3300～3000	$\nu_{\equiv CH}$，$\nu_{=CH}$，$\nu_{\varphi H}$
3	3.3～3.7	3000～2700	ν_{CH}（CH_3、CH_2、CH、CHO）
4	4.2～4.9	2400～2100	$\nu_{C\equiv C}$，$\nu_{C\equiv N}$
5	5.3～6.1	1900～1650	$\nu_{C=O}$（酸酐、酰氯、酯、醛、酮、羧酸、酰胺）
6	5.9～6.2	1675～1500	$\nu_{C=C}$，$\nu_{C=N}$
7	6.8～7.7	1475～1300	δ_{CH}
8	7.7～10.0	1300～1000	ν_{C-O}（酚、醇、醚、酯、羧酸）
9	10.0～15.4	1000～650	$\gamma_{=CH}$（烯氢、芳氢）

对于不同种类的化合物有各自的红外吸收特征规律，掌握其主要吸收规律是对红外光谱解析的基础，下面就不同种类有机化合物分类讨论。

1. 烷烃

烷烃的主要基团—CH_3、—CH_2，它们的主要特征吸收 C—H 伸缩振动 ν_{C-H}3000～2850cm^{-1}（s）和弯曲振动 δ_{C-H}1470～1375cm^{-1}（m）。①其中甲基和亚甲基的 C—H 对称伸缩振动波数大于不对称伸缩振动，通常成对出现强峰容易识别（如图 10-1 所示），是饱和 C—H 区别不饱和 C—H 的主要依据。②亚甲基 C—H 弯曲振动出现在 1460cm^{-1} 左右。甲基的弯曲振动相对复杂，CH_3 的不对称弯曲振动 δ_{as}1450cm^{-1}±20cm^{-1}（m），对称弯曲 δ_s1375cm^{-1}±10cm^{-1}（s），若两个甲基连载同一碳原子异丙基的形式则 δ_s 分裂成双峰位于 1385cm^{-1} 和 1370cm^{-1} 处，其强度几乎相等；若叔丁基双峰间距增大，位于 1395cm^{-1} 和 1365cm^{-1}，低频吸收的强度比高频吸收强一倍。

2. 烯烃

烯烃主要有三个特征吸收 $\nu_{C=C}$1695～1540cm^{-1}（w），ν_{C-H}3095～3000cm^{-1}（m）和 γ_{C-H}1010～667cm^{-1}（s）。①烯烃的 $\nu_{C=C}$ 大多在 1650cm^{-1} 附近，一般强度较弱。与双键相连的取代基的种类、对称性、电负性都会影响双键的吸收峰的位置及强度，对称性越差强度越大，完全对称吸收峰消失；有共轭基团吸收峰向低波移动，并产生偶合出现两个以上吸收峰；②与双键相连的 ν_{C-H} 伸缩振动在 3000cm^{-1} 以上区域是不饱和 H 的重要依据；③双键 C—H 的面外弯曲振动强度大、特征性强。乙烯型—CH=CH$_2$基本结构，在 990cm^{-1}、910cm^{-1} 有两个强峰。对应于=CHR 中的=C—H：970cm^{-1}（m）。对于双键的顺反构型，反式构型 γ_{C-H} 出现在 965cm^{-1}±10cm^{-1}，顺式单烯双取代的 γ_{C-H} 出现在 690cm^{-1}±10cm^{-1}。反高顺低的特征是判断双键顺反异构的重要依据之一（如图 10-8 所示）。

3. 炔烃

炔烃与烯烃类似也有三个特征吸收：①C≡C 伸缩振动 2200～2100cm^{-1}吸收峰强且锐，特征性很强；②不饱和 C—H 伸缩振动≡C—H 3300cm^{-1}；③末端叁键的面外弯曲振动在 645～615cm^{-1}（如图 10-9 所示）。

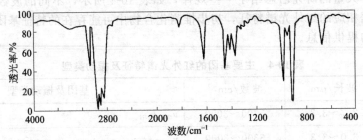

图 10-8　3-甲基-1-戊烯的红外光谱图

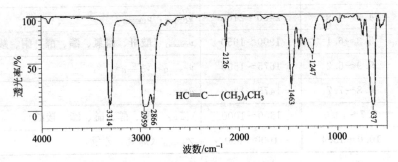

图 10-9　1-庚炔的红外光谱

4. 芳烃

芳烃主要有三类特征吸收，如邻二甲苯红外光谱图（如图 10-10 所示）：①苯环 C—H 伸缩振动 $\nu_{\varphi H} 3100 \sim 3030 cm^{-1}$（m）；②苯环骨架双键伸缩振动 $\nu_{C=C}$ 在 $1600 \sim 1450 cm^{-1}$ 范围，其强度与个数和苯环取代基有关，一般是中等或强峰，苯环骨架双键峰波数比烯烃略小，且通常会和烯烃的双键峰交叉；③苯环氢的面外弯曲 $\gamma_{\varphi H} 910 \sim 665 cm^{-1}$（S），$\gamma_{\varphi H}$ 是决定取代位置与数目重要特征峰，另外，位于 $1600 \sim 2000 cm^{-1}$ 的泛频吸收峰对芳环的取代分析很有帮助，如图 10-11 所示详细列出了不同苯环取代基的面外弯曲吸收峰的不同特征。

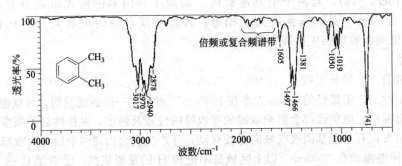

图 10-10　邻二甲苯红外谱图

5. 醇与酚

醇类化合物最主要的特征吸收醇羟基 O—H 伸缩振动与 C—O 伸缩振动吸收峰。其中游离醇羟基的 $\nu_{O-H} 3650 \sim 3590 cm^{-1}$（s），醇羟基易形成氢键或二聚体，所以 ν_{O-H} 通常在 $3300 \sim 2500 cm^{-1}$ 范围内形成一独特的宽峰。ν_{C-O} 为 $1250 \sim 1000 cm^{-1}$ 峰较强，是羟基化合物的第二特征峰。酚化合物除了与醇具有类似特征，还有芳烃类特征吸收，这可以帮助我们区别醇与酚物质。如图 10-12 与图 10-13 所示能够很容易区分醇与酚。

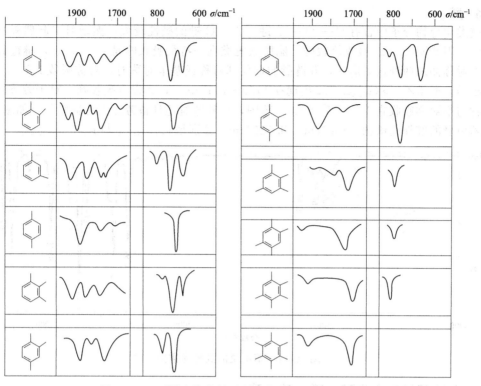

图 10-11 不同取代苯的泛频、指纹区红外吸收特征

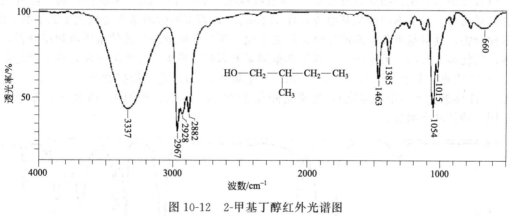

图 10-12 2-甲基丁醇红外光谱图

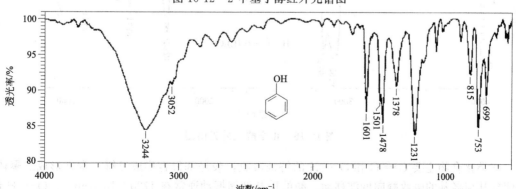

图 10-13 苯酚红外光谱图

6. 醚

醚类化合物分子中含有 C—O—C 键，C—O 键的极性较大，振动时引起偶极矩的改变较大，因此 $\nu_{C—O—C}$ 吸收峰较强。脂肪族醚类唯一特征吸收峰是 $\nu_{C—O—C}$，醚键具有对称与不对称伸缩两种振动形式，开链醚的取代基对称或基本对称时，对称吸收 $\nu_{s(C—O—C)}$ 消失或很弱，通常不对称 $\nu_{as(C—O—C)}$ 出现在 1150~1050cm^{-1}，为强宽吸收峰。对于芳香醚会出现对称与不对称吸收在 1300~1000cm^{-1} 范围，另外芳醚还具备芳烃的特征吸收，如图 10-14 所示苯甲醚的红外光谱图，1301cm^{-1} 和 1254cm^{-1} 分别是 $\nu_{s(C—O—C)}$ 与 $\nu_{as(C—O—C)}$。

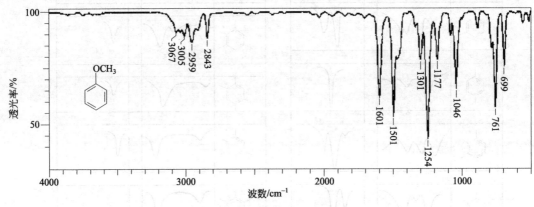

图 10-14 苯甲醚的红外光谱图

7. 含羰基类化合物酮、醛、酸、酯

所有含羰基类化合物都有特征 C—O 吸收峰在 1870~1550cm^{-1} 范围内，属于红外光谱最强的吸收峰。其中丙酮的羰基吸收峰在 1715cm^{-1}，若羰基旁的基团变化就变成了醛、酸、酯等化合物，其羰基吸收峰的波数也会随之变化，例如共轭效应会使羰基吸收频率降低，诱导效应则使频率升高，另外还有溶剂等其他因素的影响。醛类化合物的判断，第一特征是羰基 C—O 的伸缩振动吸收 1740~1720cm^{-1}（脂肪醛），另外还要依据 2850~2700cm^{-1} 范围内 C—H 伸缩振动（中等强度），通常实际在 2720cm^{-1} 左右。如图 10-15 所示正辛醛红外光谱图，特征非常明显。

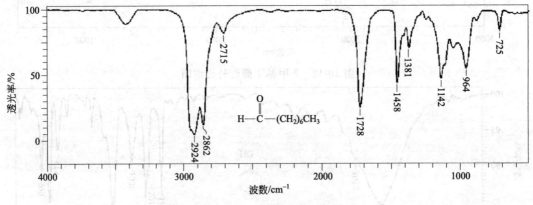

图 10-15 正辛醛红外光谱图

酸类化合物主要 C—O 和 O—H 的特征吸收，羧羟基很容形成氢键，常常形成二聚体，这使羰基与羟基的吸收峰向低波移动。酸的羰基伸缩振动通常在 1720~1650cm^{-1}，O—H 的吸收在 3300~2500cm^{-1} 之间，羧羟基伸缩振动吸收峰很宽，特征异常。另外羧基的 C—O

伸缩振动在 $1300 \sim 1200\mathrm{cm}^{-1}$ 中等强度吸收峰。如图 10-16 所示乙酸红外光谱图。

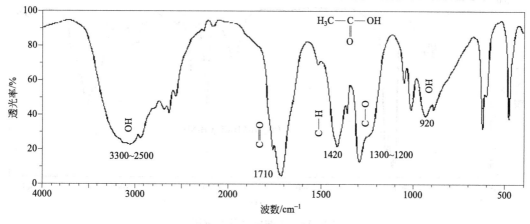

图 10-16　乙酸红外光谱图

　　酯类化合物 C＝O 仍然是第一特征在 $1750 \sim 1715\mathrm{cm}^{-1}$，波数略高于同类，这是由于烷氧基 OR 的诱导所致。除此外，C — O — C 的伸缩振动在 $1300 \sim 1000\mathrm{cm}^{-1}$，其中不对称 $\nu_{as(C-O-C)}1330 \sim 1150\mathrm{cm}^{-1}$（s）与对称 $\nu_{s(C-O-C)}1240 \sim 1030\mathrm{cm}^{-1}$，要注意与醚类的区别。如图 10-17 所示乙酸乙酯的红外光谱图。

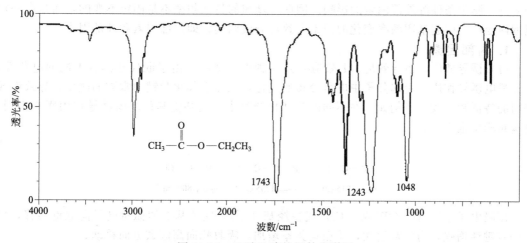

图 10-17　乙酸乙酯的红外光谱图

8. 含 N 类化合物胺、酰胺等

　　胺类化合物的主要基团 C — N、N — H，其中 C — N 伸缩振动 $\nu_{C-N}1430 \sim 1020\mathrm{cm}^{-1}$ 吸收强度很弱且干扰较大。胺的 ν_{N-H} 吸收峰多出现在 $3500 \sim 3300\mathrm{cm}^{-1}$ 区域。伯、仲和叔胺因氮原子上氢原子的数目不同，ν_{N-H} 吸收峰的数目也不同，若不考虑分子间氢键的影响，伯胺（R — NH$_2$）有对称和不对称两种 N — H 伸缩振动方式，在此区域 ν_{N-H} 有两个尖而中强的峰，仲胺只有一种 N — H 伸缩振动方式，故仅有一个吸收峰。而叔胺氮上无质子，故无 N — H 伸缩振动吸收峰。胺 N — H 的弯曲振动 δ_{N-H} 在 $1650 \sim 1550\mathrm{cm}^{-1}$ 之间，中强，但要注意与其他吸收峰的区分，比如说烯烃的双键伸缩振动吸收。如图 10-18 所示戊胺的红外吸收图。酰胺与胺类具有类似的 ν_{N-H} 和 δ_{N-H} 特征吸收，但其吸收波数较胺类略低，另外酰胺的 C＝O 伸缩振动吸收在 $1630 \sim 1680\mathrm{cm}^{-1}$（s），特征异常，这都是由于羰基与氨基的 p-π 共轭作用。

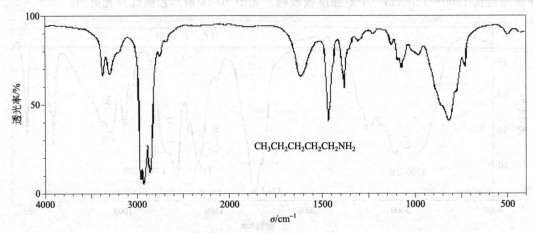

图 10-18　戊胺的红外光谱图

五、影响基团频率变化的因素

分子的基团红外吸收频率主要决定于其键力常数与折合质量，但分子中化学键的振动并不是孤立的，肯定会受到分子中其他部分，特别是与其相连的其他基团的影响，有时还会受到溶剂、测定条件等外部因素的影响。因此，基团的特征频率不是固定不变的，而是在一定范围内变动。引起基团频率变化的因素大致可分成两类，即内部因素和外部因素。

1. 内部因素

（1）诱导效应　诱导效应（I 效应）是一种电子效应。由于取代基具有不同的电负性，通过静电诱导作用，引起分子中电荷分布的变化，从而引起化学键力常数的改变，导致键或基团的特征频率改变。例如，在不同的羰基化合物中，羰基受其他基团诱导作用影响不同，其基频峰位也不同。

$$R-\overset{\displaystyle O}{\underset{\displaystyle \parallel}{C}}-R' \qquad R-\overset{\displaystyle O}{\underset{\displaystyle \parallel}{C}}-O-R' \qquad R-\overset{\displaystyle O}{\underset{\displaystyle \parallel}{C}}-Cl$$

$$v_{C=O}=1715 \text{ cm}^{-1} \qquad v_{C=O}=1735 \text{ cm}^{-1} \qquad v_{C=O}=1800 \text{ cm}^{-1}$$

用吸电子基团（— OR′或— Cl）代替烃基（R′），使羰基上的孤对电子向双键转移，羰基的双键性增强，力常数增大，使振动频率增加，吸收峰向高波数方向移动。

（2）共轭效应（中介效应）　共轭效应（M 效应）也是一种电子效应。在共轭体系中，由于 π-π 或 p-π 共轭引起 π 电子的"离域"，使电子云的分布在整个共轭链上趋于平均化，结果双键的电子云密度降低，键的力常数减小，振动频率向低频方向移动；例如下列三个化合物羰基和苯环、氨基产生共轭后，羰基的吸收波数分别向低波数方向移动。

$$R-\overset{\displaystyle O}{\underset{\displaystyle \parallel}{C}}-R' \qquad R-\overset{\displaystyle O}{\underset{\displaystyle \parallel}{C}}-\bigcirc \hspace{-0.3em} \text{苯环} \qquad R-\overset{\displaystyle O}{\underset{\displaystyle \parallel}{C}}-NH_2$$

$$v_{C=O}=1715 \text{ cm}^{-1} \qquad v_{C=O}=1685 \text{ cm}^{-1} \qquad v_{C=O}=1650 \text{ cm}^{-1}$$

（3）氢键效应　当分子内有容易形成氢键的基团如 OH、NH_2 等，分子或分子间形成氢键后，相应的基团吸收频率向低频方向移动。例如，羟基与羰基形成分子内氢键时，羟基和羰基的电子云密度降低，伸缩振动频率向低频方向移动。

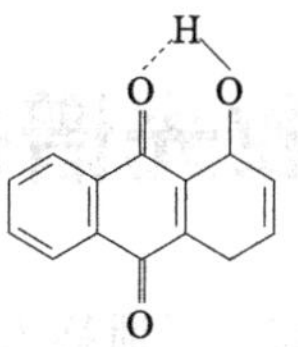

ν_{O-H}(缔合)2843 cm^{-1}　　　ν_{O-H}(游离)3615~3605 cm^{-1}
$\nu_{C=O}$(缔合)1622 cm^{-1}　　　$\nu_{C=O}$(游离)1676 cm^{-1}
$\nu_{C=O}$(游离)1675 cm^{-1}　　　$\nu_{C=O}$(游离)1673 cm^{-1}

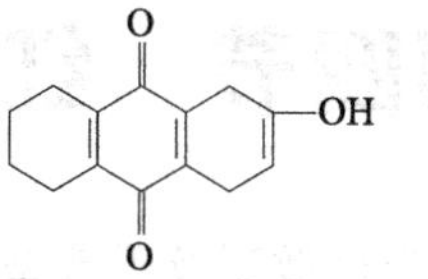

分子内氢键不受浓度的影响，吸收峰的位置与浓度无关。分子间氢键与溶液的浓度有关，振动频率常随溶液浓度的改变而改变。因此，可观测稀释过程中峰位是否变化，以此判断分子间是否形成氢键。例如，乙醇的浓度小于 $0.01\text{mol}\cdot\text{L}^{-1}$ 时，乙醇分子间不形成氢键，ν_{OH} 为 3640cm^{-1}，随着乙醇浓度增加，大于 $0.1\text{mol}\cdot\text{L}^{-1}$ 时，乙醇分子间发生氢键缔合，生成二聚体和多聚体，ν_{OH} 依次降低为 3515cm^{-1} 和 3350cm^{-1}。

（4）振动偶合与费米共振　振动偶合：当相同的两个基团靠得很近或连在同一个原子上时，一个键的振动通过共用原子使另一个键的长度发生改变，形成振动偶合，而使原来应该只出现一个峰的振动分裂成两个，一个高于正常频率，另一个低于正常频率。如酸酐的两个羰基，偶合出现两个峰，使 IR 谱中峰数增加。

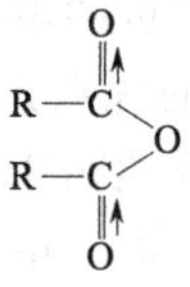

$\nu_{as,C=O}$1820 cm^{-1} 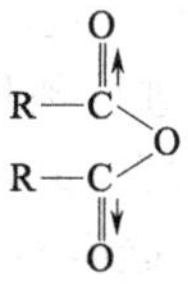　　　　$\nu_{s,C=O}$1760 cm^{-1}

费米共振是振动偶合的一个特例，当一个基团的倍频振动与另一基团的基频振动接近时，由于发生相互作用而产生很强的吸收峰或发生分裂，这个现象叫费米共振。如苯甲酰氯的羰基出现两个峰分别位于 1773cm^{-1}、1736cm^{-1}。原因是羰基的基频 1774cm^{-1} 和 RCOCl 间的 C—C 间变形振动的倍频（880~860cm^{-1}）产生相互影响，从而使 C=O 的振动吸收峰分裂。

（5）环张力（键角效应）　在正常情况下，碳原子位于正四面体的中心，碳原子的 sp^3 杂化电子形成 109°28′ 的键角，此时，各杂化电子间的斥力最小，体系最稳定，但随着键角变小，环的张力增加，对双键振动频率产生显著影响。环外双键随着环张力增加，振动频率向高频方向移动；环内双键随着环张力增加，振动频率向低频方向移动。如图 10-19 所示。

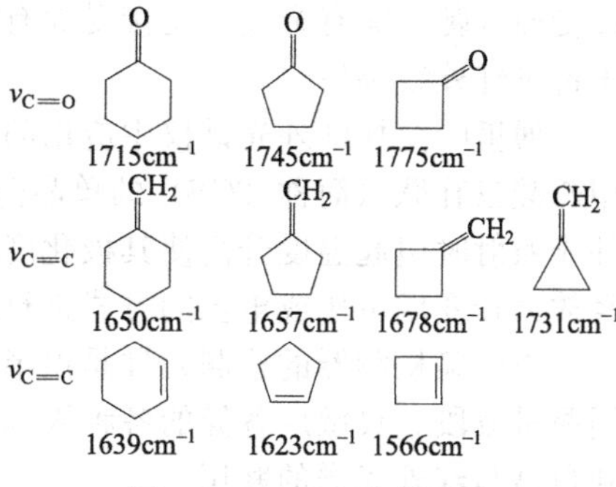

2. 外部因素

外部因素主要是指测定红外时物质的状态、溶剂等条件都会引起频率位移。一般试样处于气态时易得到精细结构。如气态的含羰基化合物中 C=O 伸缩振动频率最高，非极性溶剂的稀溶液次之，而液态或固态的振动频率最低。在极性溶剂中，极性基团随极性增加而移向低频，且强度增加；而在非极性溶剂中，极性基团相对正常，因此红外光谱分析一般选用非极性溶剂。由于这些外部条件的影响，同一化合物在不同条件下的光谱有较大的差异，因此在查阅标准图谱时，要注意试样状态及制样方法等。

图 10-19　环张力的影响

第四节　红外吸收光谱仪

红外吸收光谱仪可分为色散型及干涉型两大类，前者习惯称为红外分光光度计，而后者称为傅里叶变换红外光谱仪。

一、仪器的构造

红外吸收光谱仪同紫外-可见分光光度计相似，也是由光源、单色器、吸收池、检测器和记录器等部分组成。但由于两类仪器工作波长范围不同，各部件的材料、结构及工作原理都有差异，其根本区别在于试样池的位置不同，红外分光光度计先照射试样后进入单色器，而紫外分光光度计则相反。红外分光光度计这样结构的原因：①红外光能量较低一般不会引起试样发生光化学反应；②尽量减小试样池的杂散辐射。

1. 光源

通常为一种惰性固体，用电加热使之发射连续红外辐射。常用的有能斯特灯、硅碳棒灯和镍铬线圈三种。能斯特灯（Nenst glower）是由 ZrO_2、Y_2O_3、Th_2O_3 烧结制成，在室温下，它是非导体，但加热至 800℃ 时就成为导体并具有负的电阻特性，工作温度 1750℃，因此工作之前，要由一辅助加热器进行预热。这种光源的优点是稳定性好，发光强度大，但机械强度较差，性脆易碎。硅碳棒灯（globar）一般为两端粗中间细的实心棒，中间为发光部分，其直径约 5mm、长 50mm。硅碳棒在室温下是导体，并有正的电阻温度系数，工作温度 1300℃，工作前不需预热。它的优点是坚固，寿命长，发光面积大。缺点是工作时电极接触部分需用水冷却。

2. 单色器

它由一个或几个色散组件（棱镜或光栅，目前已主要使用光栅）、可调入射和出射狭缝，以及用于聚焦和反射光束的反射镜所构成。

3. 检测器

常用的红外检测器有真空热电偶、热释电检测器和汞镉碲检测器。而真空热电偶是色散型红外光谱仪中最常用的一种检测器，它利用不同导体构成回路时的温差现象，将温差转变为电位差的一种装置。红外分光光度计所用真空热电偶是用半导体热电材料制成，热电偶的接受面（靶）涂有金属，使接受面有吸收红外辐射的良好性能。靶的正面装有岩盐窗片，用于透过红外线辐射。

傅里叶变换红外光谱仪中应用的检测器有热释电检测器和汞镉碲检测器。热释电检测器用硫酸三苷肽（简称 TGS）的单晶薄片作为检测元件。TGS 的极化效应与温度有关，当红外光照射时引起温度升高使其极化度改变，表面电荷减少，相当于因热而释放了部分电荷，经放大转变成电压或电流的方式进行测量。

汞镉碲检测器的检测元件是由半导体碲化镉和碲化汞混合制成。改变混合物组成可得不同测量波段、灵敏度各异的各种汞镉碲检测器。其灵敏度较高，响应速度快，适于快速扫描和色谱与红外光谱的联用。

二、色散型双光束红外光谱仪

色散型双光束红外分光光度计是由光源、吸收池（或固体试样装置）、单色器、检测器及放大记录五个基本部分组成。它与自动记录的紫外-可见分光光度计的结构类似，如图 10-20

所示示意图。

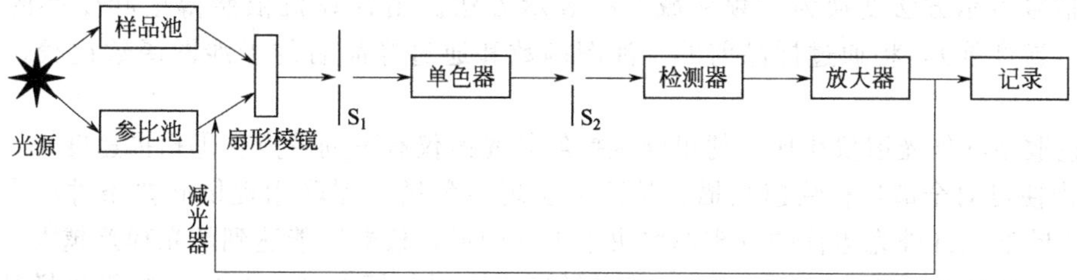

图 10-20　色散型红外光谱仪示意图

从光源发出的红外辐射，分成等强度的两束，一束通过试样池，另一束通过参比池，然后进入单色器。在单色器内先通过以一定频率转动的扇形镜（斩光器），周期地切割两束光，使试样光束和参比光束交替地进入单色器中的色散棱镜或光栅，然后进入检测器。随着单色器的转动，检测器就交替地接受这两束光，若某一单色光不被样品吸收，则交替进入单色器的两束光强度一样，检测器不产生信号。如果某一单色光被样品吸收，则交替进入单色器的两束光强度不一样，检测器产生信号，信号经放大器放大后被记录。

三、傅里叶变换红外光谱仪

傅里叶变换红外光谱仪由光源、迈克尔逊干涉仪、试样室、检测器、计算机系统和记录显示装置组成，其结构示意图如图 10-21 所示，它和红外分光光度计的主要区别在光学系统和数据处理系统。光源发出的红外辐射，由迈克尔逊干涉仪产生干涉光波，通过试样后，得到带有试样信息的干涉图到达检测器，经放大器将信号放大，这种干涉信号难以进行光谱解析，将它输入到专用计算机的磁芯储存体系中，由计算机进行傅里叶变换的快速计算，将干涉图进行演算后，再经数字-模拟转换（D/A）及波数分析器扫描记录，便可得到通常的红外光谱图。

光源 → 干涉仪 → 试样插入 → 检测器 → 数据处理

图 10-21　傅里叶变换红外光谱仪结构示意图

傅里叶变换红外光谱仪的核心部分是迈克尔逊干涉仪，它的光学示意和工作原理如图 10-22 所示。

干涉仪是由固定不动的反射镜 M_1（定镜），可移动的反射镜 M_2（动镜）以及光分束器 B 组成，M_1 和 M_2 是互相垂直的平面反射镜，B 以 45°角置于 M_1 和 M_2 之间，B 能将来自光源的光束分成相等的两部分，一半光束经 B 后被反射，另一半光束则透射通过 B。采自光源的入射光经光分束器分成两束光，a_1、a_2 经干涉后通过样品，然后到达检测器 D 处，得到了图 10-22 下半部分所示的样品干涉图，该干涉图包括了所有光谱信息。

干涉仪并没有将复合光按频率分开，而是将各种频率的光信号经干涉后调制为干涉图的函数，所以只有借助计算机的速度将干涉图样与傅里叶级数的关系变成程序，通过程序的运行，才能得

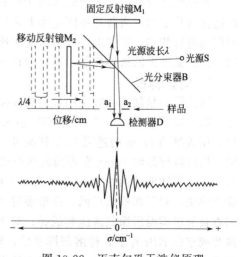

图 10-22　迈克尔逊干涉仪原理

到我们熟悉的红外光谱图。傅里叶变换是一种数学和计算机处理技术，该技术能将"时间域"信号表示方法变换为"频率域"的表示方法。由计算机依照傅里叶变换的原理进行处理（逆变换），将通过样品前的干涉图函数和通过样品后的干涉图函数比较，得到红外光谱。

与色散型红外光谱仪相比，傅里叶变换红外光谱仪有下列特点：①扫描速度快，一般在 1s 时间内便可对全谱进行快速扫描，从而为实现与色谱仪器联用提供必要条件；②分辨率高，傅里叶变换红外光谱仪的分辨率取决于干涉图形，仪器所能达到的光程差越大，则分辨率越高，一般可达 $0.1 \sim 0.005 cm^{-1}$；③灵敏度高，可分析 $10^{-9} \sim 10^{-12} g$ 超微量样品；④精密度高，傅里叶变换红外光谱仪的波数精密度可准确测量到 $0.01 cm^{-1}$。

傅里叶变换红外光谱仪适于微量试样的研究，它是近代化学研究不可缺少的基本设备之一。

第五节　试样的制备

在红外光谱法中，试样的制备和处理占有重要的地位。如果试样处理不当，即使仪器性能再好，也不能得到满意的红外光谱图。在制备试样时一般应注意以下几点。

（1）试样的浓度和测试厚度应选择适当　以使光谱图中大多数吸收峰的透光率处于 15%～80% 之间。

（2）试样中不应含有游离水　水的存在不仅会侵蚀吸收池的盐窗，而且水本身在红外区有吸收，将使测得的光谱图变形。

（3）试样应是单一组分的纯物质　多组分试样在测定前尽量预先进行组分分离，否则各组分光谱相互重叠，以致对谱图无法进行正确解释。

试样的制备，应根据其聚集状态分别处理。

1. 气体样品

有专用的气体吸收池。使用前先将气体吸收池排空，再充入样品气体，密闭后上机测试。

2. 液体样品

沸点较高样品，可用液膜法滴于两盐片之间进行测定，一般取液体样品 1～10mg 滴于两盐晶薄片之间，当薄片在固定架上夹紧时，样品形成一均匀薄膜；如果其沸点较低，可用封闭池进行测定；有些液体样品需配制成溶液在液体吸收池中测试，此时需要注意溶剂的吸收干扰；黏度大的液体样品，可以涂在一片空白片上测定，不必夹片。

3. 固体样品

固体样品是红外吸收应用最多的样品，可用压片法、糊状法、薄膜法及溶液法。①压片法：取 200 目光谱纯、干燥的 KBr 粉末约 200mg，样品 1～2mg，在玛瑙乳钵中研细、混匀，压成厚约 1mm 的透明 KBr 样品片，然后将此薄片放入仪器光束中进行测定。②糊状法：取固体样品约 10mg 在玛瑙乳钵中研细，滴加液体石蜡或全氟代烃，研成糊剂。将此糊剂夹于可拆卸池的两块窗片中，或夹于两块空白的 KBr 片中，但应注意介质的吸收干扰。③薄膜法：对于那些熔点低，在熔融时又不分解、升华或发生其他化学反应的物质，可将它们直接加热熔融后涂制或压制成膜；对于多数聚合物，将固体样品溶于挥发性溶剂中，涂于窗片或空白 KBr 片上，待溶剂挥发后，样品遗留于窗片上而成薄膜。④溶液法：将试样溶于适当的溶剂中，然后注入液体吸收池中。

第六节　红外光谱法的应用

一、红外吸收光谱的定性和结构分析

红外吸收光谱对有机化合物的定性分析具有鲜明的特征性。因为每一化合物都具有特异的红外吸收光谱，其谱带的数目、位置、形状和强度均随化合物及其聚集状态的不同而不同。因此，红外吸收光谱法是进行有机化合物定性和结构分析的主要工具之一。

1. 已知化合物的纯度鉴定

将试样与已知标准品在相同条件下分别测定其红外吸收光谱。若二者峰位、峰形、峰数和峰的相对强度完全一致，可认定为同一物质。若其红外光谱有差异，则试样与标准品并非同一物质，或含有杂质。

2. 未知化合物的结构鉴定

对未知化合物的结构鉴定是红外吸收光谱的最主要应用。由前面我们所学可知，不同的基团都有系列特征吸收，可以根据红外吸收光谱图得到的信息确定未知化合物的基团结构，进而由基团结构推测未知物的结构，这里面涉及多方面信息综合。

① 收集样品有关信息，来源、纯度、杂质、物理化学常数。了解样品的来源有助于样品及杂质范围的估计。样品的纯度低于 98%，则不符合要求，需精制。样品的物化性质沸点、熔点、折光率、旋光度等可作为光谱解析的旁证。

② 根据分子式计算不饱和度，从而可估计分子结构式中是否有双键、叁键及芳香环等。不饱和度（Ω）可按下式计算。

$$\Omega = \frac{2 + 2n_4 + n_3 - n_1}{2} \tag{10-6}$$

式中，n_4 为四价原子数，如 C；n_3 为三价原子数，如 N、P；n_1 为一价原子数，如 H、X。二价原子，如 O，S，不参加计算。一般规律：a. 一个苯环，$\Omega=4$（可理解为 1 个环和 3 个双键）；b. 一个脂环，$\Omega=1$；c. 一个叁键，$\Omega=2$；d. 链状饱和，$\Omega=0$；e. C＝C、C＝O 的 Ω 为 1；f. C≡N、C≡C 的 Ω 为 2。

其实不饱和度的计算值是表示该化合物达到饱和所需的一价元素的数目，如苯甲酰胺（C_7H_7NO），计算其不饱和度。

【例 10-1】　苯甲酰胺（C_7H_7NO）

$$\Omega = \frac{2 + 2 \times 7 + 1 - 7}{2} = 5$$

3. 谱图解析

解析红外吸收光谱图尚无固定程序，根据大量的实验经验需要注意以下事项：要归属某吸收峰为某基团特征吸收峰时，要从吸收峰的位置、强度和峰形三要素来判断。只有吸收峰的位置、强度、峰形同时满足条件，才能确认。以羰基为例，羰基的吸收峰比较强，如果在 $1680 \sim 1780 \text{cm}^{-1}$ 有吸收峰，但其强度很低，这不能确定所研究的化合物存在有羰基，而是说明该化合物中存在少量含羰基的杂质。在分析判断时，确认一个基团的存在，单凭一个特征峰（主要证据）的出现下结论并不可靠，应该由一系列相关峰才能确定。

谱图解析时一般按照先易后难、先强后弱、先特征后指纹区的原则。先从容易辨认的吸收峰开始确认，首先考察特征区，先检查第一强峰，探讨可能的归属，并以它们的相关峰加以验证，从而确认基团；据此再解析第二强峰、第三强峰。

对简单化合物，一般解析二三组相关峰即可确定未知物的分子结构。对复杂化合物的光谱，由于官能团之间的相互影响，解析困难，往往需要结合其他谱学信息才能确认化合物结构。

【例 10-2】 一未知物的分子式为 C_8H_8O，测得其沸点为 202℃，其红外吸收光谱如图 10-23 所示，试推断其结构。

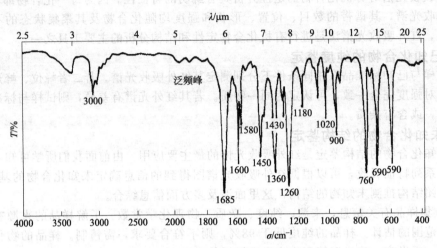

图 10-23 C_8H_8O 红外吸收光谱图

解 根据分子式 C_8H_8O 计算不饱和度

$$\Omega = \frac{2 + 2 \times 8 - 8}{2} = 5$$

计算表明结构中可能含有苯环，可能为芳香族化合物。

在特征区的强峰分别为 $1685cm^{-1}$、$1360cm^{-1}$、$1600cm^{-1}$ 等。分析各峰的归属为：

$3100 \sim 3000cm^{-1}$	$\nu_{=CH}$	（苯环氢）
$1685cm^{-1}$	$\nu_{C=O}$	（可能与苯环共轭）
$1430cm^{-1}$，$1360cm^{-1}$	δ_{C-H}	（CH_3）
$1600cm^{-1}$，$1580cm^{-1}$，$1450cm^{-1}$	$\nu_{C=C}$	（苯环骨架振动）
$760cm^{-1}$，$690cm^{-1}$	γ_{C-H}	（苯环上五个相邻 H，表示单取代）

$1685cm^{-1}$ 强峰表明为羰基，在分子式中仅一个氧原子，已构成羰基基团，因此不可能是醚，也不可能是酸或酯。$1600cm^{-1}$、$1580cm^{-1}$、$1450cm^{-1}$ 为芳环的骨架振动，并且分裂成三个峰，表明羰基与苯环共轭，因此可能为芳香酮。在 $1360cm^{-1}$、$1430cm^{-1}$ 处的吸收峰及 $3000cm^{-1}$ 以内有吸收，表示有甲基的存在。根据上述解析，推断可能的结构为：

（苯环结构）$-\overset{\overset{\displaystyle O}{\|}}{C}-CH_3$

二、红外吸收光谱定量分析

红外吸收光谱定量分析的理论基础与紫外-可见吸收光谱相同，都是基于朗伯-比尔定律。各种气体、液体和固态物质均可用红外吸收光谱法进行定量分析。

用红外吸收光谱进行定量分析，其优点是可供选择的特征峰很多，缺点在于灵敏度和精密度都较低。若所选测量峰未受其他峰的干扰，在一定实验条件下，吸光度为样品浓度的函数（$A=\varepsilon cL$），可用纯物质配制成一系列浓度的标准溶液，测定其吸光度，以浓度为横坐标，吸光度为纵坐标绘制标准曲线，利用工作曲线求样品溶液的浓度。但由于红外吸收谱带较窄，且光源能量较低，造成浓度与吸光度的线性偏离朗伯-比尔定律，实际上红外用于定量分析不是很广泛。随着计算机的发展和应用以及光谱仪器的进展，红外吸收光谱定量分析也得到了发展。特别是多组分试样的定量分析，已有许多商品化的红外光谱定量分析软件包，如最小二乘法、因子分析法、神经网络法等，可同计算机兼容及与相关的各类红外吸收光谱仪连接。

【知识拓展】

光化学传感器

　　光化学传感器起源于 20 世纪 30 年代，60 年代末 Bergman 进行了进一步研究，80 年代 Lubber 和 Opitze 提出了"Optode"和"Optical Electrode"概念，即光化学传感器。1970 年以后，光纤通信迅速发展，各种各样的声音、流速、加速度、电场和磁场等光纤物理传感器应运而生。一些学者将光纤端部修饰一层化学识别敏感膜，用于分子、离子等领域的研究，这样，使得光化学传感器取得了突破性发展，至今，光化学传感器已成为分析化学的前沿研究领域之一。

　　光化学传感器从不同角度可分为不同类型。根据获取光学信息的性质，可分为吸收、反射、散射、折射和发光等类型光化学传感器。发光光化学传感器是光化学传感器中最庞大的一支，又可细分为荧光、磷光、化学发光等类型。

　　根据光学波导作用不同，可分为两类：一类是传光型光化学传感器，其光学波导只起传递光波的作用，递送检测对象或敏感膜表现出来的光学信息；另一类是功能型光化学传感器，其光学波导受环境因素影响而变化。

　　按构建光化学传感器的复杂程度，可分三类：普通光学波导传感器、化学修饰光化学传感器和生物修饰光化学传感器。在光学波导适当位置固定一层化学试剂来提高光化学传感器的识别能力，进行选择性分析测定，这类光化学传感器属化学修饰光化学传感器；若在光学波导适当位置固定一层生物敏感膜，这类光化学传感器属生物修饰光化学传感器。

　　光化学传感器具有如下几个独特的优点：

　　① 光学波导易于加工成小巧、轻便和对空间适应性强的探头；

　　② 光化学传感器具有很强的抗电磁干扰能力，静电、表面电位和强磁场等对信号均不干扰；

　　③ 某些光化学传感器（例如发光光化学传感器）可以不用参比方式获取信号，从而避免了介质条件引起的误差。

　　光化学传感器广泛用于生产过程和化学反应的自动控制、遥测分析、自动环境监测网站的建立、生物医学、活体分析、免疫分析和药物分析等，发展十分迅速。高灵敏、高选择性光化学传感器的研制与应用开发正引起广大分析工作者的极大兴趣和关注。

　　　　　　　　　　——摘自：张正奇．分析化学．第 2 版．北京：科学出版社，2006：312-313

思考题与习题

　　1. 红外光谱根据红外光波的波长范围可分为近红外、中红外和远红外，它们分别对应的波长范围是多少？

　　2. 产生红外吸收的条件是什么？是否所有的分子振动都会产生红外吸收光谱？为什么？

3. 何谓基团频率？它有什么重要用途？

4. 影响红外吸收峰位置的因素有哪些？

5. 根据下列力常数 k 数据，计算各化学键的振动频率（cm^{-1}）。

(1) 乙烷 C—H，$k=5.1N \cdot cm^{-1}$；(2) 乙炔 C—H，$k=5.9N \cdot cm^{-1}$；

(3) 乙烷 C—C，$k=4.5N \cdot cm^{-1}$；(4) 苯 C—C，$k=7.6N \cdot cm^{-1}$；

(5) CH_3CN 中的 C≡N，$k=17.5N \cdot cm^{-1}$

(6) 甲醛 C—O，$k=12.3N \cdot cm^{-1}$。

由所得计算值，你认为可以说明一些什么问题？

6. 氯仿（$CHCl_3$）的红外光谱说明 C—H 伸缩振动频率为 $3100cm^{-1}$，对于氘代氯仿（$CDCl_3$），其 C—D 振动频率是否会改变？如果变化的话，是向高波数还是低波数位移？为什么？

7. 某化合物分子式为 C_6H_{12}，根据图 10-24 试推测该化合物结构。

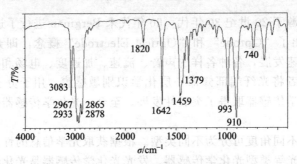

图 10-24　未知化合物红外光谱图

8. 某化合物分子式为 C_3H_9N，根据图 10-25 推测其结构式。

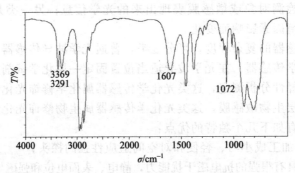

图 10-25　未知化合物红外光谱图

参 考 文 献

[1] 王春明，张海霞. 化学与仪器分析. 陕西：兰州大学出版社，2010.

[2] 黄世德，梁生旺. 分析化学. 北京：中国中医药出版社，2009.

[3] 武汉大学化学系. 仪器分析. 北京：高等教育出版社，2007.

[4] Robert M Silverstein，Francis X Webster，David J Kiemle. 有机化合物的波谱分析. 药明康德药物开发有限公司分析部译. 上海：华东理工大学出版社，2007.

[5] 吴立军. 有机化合物波谱解析. 北京：中国医药科技出版社，2009.

[6] 苏克曼，潘铁英，张玉兰. 波谱解析法. 上海：华东理工大学出版社，2002.

[7] 朱明华，胡坪. 仪器分析. 第4版. 北京：高等教育出版社，2008.

激光拉曼光谱分析法

💡 **本章提要**

拉曼光谱是由于光子与分子发生非弹性光散射而产生的，由于用激光技术作为激发光源使其拉曼散射信号明显增强，灵敏度提高而被广泛应用于医药、生命等领域，本章主要介绍拉曼光谱产生的原理，拉曼光谱与红外光谱的关系及激光拉曼光谱仪的结构和应用。要求掌握拉曼散射、拉曼位移、拉曼光谱等基本概念，了解色散型拉曼光谱仪和傅里叶变换拉曼光谱仪原理及应用。

拉曼光谱是由于光子与分子发生非弹性光散射而产生的。所谓非弹性光散射现象是指光子与分子碰撞后，光子的频率发生改变，这种辐射就称为拉曼散射，该现象是由印度科学家 C V Raman 首次发现，因此以他的名字命名。自 1928 年印度科学家拉曼发现拉曼散射以来，人们对拉曼光谱的研究已有 80 多年的历史。拉曼因发现这一新的分子辐射和所取得的许多光散射研究成果而获得了 1930 年诺贝尔物理奖。与此同时，前苏联兰茨堡格和曼德尔斯塔报道在石英晶体中发现了类似的现象，即由光学声子引起的拉曼散射，称为并合散射。法国罗卡特、卡本斯以及美国伍德证实了拉曼的研究结果。从 1928~1940 年，拉曼光谱一直是研究中的热点，但由于拉曼效应太弱（大约为入射光强的 10^{-6} 倍），人们无法检测较弱的拉曼散射信号，在测定时就要求样品体积足够大、无色、无尘埃、无荧光等。这些缺点很大程度上制约了拉曼光谱的进一步应用，但因随着红外光谱技术的进步和商业化，拉曼光谱的地位受到了极大的削弱。直到 1960 年后，激光技术的兴起才使得拉曼光谱成为激光分析中最活跃的研究领域之一。由于激光器的单色性好、方向性强、功率密度高，用其作为激发光源，大大提高了激发效率。激光技术使拉曼散射信号明显增强，灵敏度提高，对被测样品要求不断降低。目前，拉曼光谱在化学、物理、医药、生命科学等领域得到了广泛应用，越来越受到研究者的关注。

第一节 拉曼光谱原理

一、拉曼散射的产生

单色光照射到透明的样品时，会产生吸收、折射、反射、衍射及散射等过程，但与拉曼光谱有关的是光的散射过程。散射过程有两种，一种散射过程是弹性散射。当处于基态 ν_0 的分子或处于振动第一激发态 ν_1 分子与入射光子 $h\nu_0$ 相碰撞时，分子吸收能量被激发到能量较高的受激虚态，处于受激虚态的分子不稳定，将很快跃迁回基态 ν_0 和振动第一激发态 ν_1 并将吸收的能量以光的形式释放出来，光子的能量没有发生变化，散射光与入射光的频率相同，这就是弹性碰撞，这种散射现象称为瑞利散射，其强度是入射光的 10^{-3} 倍。

如果分子与光子间发生非弹性碰撞，则会出现光子从分子得到或失去能量这两种情况：一种是处于振动基态的分子，被入射光激发跃迁到受激虚态，然后回到振动激发态，产生并释放出能量为 $h(\nu_0-\nu)$ 的拉曼散射光，这种散射光的能量比入射光的能量低，产生的散射谱线称为斯托克斯（Stokes）线。另一种是处于振动激发态的分子，被入射光激发跃迁到受激虚态后跃迁回振动基态，产生并释放出能量为 $h(\nu_0+\nu)$ 的拉曼散射光，这种散射光的能量比入射光的能量高，光子从分子得到部分能量，产生的散射谱线称为反斯托克斯（Anti-Stokes）线。如图 11-1 所示是上述瑞利散射和拉曼散射的示意图。

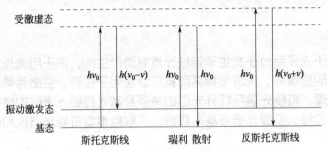

图 11-1　瑞利散射和拉曼散射示意图

斯托克斯线和反斯托克斯线统称拉曼散射谱线。由于分子的能量遵守玻尔兹曼定律，即常温下处于基态的分子比处于激发态的分子数多，所以斯托克斯线比反斯托克斯线强得多，故在拉曼光谱中多采用斯托克斯线。

有拉曼散射的分子振动是分子振动时极化率（所谓极化率是指分子在电场或光波的电磁场的作用下分子中电子云变形的难易程度）发生改变，而有红外吸收的分子振动是分子振动时偶极矩发生变化。一般来说，极性基团红外吸收明显，此时可借助红外光谱进行研究；非极性基团的红外吸收弱，就需要求助于拉曼光谱。理论证明：凡具有对称中心的分子，若红外吸收是活性的，则拉曼散射是非活性的；反之，若红外吸收是非活性的，则拉曼散射是活性的。大多数的化合物，一般情况下不具有对称中心，因此很多基团常常同时具有红外和拉曼活性。

拉曼光谱观测的是相对于入射光频率的位移，因而所用激发光的波长不同，所测得的拉曼位移是不变的，只是强度不同而已，也就是说拉曼位移的大小与入射光的频率无关，而只与分子的能级结构有关。拉曼光谱图是以拉曼位移为横坐标，谱带强度为纵坐标作图得到的。

二、去偏振度

拉曼光谱的入射光为激光，激光是偏振光。测定拉曼光谱时，将激光束射入样品池，一般在与激光束成 90° 角处观测散射光。如图 11-2 所示设入射激光沿 xz 平面向 O 点传播，O 处放样品。激光与样品分子作用时可散射不同方向的偏振光，若在检测器与样品之间放一偏振器，便可以分别检测与激光方向平行的平行散射光 $I_{\parallel}$（yz 平面）和与激光方向垂直的垂直散射光 $I_{\perp}$（xz 平面）。当起偏振器垂直于入射光方向时测得散射光强度 $I_{\perp}$ 与起偏振器平行于入射光方向时测得散射光强度 $I_{\parallel}$ 的比值定义为去偏振度 ρ：

$$\rho = I_{\perp} / I_{\parallel}$$

在入射光为偏振光的情况下，一般分子的去偏振度介于 0 与 3/4 之间。分子的对称性越高，其去偏振度越趋近于 0，当测得 $\rho=3/4$，则为不对称结构。因此通过测定拉曼谱线的去偏振度，可以确定分子的对称性。一般的光谱只能得到频率和强度两个参数，而拉曼光谱还可得到去偏振度这个重要参数，这对于各振动形式的谱带归属和重叠谱带的分离很有用。例

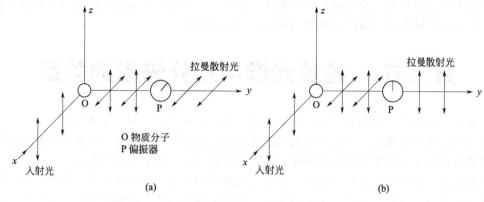

图 11-2　样品分子对激光的散射与去偏振度的测量

如 CCl_4 的拉曼光谱如图 11-3 所示。459cm^{-1} 是由四个氯原子同时移开或移近碳原子所产生的对称伸缩振动引起，$\rho = 0.0005$，去极化度很小，则为对称振动，是极化的。而处于 218cm^{-1}、314cm^{-1} 的拉曼谱带，测得 $\rho = 0.75$，属于不对称振动，是非极化的。

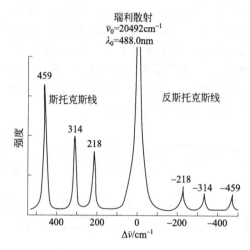

图 11-3　CCl_4 的拉曼光谱图

三、共振拉曼效应

当激光频率接近或等于待测分子中生色团的电子吸收频率时，入射激光与生色团的电子偶合而处于共振状态，所产生的共振拉曼效应可使拉曼散射增强 $10^2 \sim 10^6$ 倍。只有那些与生色团有关的振动模式才具有共振拉曼效应，而非生色基团则不发生共振，所以产生的拉曼散射仍是正常的弱值。例如，酶和蛋白质体系中，在其活性点上都含有生色团，可利用拉曼效应来得到关于这些生色团的振动光谱信息，而不会受到与蛋白质主链和支链相关的大量振动干扰。

产生共振拉曼光谱的条件是激发光的频率接近或等于样品电子吸收谱带的频率，因此应使用有多谱线输出的激光器或可调激光器以供选择所需频率的入射激光。一般可先预测样品的电子吸收光谱，再测其共振拉曼光谱。另外，当激发光的频率接近或等于样品电子吸收谱带的频率时，样品可能吸收激光能量而产生热分解作用。所以，为避免产生热分解，做共振拉曼光谱实验时一般采用浓度很低的样品，一般在 $10^{-2} \sim 10^{-5}$ mol·L^{-1} 左右。由于共振拉曼光谱的强度很大，在低浓度时仍能得到有效的拉曼光谱信息。随着激光波长调谐技术、时间分辨技术和仪器的进一步发展，拉曼光谱为高荧光、易光解和瞬态物质的研究提供了新的途径，并在痕量物质的灵敏度检测和结构表征中受到重视。

第二节　拉曼光谱与红外光谱的关系

　　红外光谱和拉曼光谱同源于分子振动光谱，但两者有很大区别，前者是吸收光谱，后者是散射光谱。由前述可知，只有产生偶极矩变化的振动才是红外活性，那些没有极性的分子或者对称性的分子，因为不存在偶极矩，基本上是没有红外吸收光谱效应的。

　　拉曼光谱一般也是发生在红外区，它不是吸收光谱，而是在入射光子与分子振动、转动量子化能级共振后以另外一个频率出射光子。拉曼活性取决于振动中极化率是否变化，拉曼强度与平衡前后电子云形状的变化大小有关，但要比红外吸收光谱的强度弱很多。由于拉曼光谱产生的机理是电磁极矩或者磁偶极矩跃迁，并不需要分子本身带有极性，因此特别适合那些没有极性的对称分子的检测。

　　对于简单分子，可从它们的振动模式的分析中得到其光谱选律。例如 CS_2 分子的振动可看作是由 ν_s、ν_{as}、δ 和 γ 四个基本振动构成，其中 δ 和 γ 是两重简并。如图 11-4 所示，在对称伸缩振动 ν_s 时，因为正负电荷中心没有改变，偶极矩没有变化，所以是红外非活性，但由于分子的伸长或缩短，平衡状态前后的电子云形状是不相同的，即极化率发生了变化，所以是拉曼活性。在反对称伸缩振动 ν_{as} 和变形振动 δ（和 γ）时，因正负电荷中心发生了变化而引起偶极矩的变化，故是红外活性的，但在振动通过它们的平衡状态前后的电子云形状时是相同的，即极化率没有发生变化，所以是拉曼非活性的。

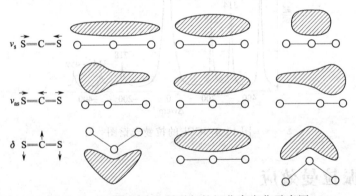

图 11-4　CS_2 的振动和所引起的极化率变化示意图

　　对于没有对称中心的分子，如 SO_2，有三个振动形式，这三个振动形式都会引起分子极化率和偶极矩的变化，所以同时是拉曼活性和红外活性的。

　　对任何分子常常可以用下列规则来判别其拉曼或红外是否具有活性。

　　① 互斥规则　凡具有对称中心的分子，若其分子振动是拉曼活性的，则其红外吸收是非活性的。反之，若红外为活性，则其拉曼为非活性的。

　　互斥规则对于鉴定基团很有用，例如烯烃 C＝C 伸缩振动，在红外吸收中不存在或是很弱，但其拉曼线则是很强的。

　　② 互允规则　没有对称中心的分子，其拉曼和红外光谱都是活性的（极少数除外）。但因许多分子或基团没有对称中心，故所观测到的拉曼位移和红外吸收峰的频率是相同的，只是对应峰的相对强度不同而已。

③ 互禁规则　对于少数分子，其拉曼和红外都是非活性的，如乙烯分子的扭曲振动，因不发生极化率和偶极矩的变化，所以其拉曼和红外都是非活性的。

拉曼光谱与红外光谱两者的主要异同点如下。

相同点：对于一个给定的化学键，其红外吸收频率与拉曼位移相等，均代表第一振动能级的能量。因此，对某一给定的化合物，某些峰的红外吸收波数和拉曼位移完全相同，红外吸收波数与拉曼位移均在红外光区，两者都反映分子的结构信息。拉曼光谱和红外光谱一样，也是用来检测物质分子的振动和转动能级。

不同点：① 两者产生的机理不同，红外光谱的入射光及检测光均为红外光，而拉曼光谱的入射光大多数是可见光（散射光也是可见光）；红外光谱测定的是光的吸收，而拉曼测定的是光的散射。

②光谱的选择性法则是不一样的，红外光谱是要求分子的偶极矩发生变化才能测到，而拉曼是分子的极化率发生变化才能测到。

③红外很容易测量，而且信号很好，而拉曼的信号很弱。

④ 使用的波长范围不一样，红外光谱使用的是红外光，尤其是中红外，而拉曼可选择的波长很多，从可见光到近红外，都可以使用。

⑤拉曼和红外大多数时候都是互相补充的，就是说，红外强，拉曼弱，反之也是如此。

⑥ 在鉴定有机化合物方面，红外光谱具有较大的优势，无机化合物的拉曼光谱信息量比红外光谱的大。

⑦ 红外光谱对于水溶液、单晶和聚合物的检测比较困难，但拉曼光谱几乎可以不必特别制样处理就可以进行分析，比较方便；红外光谱不可以用水做溶剂，但是拉曼可以，水是拉曼光谱的一种优良溶剂；拉曼光谱是利用可见光获得的，所以拉曼光谱可用普通的玻璃毛细管做样品池，拉曼散射光能全部透过玻璃，而红外光谱的样品池需要特殊材料做成的。

⑧ 由于拉曼光谱研究的是谱线位移，故用一台普通的拉曼光谱仪就可方便的测量从十几到 $4000\ cm^{-1}$ 的频率范围。

⑨ 用激光器为光源，激光的单色性好，激光拉曼谱带常常比红外谱带更尖锐，分辨性好。

⑩ 拉曼散射的强度通常与散射物质的浓度呈线性的关系，而在红外光谱中吸收与浓度为对数关系。

第三节　激光拉曼光谱仪

自 20 世纪 60 年代激光光源的发现以来，拉曼光谱得到了迅速发展，应用范围越来越广。在这段时间里，人们对激光拉曼光谱进行了大量卓有成效的研究工作，开发了一些新的激光拉曼光谱仪，其中比较重要的有色散型激光拉曼光谱仪和傅里叶变换拉曼光谱仪。

一、色散型激光拉曼光谱仪

传统的色散型激光拉曼光谱仪使用的是可见辐射，故它与紫外-可见分光光度计的结构基本类似，主要包括：激光光源、样品室、单色器和检测器四个部分，其基本方框图如图 11-5 所示。

（1）激光器　对光源最主要的要求是具有高单色性，并且照射在样品上能产生足够强度的散

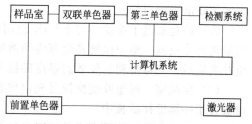

图 11-5　激光拉曼光谱仪的方框图

射光，激光是拉曼光谱仪的理想光源，常用连续气体激光器，如主要波长为 514.5nm 和 488.0nm 的氩离子激光器，主要波长为 632.8nm 的 He-Ne 激光器、也可选用可调谐激光器等。尽管所采用的激光波长各不相同，但所得到激光拉曼光谱图的拉曼位移并不因此而改变，只是拉曼光谱图上的光强度不同而已。

（2）样品室　为选取某一固定波长的激光并降低杂射光的影响，在激光器和样品之间有一个由光栅、反射镜和狭缝组成的前置单色器。样品室一般在与激光成 90°角的方向观测拉曼散射，称 90°照明方式，此外还有 180°照明方式等。

为适应气体、液体、固体、薄膜等各种形态的样品，样品室安装有三维可调的平台、可更换的各种样品池和样品架。

（3）单色器　从样品室收集的拉曼散射光，通过入射狭缝进入单色器。激光束激发样品产生拉曼散射时，也会产生很强的瑞利散射，对于粉末样品以及样品室器壁等还有很强的反射光，这些光都被会聚透镜收集进入单色器而产生很多杂射光，主要分布在瑞利散射附近，会严重影响拉曼信息检测，这就需要有单色器的存在。色散型 Raman 光谱仪采用多单色器系统，如双单色器、三单色器。最好的是带有全息光栅的双联单色器，能有效消除杂散光，使与激光波长非常接近的弱 Raman 线得到检测。

（4）检测器　因为拉曼散射光处于可见光区，所以光电倍增管可作为检测元件。拉曼光谱仪的检测器作用是把它检测到的光信号转变成电信号，由于拉曼散射光信号非常弱，因此要求检测器具有较高的灵敏度。近代的仪器很多采用阵列型多道光电检测器，如电荷耦合阵列检测器（CCD），将它置于拉曼光谱仪的光谱面即可获得整个光谱，且易于与计算机连接。CCD 有很高的量子效率及很低的暗电流和噪声，适于微弱光信号的检测。

（5）特殊附件　激光拉曼光谱仪可以通过配置显微镜、光纤探针等特殊附件，对一些微量、不均匀样品和不便直接取样的样品进行检测分析。

二、傅里叶变换近红外激光拉曼光谱仪

傅里叶变换拉曼光谱仪以近红外激光为激发光源，并引进了傅里叶变换红外光谱仪中常用的傅里叶变换技术，是从 20 世纪 90 年代前后发展起来的一种新型的拉曼光谱测试仪器。这种傅里叶变换近红外激光拉曼光谱仪（NIR-FT-Raman）具有荧光背景出现机会少、分辨率高、波数精度和重现性好、一次扫描可完成全波段范围测定、速度快、操作方便、近红外光在光纤维中传递性能好等优点，因而在遥感测量上 NIR-FT-Raman 光谱有良好的应用前景。NIR-FT-Raman 光谱仪已应用于拉曼涉及的所有领域，并得到巨大的发展。

傅里叶变换近红外激光拉曼光谱仪结构示意图如图 11-6 所示。它由近红外激光光源、样品室、迈克尔逊干涉仪、滤光片组、检测器组成。检测器信号经放大后由计算机收集处理。

（1）近红外激光光源　采用 Nd-YAG（掺钕的钇铝石榴石）激光器代替可见光激光器，产生波长为 1.064μm 的近红外激发光，它的能量低于荧光所需阈值，从而避免了大部分荧光对拉曼谱带的影响。

（2）迈克尔逊干涉仪　与 FT-IR 使用的干涉仪一样，只是为了适合于近红外激光，使用氟化钙分束器。整个拉曼光谱范围的散射光经干涉仪得到干涉图，并用计算机进行快速傅里叶变换后，就可得到拉曼散射强度随拉曼位移变化的拉曼光谱图。

（3）样品室　傅里叶变换拉曼光谱仪有一系列适用于不同需要的样品池，所有样品池都可被置于一标准样品板中。

（4）滤光组片　拉曼光谱的特点是拉曼效应极其微弱，拉曼散射的强度仅为激发光强度

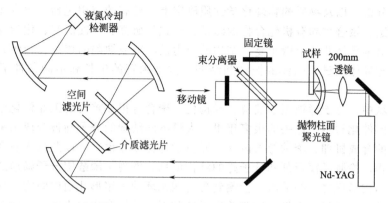

图 11-6　NIR-FT-Raman 结构示意图

的 10^{-9} 左右，样品在激光的照射后所产生的拉曼散射处于强大的激光背景噪声之中。为滤除很强的瑞利散射光，使用一组干涉滤光片组。干涉滤光片根据光学干涉原理制成，它由折射率高低不同的多层材料交替组合而成。

（5）检测器　采用在室温下工作的高灵敏度铟镓砷检测器或以液氮冷却的锗检测器。

第四节　激光拉曼光谱的应用

拉曼光谱采用激光作为激发光源，是一种应用比较普遍的检测手段，广泛应用于无机、有机、材料、生物、环境等领域的科学研究中，取得了很大的成就。随着科学技术的迅猛发展，光谱学家开发和研制了一系列新型的拉曼光谱仪，如表面增强拉曼光谱仪、傅里叶变换拉曼光谱仪、现场时间分辨拉曼光谱仪等，使仪器的分辨率、灵敏度越来越高，检测速度越来越快。

1. 拉曼光谱在食品中的应用

拉曼光谱可用于分析检测食品中糖类、蛋白质、脂肪、DNA、维生素和色素等成分，还可应用于食品工业快速检测、质量控制、无损检测等方面。如奶粉中三聚氰胺的快速检测；水果蔬菜表面农药残余量检测；酒制品的乙醇、含糖量检测，产地及真假鉴别；酱油、果汁等产品的品质、真假鉴定；肉制品中的蛋白质、脂肪、水分等含量分析以及新鲜及冷冻程度、产品种类鉴别；加工过程（如混合、加热及胶凝等）中对结构变化敏感的各个独立组分的检测。近年来，食品安全成为人们关注的焦点，在食品安全检测及非法添加物检测中，拉曼光谱技术因其快速，灵敏度高等特性，得到了进一步的发展。

2008 年爆发的毒奶粉事件曾在食品界引起轩然大波，人们对于食品安全的关注也越来越多。王锭笙等人采用表面增强拉曼光谱，将作为探针分子的三聚氰胺滴加在准备好的增强基底银胶上，使用便携式拉曼光谱仪来进行测试，结果表明纳米银粒子的表面增强作用明显，最小检测量可达 6×10^{-12} g，如果与奶粉中或食品中固相萃取技术结合，则可以实现三聚氰胺的现场实时快速检测。

此外，便携式拉曼光谱仪因能快速地辨别出容器内的液体是水、酒精还是汽油，应用于安检的事例也有过报道。拉曼光谱还在水果、蔬菜的农药残留、掺假等检测中发挥着积极作用。便携式拉曼光谱仪成本较低，方便快速，逐渐成为食品检测中的关键技术之一。

2. 拉曼光谱在化学和材料学中的应用

拉曼光谱法是一种研究物质结构的重要方法，在化学和材料的研究方面，主要是分子定量、定性结构分析，以及物质的物理化学性质测定上。已有的应用包括：化合物的结构和某些官能团的确定、聚合物和有机化合物的测试、电化学研究和腐蚀研究、化学反应中催化剂作用的研究、对半导体芯片上微小复杂结构的应力及污染或缺陷的鉴定、金刚石镀膜和复合材料的测试、超导体测试、晶体的振动和结构、碳纳米管的生长和不同条件下特性的变化等等。

在催化领域中，分子筛被用于裂解、异构化、聚合等很多重要的工业催化中，是一种工业中十分重要的催化材料。过去的很多年里，大量不同结构的分子筛被合成出来，但是人们并不很清楚它的合成机理。李灿等人设计了原位紫外拉曼光谱，并以此深入研究了磷酸铝分子筛的晶化过程，检测了模板剂和分子筛的结构信息，发现了磷酸铝分子筛形成初期模板剂的振动与孔道结构形成之间的关联，检测到含有四元环的无定形孔道中间物，并观察到了四元环向六元环转换的过程，直接用实验验证了磷酸铝分子筛合成的机理。杨潇等在显微拉曼系统中测定了 Al-Si 共晶体和 SiC 纤维增强玻璃复合材料、ZrO_2-Al_2O_3 层状复合材料的空间分布及其残余应变，并得出复合材料组分中 Al_2O_3 的荧光 R_1 峰、Si 晶体和 SiC 纤维拉曼峰的位置（波数）随应变的偏移与应变值都有近似的线性关系。周凤羽等用拉曼光谱测量了升温条件下（298～1473K）钨铅矿型钨酸铅（$PbWO_4$）晶体及其熔体，确定了各振动模式的归属。

3. 拉曼光谱在制药及临床医学中的应用

拉曼光谱在医学和药学上的应用主要有以下几个方面：一是利用拉曼光谱进行体内和体外的医学诊断；二是研究人体内部的和由外部吸收的外部试剂，其中包括有意摄入的（如药物和探测物）和无意感染的（如病毒和污染物）物质与人体的相互作用；三是药物成分和结构鉴定。由于检测上的非侵入性和非破坏性，最近十几年内，拉曼光谱在医药学上的发展十分迅速。拉曼光谱对白内障、硅沉着病、动脉粥样硬化等疾病的诊断已见报道，在癌症诊断方面的巨大潜力尤其受到众多研究者的重视。拉曼光谱具有很强的分辨相似分子的能力，对药材和药物有效组分成分、浓度和细微结构的无损分析和鉴定非常有效，特别是最近表面增强拉曼光谱的发展，使探测药物及其他有意义的化学物质的药理特性成为可能。

4. 拉曼光谱在环境保护中的应用

在环境保护方面，拉曼光谱的应用主要是对大气和水中的污染物实现分析和检测。利用拉曼散射的雷达激光系统，使用大功率的脉冲激光照射大气污染区域上空，用接收望远镜观察拉曼散射，根据探测到的特征峰及其强度可以确定污染大气中的污染物及其浓度。对水中污染物的检测，拉曼光谱有其独特的优势，特别是诸多新的拉曼光谱技术以及计算机辅助分析方法迅速发展起来以后，拉曼光谱在水质分析中实现定量和实时检测正逐渐成为可能，并有望从传统分析方法中获得重要的一席之地。

5. 拉曼光谱技术在文物考古中的应用

将拉曼光谱分析技术应用于考古研究，在一些样品的检测上取得了巨大成功，如对古代颜料的分析、对古代人头发的分析、陶瓷制作年代鉴定等。在拉曼光谱实验中所获取的古陶瓷拉曼光谱数据库，对今后的古陶瓷研究是非常有意义的。对于古陶瓷的断代问题，历来都存在许多困难。过去人们习惯于用肉眼看釉色、用手摸胎壁，凭经验进行鉴定，即使是从事鉴定几十年的老专家也难免有失误，因此在古陶瓷的断代问题上常有错乱。将拉曼光谱技术引入到对古陶瓷的鉴定，对考古学的发展无疑是一种推动，这种分析手段的不断成熟为考古学提供了一种新的测试手段。

6. 拉曼光谱技术在公安与法学样品分析中的应用

在公安法学上，首先是不能破坏物证，因此需要非破坏性测量。其次是一些残留物量很小，如指纹中的残留物、写在纸上的笔迹等。在这些痕量物质上，鉴定其成分、结构，认证其与罪证的关系常常是非常困难的。用传统的分析检测仪器，也由于量小和灵敏度不够等因素，无法测得这些附着物的光谱。在法庭物证检测中往往样品量少而且要求样品检验是非破坏性的，因此，拉曼光谱已成为公安法学领域进行比对分析的主要方法之一。近年国际上用显微拉曼技术对炸药、枪击后留在头发和手上的痕量物质以及手指上黏带的微量毒品进行了分析研究。国内也报道了用显微拉曼技术对汽车油漆的分析研究工作，取得了一些有意义的结果。这些研究工作预示着随着研究工作和范围的不断扩大，显微拉曼技术必将在公安法学痕量物质的鉴定和认证中发挥越来越重要的作用。

7. 拉曼光谱的其他应用

拉曼光谱还可应用于林木的选种育种、木材的量化分析、农牧产品的品质评定等方面，甚至在反恐方面，拉曼光谱也能尽自己的一份力。如生化防护中，基于拉曼效应的军用探测器可以快速有效地探测出毒气、毒液、炭疽等生物化学武器的成分，并被逐步应用于现代军事中的局部战争和反恐战争中。同时，表面增强拉曼光谱仪在军用探测器研发时的材料分析中也发挥着巨大的作用。

【知识拓展】

表面增强拉曼理论

拉曼散射可研究分子结构，也可用于定量分析，但散射光太弱。1974 年 Fleischman 等人首次在化学电池中观测到吸附在粗糙银电极表面上的单层吡啶分子的强 Raman 散射信号时，并没有意识到这是一种新的物理现象。直到 1977 年，Jeamaire、Van Duyne、Albrecht、Creighton 等人才分别独立地证明在 Fleischman 等人的实验中平均每个吡啶分子的 Raman 信号增强了 10^6 倍，这就是所谓的表面增强拉曼散射（Surface-Enhanced Raman Scattering，SERS）效应。简单地说 SERS 就是当物质分子吸附在某些经过特殊处理的金属表面时，其拉曼信号的强度得到很大的增强的现象。

1. 表面增强拉曼散射的特点

（1）SERS 效应具有很大的增强因子　根据精确计算，吸附在粗糙的银、金或铜表面的分子散射截面要比普通分子增强 $10^4 \sim 10^7$ 倍，吸附在银纳米表面的增强因子可达 10^{14}。

（2）SERS 具有表面选择性　物质分子只有吸附在少数金属表面上才能出现 SERS。这些金属为ⅠB族金属金、银、铜；碱金属锂、钠和钾；另外过渡金属 Fe、Co 和 Ni 等也能产生 SERS 效应。铂和铑在可见光下也能产生 SERS 效应。

（3）具有 SERS 效应的金属表面要有一定的粗糙度　对于不同的金属，对应于最大增强因子的表面粗糙度是不同的，如银表面平均粗糙度达到 1000Å（$1\text{Å}=10^{-10}$ m）时，在可见光范围内具有最大的增强因子，铜在粗糙度为 500Å 左右时，在红光范围内具有最好的增强效果。

2. 表面增强拉曼散射增强机理模型

SERS 增强机理模型一般分为两类：一类是电磁增强模型，另一类是化学增强模型。电磁增强模型包括表面镜像场模型、表面等离子体共振模型、天线共振子模型等；化学增强模型包括活位模型、电荷转移模型等。

（1）表面镜像场模型　表面镜像场模型是提出的比较早的电磁增强类模型之一，该模型认为金属表面上的分子在入射电场的作用下产生偶极子，这个偶极子使金属产生一个像偶极子，金属中的像偶极子反过来加强分子偶极子的偶极矩，如此反馈可产生增强现象。

（2）表面等离子体共振模型　该模型认为在光电场作用下，金属表面附近的电子会产生疏密振动。由于动量守恒原理，要求表面有一定的粗糙度才能激发起等离子激元。因此当粗糙化的衬底材料表面受到光照射时，衬底材料表面的等离子体能被激发到高的能级，而与光波的电场耦合，并发生共振，使金属表面的电场增强，产生增强的拉曼散射。在所有的电磁增强类模型中，表面等离子体共振模型在理论和实验上的研究都是比较多的。

(3) 天线共振子模型　天线共振子理论模型认为具有一定粗糙度的金属表面的颗粒或凸起可看作是有一定形状能与光波耦合的天线振子。由于这些"振子"的存在，当入射光满足共振条件时，其共振效应使金属凸起表面的局域电场大大增强，从而使表面上吸附分子的拉曼散射谱大大增强。

(4) 活位模型　活位模型认为，并非所有吸附在衬底表面的分子都能产生 SERS 信号，只有吸附在衬底表面某些被称为活位上的分子才有强的 SERS 效应。

(5) 电荷转移模型　当分子吸附到金属基底表面时，能够产生新的激发态，形成新的吸收峰。当波长合适的激发光照射到金属表面时，电子可从金属共跃迁到吸附分子上或从吸附分子共跃迁到金属上，从而改变了分子的有效极化，辐射拉曼光子。

迄今为止，无论是化学增强机理还是物理增强机理，都不能给出 SERS 现象的完整解释，这与非常复杂的研究体系密切相关，同时也与目前理论模型的建立和理论方法现状密切相关。未来需要建立物理和化学增强机制相统一的理论模型，这不仅是表面增强拉曼光谱学理论的最基本问题，也是纳米科学乃至整个物质科学研究中清晰理解微观的结构信息与宏观物质性能的基础之一，它涉及到物理学、化学、表面科学、光谱学和纳米科学等多个学科领域，是一个极具挑战性、难度很高的基本科学问题。

——摘自：丁松园，吴德印，杨志林等．表面增强拉曼散射增强机理的部分研究进展.

高等学校化学学报，2008，29（12）：2569-2581

思考题与习题

1. 解释下列名词：
瑞利散射；拉曼散射；拉曼位移；共振拉曼效应
2. 产生拉曼光谱的条件是什么？是否所有的分子振动都会产生拉曼光谱？为什么？
3. 拉曼光谱和红外光谱的关系是什么？
4. 相对于红外光谱来说，拉曼光谱的突出优点是什么？
5. 图 11-7 是一张拉曼光谱图，请分别说出横坐标和纵坐标的定义。

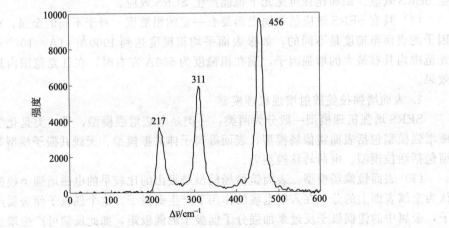

图 11-7　某物质拉曼光谱图

6. 指出下列分子的振动方式哪些具有拉曼活性？为什么？

（1）O_2、H_2　　（2）H_2O 的对称伸缩振动、反对称伸缩振动和弯曲振动

7. 拉曼的强度受哪些因素的影响？

参 考 文 献

[1] 周炳琨，高以智．激光原理．北京：国防工业出版社，2009.

[2] 潘家来．激光拉曼光谱在有机化学上的应用．北京：化学工业出版社，1986.

[3] 陈集，饶小桐．仪器分析．重庆：重庆大学出版社，2002.

[4] 程光煦．拉曼布里渊散射-原理及应用．北京：科学出版社，2001.

[5] 杨序纲，吴琪琳．拉曼光谱的分析与应用．北京：国防工业出版社，2008.

[6] 许以明．拉曼光谱及其在结构生物学中的应用．北京：化学工业出版社，2005.

[7] 朱自莹，顾仁敖，陆天虹．拉曼光谱在化学中的应用．沈阳：东北大学出版社，1998.

[8] 杨序纲，吴琪琳．拉曼光谱的分析与应用．北京：国防工业出版社，2008.

[9] 吴国祯．拉曼谱学：峰强中的信息．北京：科学出版社，2007.

[10] 张树霖．拉曼光谱学与低维纳米半导体．北京：科学出版社，2008.

[11] 邱文强，陈荣，程敏，冯尚源，陈杰斯．表面增强拉曼散射机理研究进展．激光生物学报，2010，5：700-705

[12] 田中群．表面增强拉曼光谱学中的纳米科学问题．中国基础科学，2001，03：6-12.

[13] 胡冰，徐蔚青，王魁香，谢玉涛，赵冰．由介电函数探讨 SERS 效应的电磁增强机理．吉林大学自然科学学报，2001，02：57-61.

第十二章　Chapter 12

分子发光分析法

本章提要

本章主要叙述分子荧光和磷光的产生，分子的去激发过程，荧光量子效率，荧光激发光谱、发射光谱，分子荧光光谱仪及分子荧光光谱的应用；磷光光谱法及化学发光分析原理及应用。要求掌握荧光分析的原理，了解荧光、磷光和化学发光的分类原理以及影响荧光效率的因素；理解分子荧光光谱法的基本原理；掌握荧光的产生机理和荧光分光光度计的基本结构。熟悉掌握荧光的定量分析，了解荧光法的应用及化学发光分析。

第一节　概　　述

被测物质处于基态的分子吸收能量（电、热、化学和光能等）被激发至激发态，然后从不稳定的激发态返回至基态并伴随有光辐射，此种现象称为分子发光（molecular luminescence）。通过测量辐射光的强度对被测物质进行定量测定的分析方法称为分子发光分析法。当分子吸收了光能而被激发到较高能态，返回基态时发射出波长与激发光波长相同或不同辐射的现象称为光致发光。荧光和磷光是最常见的两种光致发光。分子受光能激发后，由第一电子激发单重态跃迁回到基态的任一振动能级时所发出的光辐射，称为分子荧光。激发态分子从第一电子激发三重态跃迁回到基态所发出的光辐射，称为磷光。由测量荧光强度和磷光强度建立起来的分析方法分别称为荧光分析（molecular fluorescence analysis）和磷光分析（phosphorescence analysis）。化学发光是基于某些物质在进行化学反应时，由于吸收了反应时产生的化学能而产生激发态物质，当回到基态时发出光辐射，这种现象称为化学发光，利用化学发光现象建立的分析方法称为化学发光分析（chemiluminescence analysis）。

本章将主要讨论分子荧光和磷光分析以及化学发光分析。分子荧光分析，可以用于定量测定许多无机和有机物，已成为一种有效的分析方法，尤其是在生物化学和药物学方面有广泛的应用。分子磷光分析的应用范围较为有限，主要用于生物液中痕量药品的分析和吲哚衍生物、多环芳烃的分析，结合气相色谱法，还可用于石油馏分中含氮和含硫芳香族化合物的分析。化学发光分析的灵敏度高，是痕量分析的重要手段之一，在环境监测、临床分析、生物化学等领域里，例如污染物测定、酶分析、免疫测定法和痕量金属分析等方面得到广泛的应用。

第二节　荧光和磷光分析基本原理

一、分子荧光和磷光的产生

1. 分子能级与跃迁

分子能级比原子能级复杂，在每个电子能级上又包含一系列振动能级和转动能级，如图 12-1 所示。

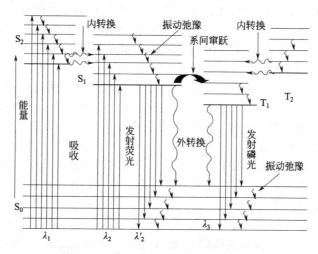

图 12-1　分子的部分电子能级示意图

在光致激发和去激发光中，价电子可以处在不同的自旋状态，常用电子自旋状态的多重性来描述。一个分子所有的电子自旋是成对的，那么这个分子所处的电子能态称为单重态，用 S 表示。基态为单重态的分子具有最低的电子能态，用 S_0 表示，当基态分子的一个电子吸收光辐射而跃迁到第一电子激发态，且它的自旋不变，则形成第一激发单重态，用 S_1 表示；当受到更高能量的光激发且不改变自旋，就会形成第二激发单重态 S_2。如果电子在跃迁过程中改变了自旋方向，即分子具有两个自旋平行的电子，这时分子所处的电子态称为三重态，用 T 表示。T_1、T_2 分别表示第一、第二激发三重态。

2. 电子激发态的多重度

电子激发的多重度用 $M=2S+1$ 表示，S 为电子自旋量子数的代数和（0 或 1），根据 Pauli 不相容原理，分子中同一轨道所占据的两个电子必须自旋配对。当分子中全部轨道里的电子都是自旋配对的，则 $S=0$，此时 $M=1$，即分子体系处于单重态。大多数有机物分子的基态处于单重态。当分子吸收能量后，如果电子在跃迁过程中不发生自旋方向的改变，则分子处于激发的单重态，如能级 S_1、S_2 等；如果电子跃迁在跃迁过程中伴随自旋方向的改变，则分子具有两个自旋平行的电子，则 $S=1$，$M=3$，此时，分子处于激发的三重态，用 T 表示，如 T_1、T_2 等。根据洪特规则可知，三重态的能量常常比相对应的单重态能量略低。

在室温下，大多数分子处于基态的最低振动能级，且电子自旋配对，即处于单重态。当吸收一定频率的光辐射发生能级跃迁，可跃迁至不同激发态的各个振动能级，但其中大部分分子上升到第一激发单重态。

处于激发态的分子是不稳定的，它可通过辐射跃迁或无辐射跃迁等去活化过程返回基态，其中以速率最快、激发态寿命最短的途径占优势，常见的去活化过程有如下几种。

(1) 振动弛豫　在荧光和磷光分析的溶液体系中，溶质和溶剂之间碰撞的概率很大，溶质的激发态分子可能将过剩的振动能量以热能形式将多余的能量传递给周围的溶剂分子，而自身从激发态的高振动能级失活，跃迁至同一激发态的最低振动能级，这种现象称为振动弛豫（VR）。振动弛豫过程的速率极快，在 $10^{-14} \sim 10^{-12}$ s 内即可完成。

(2) 内转换　同一多重态的不同电子能级间无辐射去激过程叫内转换（IC），内转换实质是激发态分子将激发能转变为热能下降至低能级的激发态或基态，如 $S_1 \rightarrow S_0$，$T_2 \rightarrow T_1$ 等。内转化过程的速率在很大程度上决定于相关能级之间的能量差。相邻单重激发态之间能级较近，其振动能级常发生重叠，内转化很快。因此，通常不论分子被激发到哪一个电子激发态，在 $10^{-13} \sim 10^{-11}$ s 内经内转化和振动弛豫都会跃迁到相应电子激发态的最低振动能级上。基态（S_0）和第一电子激发单重态（S_1）之间的能量差较大，因而 $S_1 \rightarrow S_0$ 内转化的速率相对要小得多，使得第一电子激发态有相对较长的寿命。

(3) 系间窜跃　不同多重态的两个电子能态之间的无辐射跃迁叫系间窜跃（ISC）。发生系间窜跃时电子自旋需要换向，因而比内转换困难，需要 10^{-6} s 的时间。系间窜跃易在 S_1 和 T_1 间进行，发生系间窜跃的根本原因在于各电子能级中振动能级非常接近，势能面发生重叠交叉，交叉地方的位能是一样的，因而 $S_1 \rightarrow T_1$ 的系间窜跃就有了较大的可能性。

(4) 外转换　外转换是指溶液中的激发态分子与溶剂分子或其他溶质分子之间相互碰撞而失去能量，并以热能的形式释放，常常发生在第一激发单重态或激发三重态的最低振动能级向基态转换的过程中。外转换常常会使荧光或磷光减弱或"猝灭"。

(5) 荧光发射和磷光发射　处于 S_1 或 T_1 态的分子返回 S_0 态时伴随发光现象的过程为辐射去激，分子从 S_1 态的最低振动能级跃迁至 S_0 态各个振动能级所产生的辐射光称为荧光。当受激分子降至 S_1 的最低振动能级后，经系间窜跃至 T_1 态，并经 T_1 态的最低振动能级回到 S_0 态的各振动能级所辐射的光称为磷光。分子跃迁至 T_1 态后，因相互碰撞或通过激活作用又回到 S_1 态，经振动弛豫到达 S_1 态的最低振动能级再发射荧光，这种荧光被称为延迟荧光。从图 12-1 中可以看出分子荧光和磷光的产生。

二、激发光谱和发射光谱

任何荧（磷）光物质都具有激发光谱与发射光谱这两种特征光谱，它们可用于鉴别荧光（磷光）物质，也可作为进行荧光或磷光定量分析时选择合适的激发波长和测定波长的依据。

1. 激发光谱

固定荧光的发射波长（即测定波长），不断改变激发光（即入射光）波长，以所测得发射波长下的荧光强度对激发光波长作图，就得到荧光（磷光）化合物的激发光谱。

2. 发射光谱

使激发光的强度和波长固定不变（通常固定在最大激发波长处），测定不同发射波长下的荧光强度，即得到发射光谱，也称为荧光或磷光光谱。如图 12-2 所示为萘的激发光谱和发射光谱。

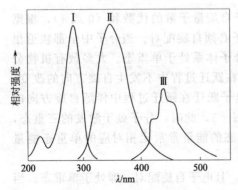

图 12-2　萘的激发光谱（Ⅰ）、荧光（Ⅱ）和磷光（Ⅲ）光谱图

3. 激发光谱与发射光谱的关系

① Stokes 位移　在溶液的荧光光谱中，荧光波

长总是大于激发光的波长，这种波长移动的现象称为 Stokes 位移。产生 Stokes 位移的主要原因，首先，激发分子在发射荧光前，通过振动弛豫和内转换去活化过程损失了部分激发能；其次，辐射跃迁可能使激发分子下降到基态的不同振动能级，然后通过振动弛豫进一步损失能量；最后，溶剂与激发态分子发生碰撞导致能量损失，这些能量损失也会进一步加大 Stokes 位移。

　　② 发射光谱的形状与激发波长无关　电子跃迁到不同激发态能级，吸收不同波长的能量，产生不同吸收带，但均回到第一激发单重态的最低振动能级再跃迁回到基态，产生波长一定的荧光，其形状只与基态振动能级的分布情况与跃迁回到各振动能级的概率有关，而与激发波长无关。

　　③ 镜像规则　通常荧光发射光谱与它的吸收光谱（与激发光谱形状一样）成镜像对称关系。因为吸收光谱的形状取决于第一电子激发态的各振动能级的分布，而发射光谱的形状取决于基态各振动能级的分布。而基态和第一激发态的各振动能级分布极为相似，所以吸收光谱与发射光谱常呈镜像对称，如图 12-3 所示蒽的乙醇溶液的荧光光谱和吸收光谱。

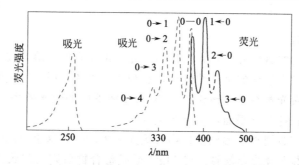

图 12-3　蒽的乙醇溶液的荧光光谱（右）和吸收光谱（左）图

三、荧光效率

分子产生荧光必须具备的条件：
(1) 具有合适的结构，能吸收激发光；
(2) 吸收了与其本身特征频率相同的能量后，具有一定的荧光量子产率。

荧光效率（fluorescence efficiency）即荧光量子产率，是指荧光物质吸收光后发射出的荧光光量子数与其所吸收激发光光量子数之比，即

$$荧光效率(\phi_f) = \frac{发射荧光的量子数}{吸收激发光的量子数}$$

荧光效率越高，辐射跃迁概率就越大，物质发射的荧光也就越强。

四、荧光与分子结构的关系

通常，强荧光分子都具有大的共轭 π 键结构、给电子取代基和刚性平面结构等，而饱和的化合物及只有孤立双键的化合物，不呈现显著的荧光。

1. 共轭 π 键体系

物质只有能够吸收紫外-可见光，才有可能发射荧光。因此，发荧光的物质分子中必须含有共轭双键这样的强吸收基团，且共轭体系越大，π 电子的离域性越强，越易被激发而产生荧光。大多数能发射荧光的物质为含芳香环或杂环的化合物。随共轭芳环增大，荧光效率提高，且荧光光谱向长波长方向移动。如表 12-1 所示，萘的荧光效率为 0.29，荧光波长为

321nm，而蒽的荧光效率为 0.46，荧光波长为 400nm。

表 12-1　几种线状多环芳烃的荧光

化合物		ϕ_f	λ_{ex}/nm	λ_{em}/nm
	苯	0.11	205	278
	萘	0.29	286	321
	蒽	0.46	365	400
	并四苯	0.60	390	480
	并五苯	0.52	580	640

2. 刚性平面结构

具有刚性平面结构的有机分子具有较强的荧光。由于它们与溶剂或其他溶质分子的相互作用比较小，通过碰撞去活化的可能性较小，有利于荧光的发射。以荧光黄和酚酞为例，二者结构十分相似，但荧光黄在 0.1 mol·L^{-1}NaOH 溶液中的荧光效率高达 0.92，而酚酞由于没有氧桥，其不易保持刚性平面，不易产生荧光。

一些有机配位剂与金属离子形成螯合物后荧光大大增强，这也可用刚性结构的影响来解释。例如，8-羟基喹啉本身荧光较弱，与 Mg^{2+} 形成螯合物后则是强荧光化合物。再如，溕铬 BBR 本身不发荧光，与 Al^{3+} 在 pH=4.5 时形成的螯合物发红色荧光。

溕铬BBR，无荧光　　　红色荧光

3. 取代基效应

芳香化合物的芳香环上的取代基不同，则物质的荧光光谱和荧光强度不同。通常，给电子取代基如—OH、—NH$_2$、—NR$_2$ 和—OR 等可使共轭体系增大，导致荧光增强。这是由于产生了 p-π 共轭效应，增强了 π 电子共轭程度，使得最低激发单重态与基态之间的跃迁概率增加，导致荧光强度增强。而吸电子取代基，如—COOH、—NO、—NO$_2$、卤素离子等，将减弱甚至会猝灭荧光。例如，苯胺和苯酚的荧光较苯强，而硝基苯为非荧光物质。

芳环上随着卤素取代基中卤素原子序数的增加，物质的荧光减弱，而磷光增强。这种所谓的"重原子效应"，是由于重原子中能级交叉现象严重，容易发生自旋轨道偶合作用，使 S$_1$→T$_1$ 的系间窜跃显著增加所致。

4. 电子跃迁类型

含有氮、氧、硫杂原子的有机物如喹啉和芳酮类物质都含有未键合的非键电子 n，电子跃迁多为 n→π* 型，荧光很弱或不发荧光。不含氮、氧、硫杂原子的有机荧光体多发生 π→π* 类型的跃迁，这是电子自旋允许的跃迁，摩尔吸收系数大，荧光辐射强。

五、荧光强度

1. 荧光强度和溶液浓度的关系

根据荧光效率的定义，荧光强度 I_f 应为所吸收的辐射强度 I_a 与荧光效率 ϕ_f 的乘积：

$$I_f = k\phi_f I_a = \phi_f(I_0 - I) \tag{12-1}$$

由于 $A = \lg \dfrac{I_0}{I}$ 所以 $I = I_0 \times 10^{-A}$ 代入式（12-1）可得

$$I_f = k\phi_f I_0(1 - 10^{-A})$$

如果溶液很稀，吸光度 $A < 0.05$，则上式可简化为

$$I_f = 2.3\phi_f I_0 A = 2.3\phi_f I_0 kbc \tag{12-2}$$

可见，当 $A < 0.05$ 时，荧光强度与物质的荧光效率、激发光强度、物质的摩尔吸收系数和溶液的浓度成正比。对于一给定物质，当激发光波长和强度一定时，荧光强度只与溶液浓度有关：

$$I_f = Kc \tag{12-3}$$

上式为荧光定量分析的基本依据。以荧光强度对荧光物质的浓度作图，在低浓度时，呈现良好的线性关系。当荧光物质的溶液浓度较高时，荧光强度同浓度之间的线性关系将发生偏离，有时甚至随溶液浓度增大而降低。

2. 影响荧光强度的因素

① 溶剂的影响 同一种荧光物质在不同的溶剂中，其荧光光谱的位置和强度都可能有差异。一般荧光峰的波长随着溶剂极性的增大而向长波方向移动，这可能是由于在极性大的溶剂中，荧光物质与溶剂的静电作用显著，从而稳定了激发态，使荧光波长发生红移。但苯胺萘磺酸类化合物在戊醇、丁醇、丙醇、乙醇和甲醇五种溶剂中，随着醇极性的增大，荧光强度减小，荧光峰蓝移。

除一般溶剂效应外，溶剂的极性、氢键、配位键的形成都将使化合物的荧光发生变化。

② 温度的影响 荧光强度和荧光效率对温度变化敏感，温度增加，其值降低，这是由于在较高温度下，分子的内部能量有发生转化的倾向，且溶质分子与溶剂分子的碰撞频率增大，使发生振动弛豫和外转换去活化的概率增加。

③ 溶液 pH 带有酸性或碱性官能团的大多数芳香族化合物的荧光与溶液的 pH 有关；具有酸性或碱性基团的有机物质，在不同 pH 时，其结构可能发生变化，因而荧光强度将发生改变；对无机荧光物质，因 pH 会影响其稳定性，因而也可使其荧光强度发生改变。如：

④ 荧光猝灭 荧光物质分子与溶剂分子或其他溶质分子相互作用引起荧光强度降低或消失的现象称为荧光猝灭。这些能引起荧光猝灭的物质称为猝灭剂。引起荧光猝灭的原因较多，机理也比较复杂。荧光猝灭的主要类型有碰撞猝灭、氧的猝灭作用、自猝灭和自吸等，其中最常见的是碰撞猝灭，它是单重态的荧光分子与猝灭剂碰撞后，以无辐射跃迁返回基态，引起荧光强度的下降。

氧的猝灭作用是指溶液中的溶解氧对荧光产生的猝灭作用。这可能是由于顺磁性的氧分子与处于单重激发态的荧光物质相互作用，促使形成顺磁性的三重态荧光分子，加速荧光物质激发态分子系间窜跃，导致荧光猝灭。

当荧光物质浓度较高时，往往发生自猝灭现象，使荧光强度降低。这可能是由于单重激发态的分子在发生荧光之前和未激发的荧光物质之间发生碰撞所致。荧光物质的荧光光谱线和吸收光谱线重叠时，荧光被溶液中处于基态的分子吸收的现象称为自吸收。

第三节　荧光和磷光分析仪

一、荧光分析仪

利用荧光进行物质定性、定量分析的仪器有荧光计和荧光分光光度计，它们通常由激发光源、单色器、样品池、检测器和信号记录系统五部分组成。荧光分析仪器有两个单色器，一个是激发单色器，置于样品池前，用于获得单色性较好的激发光；另一个是发射单色器，置于样品池和检测器之间，用于分出某一波长的荧光，消除其他杂散光干扰。荧光分析仪器的基本装置如图 12-4 所示。

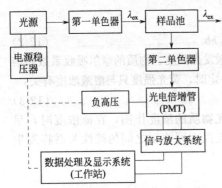

图 12-4　荧光分析仪器的基本装置示意图

1. 光源

荧光测量中的激发光源一般要求比吸收测量中的光源有更大的发射强度。常用的光源是高压汞灯和氙弧灯。高压汞灯是利用汞蒸气放电发光的光源，其光谱略呈带状，以 365nm 的谱线为最强，平均寿命约为 1500～3000h。荧光分析中常使用 365nm、405nm 和 436nm 三条谱线。氙弧灯是利用短弧气体放电，在相距约 8mm 的钨电极间形成一强电子流，氙原子与电子流相撞而解离为正离子，氙正离子与电子复合而发光，其光谱在 250～800nm 范围内呈连续光谱。氙弧灯的寿命大约为 2000h。

2. 单色器

荧光分析仪具有两个单色器，荧光计的单色器是滤光片，因而荧光计只能用于定量分析，不能获得光谱。荧光分光光度计采用光栅作为单色器，它具有较高的灵敏度，较宽的波长范围，既可获得激发光谱，又可获得荧光光谱。光栅的主要缺点是杂散光较大，有不同级次的谱线干扰，但可以加前置滤光片加以消除。

3. 样品池

测定荧光用的样品池必须用低荧光的石英材料制成，其形状是四面透光的方形（因要在与入射光垂直方向上测荧光），手拿时应拿棱角处。

4. 检测器

荧光的强度一般较弱，要求检测器具有较高的灵敏度，检测器位置与激发光成直角。荧光计采用光电管作检测器，荧光分光光度计采用光电倍增管（PMT）作为检测器，施加于 PMT 光阴极的电压越高，其放大倍数越大。要获得良好的线性响应，PMT 的高压电源要很稳定。

5. 信号记录系统

信号记录系统包括记录仪、阴极示波器和显示器等。

二、磷光分析仪

磷光分析仪器与荧光分析仪器相似，也是由激发光源、单色器、样品池、检测器和信号记录系统五部分组成。由于分析原理上的差别，磷光分析仪器有些特殊部件。

1. 样品室

测定低温磷光一般在液氮温度（77K）下进行，盛放试液的样品池需放置在盛液氮的杜瓦瓶内。固体表面室温磷光分析则需特制的样品室。

2. 磷光镜

有些物质既产生荧光，又能产生磷光。为了在有荧光现象的体系中测定磷光，常采用一种叫磷光镜的机械切光装置，利用荧光与磷光寿命的差异消除荧光干扰。现代的磷光分析仪多采用脉冲光源与程控检测相结合的时间分辨技术。

第四节　荧光分析法和磷光分析法的特点与应用

一、荧光和磷光分析法的特点

1. 荧光分析方法的优点

（1）灵敏度高　在微量物质的各种分析方法中，应用最广泛的至今仍然首推比色法和分光光度法。荧光分析法的灵敏度一般要比这两种方法高 2～3 个数量级。

（2）选择性强　主要针对有机化合物的分析而言。发荧光的物质彼此之间在激发波长和发射波长方面可能有所差异，因而通过选择适当的激发波长和荧光测定波长，便可达到选择性测定的目的。

（3）提供比较多的物理参数　荧光的特性参数比较多，除量子产率、激发和发射波长之外，还有荧光寿命、荧光偏振等。

2. 磷光分析方法的特点

与荧光相比，磷光具有如下两个特点。

（1）磷光辐射的波长比荧光长　磷光是由处于激发三重态的分子跃迁返回基态时所产生的辐射。由于分子的第一电子激发三重态（T_1）的能量低于其第一电子激发单重态，因此磷光辐射的波长比荧光更长。

（2）磷光的寿命比荧光长　由于荧光是 $S_1 \rightarrow S_0$ 跃迁产生的，这种跃迁是自旋许可的跃迁，因而 S_1 态的辐射寿命通常在 $10^{-7} \sim 10^{-9}$ s，磷光是 $T_1 \rightarrow S_0$ 跃迁产生的，这种跃迁属自旋禁阻的跃迁，其速率常数要小，因而辐射寿命要长，大约为 $10^{-4} \sim 10$ s。

荧光和磷光分析法测量简单，但本身能发荧光或磷光的物质不多，增强荧光的方法有限，因此作为常规样品的定量分析方法不及紫外—可见分光光度法应用广。

二、荧光分析法和磷光分析法的应用

1. 荧光分析法的应用

无机离子除了铀盐等少数例外，一般不显荧光。但很多无机离子能与具有 π 电子共轭结构的有机化合物形成荧光配合物，故可用荧光法测定。目前采用有机试剂进行荧光分析的元素已近 70 种，其中较常采用荧光法测定的元素有铍、铝、硼、镓、硒、镁、锌、镉及某些稀土元素等。

能够同金属离子形成荧光配合物的有机试剂绝大多数是芳香族化合物。它们通常含有两个或两个以上的官能团，能与金属离子形成五元环或六元环的螯合物。由于螯合物的生成，分子的刚性平面结构增大，使原来不发荧光或荧光较弱的化合物转变为强荧光化合物。例如，荧光镓在 pH＝5.0 时与 Al^{3+} 形成发射黄绿色荧光的配合物，pH＝3.0 时与 Ga^{3+} 形成发射黄色荧光的配合物；安息香在碱性介质中与硼酸盐形成发射绿蓝色荧光的配合物，与 Zn^{2+} 形成发射绿色荧光的配合物；桑色素在碱性溶液中与 Be^{2+} 形成发射黄绿色荧光的配合物等。

荧光分析中常用的另一类配合物是三元离子缔合物。例如,罗丹明 B 为阳离子荧光染料,Au^{3+}、Ga^{3+}、Tl^{3+} 等阳离子首先与 Cl^-、Br^- 等卤素离子形成二元配阴离子,再与罗丹明 B 缔合形成荧光化合物。再如,曙红为阴离子荧光染料,Ag^+ 与邻菲罗啉形成的二元配阳离子,再与曙红缔合后可使其荧光猝灭,由荧光降低的程度也可对 Ag^+ 进行分析。

荧光猝灭法也是荧光分析中经常采用的方法。除了上述 Ag^+ 外,可采用荧光猝灭法间接测定的离子还有 F^-、S^{2-}、Fe^{3+}、Co^{2+}、Ni^{2+}、Cu^{2+} 等。

芳香族及具有芳香结构的化合物,因存在共轭体系而容易吸收光能,在紫外光照射下很多能发射荧光,可以直接用荧光法测定。如在微碱性条件下,可测定 $0.001\ \mu g \cdot mL^{-1}$ 以上的对氨基萘磺酸及 $0 \sim 5\ \mu g \cdot mL^{-1}$ 的蒽。对于具有致癌活性的多环芳烃,荧光分析法已成为主要的测定方法。为提高测定灵敏度和选择性,可使弱荧光物质与某些荧光试剂作用,以得到强荧光性产物。例如,水杨酸与铽形成配合物后,荧光增强,测定灵敏度提高。再如,糖尿病研究中的重要物质阿脲(四氧嘧啶)与苯二胺反应后,荧光增强,可用于测定血液中低至 $10^{-10}\ mol \cdot L^{-1}$ 的阿脲。

荧光分析法的灵敏度高、选择性较好、取样量少、方法快速,在有机物测定方面的应用很广,已成为医药学、生物学、农业和工业等领域进行科学研究工作的重要手段之一。

2. 磷光分析法的应用

磷光分析法在药物分析、临床分析及环境分析领域得到了一定的应用。它与荧光法互相补充,已成为痕量有机物分析的重要手段。低温磷光分析已应用于萘、蒽、菲、芘、苯并芘等多环芳烃以及含氮、硫和氧的杂环化合物分析,还用于阿司匹林、可卡因、磺胺嘧啶、维生素 K、维生素 B_6、维生素 E 等许多药物的分析。固体表面室温磷光分析法已成为多环芳烃和杂环化合物快速灵敏的分析手段,胶束增稳室温磷光分析已用于萘、芘、联苯的分析。

3. 联用技术的检测器

荧光分析法可与高效液相色谱、毛细管电泳等多种分析技术联用,作为这些分离分析方法的检测器。例如,食品中黄曲霉素的测定通常采用高效液相色谱分离,荧光检测器检测。由于激光诱导荧光分析法灵敏度高,选择性好,因此成为微型化分析方法如微流控芯片的理想检测手段。

第五节 化学发光分析法

一、概述

某些物质在进行化学反应时,由于吸收了反应时产生的化学能,而使反应产物分子激发至激发态,受激分子由激发态回到基态时,便发出一定波长的光。这种吸收化学能使分子发光的过程称为化学发光。化学发光分析是利用某些化学反应所产生的光发射现象而建立的一种分析方法。化学发光现象自 19 世纪中期就为人们所熟知,但应用于分析化学却是 20 世纪 50~60 年代的事。目前,该方法已经广泛应用于生物科学、食品科学、药物检测、环境监测、农林科研等领域,可以测定数十种元素、大量无机物质和有机化合物。

二、化学发光分析法的基本原理

1. 化学发光的要求

化学发光的激发能由化学反应所提供,在反应过程中,某一反应产物的分子接受反应能

被激发，形成电子激发态，当它们从激发态返回基态时以辐射的形式将能量释出来。这一过程可表示为

$$A+B \longrightarrow C^* +D \qquad C^* \longrightarrow C+h\nu$$

能够产生化学发光的反应必须具备下述条件：

① 化学反应必须提供足够的激发能，激发能主要来源于反应焓；

② 要有有利的化学反应历程，使化学反应的能量至少能被一种物质所接受并生成激发态；

③ 激发态能释放光子或能够转移它的能量给另一个分子，而使该分子激发，然后以辐射光子的形式回到基态。

2. 化学发光效率和发光强度

化学发光反应效率 ϕ_{CL}，又称化学发光的总量子产率。它决定于生成激发态产物分子的化学激发效率 ϕ_r 和激发态分子的发射效率 ϕ_f。定义为：

$$\phi_{CL} = \frac{发射的分子数}{参加反应的分子数} \equiv \phi_r\phi_f \qquad (12-4)$$

化学反应的发光效率、光辐射的能量大小以及光谱范围，完全由参加反应物质的化学反应所决定。每个化学发光反应都有其特征的化学发光光谱及不同的化学发光效率。

化学发光反应的发光强度 I_{CL} 以单位时间内发射的光子数表示。它与化学发光反应的速率有关，而反应速率又与反应分子浓度有关。即

$$I_{CL}(t) = \phi_{CL}\frac{dc}{dt} \qquad (12-5)$$

式中，$I_{CL}(t)$ 表示 t 时刻的化学发光强度，是与分析物有关的化学发光效率；dc/dt 是分析物参加反应的速率。

3. 化学发光反应类型

（1）直接化学发光和间接化学发光　直接发光是被测物作为反应物直接参加化学发光反应，生成电子激发态产物分子，此初始激发态就能辐射光子。

$$A + B \longrightarrow C^* + D$$
$$C^* \longrightarrow C + h\nu$$

式中，A 或 B 是被测物，通过反应生成电子激发态产物 C^*，当 C^* 跃迁回基态时，辐射光子。

间接发光是被测物 A 或 B，通过化学反应生成初始激发态产物 C^*，C^* 不直接发光，而是将其能量转移给 F，使 F 跃迁回基态，产生发光。

$$A + B \longrightarrow C^* + D$$
$$C^* + F \longrightarrow F^* + E$$
$$F^* \longrightarrow F + h\nu$$

式中，C^* 为能量给予体，而 F 为能量接受体。

（2）气相化学发光和液相化学发光　按反应体系的状态分类，如化学发光反应在气相中进行称为气相化学发光；在液相或固相中进行称为液相或固相化学发光；在两个不同相中进行则称为异相化学发光。

气相化学发光：主要有 O_3、NO、S 的化学发光反应，可用于监测空气中的 O_3、NO、SO_2、H_2S、CO、NO_2 等。

例如：

$$NO+O_3 \longrightarrow NO_2^* +O_2 \quad NO_2^* \longrightarrow NO_2+h\nu \quad (\lambda \geqslant 600nm)$$
$$CO+O \longrightarrow CO_2^* \quad CO_2^* \longrightarrow CO_2 + h\nu \ (\lambda=300\sim500nm)$$

液相化学发光：用于此类化学发光分析的发光物质有鲁米诺、光泽碱、洛粉碱等。例如，鲁米诺在碱性溶液中被 H_2O_2、I_2 等氧化剂氧化，可产生最大波长为425nm的光辐射。

三、化学发光分析法的仪器

化学发光分析法的测量仪器简单，与荧光光谱相比，它不需要光源和单色器，化学发光反应在样品室中进行，反应发出的光直接照射在检测器上。化学发光分析法的测量仪主要包括样品室、光检测器、放大器和信号输出装置。化学发光反应在样品室中进行，样品和试剂混合的方式有两种，一种是不连续取样体系，加样是间歇的。将试剂先加到光电倍增管前面的反应池内，然后用进样器加入分析物。另一种方法是连续流动体系，反应试剂和分析物是定时在样品池中汇合反应，且在载流推动下向前移动，被检测的光信号只是整个发光动力学曲线的一部分，而以峰高进行定量测量。

1. 分立取样式液相化学发光仪

分立取样式液相化学发光仪是一种静态下测量液相化学发光信号的装置。如图12-5所示为分立取样式液相化学发光仪结构示意图，国产 YHF-1 型、FG83-1 型等液相化学发光仪都属于分立取样式。该仪器具有简单、灵敏度高的特点，还可用于反应动力学的研究。但手工进样重复性差，测量的精密度易受人工加样等因素的影响，且难于实现自动化，分析效率也比较低。

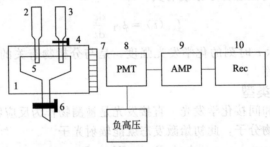

图 12-5　分立取样式液相化学发光仪器示意图
1—样品室；2—试剂加入管；3—试液储管；4，6—活塞；5—发光反应池；
7—滤光片；8—光电倍增管；9—信号放大；10—记录仪

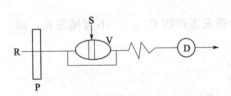

图 12-6　流动注射式化学发光仪器示意图
R—试剂载流；S—试液；P—蠕动泵；
V—进样阀；D—化学发光检测器

2. 流动注射式仪器

流动注射分析是一种自动化溶液分析技术。它是把一定体积的试液（几十至几百微升）注射到一个连续流动着的载流中，样品在流动过程中分散、反应，并被检测。流动注射式化学发光分析仪的自动化程度、精密度和准确度都比较高，分析速度快，适用于批量试液的测定。流动注射式化学发光分析仪如图12-6所示。国产 MCFL-A 型多功能化学发光分析仪、IFFM-E 型流动注射化学发光分析仪等都属于此种类型。

四、化学发光分析法的应用

化学发光分析具有选择性好、灵敏度高的特点，特别适合于痕量组分的分析。近年来，化学发光分析法已成为医学、生物学、生物化学中的一个重要研究手段。例如鲁米诺-H_2O_2化学发光反应能被许多过渡金属离子所催化。利用这一性质，已建立了 Co^{2+}、Cr^{3+}、Cu^{2+}、

Au^{3+}、Ag^+、$Fe(Ⅱ，Ⅲ)$、Ni^{2+}、Mn^{2+}、$Os(Ⅲ、Ⅳ、Ⅴ)$、$Ru(Ⅳ)$、$Ir(Ⅳ)$、$Rh(Ⅴ)$、$V(Ⅴ)$等金属离子的化学发光分析法，检出限均在$0.01\mu g\cdot mL^{-1}$以下，其中Cr^{3+}、Co^{2+}的检出限低于$10^{-12}g\cdot mL^{-1}$。此外，Hg^{2+}、$Ce^{4+}(Ⅳ)$、$Ti^{4+}(Ⅳ)$等金属离子和CN^-、S^{2-}等非金属离子对鲁米诺-H_2O_2体系的化学发光具有抑制作用，利用抑制作用也可对这些离子进行测定。

鲁米诺-H_2O_2体系也用于化学发光法测定许多生化物质，如甘氨酸、铁蛋白、血红蛋白、肌红蛋白等。特别是与酶反应结合，可用于分析葡萄糖、乳酸、氨基酸等。

化学发光分析法与毛细管电泳技术（CE）相结合，可直接应用于复杂样品中微量组分的分离和测定。用这种 CE-CL 联用技术，测定丹酰化的牛血清白蛋白和鸡蛋白蛋白，灵敏度和分离效果良好。

【知识拓展】

荧光分析法新技术

荧光分析法具有灵敏度高、线性范围宽等优点，引起广大科学家的浓厚兴趣。近年来，荧光分析研究发展迅速，涌现出许多新的分析技术。

1. 激光荧光分析

主要差别在于使用波长更短、强度更大的激光作为光源，大大提高了灵敏度和专一性。激光光源引入荧光计在我国开发较早，也是目前应用比较成熟的仪器之一。如测铀仪就是其中的代表。激光荧光分光光度计的研制成功，大大改善荧光仪器的性能，这类仪器已广泛应用于环境监测、稀土元素分析、冶金、化工以及生化等领域。

2. 时间分辨荧光分析

在激发和检测之间延缓一段时间，使具有不同荧光寿命的物质达到分别检测的目的。它采用脉冲激光作为光源，如果选择合适的延缓时间，可测定被测组分的荧光而不受其他组分的干扰，免去了化学处理的麻烦。

3. 显微荧光分析

显微荧光分光光度计既有荧光分光系统，又有显微放大系统，其最大特点是能进行微区分析，可以得到许多微观参数，且不破坏样品，如检测有机包裹体中的荧光物质等。另外还有人曾研制过由光学显微镜、全息光栅光谱仪和多道检测器组成的激光显微荧光光度计，它可快速测定直径 1 μm 样品的荧光光谱，这有利于生物组织样品的荧光光谱研究。

4. 同步荧光分析

主要用于多核芳香族化合物的荧光分析。它是在激光光谱和荧光光谱中选择一适合的波长差值 $\Delta\lambda=\lambda_{ex}^{max}-\lambda_{em}^{max}$，同时扫描荧光波长和激发波长，得到同步荧光光谱，利用同步信号与浓度成正比关系来定量。

5. 胶束增敏荧光分析

胶束增敏荧光分析是利用化学方法提高荧光效率，从而提高灵敏度。将荧光物质溶于胶束溶液中，利用胶束溶液的增溶、增稳及增敏作用，可增大荧光物质的溶解度、稳定性和灵敏度。

胶束溶液是一定浓度（临界浓度以上）的表面活性剂溶液。体系由真溶液转变为胶体溶液时的表面活性剂的浓度，称为临界胶束浓度 CMC。极性较小而难溶于水的荧光物质在胶束溶液中溶解度显著增加的现象即胶束的增溶效应（图 12-7）。同时荧光物质被分散和定域于胶束内部，一方面减少了荧光质点之间的碰撞，减少了分子的无辐射跃迁，使荧光效率增大，荧光强度增强，此即胶束的增敏作用；另一方面，降低了由于荧光物质的荧光质点互相

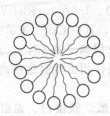

图 12-7　水溶液中的正胶束
○表示极性基团；～表示非极性脂链

碰撞而失活的荧光自熄灭作用及由于荧光熄灭剂的存在而产生的荧光熄灭现象，从而使荧光寿命延长，此即胶束的增稳作用。

6. 荧光检测与 HPLC 联用

液相色谱检测器种类很多，灵敏度较高、选择性较好的荧光检测器在进行微量分析中经常使用。如许多芳香族化合物如蒽、菲、芴等在特定条件下发出特征荧光，利用 HPLC 的荧光检测器可以同时测定上述物质。Gluckman 等研制的荧光检测器，流通池为 $150\mu L$，可用于毛细管 HPLC 和超临界色谱，其最小检测量为 $0.2pg$。

7. 荧光检测与离子色谱联用

Mho 等人研制了一套供离子色谱用的双光束激光激发间接荧光检测器，它用具有荧光的淋洗离子维持恒定背景信号。当待测离子淋出时，信息观测信号减少。这种荧光检测器可以检测纳克级阴离子，灵敏度非常高。

——摘自：http://wenku.baidu.com/view/f4b566687e21af45b307a8f7.html

思考题与习题

1. 解释下列名词：

荧光；磷光；振动弛豫；系间窜跃；内转化；激发光谱；发射光谱；量子产率；光致发光

2. 荧光光谱的形状取决于什么因素？

3. 影响荧光效率的主要因素有哪些？

4. 根据取代基对荧光性质的影响，请解释苯胺和苯酚的荧光量子产率比苯高 50 倍。

5. 如何获得荧光物质的激发光谱和发射光谱？

6. 根据《知识拓展》中的知识，从互联网上查阅荧光分析在自己所学专业上的应用，并归纳总结，撰写一篇综述文章。

7. 一个化学反应要成为化学发光反应必须满足哪些条件？

8. 简述分立取样式液相化学发光分析法及其特点。

参 考 文 献

[1] 孙延一，吴灵等. 仪器分析. 武汉：华中科技大学出版社，2012.

[2] 刘宇. 仪器分析. 天津：天津大学出版社，2010.

[3] 陈集，朱鹏飞. 仪器分析教程. 北京：化学工业出版社，2010.

[4] 叶宪曾，张新祥等. 仪器分析教程. 北京：北京大学出版社，2007.

[5] 张寒琦. 仪器分析. 北京：高等教育出版社，2009.

[6] 何金兰，杨克让，李小戈. 仪器分析原理. 北京：科学出版社，2002.

[7] 石杰，叶英植，秦化敏. 仪器分析. 开封：河南大学出版社，1993.

[8] 岳慧灵. 仪器分析. 北京：水利电力出版社，1994.

[9] 周梅村. 仪器分析. 武汉：华中科技大学出版社，2008.

[10] 朱明华，胡坪. 仪器分析. 北京：高等教育出版社，2008.

[11] 刘志广. 仪器分析. 北京：高等教育出版社，2007.

[12] 许金生. 仪器分析. 南京：南京大学出版社，2002.

[13] 曾元儿，张凌. 仪器分析. 北京：科学出版社，2007.

[14] 陈集，饶小桐. 仪器分析. 重庆：重庆大学出版社，2002.

[15] 陈立春. 仪器分析. 北京：中国轻工业出版社，2002.

[16] 齐宗韶. 仪器分析. 北京：化学工业出版社，2005.
[17] 孙凤霞. 仪器分析. 北京：化学工业出版社，2004.
[18] 刘密新. 仪器分析. 北京：清华大学出版社，2002.
[19] 曾泳准. 仪器分析. 北京：高等教育出版社，2003.

第十三章

Chapter 13

核磁共振波谱分析法

本章提要

核磁共振波谱是测定化合物结构、构型、构象的有效手段。本章主要阐述核磁共振的基本原理，核磁共振条件、核磁弛豫及核磁共振仪的组成及作用和对试样的要求。要求掌握化学位移、偶合常数及它们与有机化合物结构的关系，初步掌握核磁共振谱图解析的方法和步骤，了解 ^{13}C 核磁共振谱及其应用。

第一节　核磁共振基本原理

将自旋核放入外磁场中，用波长 $10 \sim 100$ m 无线电频率区域的电磁波照射分子，它们会吸收某频率的能量，产生原子核的自旋能级跃迁，使原子核从低能态跃迁到高能态，产生核磁共振信号，即产生核磁共振（NMR），吸收信号的强度对照射频率（或磁场强度）作图即为核磁共振波谱图。利用核磁共振波谱进行结构测定、定性及定量分析的方法，称为核磁共振波谱法（nuclear magnetic resonance spectroscopy，NMR）。核磁共振波谱法已经成为测定有机化合物结构、构型和构象的重要手段。目前，主要有 ^{1}H、^{13}C、^{15}N、^{19}F 等核磁共振波谱，但应用最普遍、最重要的是 ^{13}C 核磁共振波谱。

核磁共振也应属光谱范畴，但不同于红外分子吸收光谱、紫外分子吸收光谱，核磁共振是先要使用强的外磁场作用于所研究的分子，再用电磁波去照射样品分子、测量样品分子对电磁波的吸收。而红外分子吸收光谱、紫外分子吸收光谱是直接用电磁波去照射样品分子、测量样品分子对电磁波的吸收得到吸收光谱。相比之下，后两者的仪器原理和测量原理要简单得多。

一、原子核的自旋

由于原子核是带电荷的粒子，若有自旋现象，即产生磁矩。原子核的自旋用自旋量子数 I 表示。原子核的质量数、电荷数和自旋量子数之间的关系如表 13-1 所示。

表 13-1　各种原子核的自旋量子数与质量数、原子序数的关系

质量数	原子序数 （核电荷数）	自旋量子数 （I）	自旋形状	NMR 信号	原子核
偶	偶	0	非自旋球体	无	^{12}C, ^{16}O, ^{28}Si, ^{32}S
奇	奇或偶	1/2	自旋球体	有	^{1}H, ^{13}C, ^{15}N, ^{19}F, ^{29}Si, ^{31}P

质量数	原子序数 (核电荷数)	自旋量子数 (I)	自旋形状	NMR 信号	原子核
奇	奇或偶	3/2, 5/2	自旋椭球体	有	^{11}B, ^{17}O, ^{35}Cl, ^{79}Br, ^{127}I
偶	奇	1, 2, 3, …	自旋椭球体	有	^2H, ^{10}B, ^{14}N

根据量子力学理论，核在作自旋运动时，具有一定的自旋角动量，自旋核的总自旋角动量 P 可用下式表示：

$$P = \sqrt{I(I+1)}\,\frac{h}{2\pi}$$ (13-1)

式中，h 为普朗克常数；I 为自旋量子数（$I=0,1/2,1,3/2,\cdots$）。由于原子核是带正电的粒子，自旋时核电荷的环流将产生核磁矩 μ。角动量和磁矩都是矢量，其方向是平行的。原子核的磁矩 μ 与核自旋角动量 P 成正比关系：

$$\mu = \gamma P$$ (13-2)

式中，γ 为磁旋比，是核的特征参数；μ 是核磁矩，是一种能量参数；P 是角动量。原子核是否有自旋现象由 I 来决定，当 $I=0$，$P=0$，核就没有自旋现象。只有 $I>0$ 时 P 不等零，核才有自旋现象，才能产生核磁共振信号。根据实验表明，I 与原子质量数和原子序数有关，如表 13-1 所示。从表中可以看出，除了 $I=0$ 以外的核都可以产生核磁共振信号，但目前主要研究 $I=1/2$ 的核磁共振，因为这类原子核电荷呈球形分布，核磁共振信号简单，如 ^1H, ^{13}C, ^{19}F, ^{31}P。

无外磁场时，核磁矩的取向是任意的，若将一个磁性核置于外磁场中时，则核磁矩受外磁场力矩的作用进行不同的定向排列，称为空间量子化。它与自旋量子数 I 有关，共有 $2I+1$ 个取向，各取向可用磁量子数 m 表示，即 $m=I$，$I-1$，$I-2$，$\cdots$，$-I+2$，$-I+1$，$-I$。例如 $I=1/2$，有 2 个取向，即 $m=+1/2$，$m=-1/2$。$I=1$，有 3 个取向，$m=1$、0、-1。$I=3/2$，有 4 个取向，即 $m=3/2,1/2,-1/2,-3/2$。如图 13-1 所示。

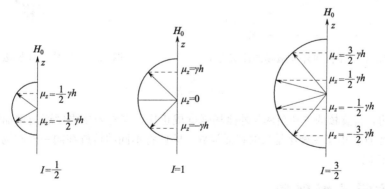

图 13-1 核磁矩在外磁场中的取向

当磁核被置于外磁场 H_0 中时，在磁场方向 z 上的角动量分量为：

$$P_z = \frac{h}{2\pi}m$$ (13-3)

式中，m 是核的磁量子数。则核磁矩在 z 方向的分量为：

$$\mu_z = \gamma p_z = \gamma\frac{h}{2\pi}m$$ (13-4)

当磁核放入外加磁场中，磁核自旋产生空间量子化取向，磁场对核磁矩力矩的作用力使核磁矩在磁场中具有一定的能量，每一个取向代表一个能级，即磁矩在外磁场中产生了能级分裂。每种取向的能量 E：

$$E = -\mu_z H_0 = -m\gamma \frac{h}{2\pi} H_0 \tag{13-5}$$

以氢核 ^1H 为例，因其自旋量子数 $I = \frac{1}{2}$，故在外磁场中有 2 个自旋取向，$m = +1/2$ 和 $m = -1/2$，也就是有两个能级。$m = 1/2$ 时，自旋取向与外磁场方向一致，为低能态；$m = -1/2$ 时，自旋取向与外磁场方向相反，为高能态。

当 $m = -1/2$ 时，$E_2 = -\left(-\frac{1}{2}\right)\frac{\gamma h}{2\pi} H_0$

当 $m = +1/2$ 时，$E_1 = -\frac{1}{2} \times \frac{\gamma h}{2\pi} H_0$

则能态之间的能级差为：

$$\Delta E = E_2 - E_1 = \frac{\gamma h}{2\pi} H_0 \tag{13-6}$$

由式（13-6）可知两能级差 ΔE 随外加磁场增强而增大，如图 13-2 所示。

在外加磁场中的氢核的磁矩方向与外磁场成一定的角度 θ，核除绕自旋轴作自旋外，还要在垂直于外磁场的平面上作旋进运动。其情形就如同在地面上旋转的陀螺，具有一定转速的陀螺不会倾倒，而是其自旋轴围绕与地面垂直的轴以一定夹角回旋，如图 13-3 所示。这种旋转（回旋）称为进动，也称拉莫尔进动（Larmor precession）。进动（回旋）频率 ν 与外加磁场强度的关系可用 Larmor 方程表示：

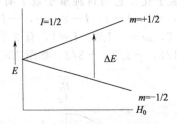

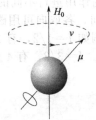

图 13-2　^1H 核在外加磁场的能级分裂　　　　图 13-3　磁核在外加磁场中的进动

$$\nu = \frac{\gamma}{2\pi} H_0 \tag{13-7}$$

式（13-7）表明，自旋核的进动频率与外磁场强度成正比，当外磁场强度逐渐增加时，核的进动频率也相应地增加。由于磁旋比是核的特征常数，即使将不同的核放在同一外磁场中，它们的进动频率也各不相同。

二、核磁共振现象

磁性核放在外加磁场中能级产生分裂，当外加电磁波的能量等于两能级差时，核自旋能级产生跃迁即产生核磁共振信号。以 ^1H 核为例，若外加电磁波能量 $E = h\nu_0$，满足于两能级差 ΔE 时，即 $E = h\nu_0 = \Delta E$ 代入式（13-6）可得：

$$\nu_0 = \frac{\gamma}{2\pi} H_0 \tag{13-8}$$

式（13-8）是发生核磁共振时的条件，也就是说，当 $\nu_0 = \nu$ 时，使处于低能级的核吸收电磁波的能量跃迁到高能级，^1H 核由 $+1/2$ 跃迁至 $-1/2$ 取向，这种现象叫做核磁共振。如图 13-4 所示。

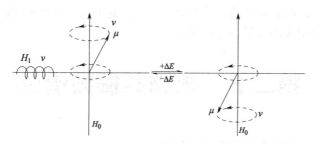

图 13-4　磁核吸收外加电磁波产生核磁共振示意图

此式还说明，对于不同的原子核，由于 γ（磁旋比）不同，发生共振的条件不同，即共振时 ν_0 和 H_0 的相对值不同，即在相同的磁场中，不同原子核发生共振时的频率各不相同，根据这一点可以鉴别各种元素及同位素。另外，对于同一种核，γ 值一定。当外加磁场一定时，共振频率也一定；当磁感应强度改变时，共振频率也随着改变。

三、弛豫过程

当氢核在外加磁场中产生能级分裂后，两种取向的数目比例符合玻尔兹曼分布定律：

$$\frac{n_{(+\frac{1}{2})}}{n_{(-\frac{1}{2})}} = e^{\Delta E/KT} = e^{\gamma h H_0/2\pi KT} \tag{13-9}$$

若外加磁场 $H_0=1.4092$T（相当于 60MHz 的射频），温度为 300K 时，低能态和高能态的氢核数之比为：

$$\frac{n_{(+\frac{1}{2})}}{n_{(-\frac{1}{2})}} = e^{\frac{6.63\times10^{34}\times2.68\times10^8\times1.4092}{2\times3.14\times1.38\times10^{-23}\times300}} = 1.0000099$$

也就是说在外磁场 $H_0=1.4092$ T 中，处于低能态的核仅比高能态的核稍多一些，约为 10^{-5}。核磁共振就是由这部分稍微过量的低能态的核吸收射频能量产生共振信号的。对于每一个核来讲，由低能态跃迁到高能态或由高能态跃迁到低能态的跃迁概率是相同的，但由于低能态的核数略高，所以仍有净吸收信号。然而在射频波发生器的照射下，氢核吸收能量发生跃迁，而高能态的核没有其他途径回到低能态，其结果就使处于低能态氢核的多数趋于消失，能量的净吸收逐渐减少，共振吸收峰渐渐降低直至消失，使吸收无法测量，这种情况称为"饱和"现象。但是，若较高能态的核能够及时回到较低能态，就可以保持信号稳定。但由于核磁共振中氢核发生共振时吸收的能量 ΔE 比较小，跃迁到高能态的氢核返回低能态时一般不伴随谱线的二次发射。这种由高能态返回到低能态，由不平衡状态恢复到平衡状态而不发射原来所吸收的能量的过程称为弛豫过程。

弛豫包括自旋-晶格弛豫和自旋-自旋弛豫两种情况。①自旋-晶格弛豫，指的是处于高能态的氢核将能量转移给周围的分子（固体为晶格，液体则为周围的溶剂分子或同类分子）变成热运动，氢核就回到低能态。于是对于所有的氢核而言，总的能量是下降了，故又称之为纵向弛豫。自旋-晶格弛豫时间以 T_1 表示，气体、液体的 T_1 约为 1s，固体和高黏度的液体 T_1 较大，有的甚至可达数小时。T_1 越小，纵向弛豫过程的效率越高，越有利于核磁共振信号的测定。②自旋-自旋弛豫，指的是两个进动频率相同、进动取向不同的同种磁性核，在一定距离内时会互相交换能量，改变进动方向，这就是自旋-自旋弛豫，也称横向弛豫。自旋-自旋弛豫发生时磁性核的总能量未变。自旋-自旋弛豫时间以 T_2 表示，一般气体、液体的 T_2 也是 1s 左右，固体及高黏度试样中由于各个核的相互位置比较固定，有利于相互间能量的转移，故 T_2 极小，大约为 $10^{-4} \sim 10^{-5}$ s。即在固体中各个磁性核在单位时间内迅速往返于高能态与低能态之间，结果是使共振吸收峰的宽度增大、分辨率降低。因此在核磁共振分析中固体试样须先配成溶液后再上机测定。

第二节　核磁共振波谱仪

一、连续波核磁共振波谱仪

连续波核磁共振波谱仪主要由磁体、射频发射器、射频信号接收器、探头、数据系统等部件组成，其基本结构如图 13-5 所示。

（1）磁体　是所有核磁共振波谱仪都必须具备的基本组成部分，用以提供一个强而稳定、均匀的外磁场，其作用是使样品中的核自旋体系的磁能级发生分裂。目前，使用的磁体有永久磁场、电磁铁和超导磁体三种，它们各有优缺点。

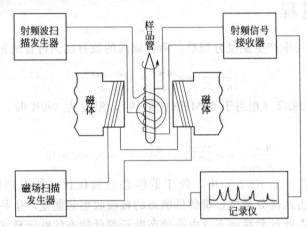

图 13-5　连续波核磁共振波谱仪的基本结构

（2）射频发射器　从一个很稳定的晶体控制的振荡器发生电磁波以进行氢核的核磁共振测定。磁铁上备有扫描线圈，可以在百万分之几的数量级上连续改变磁场 H_0 强度。在射频波发生器的频率ν固定时，改变磁场 H_0 强度，进行外磁场扫描，称扫场。射频波发生器在磁场 H_0 强度固定条件下，改变频率ν以进行扫描的工作方式，称扫频。

（3）射频信号接收器　当射频波发生器发生的电磁波的频率 $ν_0$ 和磁场强度 H_0 达到前述特定的组合值时［式(13-8)］，放置在磁场（磁铁）和射频线圈中间的试样中的氢核就要发生共振而吸收射频波能量，这个能量的吸收情况为射频信号接收器所检出，通过放大后记录下来，就是我们所要得到的核磁共振波谱。

（4）探头　探头是放置样品管的地方，它是核磁共振波谱仪的关键部件。按工作原理可分为单线法和双线法两种，前者适用于连续波核磁共振波谱仪，后者适用于脉冲傅里叶变换核磁共振波谱仪。

（5）数据系统　包括放大器、记录器和积分仪等。检出的信号放大后输入记录器，并自动描绘波谱图。

连续波核磁共振波谱仪采用的是单频发射和接收模式，单位时间内获得的信息量很少。对于核磁共振信号很弱的核，即使采用累加技术也得不到很好的效果。

二、脉冲傅里叶变换核磁共振波谱仪

脉冲傅里叶变换核磁共振波谱仪不是用扫场或扫频的方式来采集不同化学环境的磁核的共振信号，而是采用在外磁场保持不变条件下，使用一个强而短的射频脉冲照射样品，这个射频脉冲中包括所有不同化学环境的同类磁核的共振频率，这样在给定的谱宽范围内所有的氢核（不同化学环境）都被激发而跃迁。低能态跃迁到高能态后弛豫逐步恢复玻尔兹曼平衡。这时在感应线圈中可接收到一个随时间衰减的信号，称为自由感应衰减信号 FID，在 FID 信号中包含了各个激发核的时间域上的波谱信号，经快速傅里叶变换后得到频域上的谱图，这就是常见的 NMR 谱。脉冲傅里叶变换核磁共振波谱仪已成为当前主要的 NMR 波谱仪器。

第三节　化学位移和核磁共振图谱

正如前面所讲要想实现核磁共振，必须把磁性核放到外加磁场中，且射频电磁波频率要等于核的进动频率即满足于：

$$\nu_0 = \nu = \frac{\gamma}{2\pi} H_0$$

此时才能产生核磁共振信号。从上式可以得出，产生核磁共振的频率是由磁核本身的性质（γ）和外加磁场强度（H_0）决定。那么对于同一种 ^1H 核磁旋比是相同的，若固定了磁场强度，是否所有的 ^1H 具有相同的共振频率，在 NMR 波谱上就只有一个吸收信号？答案显然是否定的。

一、屏蔽效应与屏蔽常数

我们知道原子外层带有电子，当氢核置于外加磁场中，外层电子会产生环形电流，进而产生一个与外加磁场相反的感应磁场，如图 13-6 所示。这种对抗外磁场的作用称为屏蔽效应。屏蔽作用的大小与核外电子云密度有关，用屏蔽常数 σ 表示。电子云密度愈大，屏蔽作用也愈大，共振时所需的外加磁场强度也愈强，而电子云密度又和氢核所处的化学环境（也就是分子的结构特征）有关，这正是我们能利用核磁共振研究分子结构的基础。

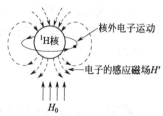

图 13-6　电子云屏蔽
作用示意图

当氢核处于外磁场 H_0 中时，在 H_0 的作用下电子的绕核运动将会产生感应磁场 H'，H' 的方向与外加磁场 H_0 相反，因而核外电子云产生感应磁场 H' 起到了对 H_0 的抗磁作用。那么氢核实际所受的场强 H 为：

$$H = H_0 - H' = H_0(1-\sigma) \tag{13-10}$$

那么相对应的实际使氢核产生共振所需频率也要相应变化，即：

$$\nu = \frac{\gamma}{2\pi} H_0(1-\sigma) \tag{13-11}$$

若固定射频频率，由于电子的屏蔽效应，则必须增加外磁场强度才能达到共振条件；若固定外磁场强度，则需要降低射频频率才能达到共振条件。这样，通过扫场或扫频使处在不同环境的质子依次地产生共振信号。

二、化学位移的产生

如上所述，在化合物中虽同为氢核，但所处的化学环境不同，则它们共振时所需外加射频频率就稍有不同，因而表现为核磁共振信号的不同。对氢核其核外电子云所产生的屏蔽效应很小，尽管由于化学环境不同其屏蔽效应也有差异，但差异非常小，直接表现为各种氢核产生核磁共振信号所需的频率非常接近，这种差异要被直接测量有困难，所以一般选用适当的物质为标准，测定相对的频率变化值来表示化学位移。某一质子吸收峰的位置与标准吸收峰位置之间的差值称为化学位移。化学位移来源于核外电子的屏蔽效应。

三、化学位移的表示

化学位移在扫场时可用磁感应强度的改变来表示，在扫频时也可用频率的改变来表示。由于不能用一个裸露的氢核作为基准来进行比较，在实际应用中是采用一标准物作参考物，求其相对值来表示。以某一标准物的共振频率为标准，试样和标准物共振频率的相对差就定义为该核的化学位移，用 δ 表示。标准物质一般选择四甲基硅烷 [tetramethy-silane，Si$(CH_3)_4$，TMS]。样品在做核磁共振分析前，需在试样中加入一定量的 TMS，以 TMS 中氢核共振时的磁场强度作为标准，人为地把它的化学位移 δ 值定为零。用 TMS 作标准的优点在于：①TMS 中的 12 个氢核处于完全相同的化学环境中，它们的共振条件完全一样，因此只出一个尖峰；②TMS 中氢核的核外电子云密度和其他有机物中氢核的核外电子云密度相比是最密的，屏蔽效应最大，化学位移值出现在谱图的最高场，不会和其他化合物的峰重叠，容易辨认；③TMS 化学相对惰性，一般不会和试样反应；④易溶于有机溶剂，且沸点低、容易回收。

由上述可见，δ 是一个相对值，量纲为 1。因为氢核的 δ 值数量级为百万分之几到十几，因此常在相对值上乘以 10^6，即

$$\delta = \frac{H_{标准} - H_{试样}}{H_{标准}} \times 10^6 \approx \frac{\nu_{试样} - \nu_{标准}}{\nu_{标准}} \times 10^6 \tag{13-12}$$

由于现在用的核磁仪器主要是脉冲傅里叶变换核磁共振波谱仪，谱的横坐标是频率，而且式（13-12）右端分子相对分母小几个数量级，$\nu_{标准}$ 也很接近仪器的振荡器频率 ν_0，所以式（13-12）可写成：

$$\delta \approx \frac{\nu_{试样} - \nu_{标准}}{\nu_0} \times 10^6 \tag{13-13}$$

式中，$\nu_{样品}$ 与 $\nu_{标准}$ 分别为标准及样品的共振频率；ν_0 为仪器操作频率。因为 $\Delta\nu/\nu_{标准}$ 值仅为百万分之几，为了使 δ 值易读易写，所以乘上 10^6。

【例 13-1】 在 60MHz 的仪器上，某化合物的质子共振率与 TMS 的频率差值为 240Hz，求其化学位移 δ；如在 100MHz 的仪器上测定，其与 TMS 差值为 400Hz，求其化学位移 δ。

解 60MHz 时 $\delta = \dfrac{240}{60 \times 10^6} \times 10^6 = 4$

100MHz 时 $\delta = \dfrac{400}{100 \times 10^6} \times 10^6 = 4$

所以，不同仪器测定同一化合物，其化学位移 δ 值相同，并且不受外磁场的影响。

在核磁共振图谱中，质子受的屏蔽效应、化学位移值与共振频率或共振磁场之间的关系如图 13-7 所示。由公式（13-11），氢核所受的屏蔽效应越大其共振频率越小，其 δ 越小，出现在谱图右端，其产生共振所需场强反而越大；氢核所受屏蔽效应越小其共振频率越大，

其 δ 越大，出现在谱图左端，其产生共振所需场强越小。所以，高屏蔽对应高场低频，低屏蔽对应低场高频。

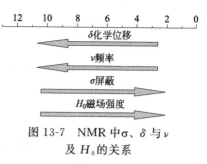

图 13-7　NMR 中 σ、δ 与 ν 及 H_0 的关系

四、影响化学位移的因素

如上所述，化学位移源于质子核外屏蔽效应，而屏蔽效应又是由核外电子云密度产生，所以凡是能够引起质子核外电子云密度变化的各种因素都会引起化学位移的变化。主要包括与质子相邻元素或基团的电负性、共轭效应、各向异性效应、氢键作用等。

1. 电负性

分子中其他电负性大的元素，可以减低 ^1H 核周围的电子云密度，这等于减少了对 ^1H 核的屏蔽效应，使相邻质子的 δ 变大，峰位向低场移动。如表 13-2 所示。

表 13-2　卤代甲烷的化学位移

化合物	化学位移 δ	卤素的电负性
CH_3F	4.26	4.0
CH_3Cl	3.05	3.0
CH_3Br	2.70	2.8
CH_3I	2.15	2.5

目标氢核相连的元素电负性越大，氢核的化学位移也越大。电负性还有加和性，目标氢核相连的较大电负性原子越多，氢核化学位移也越大。

2. 共轭效应

共轭效应同样会使电子云的密度发生变化。如苯环上的氢被斥电子基（如 CH_3O）取代，由于 p-π 共轭，使苯环的电子云密度增大，δ 值高场位移；吸电子基（如 C =O，NO_2 等）取代，由于 π-π 共轭，使苯环的电子云密度降低，δ 值低场位移。

3. 磁的各向异性

磁的各向异性是指化学键（尤其是 π 键）在外磁场作用下，环电流所产生的感应磁场，其强度和方向在化学键周围具各向异性，使在分子中所处空间位置不同的质子，受到的屏蔽作用不同的现象。由于感应磁场是各向异性的（强弱在不同空间不同），感应磁场有的地方与外加磁场方向一致，有的地方与外加磁场方向不一致，从而导致在不同的地方同时出现屏蔽效应和去屏蔽效应。它和电负性效应（通过化学键作用）是不一样的。

① 叁键 C≡C　碳碳叁键的 π 电子以键轴为中心呈对称分布，在外磁场 H_0 的诱导作用下，形成围绕键轴的电子环流。此环流所产生的感应磁场 H' 使处在键轴方向上下的质子受屏蔽，H' 与 H_0 反向，使氢核实际所受 H 减小，^1H 核共振频率变小，δ 向高场移动。所以，乙炔质子在高场 $\delta=2.80$。这种使屏蔽效应增加的作用称为正屏蔽用"+"表示，相反称为去屏蔽或负屏蔽用"−"表示。如图 13-8 所示。

② 双键　C =C、C =O 双键中的 π 电子云，在外磁场 H_0 作用下产生环流进而产生感应磁场。在双键平面上的质子周围，感应磁场的方向与外磁场相同而产生去屏蔽，δ 向低场位移变大。然而在双键上下方向则是屏蔽区域，因而处在此区域的质子共振信号将向高场位移。如图 13-9 所示。

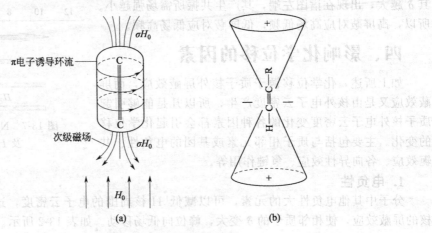

图 13-8　叁键的磁的各向异性

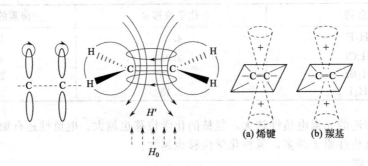

图 13-9　双键的磁的各向异性

③ **苯环**　苯环可视为三个共轭双键，它的电子云可看作是上下两个面包圈似 π 电子环流，环流半径与芳环半径相同。如图 13-10 所示。在苯环中心为屏蔽区，而四周是去屏蔽区。因此苯环质子位于显著低场（$\delta \approx 7$）。

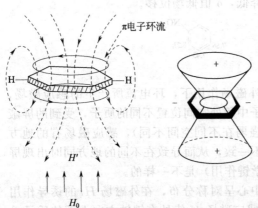

图 13-10　苯环的磁的各向异性

4. 氢键

当分子形成氢键时，使质子周围电子云密度降低，从而移向低场，化学位移变大。分子间氢键，浓度越小越不利于形成氢键；分子内氢键，与浓度无关。氢键的形成会受到溶剂 pH 值、温度的影响，溶液 pH 值会影响氢键基团的存在状态，氢键形成是放热过程，温度越高越不利于氢键形成。

5. 溶剂效应

同一化合物在不同的溶剂中的化学位移会有不同，主要是因为溶剂的各向异性或溶剂与溶质间形成氢键。

总之，不同分子其结构不同，分子中各个基团的化学环境不同，尽管相同基团在不同的分子中，由于其化学环境的不同，基团内所含质子的化学位移也有差异，但是都在一定范围内，所以根据谱图化学位移范围及其他特征可以判断属于哪一类基团，进而推测其结构单元。常见基团的化学位移范围如表 13-3 所示。掌握常见基团化学位移是核磁共振谱图解析的基础，再结合上述的影响因素，可以判断出结构不太复杂的化合物的结构。

表 13-3　常见基团化学位移

基团	δ
—CH₃	0.8～1.5
烯烃	4.5～8
苯环	6.0～9.5
炔烃	1.6～3.4
醛基	9.5～10.5
醇基	0.5～5.4
酚基	4～10
羧基	9～13

第四节　自旋偶合及自旋裂分

如前所述，不同类型的氢核有不同的化学位移，是源于其外层电子云引起的屏蔽效应的不同。在一个分子中往往会有不同类型的基团，不同基团又相互连接，那么相互连接的不同类型的氢核会不会相互影响呢？答案是肯定的，这可以由核磁共振谱图的多重峰来证明。

一、自旋偶合与裂分

在一个分子中，相邻质子在自旋时会发生相互作用，这种相邻自旋核之间的相互作用称自旋-自旋偶合，简称自旋偶合。由自旋偶合所引起的谱线增多的现象称自旋-自旋裂分，简称自旋裂分。偶合表示质子间的相互作用，裂分表示谱线增多的现象。以 HF 为例探讨其机理。氟核（^{19}F）自旋量子数 $I=1/2$，与氢核（^{1}H）相同，在外加磁场中有两个自旋取向。其中，一种取向与外加磁场方向相同 $m=+1/2$；另一种取向与外加磁场方向相反 $m=-1/2$。^{19}F 核的这两种自旋取向通过键合电子的传递作用，对相邻 ^{1}H 核实际所受磁场产生一定影响。当 ^{19}F 核的自旋取向与外加磁场方向相同时，使氢核实际感受到的磁场增加，故氢核共振峰向低场位移；当 ^{19}F 核的自旋取向与外加磁场方向相反时，使氢核实际感受到的磁场减少，故氢核共振峰将向高场移动。由于 ^{19}F

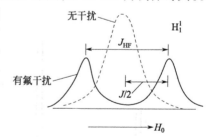

图 13-11　HF 中 ^{1}H 核受 ^{19}F 核的自旋偶合影响

核这两种自旋取向的几率近乎相等，结果使氢核的吸收峰裂分为两个强度相等的小峰（双重峰），其总和与没有氟核干扰时的未裂分单峰一致，双重峰以未裂分单峰的峰位为中心，呈对称、均匀分布，如图 13-11 所示。两小峰之间的距离为 J_{HF}，称为偶合常数，它反映了磁核之间相互作用的强弱。

二、偶合作用的一般规则

由自旋偶合产生的峰的裂分间距称为偶合常数，用符号 J 表示，单位是 Hz。J 值是核自旋裂分强度的量度,是化合物结构的属性,与外磁场无关,即只随氢核的环境不同而有不同数值,一般不超过 20Hz。偶合作用是通过成键电子传递的,J 值大小与两氢核之间的键的数目有关,随键数的增加 J 值减小。一般间隔 3 个键以上 J 值接近为零,偶合作用可以忽略。根据相互偶合氢核之间相隔键数,可将偶合作用分为同碳偶合(相隔两个键),用 ^2J 表示同碳偶合(H—C—H);邻碳偶合(相隔三个键)用 ^3J 表示邻碳偶合(H—C—C—H);远程偶合(相隔三个键以上)。

相邻核偶合后产生裂分的数目 N,与邻近核的数目 n 和核的自旋量子数 I 有如下关系:

$$N = 2nI + 1 \qquad (13\text{-}14)$$

式中,n 为邻近磁等价核的数目;I 为邻近磁核的自旋量子数。对于 ^{1}H 核其 $I=1/2$,所以式(13-14)变为:

$$N = n + 1 \qquad (13\text{-}15)$$

故又称为 $n+1$ 规律。下面以—CHCH$_2$—为例讨论自旋裂分。首先次甲基受亚甲基的影响分裂成三重峰,如图 13-12 所示,

若亚甲基 CH$_2$ 的两个 H 分别标为 H$_a$、H$_b$,每个质子均有两个自旋取向 +1/2(↑),−1/2(↓),氢核 a、b 的自旋取向的状态组合不同,对次甲基氢核的影响很显然也是不同的,如图 13-13 所示 H^a、H^b 的自旋取向总共有四种状态。其中 H$_a$、H$_b$ 的取向相反,两种状态总磁量子数相同,对次甲基氢核的影响也相同。另外两种 H$_a$、H$_b$ 取向相同分别是两种状态。所以次甲基受亚甲基两氢核的影响,产生三重峰其谱线的强度为 1∶2∶1。反过来亚甲基受到次甲基一个氢核的影响分裂成双重峰,强度比例 1∶1。所以基团中某一类质子在核磁共振中峰裂分的数目,由相邻基团的质子组的自旋取向的排列组合决定,符合 $n+1$ 规律。

因偶合产生的多重峰相对强度可用二项式 $(a+b)^n$ 展开的系数表示,n 为磁等价核的个数:二重峰 1∶1;三重峰 1∶2∶1;四重峰 1∶3∶3∶1 等。

因偶合是质子相互间彼此作用,所以相互偶合的两组质子,其偶合常数 J 值相等;磁等价质子之间也有偶合,但不裂分,谱线仍是单一尖峰。

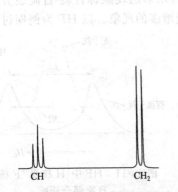

图 13-12 CH 与 CH$_2$ 的相互偶合作用

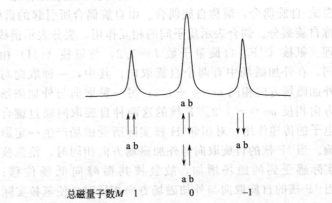

图 13-13 CH$_2$ 对 CH 的偶合作用

三、核的等价性

在讨论自旋偶合时,多次提到"相邻质子组"相互偶合裂分的概念,那么什么是一组质子?同一组质子有哪些共性呢?这正是核的等价性。

化学等价:分子中若有一组化学环境相同的核,具有相同的化学位移,则这组核称为化学等价的核。例如苯环上六个质子,它们化学环境相同化学位移也相同。再如 CH$_3$CH$_2$OH 中 CH$_3$ 的三个质子为化学等价。

化学位移等价的一组核，若它们每个核对组外任何一个磁核的偶合常数彼此也相同，则这组核称为磁等价的核。例如二氟甲烷：

$$H_1-\underset{\underset{H_2}{|}}{\overset{\overset{F_1}{|}}{C}}-F_2$$

因为 H_1、H_2 化学等价，F_1、F_2 也化学等价；又因为 2 个氢和 2 个氟任何一个偶合都是相同的：$J_{H_1F_1}=J_{H_2F_1}$、$J_{H_1F_2}=J_{H_2F_2}$，所以 H_1、H_2 磁等价，F_1、F_2 磁等价。磁等价的核，如 H_1、H_2 之间虽有自旋干扰，但不产生峰的裂分，只有磁不等价的核，才会产生峰的裂分。这种既化学等价又磁等价的核叫磁全同的核。

化学等价的核不一定磁等价，如二氟乙烯：

$$\underset{H_2}{\overset{H_1}{}}C=C\underset{F_2}{\overset{F_1}{}}$$

两个 ^1H 和两个 ^{19}F 都分别为化学等价的核。但它们的偶合常数 $J_{H_1F_1}\neq J_{H_2F_1}$（$H_1$ 与 F_1 顺式偶合，H_2 与 F_1 反式偶合）、$J_{H_2F_2}\neq J_{H_1F_2}$（$H_2$ 与 F_2 顺式偶合，H_1 与 F_2 反式偶合），因而两个 ^1H 是磁不等价的核。

由于偶合裂分现象的存在，使我们可以从核磁共振谱上获得更多信息，如根据偶合常数及其图像可判断相互偶合的磁核的数目、种类以及它们在空间所处的相对位置等，这对有机化合物的结构解析极为有用。

第五节　谱图解析

根据偶合强弱，核磁共振谱图可分为一级谱图和二级谱图，又称初级谱图和高级谱图。

一、一级谱图的解析

当两组质子的化学位移差值 $\Delta\nu$ 和它们的偶合常数 J 之比 $\Delta\nu/J$ 大于 10 以上、而且同一组核均为磁全同核时，它们的峰裂分符合 $n+1$ 规律，化学位移和偶合常数可直接从谱图中读出，这种谱图称为一级谱图，一级谱图是本教材主要涉及的内容。一级谱图的特点有：

① 两组质子的 $\Delta\nu/J$ 大于 10 以上；
② 峰的裂分数目符合 $n+1$ 规律；
③ 各峰裂分后的强度比近似地符合 $(a+b)^n$ 展开式系数之比；
④ 各组峰的中心处为该组质子的化学位移；
⑤ 各峰之间的裂距相等，即为偶合常数。

二、高级谱图和简化谱图的方法

与一级谱图不同，若两组核化学位移差很小、相互间偶合作用强，$\Delta\nu/J$ 小于 10 时，称为二级（高级）谱图。二级谱图比一级谱图复杂得多，有如下特点：

① 组核偶合作用较强，而化学位移又相差不大，$\Delta\nu/J<10$，为二级偶合；
② 谱线裂分数不遵从 $n+1$ 规律；

③ 裂分后的谱线强度不再符合二项式展开式的各项系数比；

④ 偶合常数一般不等于谱线间距；

⑤ 化学位移一般不是多重峰的中间位置，常需计算求得。

对复杂波谱常常需要采用一些特殊的技术把复杂的、重叠的谱线简化。常用方法有去偶法、NOE 效应、位移试剂法以及采用不同强度的磁场测定等方法。

1. 使用高频（或高场）谱仪

当偶合裂分和化学位移相差不大、谱线难以解析时，采用不同磁场强度的仪器测定，会有助于谱图分析，特别是高磁场测定更能使谱图简化。这是由于偶合常数不随磁场变化，而化学位移却随着磁场强度（或射频频率）提高而变大，$\Delta\nu/J$ 可使重叠峰分开，因而有可能确定各峰的归属。

例如两组氢核 $\Delta\delta=0.1$，$J=6Hz$，则：

60MHz 仪器中测图，$\Delta\nu/J=1$，为高级图谱；

600MHz 仪器中测图，$\Delta\nu/J=10$，为一级图谱。

所以同样化合物谱图用高场强仪器有利于谱图解析。

2. 重水交换

重水（D_2O）交换对判断分子中是否存在活泼氢及活泼氢的数目很有帮助。OH、NH、SH 在溶液中存在分子间的交换，其交换速度顺序为 OH > NH > SH，这种交换的存在使这些活泼氢的 δ 值不固定且峰形加宽，难以识别。可向样品管内滴加 1~2 滴 D_2O，振摇片刻后，重测 ^1H NMR 谱，比较前后谱图峰形及积分比的改变，确定活泼氢是否存在及活泼氢的数目。若某一峰消失，可认为其为活泼氢的吸收峰。若无明显的峰形改变，但某组峰积分比降低，可认为活泼氢的共振吸收隐藏在该组峰中。

3. 位移试剂

位移试剂与样品分子形成配合物，使 δ 值相近的复杂偶合峰有可能分开，从而使谱图简化，增加分辨率。这种试剂有高场位移试剂和低场位移试剂，根据需要选择。常用的位移试剂有镧系元素 Eu 或镨 Pr 与 β-二酮的配合物。

位移试剂的作用与金属离子和所作用核之间的距离的 3 次方成反比，即随空间距离的增加而迅速衰减。使样品分子中不同的基团质子受到的作用不同。位移试剂对样品分子中带孤对电子基团的化学位移影响最大，对不同带孤对电子的基团的影响的顺序为：

$$—NH_2 > —OH > —C=O > —O— > —COOR > —C\equiv N$$

位移试剂的浓度增大，位移值增大。但当位移试剂增大到某一浓度时，位移值不再增加。

例如氧化苯乙烯（如图 13-14 所示），未加位移试剂：H_1、H_2、H_3 为复杂的四重峰（环因超四键不考虑），加位移试剂后 H_1、H_2、H_3 变为单峰。未加位移试剂，苯出一个峰，加位移试剂后，出现精细结构。

4. 去偶技术（又称双照射法去偶）

（1）双照射去偶　实质上是使用一个辅助振荡器，它能产生强功率的可变频率的电磁波。例如假设 H_a 和 H_b 为一对相互偶合的质子，如果用第一个振荡器扫描至所产生的频率刚好与 H_a 共振，使辅助振荡器刚好照射到 H_b，即使辅助振荡器产生的频率与 H_b 发生共振。如果辅助振荡器对 H_b 的照射足够强烈，则可发现 H_b 的共振吸收峰消失不见，同时 H_a 由于与 H_b 偶合所产生的多重谱线消失，只剩下一个单一的尖峰，即发生去偶现象。发生去偶的原因是在辅助振荡器的强烈照射下使高能态的 H_b 达到饱和，不再产生净吸收，H_b 峰消失；同时使 H_b 质子在两种自旋状态进动取向之间迅速发生变化，于是对 H_a 的两种不同磁场强度影响相互抵消，H_a 就只剩下一个单峰。如图 13-15 所示，溴丙烷有三类质子 a、b、c 在上谱图中 a 同时受到 b 和 c 偶合作用显示多重峰，当频率 ν_2 同时照射 a 时并使其达到饱和，a 类

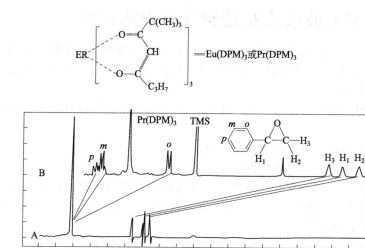

图 13-14　氧化苯乙烯加入位移试剂前后谱图

质子信号消失，同时 a 随 b 与 c 的偶合作用也消失，b 与 c 分别显示单峰，谱图变简单。

利用双照射法去偶不仅可以使图谱简化，还可以测得哪些质子之间是相互偶合的，从而获得有关结构的信息，有助于分子结构的确定。

(2) 核欧沃豪斯效应（NOE）　是另一种类型的双照射法。当分子内有在空间位置上互相靠近的两个质子 H_a 和 H_b 时，如果用双照射法照射其中一个质子 H_b，使之饱和，则另一个靠近的质子 H_a 的共振信号就会增强，这种现象称为 NOE。这一效应的大小与质子间距离的 6 次方成反比，当质子间距在 0.3 nm 以上时，就观察不到这一现象。例如，

（A）　　　　　　　　　　　（B）

对 A 化合物，照射 CH_3 信号时，H_a 质子的信号面积增加 16%；而对 B 化合物，照射 CH_3 信号时，H_a 质子的信号面积不变。

NOE 对于决定有机化合物分子的空间构型很有用。产生这种现象的原因是当两个质子的空间位置十分靠近时，相互弛豫较强，所以当其中一个质子收到照射达饱和时，它就把能量转移给另一个质子，于是另一个质子能量的吸收增多，共振吸收峰的峰面积明显增大。

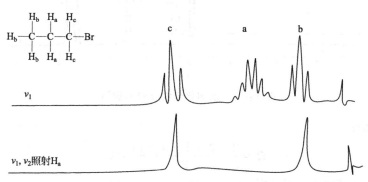

图 13-15　双照射去偶示意图

三、¹HNMR 波谱法在结构分析中的应用

核磁共振谱由化学位移、偶合常数及峰面积积分曲线分别提供了含氢官能团、核间关系及氢分布等三方面的信息。图谱解析是利用这些信息进行定性分析及结构分析。核磁共振波谱的解析一般有如下程序。

① 检查内标物的峰位是否在零点，基线是否平坦，溶剂中残存的¹H 信号是否出预定的位置；

② 根据已知分子式，可算出不饱和度 Ω；

③ 根据积分高度确定各类氢核数目；

④ 根据化学位移、偶合常数、峰的裂分及氢核数目推测各基团的结构单元。这里可以把谱图分为高场、中场和低场区域，根据不同基团的 δ 范围确定分子中的结构单元。

对常见基团的总结如下：

高场区域 δ 1～1.5 之间主要是饱和氢质子（CH_3，CH_2，CH），若与电负性较大基团相连向低场移动在 2～4.5 之间，尤其注意 CH_3 与电负性较大基团相连后低场位移，如 CH_3O-（δ 3.2～4.0）、CH_3N-（δ 2.2～3.2）、CH_3-Ar（δ 2～3）、CH_3CO-（δ 2～2.5），甲基位于分子结构末端对于结构解析很重要。

对于中场区域主要是不饱和烃包括烯烃、芳烃氢质子的化学位移范围，其包括苯环取代的信息。

高场区域主要是活泼氢质子的化学位移范围，包括醛基、羧基、酚羟基，特征明显易于辨认。

一般对于谱图解析时遵循先易后难原则，先从低场、高场分析，最后解析中场区域分别确定基团结构单元。

⑤ 由结构单元推测分子结构，对分子结构中各类氢核进行指认，并给出合理解释。

⑥ 结合其他谱学信息进一步确认。

【例 13-2】 一未知液体，元素分析和 MS 确定分子式为 $C_8H_{14}O_4$，IR 证明有 $C=O$，并无苯环，NMR 图如图 13-16 所示。

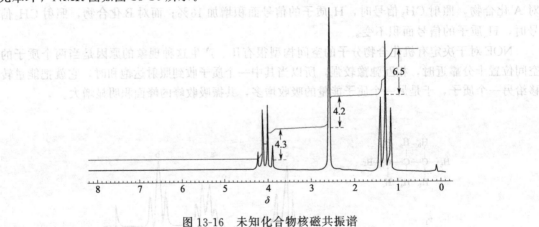

图 13-16 未知化合物核磁共振谱

解 不饱和度：

$$\Omega = \frac{2+2\times 8+0-14}{2} = 2$$

证明两个双键，由谱图可获得数据：

δ	重峰数	积分高度	H 数
1.3	三重峰	6.5 格	$\dfrac{6.5}{6.5+4.2+4.3}\times14=6$
2.5	单峰	4.2 格	$\dfrac{4.2}{6.5+4.2+4.3}\times14=4$
4.1	四重峰	4.3 格	$\dfrac{4.3}{6.5+4.2+4.3}\times14=4$

归属分析如下。

$\delta1.3$：可能有—CH_3，H 数＝6，证明 2 个—CH_3，三重峰，面积 1：2：1，证明与 CH_3 偶合为 CH_2，进一步推断有两个—CH_2CH_3 且对称。

$\delta2.5$：结合 IR 结果，证明有—$COCH_2$—存在，H 数为 4，证明两个—$COCH_2CH_2CO$—。

$\delta4.1$：四重峰，面积 1：3：3：1，可知亚甲基连接的是 CH_3，裂距（J）等于 $\delta1.3$ 处的裂距，$J_{\delta4.1}=J_{\delta1.3}$。

确证—CH_2 与—CH_3 偶合，因此可能为：

$$CH_3—CH_2—O—CO—CH_2—CH_2—CO—O—CH_2—CH_3$$
$$\delta1.3\quad 4.1\qquad\qquad\quad 2.5$$

第六节 ^{13}C 核磁共振谱法

一、^{13}C 核磁共振谱法的特点

^{13}C 核磁共振波谱的原理与 ^{1}H 核磁共振波谱基本相同，对于研究化合物分子结构有重要意义，已经被广泛应用在化学、生物、医学等领域。与氢谱相比碳谱有以下特点。

（1）信号强度低　由于 ^{13}C 的天然丰度很低（1.1%），且磁旋比约为质子的 1/4，^{13}C 的信号强度约为 ^{1}H 的六千分之一，故在 ^{13}C NMR 的测定中常常要进行长时间的累加才能得到一张信噪比较好的图谱。

（2）化学位移范围宽　对大多数有机分子来说，^{13}C 谱的化学位移在 $\delta0\sim250$ 之间，与质子的化学位移相比要宽得多，这意味着在 ^{13}C NMR 中复杂化合物的峰重叠比 ^{1}H NMR 要小得多。

（3）偶合常数大　在一般样品中，由于 ^{13}C 丰度很低，碳谱中一般不考虑 $^{13}C-^{13}C$ 偶合，而主要考虑 $^{13}C-^{1}H$ 偶合，偶合常数约 $100\sim250Hz$，所以不去偶的 ^{13}C NMR，由于多重峰裂分而使谱线相互交叉重叠，较为复杂。

（4）弛豫时间长　^{13}C 的弛豫时间比 ^{1}H 长。

（5）去偶方法多　使谱图变简单，与核磁共振氢谱一样，碳谱中最重要的参数是化学位移、偶合常数、峰面积。

二、^{13}C 的化学位移

^{13}C 的化学位移 δ_C 是碳谱中最重要的信息。比 ^{1}H 的化学位移大得多，一般为 $0\sim250$，出现在较宽范围内，而 δ_H 则很少超过 20。化学位移变化大，意味着它对核所处的化学环境

敏感，结构上的细微变化可望在碳谱上得到反映。另外在图谱中峰的重叠要比氢谱小得多。对于不同构型、构象的分子，δ_C 比 δ_H 更为敏感。和氢谱一样，碳谱的化学位移也是以 TMS 或某种溶剂峰为基准的。

^{13}C 的 δ 也受到电负性效应、共轭效应、氢键等因素的影响，原理与 ^{1}H 谱类似，^{13}C 核外层的电子云密度越大屏蔽效应越大，^{13}C 核的化学位移越小在高场区域，反之在低场区域，前面已经详细讨论，这里不再详细讨论。^{13}C 核与 ^{1}H 核的化学位移 δ 有相似的趋势：①从高场到低场，碳谱共振位置的顺序为饱和碳原子、炔碳原子、烯碳原子、羰基碳原子，氢谱为饱和氢、炔氢、烯氢、醛基氢等；②与电负性基团相连，化学位移都移向低场。这种相似性对解析谱图，对偏共振去偶辐射位置的选取都有参考意义。如图 13-17 所示显示了 ^{13}C 的化学位移区间：饱和 ^{13}C 核烷烃类化合物的 δ 在 0~60 之间，其中，δ_C（季）>δ_C（叔）>δ_C（仲）>δ_C（伯）；由于炔基 ^{13}C 核受三键磁的各向异性在键轴方向去屏蔽作用，所以炔基 ^{13}C 的 δ 在 60~90 之间；烯烃双键 ^{13}C 核 δ 在 90~160，芳烃 ^{13}C 核 δ 在 100~160；羰基 ^{13}C 核 δ 在 160~220 之间最高场，特征独特便于识别。

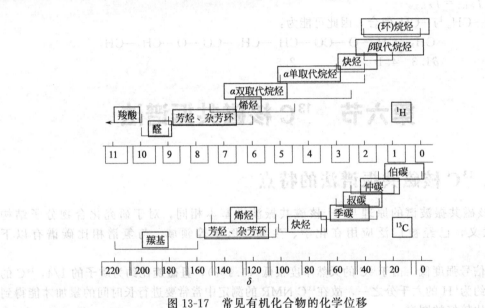

图 13-17 常见有机化合物的化学位移

三、偶合常数

对于 ^{13}C 核磁共振谱中，由于 ^{13}C 天然丰度低，^{13}C—^{13}C 之间的偶合很微弱可以忽略。^{1}H—^{13}C 的偶合是最主要的，这种键偶合常数（$^1J_{CH}$）一般很大，约为 100~250 Hz，但仍符合 $n+1$ 规律。偶合裂分的同时，又大大降低了 ^{13}C NMR 的灵敏度，主要是由于 ^{1}H—^{13}C 的偶合作用使 ^{13}C 谱线裂分为多重峰，所以不去偶的 ^{13}C NMR 由于多重裂分而使谱线相互交叉重叠，使谱图变得很复杂，为了简化谱图，采用去偶技术，常见的去偶技术有以下几种。

质子宽带去偶：又叫质子噪声去偶，其方法是在测碳谱时使用一相当宽的频带（包括全部质子共振的频率）进行照射，使质子饱和，从而消除全部 ^{1}H 对 ^{13}C 的偶合，且使碳核的灵敏度增加。质子宽带去偶简化了图谱，每种碳原子都出一个单峰。这样不仅使谱图得到了极大简化，还由于多重峰合并为单峰而提高了信噪比，如图 13-18（a）所示。

　　偏共振去偶：采用一个频率范围很小、比质子宽带去偶功率弱很多的射频场，其频率略高于待测样品所有氢核的共振吸收位置，使^{1}H 与^{13}C 之间在一定程度上去偶，只保留J_{C-H}的偶合作用，消除两键以上的 C—H 偶合作用，这样既简化了谱图，又保留了裂分信息，有助于谱图解析。通过各类碳核共振峰的裂分数目可以推测碳核连接 H 数目，进而推测结构单元，如图 13-18（b）所示。

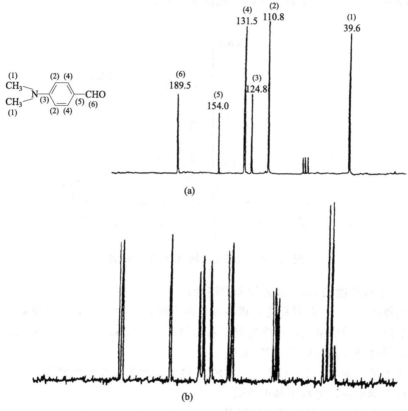

图 13-18　质子宽带去偶（a）和偏共振去偶（b）

四、弛豫

　　弛豫时间是磁核由激发态回到基态所需要的时间，与磁核本身的性质有关系，不同的磁核弛豫时间不同。^{13}C 核的弛豫时间 T_1 要大于^{1}H 核，碳核连接的基团与碳核之间的偶合作用也会影响其弛豫时间。T_1 的大小直接关系到核磁共振的灵敏度，T_1 越小共振信号灵敏度越大，不同种类的碳核的磁共振强度也不一样，且和碳核数目不成正比例，其强度：季碳＜伯碳＜叔碳＜仲碳。但是总体来讲，碳核数目越多，信号越强。

五、NMR 谱解析示例

　　解析步骤：

　　① 区分出杂质峰、溶剂峰，不要遗漏季碳的谱线；

　　② 计算不饱和度（分子式）；

　　③ 分子对称性的分析：若谱线数目少于元素组成式中碳原子的数目，说明分子有一定的对称性；

④ 碳原子级数的确定（活泼氢数目的确定）；

⑤ 碳原子 δ 值的分区归属（多种去偶技术信号，推测计算）；

⑥ 推出结构单元，组合可能的结构式；

⑦ 对推出的结构进行碳谱指认。

【例 13-3】 有一未知物，分子式为 C_8H_{18}，宽带去偶谱如图 13-19 所示，图中括号中 q、t、d、s 分别表示四、三、二重峰和单峰，试推测结构。

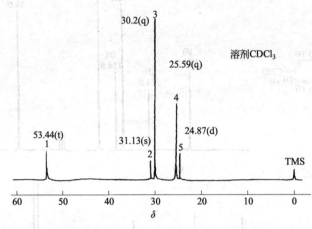

图 13-19 未知化合物 ^{13}C 核磁共振谱

解 （1）不饱和度 $\Omega = 0$，故为饱和的链烃；

（2）谱线数小于 8，应有对称性；谱线 3 是四重峰，δ_C 为 30.2，应是甲基；其强度特别强，应有几个位移相同的甲基，可能为叔丁基的甲基—$C(CH_3)_3$；谱线 4 强度约为 1、2、5 峰的 2 倍，可能是异丙基的甲基—$CH(CH_3)_2$；

（3）谱线 1 是三重峰，为—CH_2—，它的 δ_C 最大，故其 α 位取代最多；

（4）谱线 2 为季碳，为叔丁基中季碳；

（5）谱线 5 为 CH，是异丙基中次甲基；

（6）可能的分子式为：$(CH_3)_3C—CH_2—CH(CH_3)_2$。

【知识拓展】

核磁共振成像（MRI）在医学上的应用及其发展前景

目前，一般医学成像参数比较单一，而且大部分只能反映解剖学的资料，而核磁共振成像恰好能弥补这一不足。对于核磁共振成像，目前临床使用的主要是氢核（质子）密度，弛豫时间 T_1、T_2 的成像。氢核是人体成像的首选核种，人体各种组织含有大量的水和碳氢化合物，所以氢核的核磁共振灵活度高、信号强，这是人们首选氢核作为人体成像元素的原因。

1. MRI 的主要优点

MRI 已广泛应用于医学临床。一般医学成像参数都是单一的，而且大部分只能反映解剖学的资料。而 MRI 是多参数的，从理论上说它是多种核的成像，目前主要是氢核密度 ρ、T_1 和 T_2 的成像，而且用 T_1、T_2 加权图像能更清楚地将病变分辨出来，以判定病变的发展情况。图像反差好，密度层次分辨率高，对软组织尤其有用。由于 MRI 装置是通过电子计算机来调节和控制三维的梯度场方向，不受机械方面的限制，这就完全自由地按医生需要随心所欲选择层面，获得任意层面的图像。由于它具有极大的灵巧性，能得到其他成像技术所不能接近或难以接近部位的图像，空间分辨率达 10mm 左右。配备各种表面线圈其空间分辨率接近先进的 X-CT 水平。这种成像技术所使用的是稳定磁场和射频场都是非电离性的，因而不存在对人体造成损害。

2. 临床应用

在神经系统应用较为成熟。三维成像和流空效应使病变定位诊断更为准确，并可观察病变与血管的关系。对脑干、幕下区、枕大孔区、脊髓与椎间盘的显示明显优于 CT。对脑髓鞘疾病、多发性硬化、脑梗死、脑与脊髓肿瘤、血肿、脊髓先天异常与脊髓空洞症的诊断有较高价值。

纵隔在 MRI 上，脂肪与血管间形成良好对比，易于观察纵隔肿瘤及其与血管间的解剖关系。对肺门淋巴结与中心型肺癌的诊断帮助较大。

心脏大血管在 MRI 上因可显示其内腔，所以，心脏大血管的形态学与动力学的研究可在无创伤的检查中完成。

对腹部与胸部器官，如肝、肾、膀胱、前列腺和子宫、颈部和乳腺，MRI 检查也有相当价值。在恶性肿瘤的早期显示，对血管的侵犯以及肿瘤的分期方面优于 CT。

骨髓在 MRI 上表现为高信号区，侵及骨髓的病变，如肿瘤、感染及代谢疾病，MRI 上可清楚显示。在显示关节内病变也有其优势。

MRI 所获得的图像非常清晰精细，大大提高了医生的诊断效率，避免了剖胸或剖腹探查诊断的手术。由于 MRI 不使用对人体有害的 X 射线和易引起过敏反应的造影剂，因此对人体没有损害。MRI 可对人体各部位多角度、多平面成像，其分辨力高，能更客观、更具体地显示人体内的解剖组织及相邻关系，对病灶能更好地进行定位定性。对全身各系统疾病的诊断，尤其是早期肿瘤的诊断有很大的价值。MRI 装置是通过电子计算机来调节和控制三维的梯度场方向，不受机械方面的限制，这就完全自由地按医生需要随心所欲选择层面，获得任意层面的图像，优势非常明显，在将来还会有更大的突破，取得更广泛的应用。

3. MRI 的发展前景

目前临床上使用的核磁共振成像仪由于成像时间长，对活动组织（例如心脏）要用心电图同步技术，因此限制了它在临床上的应用。快速扫描技术的研究与应用，将使经典 MRI 成像方法扫描病人的时间由几分钟、十几分钟缩短至几毫秒，使因器官运动对图像造成的影响忽略不计；MRI 血流成像，利用流空效应使 MR 图像上把血管的形态鲜明地呈现出来，使测量血管中血液的流向和流速成为可能；MR 波谱分析可利用高磁场实现人体局部组织的波谱分析技术，从而增加帮助诊断的信息；脑功能成像，利用高磁场共振成像研究脑的功能及其发生机制是脑科学中最重要的课题。有理由相信，MRI 将可能发展成为思维阅读器。

——摘自：http://wenku.baidu.com/view/e0a0474b2b160b4e777fcf03.html

思考题与习题

1. NMR 与 UV、IR 一样，同属吸收光谱，与 UV、IR 比较，NMR 有什么不同？
2. 产生核磁共振的条件是什么？
3. 什么是化学位移，影响化学位移的因素有哪些？
4. 什么叫自旋偶合、自旋裂分、偶合常数？
5. 什么是饱和，什么是弛豫？

6. 什么是化学等价、磁等价？

7. 在下面化合物中，哪个质子具有较大的 δ 值？并说明原因。

$$F-\underset{H_1}{\underset{|}{C}}-\underset{H_2}{\underset{|}{C}}-Cl$$

8. 下列化合物 OH 的氢核，何者处于较低场？为什么？

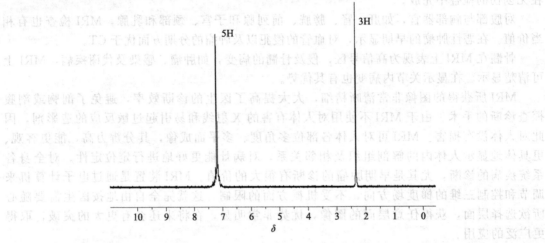

（I）　　　　　　　　（II）

9. 某未知化合物其分子式为 C_7H_8，^1H 核磁共振谱如图 13-20 所示，试推测其结构式。

图 13-20　未知化合物 ^1H 核磁共振谱

10. 某化合物的分子式为 $C_9H_{13}N$，NMR 波谱图如图 13-21 所示，试推其结构。

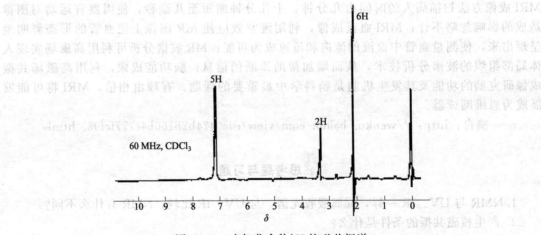

60 MHz, CDCl₃

图 13-21　未知化合物 ^1H 核磁共振谱

11. 某未知化合物分子式 C_7H_8O，碳谱如图 13-22 所示，试推测其结构。

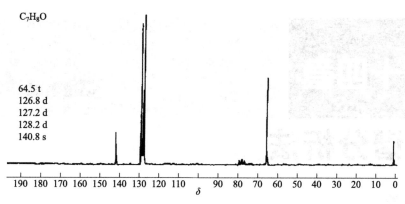

图 13-22　未知化合物 ^{13}C 核磁共振谱

参 考 文 献

［1］王春明，张海霞. 化学与仪器分析. 兰州：兰州大学出版社，2010.

［2］黄世德、梁生旺. 分析化学. 北京：中国中医药出版社，2009.

［3］武汉大学化学系. 仪器分析. 北京：高等教育出版社，2007.

［4］Robert M Silverstein，Francis X Webster，David J Kiemle. 有机化合物的波谱分析. 药明康德药物开发有限公司分析部译. 上海：华东理工大学出版社，2007.

［5］吴立军. 有机化合物波谱解析. 中国医药科技出版社，2009.

第十四章

Chapter 14

质谱分析法

🎺 **本章提要** ···

　　质谱是一种有效的分离与分析方法。本章介绍质谱法的基本原理、有机化合物离子的性质及其质谱峰的形成规律和质谱法在有机结构鉴定中的应用。要求掌握质谱中离子的五种主要类型和离子的裂解及几类常见有机化合物的质谱，了解和掌握裂解反应与化合物质谱的关系和规律，能正确解析质谱图。

第一节　质谱分析法概述

　　质谱分析法（mass spectrometry，MS）是指采用高速电子束撞击混合物或单体分子，将分解出的阳离子加速导入质量分离器，然后按照其质荷比（m/z）的大小顺序收集，并以质谱图记录下来，根据质谱峰位置进行定性和结构解析，或根据强度进行定量分析的一种方法。

　　质谱分析法是现代物理与化学领域内使用的一个极为重要的工具。早期主要用于测量某些同位素的相对丰度和原子质量，20 世纪 40 年代起用于气体分析和化学元素稳定同位素分析，20 世纪 60 年代出现了气相色谱-质谱联用仪，使气相色谱法的高效能分离混合物的特点与质谱法的高分辨率鉴定化合物的特点相结合，加上计算机的应用，这样就大大提高了质谱仪器的效能，为分析组成复杂的有机化合物混合物提供有力手段。80 年代以后又出现了一些新的质谱技术，如快原子轰击电离子源，基质辅助激光解吸电离源，电喷雾电离源，大气压化学电离源，以及随之而来的比较成熟的液相色谱-质谱联用仪，感应耦合等离子体质谱仪，傅里叶变换质谱仪等。因此，质谱分析法已广泛应用于原子能、化工、冶金、石油、医药、食品等工业生产部门，农业科学研究部门以及核物理、有机化学、生物化学、地球化学、无机化学、临床化学、考古、环境监测、空间探索等科学技术领域。

　　在有机化合物结构分析的四大工具中，与核磁共振波谱、红外吸收光谱和紫外-可见光谱比较，质谱法具有其突出的特点。

　　① 质谱法是唯一可以确定分子式的方法。

　　② 灵敏度高，绝对灵敏度为 $10^{-13} \sim 10^{-10}$ g，相对灵敏度为 $10^{-3} \sim 10^{-4}$；样品用量少，一般几微克甚至更少的样品都可以检测，检出极限可达 10^{-14} g；分析速度快，易于实现自动控制检测。

　　③ 提供的信息多，能提供准确的分子量、分子和官能团的元素组成、分子式以及分子结构等大量数据。

第二节 质谱分析法的基本原理

质谱分析法是利用特定的方法将样品汽化后,气态分子通过压力梯度离子源器,经高能电子流的轰击,首先失去一个(或多个)外层价电子生成带正电荷的阳离子,同时,正离子的化学键也可能断裂,产生带有不同电荷和质量的碎片离子,然后进入磁场,在磁场中带电粒子的运动轨迹发生偏转,然后到达收集器,产生信号,信号强度与离子的数目成正比,质荷比(m/z)不同的碎片离子偏转情况不同,记录仪把这些信号记录下来就构成了质谱图,不同的分子得到不同的质谱图,通过分析质谱图可确定相对分子质量及推断化合物分子结构。

下面以单聚焦磁质谱仪(如图 14-1 所示)为例说明其原理。

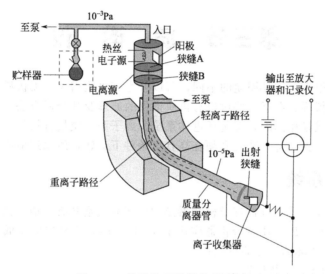

图 14-1 单聚焦磁质谱仪示意图

在贮样器内(压力约为 1Pa)使微摩尔或更少的试样汽化,由于压力差的作用,气体试样慢慢进入压力约为 10^{-3}Pa 的离子化室。有机化合物分子在离子化室中被导入电离室。在电离室内热丝电子源流向阳极的电子流轰击气态样品分子,使其失去一个电子形成分子正离子或者发生化学键断裂形成碎片正离子和自由基,有时样品分子也可能捕获一个电子而形成少量的负离子。在电离室内有一微小的静电场将正负离子分开,只有正离子能通过狭缝 A。在狭缝 A、B 间受到电压 V 的加速,若忽略离子在电离室内获得的初始能量,则该离子(电荷为 z、质量为 m)到达 B 时的动能应为

$$\frac{1}{2}mv^2 = zV \tag{14-1}$$

式中,v 为加速后正离子的运动速率。

加速后的正离子通过狭缝 B 进入真空度高达 10^{-5}Pa 的质量分析器(也称磁分析器)中,由于外磁场 B 的作用,其运动方向将发生偏转,有直线运动改作圆周运动。在磁场中,离子作圆周运动的向心力等于磁场力,即

$$\frac{mv^2}{R} = Bzv \tag{14-2}$$

式中，R 为离子运动的轨道半径。由式（14-1）和式（14-2）消去 v 后得质谱方程式：

$$\frac{m}{z} = \frac{R^2 B^2}{2V} \quad \text{或} \quad R = \frac{1}{B}\sqrt{2V\frac{m}{z}} \tag{14-3}$$

由式（14-3）可以看出，离子运动的半径 R 取决于磁场强度 B、加速电压 V 以及离子的质荷比 m/z。如果 B 和 V 固定不变，则离子的 m/z 越大，其运动半径 R 越大。因此，在质量分析（或分离）器中，各离子就按照质荷比 m/z 的大小顺序被分开。从图 14-1 可以看出，质谱仪出射狭缝的位置是固定的，只有离子运动半径 R 与质量分析器半径 R_s 相等时，离子才能通过出射狭缝到达检测器。一般采用固定加速电压 V 而连续改变磁场强度 B（称为磁场扫描）的方法获得质谱。

在质谱图中，谱峰的强度与离子的多少成正比，峰越高表示形成的离子越多。正离子和碎片离子在各处均能出峰，但中性碎片不出峰，阴离子因向相反的方向高速运动而不容易被检测出来，所以质谱一般是指正离子的质谱。

第三节　质　谱　仪

质谱仪的种类很多，按其用途的不同，可以分为有机质谱仪、无机质谱仪、同位素质谱仪、气体分析质谱仪等。本章主要讨论有机质谱仪的原理及其分析方法。不管是哪种类型的质谱仪，其基本组成是相同的，都包括进样系统、离子源、质量分析器、离子检测器和记录系统等部分。此外，由于整个装置必须在高真空条件下运转，所以还应有高真空系统。

一、真空系统

质谱仪的离子源、质量分析器及检测器必须处于高真空状态，通常离子源的真空度应达 $1.3 \times 10^{-3} \sim 1.3 \times 10^{-5}$ Pa，质量分析器应达 1.3×10^{-6} Pa，若真空度过低，则有以下危害：

① 大量氧气会烧坏离子源的灯丝；
② 会使本底增高，干扰质谱图；
③ 干扰离子源中电子束的正常调节；
④ 引起额外的离子-分子反应，改变裂解模型，使质谱解析复杂化；
⑤ 用作加速离子的几千伏高压会引起放电等。

一般质谱仪用机械泵抽成真空，然后用高效率扩散泵连续地抽气以保持真空，现代质谱仪采用分子泵可获得更高的真空度。

二、进样系统

进样系统的作用是按电离方式的需要，将样品送进离子源，其进样方式包括直接进样和色谱进样。

1. 直接进样

在室温和常压下，气态或液态样品可通过一个可调喷口装置以中性流的形式导入离子源。吸附在固体上或溶解在液体中的挥发性物质可通过顶空分析器进行富集，利用吸附柱捕集，再采用程序升温的方式使之解吸，经毛细管导入质谱仪。对于固体样品，常用进样杆直接导入。将样品置于进样杆顶部的小坩埚中，通过在离子源附近的真空环境中加热的方式导入样品，或者可通过在离子化室中将样品从一可迅速加热的金属丝上解吸或者使用激光辅助解吸的方式进行。这种方法可与电子轰击电离、化学电离以及场电离结合，适用于热稳定性差或者难挥发物的分析。

2. 色谱进样

常常将质谱仪与气相色谱、高效液相色谱或毛细管电泳色谱联用，使它们兼有色谱法的优良分离能力和质谱分析法强有力的鉴定能力，是目前分析复杂混合物的最有效的工具。气相色谱的流出物已经是气相状态，可直接导入质谱，但由于气相色谱与质谱的工作压力相差几个数量级，开始联用时在它们之间使用了各种气体分离器以解决工作压力的差异，对气体分离器的要求是要能除去载气而使样品无损失地进入质谱仪。随着毛细管气相色谱的应用和高速真空泵的使用，现在气相色谱流出物已可直接导入质谱。目前质谱进样系统发展较快的是多种液相色谱-质谱联用的接口技术，用以将色谱流出物导入质谱，经离子化后供质谱分析。

三、离子源

离子源的作用是使试样中的原子、分子电离成离子。离子源的性能决定了离子化效率，很大程度上决定了质谱仪的灵敏度，是质谱仪的核心部分。常见的离子源有以下几种。

1. 电子轰击离子源

电子轰击离子源（electron impact，EI）是有机质谱仪中应用最为广泛的离子源，它主要用于易挥发有机样品的电离。图 14-2 是电子轰击离子源示意图，由 GC 或直接进样杆进入的样品，以气体形式进入离子源，由灯丝发出的电子与样品分子发生碰撞使样品分子电离。一般情况下，灯丝与阳极之间的电压为 70eV，所有的标准质谱图都是在 70eV 下做出的。在 70eV 电子碰撞作用下，有机物分子可能失去电子形成正离子（分子离子）：

$$M + e^- \rightleftharpoons M^+ + 2e^-$$

分子离子继续受到电子的轰击，可能会发生化学键的断裂或引起重排瞬间裂解成多种碎片离子（正离子），这些碎片离子对于有机化合物的结构鉴定具有重要的意义。对于一些不稳定的化合物，在 70eV 的电子轰击下很难得到分子离子。为了得到相对分子质量，可以采用 10~20eV 的电子能量，不过此时仪器灵敏度将大大降低，需要加大样品的进样量。而且，得到的质谱图不再是标准质谱图。

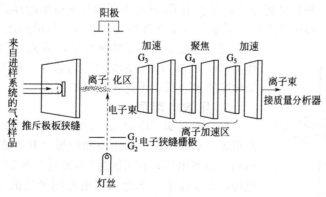

图 14-2　电子轰击离子源示意图

电子轰击离子源的优点是离子的产率高，稳定性好，结构信息丰富，且已建立了数万种有机化合物的标准谱图库可供检索。但对有机物中相对分子质量较大或极性较大、难汽化、热稳定性差的化合物，在加热和电子轰击下，分子易破碎，难以给出完整的分子离子信息，这是 EI 的局限性。为了解决这类有机物的质谱分析，发展了一些软电离技术，如化学电离源、场致电离源、场解析电离源、快原子轰击电离源等。

2. 化学电离源

化学电离源（chemical ionization，CI）和 EI 在结构上没有多大差别，其主体部件是共用的。其主要差别是 CI 工作过程中要引进一种反应气体。反应气一般为 CH_4，NH_3，H_2 等。灯丝发出的电子首先将反应气电离，然后反应气离子与样品分子碰撞发生离子-分子反应，并使样品气电离。现以 CH_4 作为反应气，说明化学电离的过程。在电子轰击下，CH_4 先被电离

$$CH_4 + e^- \rightarrow CH_4^+ + CH_3^+ + CH_2^+ + CH^+ + C^+ + H_2^+ + H^+ + ne^-$$

然后，甲烷离子与分子反应，生成加合离子

$$CH_4^+ + CH_4 \longrightarrow CH_5^+ + CH_3$$
$$CH_3^+ + CH_4 \longrightarrow C_2H_5^+ + H_2$$
$$CH_2^+ + CH_4 \longrightarrow C_2H_4^+ + H_2 \text{ 或 } CH_2^+ + CH_4 \longrightarrow C_2H_3^+ + H_2 + H$$
$$CH^+ + CH_4 \longrightarrow C_2H_2^+ + H_2 + H$$

生成的加合分子进一步与甲烷分子发生加合

$$C_2H_5^+ + CH_4 \longrightarrow C_3H_7^+ + H_2$$
$$C_2H_3^+ + CH_4 \longrightarrow C_3H_5^+ + H_2$$
$$C_2H_2^+ + CH_4 \longrightarrow 聚合体$$

在上述反应中，主要离子是 CH_5^+（占 47%），$C_2H_5^+$（占 41%）及 $C_3H_5^+$（占 6%）。生成的 CH_5^+，$C_2H_5^+$ 与试样分子 M 反应：

$$\left.\begin{array}{l} CH_5^+ + M \longrightarrow MH^+ + CH_4 \\ C_2H_5^+ + M \longrightarrow MH^+ + C_2H_4 \end{array}\right\} \text{产生（M+1）峰}$$

$$\left.\begin{array}{l} CH_5^+ + M \longrightarrow (M-H)^+ + CH_4 + H_2 \\ C_2H_5^+ + M \longrightarrow (M-H)^+ + C_2H_6 \end{array}\right\} \text{产生（M-1）峰}$$

$$CH_5^+ + M \longrightarrow (M+CH_5^+)^+ \quad \text{产生（M+17）峰}$$
$$C_2H_5^+ + M \longrightarrow (M+C_2H_5^+)^+ \quad \text{产生（M+29）峰}$$

这样就形成了一系列准分子离子而出现 $(M+1)^+$，$(M-1)^+$，$(M+17)^+$，$(M+29)^+$ 等质谱峰。

化学电离源是一种软电离方式，有些用 EI 方式得不到分子离子的样品，改用 CI 后可以得到准分子离子，因而可以求得分子量。对于含有很强的吸电子基团的化合物，检测负离子的灵敏度远高于正离子的灵敏度，因此，CI 源一般都有正 CI 和负 CI，可以根据样品情况进行选择。由于 CI 得到的质谱不是标准质谱，所以不能进行库检索。

3. 场致电离源

场致电离源（field ionization，FI）如图 14-3 所示。在相距很近（$d < 1mm$）的阳极和阴极之间，施加 7000~10000V 的稳定直流电压，在阳极的尖端附近产生 $10^7 \sim 10^8 V \cdot cm^{-1}$ 的强电场，依靠这个电场把尖端附近纳米处的分子中的电子拉出来，使之形成正离子，然后通过一系列静电透镜聚焦成束，并加速到质量分析器中去。在场致电离的质量谱图上，分子离子峰很清楚，碎片峰很弱，这对相对分子质量测定很有利，但缺乏分子结构信息。为了弥补这个缺点，可以使用复合离子源，例如电子轰击-化学电复合源，电子轰击-场致电离复合源等。

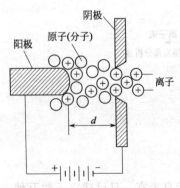

图 14-3　场致电离示意图

4. 场解析电离源

场解析电离源（field desorption，FD）将分析样品溶解在适当溶剂中，并滴加在特制的发射丝（由直径 $10\mu m$ 的钨丝及在丝上用真空活化的方法制成的微针形碳刷组成）上，发射丝通电加热使其上的试样分子解吸下来并在发射丝附近的高压静电场（$10^7\sim10^8\,V\cdot cm^{-1}$）的作用下被电离形成分子离子，其电离原理与场致电离相同。解吸所需能量远低于汽化所需能量，故有机化合物不会发生热分解，因为试样不需汽化而可直接得到分子离子，因此即使是热稳定性差的试样仍可得到很好的分子离子峰，在 FD 中分子中的 C—C 键一般不断裂，因而很少生成碎片离子。

5. 电喷雾电离源

电喷雾电离源（electronspray ionization，ESI）是近年来出现的一种新的电离方式，主要应用于液相色谱-质谱联用仪。它既用作液相色谱和质谱仪之间的接口装置，同时又是电离装置。它的主要部件是一个多层套管组成的电喷雾喷嘴，最内层是液相色谱流出物，外层是喷射气（常为氮气），其作用是使喷出的液体容易分散成微滴。在输送样品溶液的毛细管出口端与对应电极之间施加数千伏的高电压，在毛细管出口可形成圆锥状的液体锥。由于强电场的作用，引发正、负离子的分离，从而生成带高电荷的液滴。在加热气体（干燥气体）的作用下，液滴中的溶剂被汽化，随着液滴体积逐渐缩小，液滴的电荷密度超过表面张力极限，引起液滴自发的分裂。分裂的带电液滴随着溶剂的进一步变小，最终导致离子从带电液滴中蒸发出来，产生单电荷或多电荷离子。质子的加成可生成单价或多价正离子，而脱质子可生成单价或多价负离子。

电喷雾电离源是一种软电离方式，即便是分子量大、稳定性差的化合物，也不会在电离过程中发生分解，它适合于分析极性强、热稳定性差的大分子有机化合物，如蛋白质、肽、糖等。电喷雾电离源的最大特点是容易形成多电荷离子。这样，一个相对分子质量为 10000 的分子若带有 10 个电荷，则其质荷比只有 1000，进入了一般质谱仪可以分析的范围之内。根据这一特点，目前采用电喷雾电离，可以测量相对分子质量在 300000 以上的蛋白质。

6. 大气压化学电离源

大气压化学电离源（atmospheric pressure chemical ionization，APCI）的结构与电喷雾电离源大致相同，不同之处在于 APCI 喷嘴的下游放置一个针状放电电极，通过放电电极的高压放电，使空气中某些中性分子电离，产生 H_3O^+、N_2^+、O_2^+ 和 O^+ 等离子，溶剂分子也会被电离，这些离子与分析物分子进行离子-分子反应，使分析物分子离子化，这些反应过程包括由质子转移和电荷交换产生正离子，质子脱离和电子捕获产生负离子等。

大气压化学电离源主要用来分析中等极性的化合物。有些样品由于结构和极性方面的原因，用 ESI 不能产生足够强的离子，可以采用 APCI 方式增加离子产率，可以认为 APCI 是 ESI 的补充。APCI 主要产生的是单电荷离子，所以分析的化合物相对分子质量一般小于 1000。用这种电离源得到的质谱很少有碎片离子，主要是准分子离子。

7. 快原子轰击电离源

快原子轰击电离源（fast atomic bombardment，FAB）是利用一束中性原子轰击试样导致有机物分子电离而获得质谱的一种软电离技术。其工作原理：将氩气在电离室依靠放电先产生氩离子，再经电场加速，使其具有很高的动能，高能氩离子经一电荷交换室使其被中和成高能的中性原子流，在离子源内轰击试样分子，此时与试样分子发生能量交换并使试样分子电离出和溅射出来生成离子流。实验时预先将试样与底物（如甘油、三乙醇胺等）调和并涂在金属铜靶上。试样电离后进入真空，并在电场作用下进入分析器。电离过程中不必加热汽化，因此适合于分析强极性、难汽化、热稳定性差和相对分子质量大的样品。例如肽类、低聚糖、天然抗生素、有机金属配合物等。FAB 得到的质谱不仅有较强的准分子离子峰，而且有较多的碎片离子峰信息，有助于结构解析。FAB 主要用于磁式双聚焦质谱仪。

8. 激光解吸源

激光解吸源（laser description，LD）是一种结构简单、灵敏度很高的新电离源。它利用一定波长的脉冲式激光照射样品使样品电离，被分析的试样置于涂有基质的试样靶上，脉冲激光束经平面镜和透镜系统后照射到试样靶上，基质分子吸收激光能量，与试样分子一起蒸发到气相并使试样分子电离。激光电离源需要有合适的基质才能得到较好的离子产率。因此，这种电离源通常称为基质辅助激光解吸电离源（matrix assisted laser description ionization，MALDI）。MALDI 常用的基质有 2,5-二羟基苯甲酸、芥子酸、烟酸、α-氰基-4-羟基肉桂酸等。基质必须满足下列要求：能强烈地吸收激光的辐照，能较好地溶解试样形成溶液。

MALDI 特别适合与飞行时间质谱仪（TOF）组合成 MALDI-TOF。MALDI 属于软电离技术，它比较适合于分析生物大分子，如肽、蛋白质、核酸等。得到的质谱主要是分子离子，准分子离子、碎片离子和多电荷离子较少，可以得到精确的相对分子质量信息。

四、质量分析器

质谱仪的质量分析器位于离子源和检测器之间，其作用是将离子源产生的离子按质荷比 m/z 顺序分开并排列成谱。质量分析器的种类很多，常用的有单聚焦分析器、双聚焦分析器、四极杆分析器、离子阱分析器、飞行时间分析器、回旋共振分析器等。

1. 单聚焦分析器

单聚焦分析器（single focusing analyzer）由加速器、磁铁、质量分析管、出射狭缝及真空系统组成。在单聚焦分析器中，离子源产生的离子在进入电场前，其初始能量不为零，而且由于最初试样分子动能的自然分布以及离子源内电场不均匀等原因，造成其初始能量各不相同，即使是 m/z 相同的离子，其初始能量也有差别，导致 m/z 相同的离子，最后不能全部聚集在一起，所以单聚焦分析器的分辨率不高。

2. 双聚焦质量分析器

为了解决离子能量分散问题、提高仪器的分辨率，高分辨质谱仪一般采用双聚焦质量分析器（double focusing analyzer）（如图 14-4 所示）。

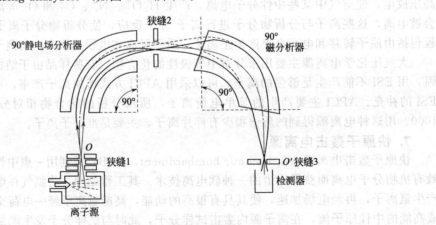

图 14-4　双聚焦质量分析器

双聚焦质量分析器是在加速电场和磁场之间放置了一个静电场分析器，它是由恒定电场下的一个固定半径的管道构成的。加速后的离子束进入静电场后，只有动能与其曲率半径相应的离子才能通过狭缝 2 进入磁场。这样在磁场进行方向聚焦之前，实现了能量（或速率）上的聚焦，从而大大提高了分辨率。双聚焦质量分析器缺点是扫描速度慢，操作、调整比较困难，而且仪器造价也比较昂贵。

3. 四极杆分析器

四极杆分析器（quadrupole analyzer）由四根镀金陶瓷或钼合金的截面为双曲面或圆形的棒状电极组成。两组电极间都施加有直流电压和叠加的交流电压，构成一个四极电场。（如图 14-5 所示）。

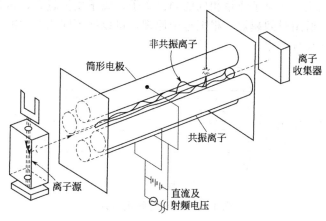

图 14-5 四极杆质量分析器示意图

离子从离子源进入四极电场后，在场的作用下产生振动。当离子振幅是共振振幅时，可以通过四极电场到达检测器。如果交流射频电压频率恒定，在保持直流电压/射频电压大小比值不变的情况下，改变射频电压值，对应于一个射频电压值，只有某一种（或一定范围）质荷比的离子能够到达收集器并发出信号（这些离子称为共振离子），其他离子在运动的过程中撞击在筒形电极上而被"过滤"掉，最后被真空泵抽走（称为非共振离子），可实现不同离子质量的分离。

四极杆分析器具有体积小、重量轻等优点，灵敏度较高，且操作方便。另外，也可通过选择适当的离子通过四极电场，使干扰组分不被采集，消除组分间的干扰，适合于定量分析，但因这种扫描方式得到的质谱不是全谱，所以不能在质谱库检索进行定性分析。

4. 飞行时间质量分析器

飞行时间质量分析器（time of flight analyzer）的主要组成部分是一个离子漂移管。图 14-6 是这种分析器的原理图。由阴极 F 发出的电子，受到电离室 A 上正电位的加速，进入并通过电离室 A 而到达电子收集极 P，电子在运动过程中碰撞 A 中的试样气体分子并使之电离。在栅极 G_1 上加上一个不大的负脉冲（$-270V$），把正离子引出电离室 A，然后在栅极 G_2 上施加直流负高压 U（$-2.8kV$），使离子加速而获得动能，以速率 v 飞跃长度为 L 的无电场又无磁场的漂移空间，最后到达离子接收器。同样，当脉冲电压为一定值时，离子向前运动的速率与离子的 m/z 有关，因此在漂移空间里，离子是以各种不同的速率在运动着，质量越小的离子，就越先落到接收器中。

忽略离子（质量为 m）的初始动能，根据式（14-1）可以认为离子动能为

$$\frac{1}{2}mv^2 = zU$$

由此可写出离子速率为

$$v=\sqrt{\frac{2zU}{m}}$$

离子飞行长度为 L 的漂移空间所需时间 $t=\dfrac{L}{v}$，故可得

$$t=L\sqrt{\frac{m}{2zU}}$$

由此可见，在 L 和 U 等参数不变的条件下，离子由离子源到达接收器的飞行时间 t 和质荷比的平方根成正比。即对于能量相同的同价离子，离子质量越大，达到接收器所用的时间越长，质量越小，所用时间越短。根据这个原理，可以把不同质量的离子分开，适当增加漂移管的长度可以增加分辨率。

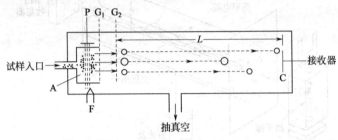

图 14-6　飞行时间质谱计

飞行时间质量分析器的特点是质量范围宽，扫描速度快，既不需电场也不需磁场。但是，长时间以来一直存在分辨率低这一缺点，造成分辨率低的主要原因在于离子进入漂移管前的时间分散、空间分散和能量分散。这样，即使是质量相同的离子，由于产生时间的先后、产生空间的前后和初始动能的大小不同，达到检测器的时间就不相同，因而降低了分辨率。目前，通过采取激光脉冲电离方式，离子延迟引出技术和离子反射技术，可以在很大程度上克服上述三个原因造成的分辨率下降的问题。现在，飞行时间质谱仪的分辨率可达20000 以上。最高可检质量超过 300000，并且具有很高的灵敏度。目前，这种分析器已广泛应用于气相色谱-质谱联用仪、液相色谱-质谱联用仪和基质辅助激光解吸飞行时间质谱仪中。

五、离子检测器和记录系统

检测器和记录系统是由测量、记录离子流强度，从而得到质谱图的。检测器有电子倍增管、带电子倍增管、闪烁计数器等。现代质谱仪的检测器主要使用电子倍增器。其结构如图14-7 所示。当离子束撞击阴极（铜铍合金或其他材料）C 的表面时，产生二次电子，然后用 D_1、D_2、D_3 等二次电极（通常为15～18 级）使电子不断倍增（一个二次电子的数量倍增为 10^4～10^6 个二次电子）。最后为阳极 A 检测，可测出 10^{-17} A 的微弱电流，时间常数远小于 1s，可灵敏、快速地进行检测。由于产生二次电子的数量与离子

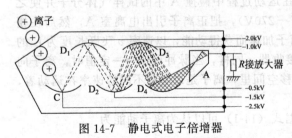

图 14-7　静电式电子倍增器

的质量与能量有关，即存在质量歧视效应，因此在进行定量分析时需加以校正。由电子倍增器输出的电流信号，经前置放大并转变为适合数字转换的电压，由计算机处理完成数据，并

绘制成质谱图。

第四节 质谱及主要离子峰类型

一、质谱的表示方法

在质谱分析中，质谱常用线谱和表谱两种形式表示。线谱是以质荷比 m/z 为横坐标，以离子峰的相对丰度为纵坐标绘制的谱图。把原始质谱图上最强的离子峰定为基峰，基峰的相对强度常定为 100%，其他离子峰的强度以对基峰的相对百分值表示，如图 14-8 所示。质谱表是用表格的形式表示质谱数据，但质谱表用得较少，其优点是直接列出了质谱的相对强度，对定量计算比较直观（见表 14-1）。

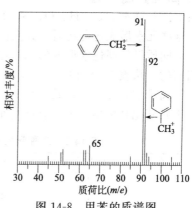

图 14-8 甲苯的质谱图

表 14-1 甲苯的质谱表

m/z 值	38	39	45	50	51	62	63	65	91	92	93	94
相对强度	4.4	16	3.9	6.3	9.1	4.1	8.61	11	100（基峰）	68	5.3	0.21

二、质谱图中的主要离子峰

当气体或蒸气分子（原子）进入离子源（例如电子轰击离子源）时，受到电子轰击而形成各种类型的离子，其中比较主要的有分子离子峰、碎片离子峰、同位素离子峰、亚稳离子峰、重排离子峰等。

1. 分子离子峰

在电子轰击下，有机化合物失去一个电子所形成的正离子称为分子离子或母离子。所产生的峰称为分子离子峰。

$$M + e^- \longrightarrow M^{\dot{+}} + 2e^-$$

式中，$M^{\dot{+}}$ 是分子离子，其中"+"代表正离子，"."代表不成对电子。分子离子峰的质荷比（m/z）就是该分子的相对分子质量。

对于有机化合物，杂原子的未成键电子（n 电子）最易失去，其次 π 电子，再次是 σ 电子。所以对于含有氧、氮、硫等杂原子的分子，首先是杂原子失去一个电子而形成分子离子。此时正电荷位置可表示在杂原子上，如 $CH_3CH_2O^+H$。如果分子中没有杂原子而有双键，则双键电子较易失去，则正电荷位于双键的一个碳原子上。如果分子中既没有杂原子又没有双键，其正电荷位置一般在分支碳原子上。如果电荷位置不确定，或不需要确定电荷的位置，可在分子式的右上角标："$\urcorner^{\dot{+}}$"，例如 $CH_3COOC_2H_5\urcorner^{\dot{+}}$。

分子离子峰的相对强度取决于 $M^{\dot{+}}$ 相对于裂解产物的稳定性。如芳香化合物因含有 π 电子很容易失去一个电子形成稳定的分子离子，其 $M^{\dot{+}}$ 峰相对强度较大；而支链烷烃或醇类化合物的分子离子很不稳定，表现为 $M^{\dot{+}}$ 很少或不存在。各类有机化合物分子离子的稳定性的次序一般为芳烃 > 共轭多烯烃 > 环状化合物 > 羰基化合物 > 醚 > 酯 > 胺 > 醇 > 支链烷烃。

2. 碎片离子峰

分子离子受到高能量电子的轰击就会发生某些化学键的断裂而裂解成碎片离子，生成的碎片离子可能再次裂解，生成质量更小的碎片离子，所以在化合物质谱图中可以看到许多碎片离子峰。碎片离子的形成和化学键的断裂与分子结构有关，一般可根据反应中形成的几种主要碎片离子，推测其化合物的结构。

3. 同位素离子峰

除 P、F、I 外，C、H、O、N、S、Cl、Br 等都有同位素，它们的天然丰度如表 14-1 所示。这些元素形成化合物后，其同位素就以一定的丰度出现在化合物中，因而在质谱中会出现由不同质量的同位素形成的峰，称为同位素离子峰。同位素峰的强度比与同位素的丰度比是相当的。从表 14-2 可见，S、Cl、Br 等元素的同位素丰度高，因此含 S、Cl、Br 的化合物的分子离子或碎片离子，其 $(M+2)^+$ 峰强度较大，所以根据 M 和 $(M+2)^+$ 两个峰的强度比易于判断化合物中是否含有这些元素。

表 14-2　几种常见元素的精确质量、天然丰度及丰度比

元　　素	同位素	精确相对原子质量	天然丰度/%	丰度比/%
H	^1H	1.007825	99.985	$^2H/^1H$　0.015
	^2H	2.014102	0.015	
C	^{12}C	12.000000	98.893	$^{13}C/^{12}C$　1.11
	^{13}C	13.003355	1.107	
N	^{14}N	14.003074	99.634	$^{15}N/^{14}N$　0.37
	^{15}N	15.000109	0.366	
O	^{16}O	15.994915	99.759	$^{17}O/^{16}O$　0.04
	^{17}O	16.999131	0.037	$^{18}O/^{16}O$　0.20
	^{18}O	17.999159	0.204	
F	^{19}F	18.998403	100.00	
S	^{32}S	31.972072	95.02	$^{33}S/^{32}S$　0.8
	^{33}S	32.971459	0.78	$^{34}S/^{32}S$　4.4
	^{34}S	33.967868	4.22	
Cl	^{35}Cl	34.968853	75.77	$^{37}Cl/^{35}Cl$　32.5
	^{37}Cl	34.965903	24.23	
Br	^{79}Br	78.918336	50.537	$^{81}Br/^{79}Br$　97.9
	^{81}Br	80.916290	49.463	
I	^{127}I	126.904477	100.00	

4. 重排离子峰

分子离子裂解成碎片时，有时还会通过分子内某些原子或基团的重新排列或转移而形成新的离子，这种离子称为重排离子，质谱上与之对应的峰称为重排离子峰。重排远比简单断裂复杂，其中麦氏重排是重排反应中一种常见而重要的方式。产生麦氏重排的条件是，与化合物中 C═X（X 为 O、N、S、C）基团相连的键上需要有三个以上的碳原子，而且在 γ 碳上要有 H，即 γ-H。此 γ 位的氢向缺电子的原子转移，然后引起一系列的一个电子的转移，并脱离一个中性分子。在醛、酮、酰胺、腈、酯、芳香族化合物、磷酸酯和亚硫酸酯等的质谱上，都可找到由这种重排产生的离子峰。

除麦氏重排外，重排的种类有很多，经过四元环、五元环都可发生重排，重排既可以是自由基引发也可以是电荷引发的。

5. 亚稳离子峰

以上各种离子都是指稳定的离子。实际上，在电离、裂解或重排过程中所产生的离子，有一部分处于亚稳态，这些亚稳离子同样被引出离子源。例如，在离子源中生成质量为 m_1 的离子，当被引出离子源后，在离子源和质量分析器入口之间的无场区飞行漂移时，由于碰撞等原因很容易进一步分裂失去中性碎片而形成质量为 m_2 的子离子，由于它的一部分动能被中性碎片夺走，这种 m_2 离子的动能要比在离子源直接产生的 m_2 小得多，所以前者在磁场中的偏转要比后者大得多，此时记录到的质荷比要比后者小，这种峰称为亚稳态离子峰。亚稳态离子峰将不出现 $m/z=m_2$ 处，而是出现在 $m/z=m^*$ 处，m^* 由下式计算：

$$m^* = m_2^2/m_1 \tag{14-4}$$

m^* 一般不为整数，且峰形宽而矮小，在质谱图中容易被识别。通过对 m^* 峰的观察和测量，可找到相关母离子的质量 m_1 与子离子的质量 m_2，从而确定裂解途径。如在十六烷质谱中发现有几个亚稳离子峰，其质荷比分别为 32.8，29.5，28.8，25.7 和 21.7，其中 $29.5\approx 41^2/57$，则表示存在如下分裂：

$$C_4H_9^+ \longrightarrow C_3H_5^+ + CH_4$$
$$m/z\,57 \qquad\quad m/z\,41$$

这个例子表示，根据 m^* 就可找出 m_1 和 m_2，并证实有 $m_1^+ \longrightarrow m_2^+$ 的裂解过程。这对解析一个复杂的质谱是很有用的。但并不是所有的分裂过程都会产生 m^*，因此没有 m^* 峰并不意味着没有某一分裂过程。

第五节　质谱定性分析及谱图解析

质谱图可提供有关分子结构的许多信息，因而定性能力强是质谱分析的重要特点。以下简要讨论质谱在这方面的主要作用。

一、相对分子质量的测定

因为质谱图中分子离子峰的质荷比在数值上就等于该化合物的相对分子质量，从分子离子峰可以准确地测定该物质的相对分子质量，这是质谱分析的独特优点。但因为在质谱中最高质荷比的离子峰不一定是分子离子峰，这是由于存在同位素等原因，可能出现 $M+1$，$M+2$ 峰；另外，若分子离子不稳定，有时甚至不出现分子离子峰。因此，在解释质谱时首先要会确定分子离子峰，一般确认分子离子峰的方法如下。

① 分子离子峰一定是质谱中质量数最大的峰，它处在质谱的最右端。

② 分子离子峰质量数必须符合氮数规律。因为组成有机化合物的主要元素 C、H、O、N、S、卤素中，只有 N 的化合价为奇数（3），而质量数为偶数（14），所以有机化合物若有偶数个（包括零）N 时，其分子离子峰的 m/z 一定是偶数；若有奇数个 N 时，其分子离子峰的 m/z 一定是奇数，这一规律称为氮律。凡不符合氮律的，就不是分子离子峰。

③ 分子离子峰与邻近离子峰的质量差应合理。如有不合理的碎片峰，就不是分子离子峰。例如分子离子不可能裂解出两个以上的氢原子和小于一个甲基的基团，故分子离子峰的左面，不可能出现比分子离子峰质量小 3～14 个质量单位的峰。若出现质量差 15 或 18，这是由于裂解出 ·CH$_3$ 或一分子水，因此这些质量差是合理的。表 14-3 列出从有机化合物中易于裂解出的自由基（附有黑点的）和中性分子的质量差，这对判断质量差是否合理和解析裂解过程有参考价值。

表 14-3　一些常见的游离基和中性分子的质量数

质量数	自由基或中性分子	质量数	自由基或中性分子
15	$\cdot CH_3$	45	$CH_3CHOH\cdot$，$CH_3CH_2O\cdot$
17	$\cdot OH$	46	CH_3CH_2OH，NO_2，$(H_2O+CH_2\!=\!CH_2)$
18	H_2O	47	$CH_3S\cdot$
20	HF	48	CH_3SH
26	$CH\!\equiv\!CH$，$\cdot C\!\equiv\!N$	49	$\cdot CH_2Cl$
27	$CH_2\!=\!CH\cdot$，$HC\!\equiv\!N$	50	CF_2
28	$CH_2\!=\!CH_2$，CO	54	$CH_2\!=\!CH\!-\!CH\!=\!CH_2$
29	CH_3CH_2，$\cdot CHO$	55	$\cdot CH\!=\!CHCH_2CH_3$
30	$NH_2CH_2\cdot$，CH_2O，NO	56	$CH_2\!=\!CHCH_2CH_3$
31	$\cdot OCH_3$，$\cdot CH_2OH$，CH_3NH_2	57	$\cdot C_4H_9$
32	CH_3OH	59	$CH_3OC\!=\!O$，CH_3CONH_2
33	$HS\cdot$，$(\cdot CH_3+H_2O)$	60	C_3H_7OH
34	H_2S	61	$CH_3CH_2S\cdot$
35	$Cl\cdot$	62	$(H_2S+CH_2\!=\!CH_2)$
36	HCl	64	CH_3CH_2Cl
40	$CH_3C\!\equiv\!CH$	68	$CH_2\!=\!C(CH_3)\!-\!CH\!=\!CH_2$
41	CH_2CHCH_3，$CH_2\!=\!C\!=\!O$	71	$\cdot C_5H_{11}$
43	$C_3H_7\cdot$，$CH_3CO\cdot$，$CH_2\!=\!CH\!-\!O\cdot$	73	$CH_3CH_2OC\!=\!O$
44	$CH_2\!=\!CHOH$，CO_2		

　　如果某离子峰完全符合上述三项判断原则，那么这个离子峰可能是分子离子峰；如果三项原则中有一项不符合，这个离子峰就肯定不是分子离子峰。应该特别注意的是，有些化合物容易出现 M−1 峰或 M+1 峰，另外，在分子离子很弱时，容易和噪声峰相混，所以，在判断分子离子峰时要综合考虑样品来源、性质等其他因素。如果经判断没有分子离子峰或分子离子峰不能确定，则需要采取其他方法得到分子离子峰，常用的方法如下。

　　① 降低电离能量　通常 EI 所用电离电压为 70eV，电子的能量为 70eV，在这样高能量电子的轰击下，有些化合物就很难得到分子离子。这时可采用 12eV 左右的低电子能量，虽然总离子流强度会大大降低，但有可能得到一定强度的分子离子峰。

　　② 制备衍生物　有些化合物不易挥发或热稳定差，这时可以进行衍生化处理。例如有机酸可以制备成相应的酯，酯类容易汽化，而且容易得到分子离子峰，可以由此再推断有机酸的相对分子质量。

　　③ 采取软电离方式　软电离方式很多，有化学电离源、快原子轰击源、场解吸源及电喷雾源等。要根据试样特点选用不同的离子源。软电离方式得到的往往是准分子离子，然后由准分子离子推断出真正的相对分子质量。

二、确定化合物的分子式

1. 由同位素离子峰确定分子式

　　有机化合物分子都是由 C、H、O、N 等元素组成的，这些元素大多具有同位素，由于同位素的贡献，质谱中除了有质量为 M 的分子离子峰外，还有质量为 M+1，M+2 的同位素峰。拜诺（Beynon）等人计算了相对分子质量在 500 以下，只含 C、H、O、N 的化合物的同位素离子峰 $(M+2)^{\ddot{+}}$，$(M+1)^{\ddot{+}}$ 与分子离子峰 $M^{\ddot{+}}$ 的相对强度（以 $M^{\ddot{+}}$ 峰的相对强度为 100），编制成表，称为 Beynon 表。例如，某化合物相对分子质量为 M=150（丰度 100%）。M+1 的丰度为 9.9%，M+2 的丰度为 0.88%，求化合物的分子式。根据 Beynon 表可知，M=150 化合物有 29 个，其中与所给数据相符的为 $C_9H_{10}O_2$。这种确定分子式的方法要求同位素峰的测定十分准确，而且只适用于相对分子质量较小、分子离子峰较强的化合物，如果是这样的质谱图，利用计算机进行库检索得到的结果一般都比较好，不需再计算同位素峰和查表。因此，这种查表的方法已经不再使用。

2. 用高分辨质谱仪确定分子式

用高分辨质谱仪通常能测定每一个质谱峰的精确相对原子质量，从而确定化合物分子式。这种测定方法基于各元素的相对原子质量是以 ^{12}C 的相对原子质量 12.000000 作为基准，如精确到小数点后 6 位数，大多数元素的相对原子质量不是整数。如：氢、氧、氮的相对原子质量分别为 1.007825，15.994915，14.003074。

这样，由不同数目的 C、H、O、N 等元素组成的各种分子式中，其相对分子质量整数部分相同的可能有很多，但其小数部分不会完全相同。

Beynon 等人列出了不同数目 C、H、O、N 组成的各种分子式的精密相对分子质量表（精确到小数点后三位数字）。高分辨质谱能给出精确到小数点后 4~6 位数字的相对分子质量，用此相对分子质量与 Beynon 表进行核对，就可能将分子式的范围大大缩小，再配合其他信息，即可从少数可能的分子式中得到最合理的分子式。目前高分辨质谱仪一般都与计算机联用，这种数据对照与分子式的检索可由电子计算机完成。

【例 14-1】 某化合物，根据其质谱图，已知其相对分子质量为 150，由质谱测定 $m/z150$，151 和 152 的强度比为

M（150）　　　　　100%
M+1（151）　　　　9.9%
M+2（152）　　　　0.9%

试确定此化合物的分子式。

解 从（M+2）/M=0.9% 可见，该化合物不含 S，Br 或 Cl。在 Beynon 的表中相对分子质量为 150 的分子式共 29 个，其中（M+1）/M 的百分比在 9%~11% 的分子式有如下 7 个。

分子式	M+1	M+2
(1) $C_7H_{10}N_4$	9.25	0.38
(2) $C_8H_8NO_2$	9.23	0.78
(3) $C_8H_{10}N_2O$	9.61	0.61
(4) $C_8H_{12}N_3$	9.98	0.45
(5) $C_9H_{10}O_2$	9.96	0.84
(6) $C_9H_{12}NO$	10.34	0.68
(7) $C_9H_{14}N_2$	10.71	0.52

此化合物的相对分子质量是偶数，根据前述氮律，可以排除第 (2)、(4)、(6) 三个分子式，剩下四个分子式中，M+1 与 9.9% 最接近的是第 (5) 式，这个分子式的 M+2 也与 0.9% 很接近，因此分子式可能为 $C_9H_{10}O_2$。

三、质谱解析与分子结构的确定

由前所述可知，化合物分子电离生成的离子质量与强度，与该化合物分子本身结构有密切关系。也就是说，化合物的质谱带有很强的结构信息，通过对化合物质谱的解析，可以得到化合物的结构。质谱图解析结构的方法和步骤如下所述。

① 由质谱的高质量端确定分子离子峰，求出相对分子质量，初步判断化合物类型及是否含有 Cl、Br、S 等元素。

② 根据分子离子峰的高分辨数据，给出化合物的组成式。

③ 由组成式计算化合物的不饱和度，即确定化合物中环和双键的数目。计算方法为：

$$不饱和度\ \Omega = 四价原子数 - \frac{一价原子数}{2} + \frac{三价原子数}{2} + 1$$

例如，苯的不饱和度 $\Omega = 6 - \dfrac{6}{2} + \dfrac{0}{2} + 1 = 4$

不饱和度表示有机化合物的不饱和程度，计算不饱和度有助于判断化合物的结构。

④ 研究高质量端离子峰。质谱高质量端离子峰是由分子离子失去碎片形成的。从分子离子失去的碎片，可以确定化合物中含有哪些取代基。

⑤ 研究低质量端离子峰，寻找不同化合物断裂后生成的特征离子和特征离子系列。例如，正构烷烃的特征离子系列为 m/z 15、29、43、57、71 等，烷基苯的特征离子系列为 m/z 39、65、77、91 等。根据特征离子系列可以推测化合物类型。

⑥ 若有亚稳离子峰存在，可利用 $m^* = m_2^2/m_1$ 的关系式，找到 m_1 和 m_2，并推断 $m_1 \rightarrow m_2$ 的断裂过程。

⑦ 通过上述各方面的研究，提出化合物的结构单元。再根据化合物的相对分子质量、分子式、样品来源、物理化学性质等，提出一种或几种最可能的结构。必要时，可根据红外和核磁数据得出最后结果。

⑧ 验证所得结果。验证的方法有：将所得结构式按质谱断裂规律分解，看所得离子和所给未知物谱图是否一致；查该化合物的标准质谱图，看是否与未知谱图相同；寻找标样，做标样的质谱图，与未知物谱图比较等各种方法。

【例 14-2】 某未知物的质谱图如 14-9 所示，试推测其化学结构。

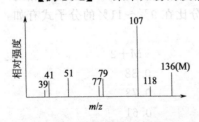

图 14-9 某未知物的质谱图

解 （1）计算化合物的不饱和度 $\Omega = 4$；

（2）质谱中有 m/z 77，51，39 的系列峰，可确定为单取代苯环；

（3）M−29 的离子峰（m/z 107）为基峰，由于化合物中不再有不饱和双峰，所以不会有醛基，此峰指示有乙基存在；

（4）M−18 的离子峰（m/z 118），分子中又含有一个氧，故此化合物为醇；

（5）除去—OH，—C_2H_5，—C_6H_5 的质量外，尚余质量为

$$136 - (77 + 17 + 29) = 13，应该是—\underset{|}{C}H 基团；$$

综上所述，推测此化合物的结构可能为

第六节 质谱定量分析

质谱检出的离子流强度与离子数目呈正比，因此通过离子流强度测定可以进行定量分析，其主要用于同位素测量、无机痕量分析和混合物的定量分析。以质谱法进行多组分有机混合物的定量分析时，应满足一些必要的条件。

① 组分中至少有一个与其他组分有显著不同的峰；
② 各组分的裂解模型具有重现性；
③ 组分的灵敏度具有一定的重现性（要求 1%）；
④ 每种组分对峰的贡献具有线性加和性；
⑤ 有适当的供校正仪器用的标准物等。

对于 n 个组分的混合物：

$$i_{11}p_1+i_{12}p_2+\cdots\cdots+i_{1n}p_n=I_1$$
$$i_{21}p_1+i_{22}p_2+\cdots\cdots+i_{2n}p_n=I_2$$
$$\cdots\cdots$$
$$I_{m1}p_1+i_{m2}p_2+\cdots\cdots+i_{mn}p_n=I_m$$

式中，I_m 为在混合物的质谱图上于质量 m 处的峰高（若应用 GC-MS，则为离子流）；i_{mn} 为组分 n 在质量 m 处的峰高或离子流；p_n 为混合物中组分 n 的分压强。

故以纯物质校正 i_{mn}、p_n，测得未知混合物 I_m，通过解上述多元一次联立方程组即可求得各组分的含量。

早期的质谱定量分析，主要应用于石油工业，例如烷烃、芳香烃组分分析。但这些方法费时费力，对于复杂的有机混合物的定量分析，单独使用质谱仪分析较困难，目前已大多采用 GC-MS 联用技术，由于计算机的高度发展，同时配有数据化学工作站，这些问题已迎刃而解。在 GC-MS 得到的质量-色谱图上，峰面积与相应组分的含量成正比，若对某一组分进行定量测量，可以采用色谱分析法中的归一法、外标法、内标法等不同定量方法进行。

第七节 质谱的联用技术

一、气相色谱-质谱（GC-MS）联用

质谱法具有灵敏度高、定性能力强等特点，但进样要纯而且定量分析又较复杂；气相色谱法则具有分离效率高、定量分析简便的特点，但定性能力较差。因此若将这两种方法联用，则可相互取长补短，使气相色谱仪成为质谱法理想的"进样器"，试样经色谱分离后以纯物质形式进入质谱仪，就可充分发挥质谱法的特长。质谱仪成为色谱法理想的"检测器"，气相色谱所用的检测器如氢火焰离子化检测器、热导池检测器、电子捕获检测器等都具有局限性，而质谱仪能检测出几乎全部化合物，灵敏度又高。

所以，色谱-质谱联用技术既发挥了色谱法的高分离能力，又发挥了质谱法的高鉴别能力。这种技术适用于多组分混合物中未知组分的定性鉴定；可以判断化合物的分子结构，可以准确地预测未知组分的相对分子质量；可以修正色谱分析错误判断；可以鉴别出部分分离甚至未分离开的色谱峰等。

实现 GC-MS 联用的关键是接口技术，色谱仪和质谱仪就是通过它连接起来的。从毛细管气相色谱柱中流出的成分可直接被引入到质谱仪的离子室，但由于通常色谱柱出口处于常压，而质谱仪则要求在高真空下工作，所以必须经过一个分子分离器作为接口将载气与试样分子分离，匹配两者的工作气压。喷射式分子分离器是其中常用的一种，其构造如图 14-10 所示。由色谱柱出口的具有一定压强的气流，通过狭窄的喷嘴孔，以超声膨胀喷射方式喷向真空室，在喷嘴出口端产生扩散作用，扩散速率与相对分子质量的平方根成反比，质量小的载气（在 GC-MS 联用仪中用氦为载气）大量扩散，被真空泵抽除；组分分子通常具有大得多的质量，因而扩散得慢，大部分按原来的运动方向前进，进入质谱仪部分，这样就达到分离载气、浓缩组分的作用。为了提高效率，可以采用双组喷嘴分离器。

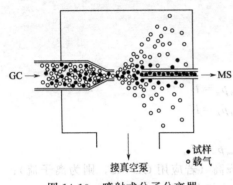

图 14-10　喷射式分子分离器

组分经离子源电离后，位于离子源出口狭缝的总离子流检测器检测到离子流信号，经放大记录后成为色谱图。等某组分出现时，总离子流检测器发生触发信号，启动质谱仪开始扫描而获得该组分的质谱图。

气相色谱与质谱联用后，每秒可获数百至数千质量数离子流的信息数据，因此计算机系统（化学工作站）是一个重要而必需的组件，以采取和处理大量数据，并对联用系统进行操作及控制。

由于 GC-MS 所具有的独特优点，目前已得到十分广泛的应用，如环境污染物的分析、药物的分析、食品添加剂的分析等。GC-MS 还是兴奋剂鉴定及毒品鉴定的有力工具。一般来说，凡能用气相色谱法进行分析的试样，大部分都能用 GC-MS 进行定性鉴定以及定量测定。

二、液相色谱-质谱（LC-MS）联用

对于高极性、热不稳定、难挥发的大分子有机化合物，使用 GC-MS 有困难，液相色谱的应用不受沸点和相对分子质量的限制，并能对热稳定性差的试样进行分离、分析。但液相色谱的定性能力更弱，因而 LC-MS 的联用，其意义是显而易见的。由于液相色谱的一些特点，在实现 LC-MS 联用时必须要解决以下两方面的问题：液相色谱流动相对质谱工作条件的影响以及质谱离子源的温度对液相色谱分析试样的影响。HPLC 流动相的流速为 $1\sim2mL \cdot min^{-1}$，若为甲醇，其汽化后换算成常压下的气体流速为 $560mL \cdot min^{-1}$（水则为 $1250mL \cdot min^{-1}$）。质谱仪抽气系统通常仅在离子源的气体流速低于 $10mL \cdot min^{-1}$ 时才能保持所要求的真空，另外，液相色谱的分析对象主要是难挥发和热不稳定物质，这与质谱仪常用的离子源要求试样汽化是不相适应的。只有解决上述矛盾才能实现联用，经过长期研究分析，直到 20 世纪 90 年代，由于新的联用接口技术的出现，如大气压化学电离（atmosphere pressure chemical ionization，APCI）接口、电喷雾电离（electrospray ionization，ESI）接口、大气压光致电离源（atmosphere pressure photo ionization，APPI）接口、粒子束（particle beam，PB）接口等，使 LC-MS 联用技术得到突破性发展。

LC-MS 联用中，要根据不同分析要求选择接口技术，不同接口的工作原理不同，所得到的质谱信息及使用范围各不相同。对于 ESI 技术，是目前最温和的电离方法，即便是相对分子质量大、稳定性差的化合物，也不会在电离过程中发生分解，它适合分析极性强的大分子（如蛋白质、多肽、糖类等）有机化合物。现在 LC-ESI-MS 已在生命科学、制药工业、医疗等领域成为重要而有效的分析工具之一，并已迅速延伸到工业聚合物、环境有害物质以

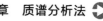

及农业土壤等方面。但 ESI 技术一般不适用于非极性化合物的分析。

APCI 主要产生的是单电荷离子，它所分析的化合物的相对分子质量通常小于 1000。APCI 主要用来分析中等极性的化合物，有些分析物由于结构和极性方面的原因，用 ESI 不能产生足够强的离子，可采用 APCI 以增加离子产率，可认为 APCI 是 ESI 的补充。

PB 接口需要试样有一定的挥发性。主要用于分析非极性和中等极性化合物。PB 接口最主要的优点之一是可得到完好重现的电子轰击质谱图，故可利用标准质谱库进行检索，定性（结构）鉴定。

现在 LC-MS 已成为生命科学、医学、化学和化工领域中最重要的工具之一。它的应用正迅速向环境科学、农业科学等众多方面发展。但是值得注意的是，各种接口技术都有不同程度的局限性，迄今为止，还没有一种接口技术具有像 GC-MS 接口那样的普遍性。因此对于一个从事多方面工作的现代化实验室，需要具备几种 LC-MS 接口技术，以适应 LC 分离化合物的多样性。

三、质谱-质谱（MS-MS）联用

质谱-质谱联用是另一类型的联用技术。GC-MS、LC-MS 是用 GC、LC 将混合物分离，然后由 MS 检测；MS-MS 则由一个质谱装置 MS-Ⅰ用于质量分离，以另一个质谱装置 MS-Ⅱ获得质谱图，因此 MS-MS 有两个或两个以上质量分析器，每一个都可独立操作，并通过活化碰撞室将它们连接起来，因此又称为串联质谱（tandem MS）。MS-MS 联用技术对有机物结构研究很有用，同时，还可以直接进行混合物有机物鉴定，因而受到重视并有多类型的商品仪器。

MS-MS 仪器有多种不同的配置方式，有磁式质谱-质谱仪：BEB（B——磁分析器，E——静电分析器），EBE，BEBE 等；四极杆质谱-质谱仪：QQQ（Q——四极滤质器）；混合型质谱-质谱仪：EBQQ，BTOF（TOF——飞行时间质谱仪），QTOF 等。

磁式质谱-质谱仪采用磁分析器或静电分析器，或两者的组合进行混合有机物质量分离，较之 GC-MS 有明显的优点：不需要接口，试样利用率高，没有色谱保留过程，分离速度快，避免了色谱流动相或固定相对 MS 仪器可能造成的污染及对试样检测的干扰。三重四极质谱仪具有高速扫描，操作简便，灵敏度高的优点，尤其适合于 GC-MS-MS。混合型质谱-质谱仪可同时检测高、低能量碰撞碎裂产物，给出较全面的离子的信息。

由此可见，MS-MS 联用技术对分析复杂混合体系中的各种目标物，推测未知离子的结构以及探讨质谱裂解机理都非常有用。

【知识拓展】

电感耦合等离子体质谱法（ICP-MS）

电感耦合等离子体质谱法（ICP-MS）是以等离子体为离子源的一种质谱型元素分析方法。主要用于进行多种元素的同时测定，并可与其他色谱分离技术联用，进行元素价态分析。

测定时样品由载气（氩气）引入雾化系统进行雾化后，以气溶胶形式进入等离子体中心区，在高温和惰性气氛中被去溶剂化、汽化解离和电离，转化成带正电荷的正离子，经离子采集系统进入质谱仪，质谱仪根据质荷比进行分离，根据元素质谱峰强度测定样品中相应元素的含量。

本法具有很高的灵敏度，适用于各类药品中从痕量到微量的元素分析，尤其是痕量重金属元素的测定。

1. 仪器的组成

电感耦合等离子体质谱仪由样品引入系统、电感耦合等离子体（ICP）离子源、接口系统、离子透镜系统、四极杆质量分析器、检测器等构成，其他支持系统有真空系统、冷却系统、气体控制系统、计算机控制及数据处理系统等。

（1）样品引入系统　按样品的状态不同可以分为以液体、气体或固体进样，通常采用液体进样方式。样品引入系统主要由样品提升和雾化两个部分组成。样品提升部分一般为蠕动泵，也可使用自提升雾化器。要求蠕动泵转速稳定，泵管弹性良好，使样品溶液匀速地泵入，废液顺畅地排出。雾化部分包括雾化器和雾化室。样品以泵入方式或自提升方式进入雾化器后，在载气作用下形成小雾滴并进入雾化室，大雾滴碰到雾化室壁后被排除，只有小雾滴可进入等离子体离子源。要求雾化器雾化效率高，雾化稳定性高，记忆效应小，耐腐蚀；雾化室应保持稳定的低温环境，并应经常清洗。常用的溶液型雾化器有同心雾化器、交叉型雾化器等；常见的雾化室有双通路型和旋流型。实际应用中宜根据样品基质、待测元素、灵敏度等因素选择合适的雾化器和雾化室。

（2）电感耦合等离子体离子源　电感耦合等离子体的"点燃"，需具备持续稳定的高纯氩气流（纯度应不小于99.99%）、炬管、感应圈、高频发生器、冷却系统等条件。样品气溶胶被引入等离子体离子源，在6000～10000K的高温下，发生去溶剂、蒸发、解离、原子化、电离等过程，转化成带正电荷的正离子。测定条件如射频功率、气体流量、炬管位置、蠕动泵流速等工作参数可以根据供试品的具体情况进行优化，使灵敏度最佳，干扰最小。

（3）接口系统　接口系统的功能是将等离子体中的样品离子有效地传输到质谱仪。其关键部件是采样锥和截取锥，平时应经常清洗，并注意确保锥孔不损坏，否则将影响仪器的检测性能。

（4）离子透镜系统　位于截取锥后面高真空区里的离子透镜系统的作用是将来自截取锥的离子聚焦到质量过滤器，并阻止中性原子进入和减少来自ICP的光子通过量。离子透镜参数的设置应适当，要注意兼顾低、中、高质量的离子都具有高灵敏度。

（5）四极杆质量分析器　质量分析器通常为四极杆分析器，可以实现质谱扫描功能。四极杆的作用是基于在四根电极之间的空间产生一随时间变化的特殊电场，只有给定m/z的离子才能获得稳定的路径而通过极棒，从另一端射出。其他离子则将被过分偏转，与极棒碰撞，并在极棒上被中和而丢失，从而实现质量选择。测定中应设置适当的四极杆质量分析器参数，优化质谱分辨率和响应条件并校准质量轴。

（6）检测器　通常使用的检测器是双通道模式的电子倍增器，四极杆系统将离子按质荷比分离后引入检测器，检测器将离子转换成电子脉冲，由积分线路计数。双模式检测器采用脉冲计数和模拟两种模式，可同时测定同一样品中的低浓度和高浓度元素。检测低含量信号时，检测器使用脉冲模式，直接记录撞击到检测器的总离子数量；当离子浓度较大时，检测器则自动切换到模拟模式进行检测，以保护检测器，延长使用寿命。测定中应注意设置适当的检测器参数，以优化灵敏度，对双模式检测信号（脉冲和模拟）进行归一化校准。

（7）其他支持系统　真空系统由机械泵和分子涡轮泵组成，用于维持质谱分析器工作所需的真空度，真空度应达到仪器使用要求值。冷却系统的功能为有效地排出仪器内部的热量，包括排风系统和循环水系统，循环水温度和排风口温度应控制在仪器要求范围内。气体控制系统运行应稳定，氩气的纯度应不小于99.99%。

2. 干扰和校正

电感耦合等离子体质谱法测定中的干扰大致可分为两类：一类是质谱型干扰，主要包括同质异位素、多原子离子、双电荷离子；另一类是非质谱型干扰，主要包括物理干扰、基体效应、记忆效应等。干扰的消除和校正方法有优化仪器参数、内标法校正、干扰方程校正、采用碰撞反应池技术、稀释校正、采用标准加入法等。

3. 供试品溶液的制备

所用试剂一般是酸类，包括硝酸、盐酸、高氯酸、硫酸、氢氟酸，以及混合酸如王水等，纯度应为优级纯。其中硝酸引起的干扰最小，是样品制备的首选酸。所用水应为去离子水（电阻率应不小于 18MΩ）。

供试品溶液制备时应同时制备试剂空白，标准溶液的介质和酸度应与供试品溶液保持一致。

（1）固体样品　除另有规定外，称取样品适量（0.1～3g），结合实验室条件以及样品基质类型选用合适的消解方法。消解方法有敞口容器消解法、密闭容器消解法和微波消解法。微波消解法所需试剂少，消解效率高，对于降低试剂空白值、减少样品制备过程中的污染或待测元素的挥发损失以及保护环境都是有益的，可作为首选方法。样品消解后根据待测元素含量定容至适当体积后即可进行质谱测定。

（2）液体样品　根据样品的基质、有机物含量和待测元素含量等情况，可选用直接分析、稀释或浓缩后分析、消化处理后分析等不同的测定方式。

4. 测定方法

对待测元素，目标同位素的选择一般需根据待测样品基体中可能出现的干扰情况，选取干扰少、丰度较高的同位素进行测定；有些同位素需采用干扰方程校正；对于干扰不确定的情况亦可选择多个同位素测定，以便比较。常用测定方法如下。

（1）标准曲线法　在选定的分析条件下，测定待测元素的三个或三个以上含有不同浓度的标准系列溶液（标准溶液的介质和酸度应与供试品溶液一致），以选定的分析峰的响应值为纵坐标、浓度为横坐标，绘制标准曲线，计算回归方程，相关系数应不低于 0.99。在同样的分析条件下，同时测定供试品溶液和试剂空白，扣除试剂空白，从标准曲线或回归方程中查得相应的浓度，计算样品中各待测元素的含量。

（2）标准加入法　取同体积的待测供试品溶液 4 份，分别置于 4 个同体积的容量瓶中，除第 1 个容量瓶外，在其他 3 个容量瓶中分别精密加入不同浓度的待测元素标准溶液，分别稀释至刻度，摇匀，制成系列待测溶液。在选定的分析条件下分别测定，以分析峰的响应值为纵坐标、待测元素加入量为横坐标，绘制标准曲线，将标准曲线延长交于横坐标、交点与原点的距离所相应的含量，即为供试品取用量中待测元素的含量，再以此计算供试品中待测元素的含量。此法仅适用于第（1）方法中标准曲线呈线性并通过原点的情况。

——摘自：http://wenku.baidu.com/view/ff133023482fb4daa58d4b4c.html

思考题与习题

1. 简述用质谱法鉴定化合物结构的基本原理。
2. 质谱仪器的离子源主要有哪几种？各有何特点？
3. 质谱仪器的质量分析器主要有哪几种？简述各自的原理。
4. 试述分子离子峰判断的基本原则。
5. 简述 GC-MS 和 LC-MS 特点和主要用途。
6. 计算下列化合物的分子离子峰 $M^{\ddot{+}}$ 与其同位素离子峰 $(M+1)^{\ddot{+}}$ 的相对强度。

$$C_5H_{10}O_2 \quad C_6H_2N_2 \quad C_7H_2O \quad C_6H_{14}O$$

7. 一个芳香酯的质谱中出现 m/z 118 峰，由此判断它属于下列两种异构体中的哪一种？

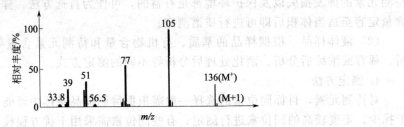

8. 解释化合物C_2H_5—$\overset{\underset{|}{CH_3}}{\underset{|}{C}}$—$C_3H_7$的质谱中，为什么分子离子峰很小，而基峰出现在$m/z71$
$\overset{|}{H_3C}$

处，另在$m/z99$、85处有两个较强的峰。

9. 某一未知化合物的分子式为$C_8H_8O_2$，其红外光谱显示分子中不含羟基，其质谱图如图 14-11 所示，试推测其分子结构。

图 14-11 分子式为$C_8H_8O_2$的化合物质谱图

参 考 文 献

[1] 邓重. 现代环境测试技术. 北京：化学工业出版社，2009.
[2] 盛龙生，苏焕华，郭丹滨. 色谱质谱联用技术. 北京：化学工业出版社，2006.
[3] 刘约权. 现代仪器分析. 北京：高等教育出版社，2006.
[4] 宁永成. 有机波谱学谱图解析. 北京：科学出版社，2010.
[5] 冯玉红. 现代仪器分析实用教程. 北京：北京大学出版社，2008.
[6] 方慧群，于俊生，史坚. 仪器分析. 北京：科学出版社，2002.
[7] 陈耀祖，涂亚平. 有机质谱原理及应用. 北京：科学出版社，2001.
[8] 北京大学化学系仪器分析教学组. 仪器分析教程. 北京：北京大学出版社，1997.
[9] Kellner R 等. 分析化学. 李克安，金钦汉等译. 北京：北京大学出版社，2001.
[10] 常建华，董绮功. 波谱原理及解析. 北京：科学出版社，2001.
[11] 朱明华，胡坪. 仪器分析. 第4版. 北京：高等教育出版社，2008.

第十五章

热分析法

本章提要

　　热分析是研究物质受热或冷却时所发生的各种物理和化学变化的有力工具，在材料科学研究中获得广泛应用。本章主要介绍各种热分析的原理和方法。主要包括：热重法（TG），微商热重法（DTG）、差热分析法（DTA）、差示扫描量热法（DSC）等。要求掌握热分析技术的主要实验方法，了解热分析的主要功能和特点，并了解热分析和其他方法联用的重要性。

　　热分析（thermal analysis）是指在程序控制温度下，测量物质的物理性质随温度变化的函数。其技术基础在于物质在加热或冷却过程中，随着其物理状态或化学状态的变化，通常伴有相应的热力学性质（如热焓、比热容、电导率等）或其他性质（如质量、力学性质、电阻等）的变化，因而通过对某些性质（参数）的测定可以分析研究物质的物理变化或化学变化过程。

　　根据国际热分析协会（international conference on thermal analysis，ICTA）的归纳，可将现有的热分析技术方法分为 9 类 17 种，热分析分类如表 15-1 所列。在这些热分析技术中差热分析法（differential thermal analysis，DTA ）、差示扫描量热法（differential scanning calorimetry，DSC）和热重法（thermogravimetry，TG）应用最广泛，因此本章着重讨论这 3 种热分析技术。

表 15-1　热分析分类

测定的物理量	方法名称	简称	测定的物理量	方法名称	简称
质量	热重	TG	尺寸	热膨胀法	
	等压质量变化测定		力学量	热机械分析	TMA
				动态热机械分析	
温度	逸出气检测	EGD	声学量	热发生法	
	放射热分析	ECA			
	热微粒分析			热传声法	
	升温曲线测定		光学量	热光学法	

测定的物理量	方法名称	简称	测定的物理量	方法名称	简称
热重	差热分析	DTA	电学量	热电学法	
	差示扫描量热法	DSC			
	调制式示差扫描量热法	MDSC	磁学量	热磁学法	

第一节　差热分析

一、差热分析的基本原理与差热分析仪

在热分析仪器中，差热分析仪是使用得最早和最广泛的一种热分析仪器。差热分析（DTA）是在程序控制温度下测量试样物质和参比物之间的温度差与温度（或时间）关系的一种热分析方法。在所测温度范围内，参比物不发生任何热效应，如 $\alpha\text{-}Al_2O_3$ 在 $0\sim1700℃$ 范围内无热效应，而试样在某温度区间发生了放热效应（氧化反应、爆炸、吸附等）或吸热反应（熔融、蒸发、脱水等），释放或吸收的热量会使试样与参比物之间产生温差，且温差的大小取决于试样产生热效应的大小，由记录仪记录下来的温差随温度 T（或时间 t）变化的关系即为 DTA 曲线。

测定 DTA 曲线的差热分析仪主要由加热炉、热电偶、参比物、温差检测器、程序温度控制器、差热放大器、气氛控制器、X-Y 记录仪等组成，其中较关键的部件是加热炉、热电偶和参比物。

1. 加热炉

加热炉根据热源的特性可分为电热丝加热炉、红外加热炉、高频感应加热炉等几种，其中电热丝加热炉最为常见，电热丝材料取决于使用温度，常见的有：钨丝、镍丝、硅碳棒等，使用温度分别可达 $900℃$ 甚至 $2000℃$ 以上。加热炉应满足以下条件：① 炉内应有一均匀温度场，可使试样和参比物均匀受热；② 炉温的控制精度要高，在程序控温下能以一定的速率升温或降温；③ 热容量要小，便于调节升降温速率；④ 炉体体积要小、质量轻便，便于操作与维护；⑤ 炉体中的线圈不能对热电偶中的电流产生感应现象，以免相互干扰，影响测量精度。

2. 热电偶

热电偶原理如图 15-1 所示，物理基础为材料的热电效应或塞贝克效应。将两种具有不同电子逸出功的导体材料或半导体材料 A 与 B 两端分别相连形成回路，如图 15-1（a）所示，如果两端的温度 T_1 和 T_0 不等，就会产生一个热电动势，并在回路中形成循环电流，电流大小可由检流计测出。因热电动势的大小与两端温差保持良好的线性关系，因此在已知一端温度时，便可由检流计中的电流大小得出另一端的温度，这就是热电偶的基本原理。如果反向串联热电偶，即将两个热电偶同极相连，就形成了温差热电偶，如图 15-1（b）所示。当两个热电偶分别插入两种不同的物质中，并使两物质在相同的加热条件下升温，就可测定升温过程中两物质的温差，从而获得温差与

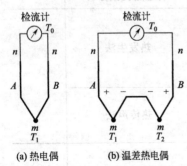

图 15-1　热电偶与温差热电偶

炉温或加热时间之间的变化关系，这便是差热分析的基本原理。

热电偶的材料选择非常重要，热电偶应具有以下特点：①在同一温度下能产生较高的温差热电动势，并与温度保持良好的线性关系；②在高温下不被氧化和腐蚀，其电阻随温度的变化小，电导率高，物理性能稳定；③使用寿命长，价格便宜等。常用的热电偶材料有：镍铬-镍铝、铂-铂铑、铱-铑铱等，测试温度在 1000℃以下的多采用镍铬-镍铝，而在 1000℃以上的则应采用铂-铂铑。

3. 参比物

差热分析中所用的参比物均为惰性材料，要求参比物在测定的温度范围内不发生任何热效应，且参比物的比热容、热导率等应尽量与试样相近，常用的参比物有 α-Al_2O_3、石英、硅油等。使用石英作参比物时，测量温度不能高于 570℃。测试金属试样时，不锈钢、铜、金、铂等均可作参比物。测有机物时，一般用硅烷、硅酮等作参比物。有时也可不用参比物。

如图 15-2 所示 S 与 R 分别为试样和参比物，各自装入坩埚后置于支架上，坩埚材料一般为陶瓷质、石英玻璃质、刚玉质或钼、铂、钨等材料，支架材料一般为导热性好的材料，在使用温度低于 1300℃时，通常采用镍金属，当使用温度高于 1300℃时则应选用刚玉质为宜。差热分析时需对试样和参比物进行以下假定：① 两者的加热条件完全相同；② 两者的温度分布均匀；③ 两者的热容相近；④ 两者与加热体之间的热导率非常相近，即 $K_R \approx K_S$，且两者各自的热导率不随温度变化而变化，是固定的常数。

温差热电偶的两个触点分别与安装试样参比物的坩埚底部接触，或者分别插入试样和参比物中，这样试样和参比物的加热或冷却条件就完全相同。当炉体温度在程序温度控制下以一定的升温速率 ϕ 加热时，如果试样无热效应，试样温度与参比物温度相同，温差 $\Delta T = T_S - T_R = 0$；如果试样有热效应，差热电偶便有温差电动势输出，经差热放大器放大后输入 X-Y 函数记录仪，由 X-Y 函数记录仪记录下温差 ΔT 与温度 T 或时间 t

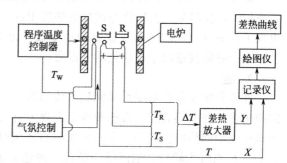

图 15-2　DTA 差热分析结构原理图

的变化关系，并由绘图仪绘出差热分析曲线。这个温度可以是试样温度 T_S、参比物温度 T_R 或炉膛温度 T_W，一般采用炉膛温度 T_W 作为横坐标。

二、差热曲线

图 15-3 为典型的 DTA 差热分析曲线，DTA 曲线包括以下几个部分。

1. 基线

即 DTA 曲线中的水平部分，如图 15-3（b）中的 AB、CD、FG、IJ 等，它们是平行于横轴（时间轴）的水平线，$\Delta T = T_S - T_R = 0$。在理想的 DTA 曲线中，[图 15-3（a）]，炉温等速升温时，试样和参比物以同样的速率升温，升温过程中两者温度相同，但因导热等原因，相对于炉温有一个滞后。如果试样为理想的纯晶体，并在某一温度发生了热效应（如液化），此时试样的温度保持一恒定值，见图 15-3（a）中的 $D'E'$ 段，熔化完毕后试样温度又与参比物一起同时上升，其温差线表现为折线 $D'E'$ 和 $E'F'$，热效应消失时，$\Delta T = 0$，差热线又回到水平线。而实际上的差热线见图 15-3（b），其基线发生了偏移，其偏移程度用 ΔT_a 表示。基线偏移的可能原因有以下 4 个方面：①试样和参比物支架的对称性不高；②试

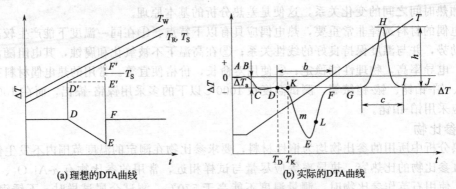

(a) 理想的DTA曲线　　　　(b) 实际的DTA曲线

图 15-3　DTA 差热分析曲线

样和参比物的热容不一致；③试样和参比物与发热体间的传热系数不等；④升温速率的大小不等。由于支架的对称性通过调整后一般能做到比较好，故可以忽略其对基线漂移的影响，此时

$$\Delta T_a = \frac{C_R - C_S}{K}\phi \tag{15-1}$$

式中，C_S 为试样热容；C_R 为参比物热容；K 为热导率；ϕ 为升温速率。

显然，参比物与试样的热容相差愈大，升温速率愈高，基线的偏移程度愈大。为了减少基线偏移，应尽量使参比物与试样的热容相近，即参比物的化学结构与试样相似。如果试样出现了热效应，其差热曲线就要偏离基线，由 DTA 曲线便可知热容发生急剧变化时的温度，这个通常被通用于玻璃化转变温度。

2. 峰

即差热曲线离开基线后又回到基线的部分。位于基线上方的峰为放热峰，位于基线下方的峰为吸热峰。热效应在理想曲线上表现为折线峰，而在实际差热曲线上则为曲线峰，这是由试样支架的热容决定的。在试样发生热效应时，差热线偏移基线，如图 15-3（b）所示的 D 点，E 点时为峰谷，偏离基线最远，到达 L 点时吸热结束，但此时试样的温度低于参比物温度，它将按指数规律升至参比物温度，从而表现为曲线 EF。如图 15-3（b）所示 DEF 为吸热峰，GHI 为放热峰。

3. 峰宽

即差热曲线偏离基线的始点与返回基线的终点间的水平距离，如图 15-3（b）所示的 b 和 c。

4. 峰高

表示试样和参比物之间的最大温差，即从峰顶到该峰所在的基线间的垂直距离，如图 15-3（b）所示的 h。

5. 外延始点

当试样发生热效应时，差热曲线将偏离基线，如图 15-3（b）所示的 DmE，作 DmE 曲线上最大斜率处的切线，其延长线与基线的交点为 K，该点即为外延始点。一般取外延始点为热效应发生的开始点，所对应的温度 T_K 为热效应的始点温度，这是由于外延始点的确定过程相对容易，人为因素少，且该点温度与其他方法所测的温度较为一致。

6. 峰面积

即为差热曲线的热效应峰与基线间所包围的面积。峰面积可用来表征试样的热效应，其关系如下：

$$\Delta H = \frac{A}{R} \tag{15-2}$$

式中，ΔH 为热焓；A 为峰面积；R 为热阻。

显然，R 为定值时，可直接由峰面积表征热效应的大小。热阻 R 实际上也是温度的函数，随着温度的升高而降低，这样不同温度段的峰面积就不能直接用来表征热效应，也就是说不同温度的相同峰面积并不代表它们的热效应相同。为此，引入修正系数 K，即 $\Delta H = KA$，K 又称仪器常数，其大小可由标准样来测定。经校正过的差热分析仪就可定量测定试样的热效应了，这种差热分析仪即为热流式差热扫描量热仪。

在 DTA 曲线分析中必须注意：①峰顶温度没有严格的物理意义，峰顶温度并不代表反应的终了温度，反应的终了温度应是后续曲线上的某一点，如图 15-3（b）所示的 DEF 峰，峰顶温度 T_E 并不是放热反应的终了温度，终了温度应在曲线 EF 段上的某点 L 处；②最大反应速率也不是发生在峰顶，而是在峰顶之前，峰顶温度仅表示此时试样与参比物间的温差最大；③峰顶温度不能看作是试样的特征温度，它受多种因素的影响，如升温速率、试样颗粒度、试样量、试样密度等。

三、影响差热曲线的因素

由差热曲线测定的主要物理量是热效应发生和结束的温度、峰顶温度、峰面积以及通过定量计算测定转变（或反应）物质的量或相应的转变热。研究表明，差热分析的结果明显地受仪器类型、待测物质的物理化学性质和采用的实验技术等因素的影响。此外，实验环境的温湿度有时也会带来些影响。应当看到，许多因素的影响并不是孤立存在的，而是互相联系，有些甚至还是互相制约的。

1. 实验条件的影响

（1）试样量的影响　试样量对热效应的大小和峰的形状有着显著的影响。一方面，试样量增加，峰面积增加，并使基线偏离的程度增大。增加试样量还会使试样内的温度梯度增大，并相应地使变化过程所需的时间延长，从而影响峰在温度轴上的位置。另一方面，对有气体参加或释放气体的反应，因气体扩散阻力加大抑制了反应的进行，常使变化过程延长，这将造成相邻变化过程峰的重叠和使分辨率降低。

一般来说，试样量小，差热曲线出峰明显、分辨率高，基线漂移也小，不过对仪器灵敏度要求也高。同时试样量过少，会使本来就很小的峰消失；在试样均匀性较差时，还会使实验结果缺乏代表性。

（2）升温速率的影响　广义上说，温度程序包括加热方法、升温速率以及线性加热或冷却的线性度和重复性，它是影响差热曲线最重要的实验条件之一。

对有质量变化的反应（如化学反应）和没有质量变化的反应（如相变反应），其影响途径有着明显的差别，而且对前者的影响更大，这反映在加热速率增加，使峰温、峰高和峰面积均增加，而与反应时间对应的峰宽减少。如果以在试样中直接测量的温度作为温度轴，对没有质量变化的反应，升温速率对峰温几乎没有影响，但影响峰高和峰面积。

（3）炉内气氛的影响　气氛对差热分析的影响由气氛与试样变化关系所决定。当试样的变化过程有气体释放出或能与气体组分作用时，气氛对差热曲线的影响就特别显著。在差热分析中，常用的气氛有静态和动态两种，在动态气氛中，试样可以在选定的压力、温度和气氛组成等条件下完成变化过程。当差热分析仪配有完善的气氛控制系统时，能在实验中保持和重复所需的动态气氛，得到重复性较好的实验结果。惰性气氛并不参与试样的变化过程，但它的压力大小对试样的变化过程（包括反应机理）也会产生影响。

2. 仪器因素

对于实验人员来说，仪器通常是固定的，一般只能在某些方面，如坩埚或热电偶做有限的选择。但是在分析不同仪器获得的实验结果或考虑仪器更新时，仪器因素却是不容忽视的。

(1) 加热方式、炉子形状和大小的影响　加热方式不同，向试样的传热方式不同。炉子的形状和大小是决定炉子热容的主要因素。它们影响差热曲线基线的平直、稳定和炉子的热惯性。

(2) 样品支持器　样品支持器对热量从热源向样品传递及对发生变化的试样内释放出或吸收热量的速率和温度分布都有着明显的影响。所以，在差热分析中，样品支持器是与差热曲线的形状、峰面积的大小和位置，检测温度差的灵敏度及峰的分辨率直接有关的基本因素之一。

作为样品支持器的一个部件，坩埚对差热曲线也有影响。它的影响不仅与坩埚的材料、大小、质量、形式及参比物坩埚和试样坩埚的相似程度直接有关，而且还和与坩埚大小直接相关的试样填装直径大小及填装量紧密相关。

制作坩埚的常用材料是金属或陶瓷，坩埚直径一般决定了试样的填装直径。填装直径越小，试样内的温度梯度就越小。

(3) 温度测量和热电偶的影响　差热曲线上的峰形、峰面积及峰在温度轴上的位置，均受热电偶的影响，其中影响最大的是热电偶的接点位置、类型和大小。测温热电偶接点的位置以及温度轴上的温度测量方法，对差热曲线的分析是非常重要的。测温热电偶接点的位置不同，测出的温度可能相差数十度。

(4) 电子仪器的工作状态的影响　影响最大的是仪器低能级微伏直流放大器的抗干扰能力、信噪比、稳定性和对信号的响应能力，及记录仪的测量精度、灵敏度和动态响应特性等。

3. 样品因素

(1) 试样性质的影响　试样因素中，最重要的是试样的性质。可以说试样的物理和化学性质，特别是它的密度、比热容、导热性、反应类型和结晶等性质决定了差热曲线的基本特征：峰的个数、形状、位置和峰的性质（吸热或放热）。

(2) 参比物性质的影响　作为参比物的基本条件是在实验温区内具有热稳定结构性质，它的作用是为获得 ΔT 创造条件。从差热曲线的形成可以看出，只有当参比物和试样的热性质、质量、密度等完全相同时才能在试样无任何类型能量变化的相应温区保持 $\Delta T = 0$，得到水平的基线。实际上这是不可能达到的。与试样一样，参比物的热导率也受许多因素的影响，例如比热容、密度、粒度、温度和装填方式等。这些因素的变化均能引起差热曲线基线的偏移。即使同一试样用不同参比物实验，引起的基线偏移也不一样。因此，为了获得尽可能与零线接近的基线，需要选择与试样热导率尽可能相近的参比物。然而，参比物的选择在很大程度上还是依据经验，最终必须满足基线能够重复这一基本要求。

一些常用的参比物，例如焙烧过的 Al_2O_3、MgO 和 $NaCl$ 均有吸湿性，吸湿后会影响差热曲线起始段的真实性。对这类参比物是否会发生吸附现象，也是需要注意的。

(3) 惰性稀释剂性质的影响　惰性稀释剂是为了实现某些目的而掺入试样、覆盖或填装于试样底部的物质。理想的稀释剂应不改变试样差热分析的任何信息，然而在实际使用中尽管稀释剂与试样之间没有发生化学反应，但稀释剂的加入或多或少会引起差热峰的改变并往往降低差热分析的灵敏度。如果稀释剂同时用作参比物，那么混合后的试样与参比物在物理性质上的差别将随稀释剂用量的增加而减少。当稀释剂的比热容大于试样时，稀释剂的加入还利于试样的比热容保持相对恒定，但使峰高降低。一旦稀释剂使试样的热导率增加，峰高一般也要下降。

　　由以上讨论可以看出，影响差热分析的因素是极其复杂的。目前已经知道的影响规律或结论，大多还只是实践经验的总结，在实际测量中，有时很难控制这些影响因素。在进行差热分析前，必须正确选择实验条件，并认真分析，方可得到正确结论。

第二节　差示扫描量热法

　　差热分析虽能用于热量定量检测，但其准确度不高，只能得到近似值，且由于使用较多试样，使试样温度在产生热效应期间与程序温度间有明显的偏离，试样内的温度梯度也较大，因此难以获得变化过程中准确的试样温度和反应的动力学数据。差示扫描量热法（DSC）就是为克服 DTA 在定量测定上存在的这些不足而发展起来的一种新技术。

一、差示扫描量热仪

　　差示扫描热量法是在程序控制温度下测量单位时间内输入到试样和参比物之间的能量差（或功率差）随温度变化的一种技术。按测量方法的不同，DSC 仪可分为功率补偿型和热流型。两者分别测量输入试样和参比物的功率差及试样和参比物的温度差。图 15-4 即为功率补偿式差示扫描量热仪原理示意图。试样和参比物分别具有独立的加热器和传感器，整个仪器有两条控制电路，一条用于控制温度，使试样和参比物在预定的速率下升温或降温；另一条用于控制功率补偿器，给试样补充热量或减少热量以维持试样和参比物之间的温差为零。当试样发生热效应时，如放热反应，试样温度将高于参比物温度，在试样与参比物之间出现温差，该温差信号被转化为温差电势，再经差热放大器放大后送入功率补偿器，使试样加热器的电流 I_S 减少，而参比物的加热器电流 I_R 增大，从而使试样温度降低，参比物温度升高，最终导致两者温差又趋于零。因此，只要记录试样的放热速度或吸热速度（即功率），即记录下补偿给试样和参比物的功率差随温度 T 或时间 t 变化的关系，就可获得试样的 DSC 曲线。典型的差示扫描量热曲线以（dH/dt）为纵坐标，以时间（t）或温度（T）为横坐标，即 dH/dt-t（或 T）曲线，如图 15-5 所示。图中，曲线离开基线的位移即代表试样吸热或放热的速率（$mJ \cdot s^{-1}$），而曲线中峰或谷包围的面积即代表热量的变化。因而差示扫描量热法可以直接测量试样在发生物理或化学变化时的热效应。

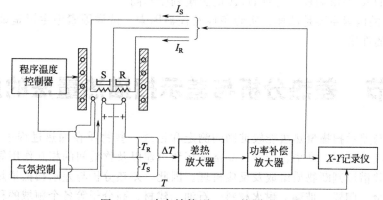

图 15-4　功率补偿型 DSC 的原理图

　　另一种热流型 DSC 仪，其结构原理与差热分析仪相近（见图 15-6）。炉体在程序控温下以一定的速率升温，均温块受热后通过气氛和热垫片（康铜）两路径将热传递给试样和参比物，使它们均匀受热。试样和参比物的热流差是通过试样和参比物平台下的热电偶进行测量。试样温度由镍铬板下方的镍铬-镍铝热电偶直接测量，这样热流型 DSC 仍旧属于 DTA 测量原理，但它可以定量地测定热效应，因为该仪器在等速升温的同时还可以自动改变差热放大器的放大倍数，一定程度上弥补了因温度变化对热效应测量所产生的影响。

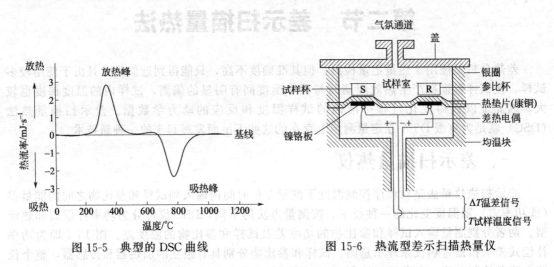

图 15-5　典型的 DSC 曲线　　　　　图 15-6　热流型差示扫描热量仪

DSC 的工作温度，目前大多还只能到达中温（1100℃）以下，明显低于 DTA。从试样产生热效应释放出的热量向周围散失的情况来看，功率补偿型 DSC 仪的热量损失较多。而热流型 DSC 仪的热量损失较少，一般在 10%左右。现在 DSC 已是应用最广泛的三大热分析技术（TG、DTA 和 DSC）之一。在 DSC 中，功率补偿型 DSC 仪比热流型 DSC 仪应用得更多些。

二、影响差示扫描热量曲线的因素

由于 DSC 与 DTA 都是以测量试样焓变为基础的，而且两者在仪器原理和结构上又有许多相同或相似处，因此，影响 DTA 的各种因素同样会以相同或相近的规律对 DSC 产生影响。但是，由于 DSC 试样用量少，因而试样内的温度梯度较小且气体的扩散阻力下降，因而某些因素对 DSC 的影响程度与对 DTA 的影响程度不同。

影响 DSC 的因素主要是试样、实验条件及仪器因素。试样因素中主要是试样性质、粒度以及参比物的性质。

第三节　差热分析与差示扫描热量法的应用

差热分析与差示扫描量热法能较准确的测定和记录一些物质在加热过程中发生的失水、分解、相变、氧化还原、升华、熔融、晶格破坏和重建以及物质间的相互作用等一系列的物理化学现象，并借以判断物质组成及反应机理。因此，差热分析与差示扫描量热法已广泛应用于地质、冶金、陶瓷、玻璃、耐火材料、石油、建材、高分子等各个领域的科学研究和工业生产中。

采用两种方法与其他现代的测试方法配合，有利于材料研究工作的深化，目前已是材料科学研究中不可缺少的方法之一。

一、玻璃化转变温度 T_g 的 DTA 或 DSC 测定

物质在玻璃化温度 T_g 前后发生比热容的变化，DTA（或 DSC）曲线通常呈现吸热方向的转折，或称阶段状变化，可依此按经验做法确定玻璃化转变温度。

由于玻璃化转变温度与试样的热历史和实验条件有关，测定时须按统一的规程实施。测得试样的玻璃化转变温度的读取方法如下（如图 15-7 所示）。

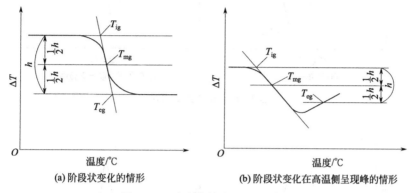

(a) 阶段状变化的情形　　　　(b) 阶段状变化在高温侧呈现峰的情形

图 15-7　玻璃化转变温度的确定

（1）中点玻璃化转变温度（T_{mg}）　在纵轴方向与前、后基线延长线成等距的直线和玻璃化转变阶段状变化部分曲线的交点温度。

（2）外推玻璃转化起始温度（T_{ig}）　低温侧基线向低温侧延长的直线和通过玻璃化转变阶段状变化部分曲线斜率最大点所引切线的交点温度。

（3）外推玻璃转变终止温度（T_{eg}）　高温侧基线向低温侧延长的直线和通过玻璃化转变阶段状变化部分曲线斜率最大点所引切线的交点温度。另外，在阶段状变化的高温侧出现峰时，则外推玻璃转变终止温度（T_{eg}）取高温基线向低温侧延长的直线和通过峰高温侧曲线斜率最大点所引切线的交点温度。对于统一试样，重复测定 T_g 值相差在 2.5℃ 之内，不同实验室的测定值可相差 4℃。

二、熔融和结晶温度的 DTA 或 DSC 测定法

试样 DTA 或 DSC 曲线的熔融吸收峰和结晶放热峰可确定各自的转变温度，为消除热历史和实验条件的影响，需在规定程序下进行测定，测得试样熔融和结晶温度等读取方法如下（如图 15-8 和图 15-9 所示）。

（1）熔融温度的求法　熔融峰温（T_{pm}）取熔融峰顶温度；外推熔融起始温度（T_{im}）是取低温侧基线向高温侧延长的直线和通过熔融峰低温侧曲线斜率最大点所引切线的交点的温度；外推熔融终止温度（T_{em}）是取最高侧基线向低温侧延长线的直线和通过熔融峰高温侧曲线斜率最大点所引切线的交点温度。呈现两个以上独立的熔融峰时，求出各自的 T_{pm}、T_{im} 和 T_{em}。另外熔融缓慢发生，熔融峰低温侧的基线难于解决时，也可不求出 T_{im}。

（2）结晶温度的求法　结晶峰温（T_{pc}）取结晶峰顶温度；外推结晶起始温度（T_{ic}）是取高温侧基线向低温侧延长的直线和通过结晶峰高温侧曲线斜率最大点所引切线的交点温度；外推结晶终止温度（T_{ec}）是取低温侧基线向高温侧延长的直线和通过结晶峰低温侧曲线斜率最大点所引切线的交点的温度。呈现两个以上独立的结晶峰时，求出各自的 T_{pc}、T_{ic}

和 T_{ec}。另外，存在两个以上重叠峰时则求出 T_{ic} 及若干个 T_{pc} 和 T_{ec}。再有，结晶缓慢持续发生，结晶峰低温侧的基线难于决定时，也可不求出 T_{ec}。

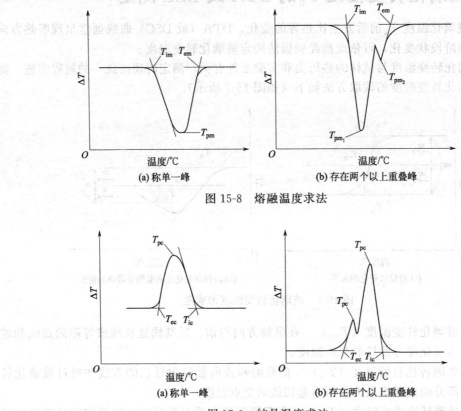

图 15-8　熔融温度求法

图 15-9　结晶温度求法

三、确定水在化合物中的存在状态

化合物中的水可分为吸附水、结晶水和结构水。由于水的存在状态不同，失水温度和差热曲线的形态亦不同，依次可以确定水在化合物中的存在状态，做定性和定量分析。

1. 吸附水

吸附水是吸附在物质表面、颗粒周围或间隙中的水，其含量因大气湿度、颗粒细度和物质的性质而变化。吸附在固体表面的吸附水，一般加热到 393K 左右即可失去，有些物质的吸附水，由于结合力较强，必须加热到 423K 左右才能完全失去。

层间水、胶体水和潮解水等均属于吸附水。层间水是层状硅酸盐矿物中较典型的吸附水，其脱水温度较表面吸附水为高。

2. 结构水

结构水又称为化合水，是矿物中结构最牢固的水，并以 H^+、OH^- 或 H_3O^+ 等形式存在于矿物晶格中，其含量一定。加热过程中，随结构水的溢出，矿物晶格发生改变或破坏。由于含结构水的各种矿物结构的不同，其脱水温度和差热曲线的形态亦不同。如图 15-10 所示部分含吸附水和结构水的层状硅酸盐矿物的差热曲线。

高岭石族的三种同质多型变体（高岭石、地开石、珍珠陶土）的差热曲线形态及脱水温度虽然有些不同，但总的情况比较接近。

多水高岭土与高岭石族矿物相比，除 373K 左右失去层间吸附水外，结构水失去温度

（820～870K）较高岭石族矿物低。

蒙脱石矿物于 373～623K 之间失去层间吸附水，423K 左右吸附峰最大，而且是复峰，说明层间可交换的阳离子以二价（Ca^{2+}、Mg^{2+}）为主。吸收峰的大小与层间吸附水的含量有关，吸附峰是单峰或复峰，则与层间可交换的阳离子价数有关，如果层间可交换的阳离子为一价如（K^+、Na^+、…），吸收峰为单峰。蒙脱石结构水失去的温度为 873～923K，峰形平缓，结构水的失去是逐步进行的。

3. 结晶水

结晶水是矿物水化作用的结果，水以水分子的形式占据矿物晶格中的一定位置，其含量固定不变。结晶水在不同结构的矿物中结合强度不同，因此，失水温度亦不同。例如，石膏（$CaSO_4 \cdot 2H_2O$）随温度的升高有如下的脱水规律，即

$$CaSO_4 \cdot 2H_2O \xrightarrow{(413～423K)} CaSO_4 \cdot \frac{1}{2}H_2O \xrightarrow{(576～673K)}$$

$$CaSO_4 \cdot \varepsilon H_2O \xrightarrow{(1166K)} CaSO_4$$

二水石膏 413～423K 开始失去结晶水，变为半水石膏，产生一个毗连的双吸收峰，表明半水石膏存在 α 和 β 两种类型，其峰值温度分别为 417K 和 440K，β 型的半水石膏加热至 573～673K 产生一放热峰，峰值温度 633K，是因为转变为六万晶系的石膏（$CaSO_4 \cdot \varepsilon H_2O$）所致。加热至 1466K 形成无水的斜方晶系 $\alpha\text{-}CaSO_4$，产生一个吸收峰（如图 15-11 所示）。

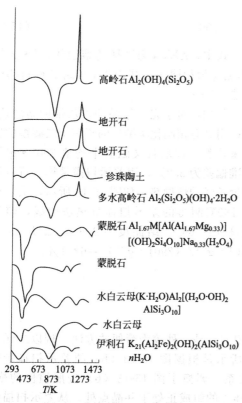

图 15-10 黏土矿物的差热曲线

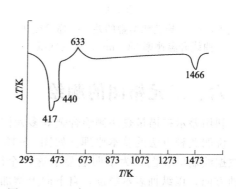

图 15-11 石膏 $CaSO_4 \cdot 2H_2O$ 的差热曲线

四、转变点的测定

转变点的测定与熔点的测定，同样可应用于未知物的鉴定、热量标定、温度校正及相图

的解释等方面。

同质多晶转变是指加热或冷却过程当中，成分相同的物质产生的多晶型转变，表15-2中列出可用差热分析方法进行温度校正和热量标定的几种物质的转变温度（K）和转变热（J·kg^{-1}）。

表 15-2 几种物质的转变温度及转变热

物质	转变温度/K	转变热/J·kg^{-1}	物质	转变温度/K	转变热/J·kg^{-1}
KNO$_3$	401	0.05	K$_2$SO$_4$	856	0.047
石英	846	0.008～0.017	SrCO$_3$	1198	0.133
BaCO$_3$	1083	0.095	Ag$_2$SO$_4$	685	0.025
KClO$_3$	572.5	0.099	K$_2$CrO$_4$	938	0.053

五、结晶度的测定

物质的结晶度对其物理性质（如模量、硬度、透气性、密度、熔点等）有着极其显著的影响。结晶度可由测试试样的结晶部分熔融所需的热量与100%结晶的同类试样的熔融热之比而求得，即

$$结晶度 = \frac{\Delta H_{试样}}{\Delta H_{标准样}} \times 100\% \tag{15-3}$$

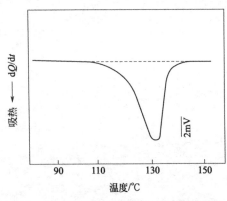

图 15-12 聚乙烯熔融的差示扫描量热法曲线升温速率5℃/min；氮气气氛

式中，$\Delta H_{试样}$为试样的熔融热，J·g^{-1}；$\Delta H_{标准样}$为相同化学结构100%结晶材料的熔融热，J·g^{-1}。

例如，对于完全结晶的聚乙烯的熔融热，可以用具有相同化学结构的正三十二碳烷的数值来代替，或取自文献的平均值290J·g^{-1}，标准偏差为5.2%。用差示扫描量热法可以测得聚乙烯的熔融热，如图15-12所示，从室温到180℃测得的差示扫描量热法曲线，熔峰温度131.6℃。结晶度＝$\Delta H_{试样}/\Delta H_{标准样}$＝180J·g^{-1}/（290J·g^{-1}）＝62.1%。

六、二元相图的测绘

利用差示扫描量热法测绘合金等多元体系的相图，是一种较为简便的方法。现以二元为例，说明此种方法的基本原理。如图15-13（a）所示是根据图15-13（b）的差示扫描量热法数据绘制的相图，为了明显显示这两个图的关系，调换了图15-13（b）按照惯例的横、纵轴方向，以纵轴表示温度，自下向上增加。试样4的组成正处于共晶点处，从差示扫描量热法曲线可以观察到共晶熔融的尖锐的吸收峰；试样2、3、5的组成比是介于纯试样A、B和共晶点之间，差示扫描量热法曲线呈现共晶熔融吸收峰之后，持续吸热，直到全部转为液相才恢复到基线。反过来，测定未知组成比的二元试样时，利用相图，从吸热恢复到基线的温度也可以推知体系的组成比。

另外差热分析在其他方面的应用还有定量分析、热能的测定等。

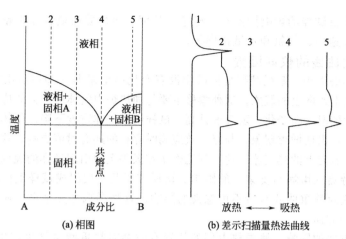

(a) 相图　　　　　　　　(b) 差示扫描量热法曲线

图 15-13　存在共晶点的二元相图及其差示扫描量热法曲线

第四节　热重法

一、热重分析基本原理与热重分析仪

热重法是在程序控制温度条件下，测量物质的质量与温度关系的热分析法。热重分析通常有两种方法，即静法和动法，静法是把试样在各给定的温度下加热至恒温，然后按质量温度变化作图。动法是在加热过程中连续升温和称重，按质量温度变化作图。静法的优点是灵敏度较高，能记录微小的失重变化，缺点是操作繁复、时间较长；动法的优点是能自动记录，可与差热分析法紧密配合，有利于对比分析，缺点是对微小的质量变化灵敏度较低。

热重分析仪有热天平式和弹簧秤式两种。

1. 热天平式

目前的热重分析仪，多采用热天平式。热天平由天平、加热炉、程序控温系统与记录仪等几部分组成。热天平测定试样质量变化的方法有变位法和零位法。变位法是利用质量变化与天平梁的倾斜成正比的关系，用直接差动变压器控制检测。零位法是靠电磁作用力使因质量变化而倾斜的天平梁恢复到原来的平衡位置（即零位），施加的电磁力与质量变化成正比，而电磁力的大小和方向是通过调节转换机中线圈中的电流实现的，因此检测此电流值即可知质量变化。通过热天平连续记录质量与温度（或时间）的关系，即可获得热重曲线。

2. 弹簧秤式

弹簧秤式的原理是胡克定律，即弹簧在弹性限度内其应力与应变成线性关系，一般的弹簧材料因其弹性模量随温度变化，容易产生误差，所以采用随温度变化小的石英玻璃或退火的钨丝制作弹簧。

石英玻璃丝弹簧因其内摩擦力极小，一旦受到冲击而振动，难以衰减，因此操作困难。为防止加热炉的热辐射和对流引起的弹簧弹性模量的变化，弹簧周围装有循环恒温水等。弹簧秤法是利用弹簧的伸张与质量成比例的关系，所以可利用测高仪读数或者用差动变压器将弹簧的伸张量转换成电信号进行自动记录。

二、影响热重曲线的因素

热重法易受仪器、试样和实验条件的影响。来自仪器的影响因素有基线、试样支持器和测温热电偶等；来自试样的影响因素有试样量、粒度、热性质和填装方式等；来自实验条件的影响因素有升温速率、气氛和走纸速率等。

1. 影响热重曲线的仪器因素

（1）基线漂移的影响　基线漂移是指试样没有变化而记录曲线却指示出有质量变化的现象，它造成试样失重或增重的假象。这种漂移主要与加热炉内气体的浮力效应和对流影响等因素有关。气体密度随温度而变化，随温度升高，试样周围气体密度下降，气体对试样支持器及试样的浮力也变小，出现增重现象。与浮力效应同时存在的还有对流影响，这时试样周围的气体受热变轻形成一股向上的热气流，这一气流作用在天平上便引起试样的表现为失重。

（2）试样支持器（坩埚与支架）的影响　试样容器及支架组成试样支持器。盛放试样的容器常用坩埚，它对热重曲线有着不可忽视的影响。这种影响主要来自坩埚的大小、几何形状和结构材料三个方面。

（3）测温热电偶的影响　测温热电偶的位置有时会对热重测量结果产生相当大的影响，特别是在温度轴不校正时，不同位置测出的温度有时相差较大。

2. 影响热重曲线的试样因素

在影响热重曲线的试样因素中，最重要的是试样量、试样粒度和热性质以及试样装填方式。

（1）试样量的影响　试样吸热或放热，会使试样温度偏离线性程序温度。试样量越大，这种影响也越大，相应地热重曲线位置的改变也会越大。

（2）试样粒度的影响　试样粒度对热传导和气体的扩散同样有着较大的影响。粒度越小，单位质量的表面积越大，因而分解速率比同质量的大颗粒试样快，反应越易达到平衡，在给定温度下的分解程度也就越大。于是，一般试样粒度小易使反应起始温度和终止温度降低和反应区间变窄，从而改变热重曲线的形状。

（3）试样的热性质、填装方式和其他因素的影响　试样的反应热、导热性和比热容都对热重曲线有影响，而且彼此还是相互联系的。例如，吸热反应易使反应温区扩展，且表现反应温度总比理论反应温度高。

试样填装方式对热重曲线的影响，一般来说，填装越紧密，试样颗粒间接触就越好，也就越利于热传导，但不利于气氛气体向试样内的扩散或分解的气体产物的扩散和逸出。通常试样填装得薄而均匀，可以得到重复性好的实验结果。

3. 影响热重曲线的实验条件

（1）升温速率的影响　升温速率对热重曲线有明显的影响，这是因为升温速率直接影响炉壁与试样、外层试样与内部试样间的传热和温度梯度，一般并不影响失重。对于单步吸热反应，升温速率慢，起始分解温度和终止温度通常均向低温移动，且反应区间缩小，但失重百分比一般并不改变。

（2）气氛的影响　一般来说，提高气氛压力，无论是静态还是动态气氛，常使起始分解温度向高温区移动和使分解速率有所减慢，相应地反应区间增大。

（3）走纸速率和其他因素的影响　记录热重曲线的纸速，对曲线的清晰度和形状有明显的影响，但并不改变质量与温度间的关系。此外，热量量程和仪器工作状态的品质，测试过程中有无试样飞溅、外溢、升华、冷凝等，也都会影响实验得到的 TG 曲线。

三、热重分析的应用

热重法适用于加热或冷却过程中有质量变化的一切物质。可用于研究材料的热稳定性、热分解作用和氧化降解等化学变化；还广泛用于研究涉及质量变化的所有物理过程，如测定水分、挥发物和残渣，吸附、吸收和解析，汽化速度和汽化热，升华速度和升华热等。

测定不同的离子时，常规法必须先经分离才能测定，而分离费时费力。利用 TG 则能不经预分离就能迅速地同时测定两种或三种离子，且测量精密度与常规法相当。例如，钙镁离子共存时，由于草酸铵沉淀钙时草酸铵也和镁离子发生反应，形成溶解度较低的草酸镁，使草酸钙的沉淀中必然混杂有未知量的草酸镁，给常规测定法带来困难。用热重法则需要直接测出混合物的 TG 曲线，然后利用无水草酸镁和无水草酸钙在 397℃ 之后的 TG 曲线的差别就能计算出钙镁的含量。如图 15-14（a）所示曲线 1 是草酸钙 TG 曲线，曲线 2 是草酸镁的TG 曲线。如图 15-14（b）所示是二者混合后的 TG 曲线。现设原混合物中含有 x mg 的 Ca 及 y mg 的 Mg，因为 Ca 在 $CaCO_3$ 中占 40.08/100.09，Mg 在 MgO 中占 24.31/40.31，故若设 m mg 的 $CaCO_3$ 及 MgO 的混合物中含 m_1 mg 的 $CaCO_3$ 及 m_2 mg 的 MgO，则

$$m_1 = \frac{100.09}{40.08}x \qquad\qquad m_2 = \frac{40.31}{24.31}y$$

$$m = \frac{100.09}{40.08}x + \frac{40.31}{24.31}y \qquad\qquad n = \frac{56.08}{40.08}x + \frac{40.31}{24.31}y$$

最后求得 x，y。这就实现了不经分离就能同时测定 Ca 和 Mg 离子含量的目的。

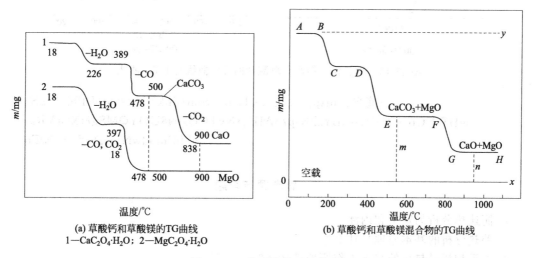

(a) 草酸钙和草酸镁的TG曲线
1—$CaC_2O_4 \cdot H_2O$；2—$MgC_2O_4 \cdot H_2O$

(b) 草酸钙和草酸镁混合物的TG曲线

图 15-14 草酸盐的 TG 曲线

【知识拓展】

微商热重法

热重曲线中质量 m 对时间 t 进行一次微商从而得到 $dm/dt\text{-}T$（或 t）曲线，称为微商热重（DTG）曲线，它表示质量随时间的变化率（失重速率）与温度（或时间）的关系。相应地称以微商热重曲线表示结果的热重法为微商热重法或者导数热重法。目前新型的热天平都有质量微商单元（电路），可直接记录和显示微商热重曲线。

微商热重曲线与热重曲线的对应关系是：微商曲线上的峰顶点（$d^2m/dt^2 = 0$，失重速率最大值）与热重曲线上的拐点相对应。微商热重曲线上的峰数与热重曲线上的台阶数相等，微商热重曲线峰面积则与失重量成正比。如图 15-15 所示为钙、锶、钡 3 种元素水合草酸盐的微商热重曲线与热重曲线。热重曲线上由上到下的 5 个失重过程（m 随 ΔT 增加而减少的过程）分别为 3 种草酸盐的一水合物失水、3 种无水草酸盐分解、碳酸钙分解、碳酸锶分解和碳酸钡分解，而曲线平台则分别对应 3 种水合草酸盐、3 种无水草酸盐、3 种碳酸盐

等的稳定状态。与之相对应的微商热重曲线具有以下特点：能更清楚地区分相继发生的热重变化反应，精确提供起始反应温度、最大反应速率温度和反应终止温度（如在140℃、180℃和205℃出现3个峰表明了钡、锶、钙一水草酸盐是在不同温度下失水的，而在热重曲线上难以区分这3个失水反应及检测相应温度）；能方便地为反应动力学计算提供反应速率数据；能更精确地进行定量分析。而热重曲线表达失重过程则具有形象、直观的特点。

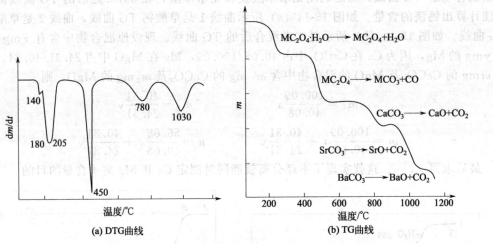

图 15-15　钙、锶、钡水合草酸盐的 TG 曲线与 DTG 曲线

——摘自：http：//baike. baidu. com/link？ url＝6reDPblaHTS9 wHWKCJCmUF77isnBYzkK-p75AIHHNvTOGxo98UOYQMSgHXDrVR2- dhSEmndwNfTq0vY2o77wFq

思考题与习题

1. 简述热分析的定义和内涵。
2. 差热分析的基本原理是什么？
3. 差示扫描量热仪的基本工作原理是什么？
4. 热重法和差热分析法各有什么特点？各有什么局限性？
5. 热重法和微商热重法的区别是什么？

参 考 文 献

[1] 朱和国，王恒志. 材料科学研究与测试方法. 南京：东南大学出版社，2007.
[2] 王晓春，张希艳. 材料现代分析与测试方法. 北京：国防工业出版社，2010.
[3] 谷亦杰，宫声勉. 材料分析检测技术. 长沙：中南大学出版社，2009.
[4] 王富耻. 材料现代分析测试方法. 北京：北京理工大学出版社，2006.
[5] 左演声，陈文哲，梁伟. 材料现代分析方法. 北京：北京工业出版社，2000.
[6] 张国栋. 材料研究与测试方法. 北京：冶金工业出版社，2001.
[7] 杨南如. 无机非金属材料测试方法. 武汉：武汉工业大学出版社，2001.
[8] 刘振海，富山立子. 分析化学手册：第八分册　热分析. 北京：化学工业出版社，1999.
[9] 刘振海，徐国华，张洪林. 热分析仪器. 北京：化学工业出版社，2006.
[10] 蔡正千等. 热分析. 北京：高等教育出版社，2003.